두 얼굴의 백신

KB142126

두 얼굴의 백신

IMMUNIZATION
How Vaccines became Controversial

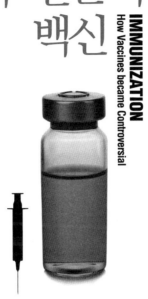

냉전시대 정치논리부터
신자유주의 경제논리까지의
연대기

스튜어트 블룸
추선영 옮김

박하

차례

백신,
인류의 유일한 희망인가?

전염병은 통제할 수 있다

영화를 일종의 지표로 삼을 수 있다면, 영어권에서 살아가는 사람들은 전염병이 유행하는 상황을 덫에 걸려 옴짝달싹 못하는 상황에서 자신에게 다가오는 뱀을 속수무책으로 바라볼 수밖에 없는 사람의 처지와 동일시하는 것으로 보인다. 여기에는 공포와 더불어 사필귀정이라는 정서가 곁들여 있다. 전염병을 다루는 영화는 거리를 걷던 수천 명 또는 그 이상의 사람들이 갑작스레 쓰러지고, 이내 사회질서가 무너지면서 사람들이 큰 혼란에 빠지는 모습을 그리는 한편 커다란 카타르시스를 제공한다. 대부분의 전염병 영화에는 주로 의사나 과학자가 직업인 영웅이 등장해 끝까지 살아남은 사람들의 목숨을 마침내 구하기 때문이다.

이와 같은 전염병 영화는 1931년 존 포드 감독이 싱클레어 루이스의 소설 《애로스미스Arrowsmith》를 각색해 제작한 동명의 영화를 비롯해 매우 최근까지도 지속적으로 제작되고 있다. 대표적인 영화로는 1995년

더스틴 호프만과 모건 프리먼이 주연을 맡은 〈아웃브레이크^{Outbreak}〉와 2007년 윌 스미스가 주연을 맡은 〈나는 전설이다$^{I am Legend}$〉를, 인기리에 방영된 TV 드라마로는 〈라스트십$^{The Last Ship}$〉을 꼽을 수 있다.

특히 눈길을 사로잡는 작품은 스티븐 소더버그 감독이 2011년 제작한 〈컨테이전^{Contagion}〉이다. 영화는 홍콩으로 출장을 떠난 베스 엠호프라는 미국 기업인이 식은땀을 흘리고 기침을 하면서 귀국하는 모습으로 시작한다. 그리고 홍콩, 런던, 도쿄 등지에서 생활하는 사람들이 베스 엠호프와 비슷한 증상을 보이는 상황이 이어진다. 공공보건당국은 비상 조치에 돌입하지만 정작 이 질병이 어디에서 어떻게 시작됐는지, 심지어 그 원인이 무엇인지조차 갈피를 잡지 못한 채 오리무중에 빠진다. 그뿐 아니라 이 문제는 많은 사람에게 개인적인 비극으로 다가가는데, 영화는 베스 엠호프가 쓰러진 직후 사망하는 과정과 그로 인해 베스의 가족이 겪는 어려움에 초점을 맞춘다.

처음에는 아내의 죽음을 부정하다가 이내 망연자실하고 마는 베스의 남편 미치는 공공보건당국에 의해 격리되지만 마침내 면역을 지닌 것으로 판명되는 우여곡절을 겪는다. 공공보건 측면에서는 조지아 주 애틀랜타에 본부를 둔 미국 질병통제 예방센터$^{Centers for Disease Control, CDC}$와 질병의 확산을 추적해 역학^{疫學} 지도를 작성하는 역학자 에린 미어스, 미어스의 상관인 엘리스 치버, 바이러스로 최종 판명되는 병원체를 식별해내는 바이러스학자 앨리 헥솔이 영화의 집중 조명을 받는다.

한편 제네바에 본부를 두고 이와 같은 비상사태의 처리 계획을 수립해온 세계보건기구^{WHO}는 인구가 밀집한 전 세계 일부 대도시로부터 수백만 건의 사망 보고서가 접수되자 리오노어 오론테스 박사를 조사관으로 파견한다. 오론테스 박사는 각국 정부가 임시 휴교 같은 예방 조치를 취해야 할지, 그러한 조치로 인해 사람들에게 공연한 공포심만 심어주고 마는 것은 아닌지, 바이러스가 어떤 경로로 확산되는지 같은 문제를 처리하는 역할을 맡는다. 그뿐 아니라 역학조사를 통해 바이러스의 전염성이 어느 정도인지 확인하고 바이러스의 종류를 밝혀내는 한편, 이미 알려진 병원체(탄저균, 천연두, '조류 독감' 등)가 변이를 일으킬 가능성이 있는지 파악하고, 이번에 발생한 전염병이 누군가가 고의로 일으킨 사건은 아닌지 여부를 파헤쳐야 하는 중요한 임무도 맡는다.

〈컨테이전〉은 현장을 누비는 역학자 미어스와 실험실에서 샘플을 다루는 바이러스학자들의 작업에 초점을 맞춘다. 베스가 '최초 감염 환자'이고 바이러스에 감염된 가금류를 섭취한 결과 감염됐다는 사실을 미어스가 밝혀내지 못했다면, 그리고 바이러스학자들이 바이러스를 분리하고 성공적으로 배양함으로써 백신 개발의 길을 열지 못했다면 수많은 사람의 생명을 구할 수 없었을 것이기 때문이다. 그러나 〈컨테이전〉은 영화이지 다큐멘터리가 아니므로 곳곳에 드라마적 요소가 배치돼 있는데, 그 요소의 일부는 복잡다단하고 딜레마로 가득한 현실의 사안과 맞닿아 있다.

예를 들어 이 모든 사태가 시작된 진원지로 여겨지는 홍콩으로 파견 나간 오론테스 박사는 정부당국이 전염병과 관련된 발표를 미뤄왔다는 사실을 깨닫는다. 또 한편 영화에 등장하는 많은 사람은 이번 사건을 통해 막대한 자금이 움직일 것이라고 생각하게 된다. 그중 영향력 있는 블로거이지만 수상한 구석이 있는 앨런 크럼위드 같은 사람은 값싸고 쉽게 구할 수 있는 '천연' 치료제가 존재함에도 공공보건 '기관'과 제약회사들이 값비싼 백신을 개발해 막대한 이익을 취할 속셈으로 이 사실을 비밀에 부치고 있다고 주장한다. 하지만 이 주장은 치료제로 쓰인다는 식물 추출물을 판매해 한몫 잡으려는 크럼위드의 얄팍한 술책임이 이내 드러난다.

치료제 수요가 천정부지로 치솟으면서 미국 전역에서는 치료제를 구하지 못한 사람들이 폭동을 일으켜 도로를 점거하고 약국을 약탈한다. 전염병이 사회 혼란을 야기하는 이 장면을 통해 관객은 공포의 전염이 바이러스만큼이나 심각할 뿐 아니라 무서운 문제라는 인상을 받는다. 영화 속 어느 인물이 지적한 대로 감염된 사람과 접촉하거나 감염된 물건을 만짐으로써 병을 얻게 되듯 TV나 인터넷과 접촉함으로써 공포에 휩싸이는 것이다.

영화와 현실을 비교하곤 하는 〈컨테이전〉의 등장인물들처럼, 극적인 요소가 가미돼 있는 이 전염병 영화를 실제 발생한 전염병 사례와 비교해보면 감독이 사전 조사에 상당히 많은 공을 들였음을 알 수 있다(WHO를 방문해 전염병이 일어나면 취하는 조치에 대해 알아보기도 했다고 하는데, 정말 그랬을 것으로 보인다). 전염병이 사회 붕괴로 이어질 가능성은 각 사회마다 다름에도, 전 세계에서 실제로 유행하는 전염병을 다루는 다큐멘터리는 허구 속 논리에 의존해 제작될 수 있다. 즉, 전염병 이야기가 현실의 사건을 바탕으로 허구적으로 재구성되기도 하지만, 허구적으로 재구성된 전염병 이야기가 전염병 관련 기록의 출처가 되는 대본을 제공하기도 하는 것이다.

30여 년 전 저명한 의학사가醫學史家 찰스 로젠버그는 전염병에 대한 기록이 극적인 방식으로 구성된다고 주장했다.[1] 알베르 카뮈의 소설《페스트La Peste》(1947)에서 영감을 얻은 찰스 로젠버그는 전염병을 묘사한 과거의 기록을 검토한 뒤 전염병에 대한 기록이 훌륭하게 구조화된 서사적 순서를 따르는 경향을 보인다고 주장한다. 로젠버그는 가상의 연극을 예로 드는데, 연극의 1막에서는 공동체와 대중이 질병 발생 사실을 인정하거나 받아들이지 않으려 한다.

로젠버그가 '무작위성의 관리Managing Randomness'라고 명명한 2막에서는 사람들이 사건을 설명할 수 있는 틀을 찾으려고 노력한다. 즉, 누구는 죽고 누구는 살아남는 현실을 납득할 방법을 강구하는 것이다. 이와 같은 설명 틀을 바탕으로 공동체는 통제 조치를 내리는데, 아주 오래전에는 이런 설명 틀이 적절하고 책임감 있다고 널리 인식되는 행동에 뿌리를 두는 경향이 있었다. 다음 3막에서는 '공적 대응', 즉 '인지적 요소와 정서적 요소를 결합한 집합적 의례'가 나타난다. 집단 금식과 기도로 표현되든, 격리로 표현되든 관계없이 이러한 의례는 공동체의 연대의식을 고취하는 역할을 한다.

찰스 로젠버그가 제시하는 가상 연극의 마지막인 4막에서는 감염자 수가 줄어들면서 사회가 전염병을 통제하게 된다. 목숨을 잃은 사람도 있지만 회복되는 사람도 있다. 이제 중요한 것은 이 사건을 기억하고 숙고하는 일인데, 이 일은 주로 역사가의 몫으로 남는다. 찰스 로젠버그는 이렇게 기록한다. "세심한 주의를 기울이지 않는 사회는 부정하는 방법이 최선의 선택이라고 믿으면서 이미 익숙해진 기존의 방식으로 되돌아가는 경향이 있다. 그러나 언제나 전염병은 지난날 결정했던 도덕적 판단에 대해 되돌아볼 기회를 제공해왔다."[2]

로젠버그의 통찰은 바이러스학자가 존재하지 않았던 시대, 즉 오늘날처럼 시공간이 압축되지 않았던 시대를 반영한다. 한편 그의 통찰을 이 시대에 맞게 새롭게 고친 〈컨테이전〉은 전염병의 진화와 확산 과정 및 (예배당보다는 주로 연구실을 중심으로 이루어지는) 전염병의 통제 방법을 찾으려는 필사적인 노력이 그 속도를 더해가는 상황에서 전염병에 대해 기록할 방법을 제공한다.

전염병 유행과 공포의 조장

1918년 유행해 (전 세계 인구의 3~5퍼센트로 추정되는) 수천만 명의 목숨을 앗아간 스페인 독감 같은 끔찍한 전염병이 유행하리라 예상한다거나 (영화 〈컨테이전〉 속 상황처럼) 지금까지 세상에 알려지지 않았던 바이러스가 멀리 떨어진 지역의 이름 모를 정글을 벗어나 세상에 모습을 드러냈다는 말을 들은 사람들은, 앨리 헥솔 같은 바이러스학자들이 보안이 철저한 연구소에 모여 이 문제를 해결하기 위한 작업에 돌입할 것이라고 기대한다.

2016년 초 몇 주간 신문지상을 오르내렸던 지카 바이러스가 그 좋은 사례다. 바이러스학자를 제외한 사람들 대부분이 그때까지 존재조차 몰랐던 지카 바이러스는 황열 연구자들이 우간다의 지카 숲에서 발견한 바이러스다. 이집트 숲모기가 퍼뜨리는 황열 바이러스와 지카 바이러스는 모두 뎅기열을 유발하는 원인으로 작용하는데, 사실 지카 바이러스 감염에 대한 공포는 없는 것이나 다름없었다. 지카 바이러스가 발견된 것은 1947년이지만 1964년이 돼서야 지카 바이러스에 감염된 환자가 처음으로 보고됐고, 감염된 사람이 사흘간 고열과 각종 통증에 시달렸음에도 결국 완치됐기 때문이다. 이후의 연구에서도 감염된 사람들 대부분은 증상조차 보이지 않았음이 밝혀졌다.

그러나 지카 바이러스가 먼 곳으로 이동하면서 해당 바이러스가 유발하는 증상에도 변화가 나타나기 시작했다. 2000년대 초 태평양의 여러 도서에서 지카 바이러스가 기승을 부렸을 당시에는 훨씬 더 중증 질환인 길랭-바레 증후군Guillain-Barré syndrome(말초신경에 염증이 생기면서 발생하는 급성 마비성 질환—옮긴이)이 나타났다. 그 뒤 중앙아메리카와 남아메리카에 나타난 지카 바이러스는 임신한 여성이 감염될 경우 태아의 뇌가 비정상적으로 작아지는 증상(소두증)을 일으켰다. 이를테면 지카 바이러스가 급속하게 확산된 브라질에서는 소두증 신생아 비율이 평균보다 높게 나타났다. 연구자들은 지카 바이러스가 모기뿐 아니라 정액을 통해 감염될 수 있고 심지어는 땀을 통해서도 감염될 수 있음을 밝혀냈다.

현재 브라질 부탄탄 연구소Butantan Institute, 미국 국립 보건원National Institutes of Health, NIH, 글락소스미스클라인GlaxoSmithKline과 사노피 파스퇴르Sanofi Pasteur 같은 대형 제약회사나 일부 소규모 생명공학 기업에서 지카 바이러스 백신을 개발하고 있지만, 백신을 사용할 수 있는 예상 시기가 언제인지는 의견이 분분한 상태다. 물론 백신이 개발되기만을 기다리면서 손 놓고 있을 수는 없는 일이다. 따라서 과학자들이 지카 바이러스 백신을 개발하는 동안 다른 사람들은 (지카 바이러스 치료제가 없더라도) 감염된 사람들에게 도움이 될 만한 일과 감염의 확산을 막는 일에 온 힘을 쏟아야 한다. 가령 식수통에 뚜껑을 덮어두는 조치가 도움이 되리라 본다.

한편 사람들, 특히 감염 가능성이 높은 사람들의 이동을 제한하면 감염병 확산을 제한하는 데 도움이 되는데, 이 방법은 이미 수 세기 전부터 사용해왔다. 오늘날에는 새로우면서도 보다 정교한 방법으로 감염 가능성이 높은 사람을 식별하고 있다. 몇 년 전 여러 공항에 도입된 열 감지기가 그 방법의 하나로, 열 감지기를 사용하면 체온 상승을 측정해 '돼지 독감' 감염 가능성을 파악할 수 있다.

당시 막 유행하기 시작한 후천성 면역결핍 증후군AIDS 전염에 전 세계가 맞서 싸우던 1986년, 영국의 저명한 의학사가 로이 포터는 이렇게 기록했다.

그러나 공포는 불분명하기 때문에 위험하다. 즉, 공포는 조작되거나 악용될 소지가 다분한데, 그 결과 목적은 온데간데없이 사라지고 기능은 왜곡되고 만다. (…) 예를 들어 유대인이 흑사병을 퍼뜨렸다는 소문이 나면서 유럽 전역에서 유대인 집단학살이 자행됐고 (…) 콜레라가 유행해 끔찍한 결과를 초래한 19세기에는 정부가 새로운 이 전염병을 악용해 사회 불안을 조장했다. 아시아의 빈곤한 지역에서 처음 등장한 콜레라가 유럽 전역의 부랑 노동자 계층 사이에 유행하자 정부 대변인들은 대자연의 섭리가 콜레라를 통해 일반 대중의 본질, 즉 본질적으로 더럽고 병든 존재라는 사실을 드러내 보인 것이라고 생각했다.[3]

로이 포터는 '공포를 조장하면 신문이 잘 팔린다'고 믿는 언론 실세들 덕분에 AIDS의 심각성과 관계없이 AIDS 전염에 대한 공포가 사람들을 휩쓸었다는 데 주목했다. 나와 다른 사람, 특히 감염됐다고 의심되는 사람의 출입을 통제하는 일은 오늘날에도 여전히 감정을 크게 자극하는 일이자 정치적인 힘으로 작용한다. 감염자의 이동을 제한하는 격리는 합리적인 조치임에도, 감정적인 반응을 불러일으켜 감염자나 감염 감수성이 높은 집단에 대한 공포를 일반화하는 데 기여한다. 예를 들어 AIDS 전염이 시작된 1981년 미국에서는 AIDS 감염률이 특히 높았던 아이티 이민자에게 AIDS 보균자라는 낙인을 찍어 아이티 이민자라면 AIDS 감염 여부에 관계없이 무조건 배척하고 보는 경향이 생겨났다.

전염병을 극적으로 묘사하는 〈컨테이전〉 같은 영화와 바이러스학자 및 제약 산업이 내놓는 예측은 상호작용한다. 영화는 과거에 일어난 전염병 사례를 바탕으로 제작되는 동시에 하나의 담론으로 기능하면서 미래에 대한 바이러스학자들의 생각과 글에 영향을 미친다.

예를 들어 전염병 영화 〈컨테이전〉이 상영된 해인 2011년 펭귄 출판사에서 출간한 《바이러스 폭풍의 시대》에서 바이러스학자 네이선 울프Na-than Wolfe는 '전염병'이라는 용어를 소수에게서 다양한 지역의 다수에게로 바이러스가 확산되는 현상을 묘사하는 데 사용해야 한다고 언급하면서, 이 용어를 바이러스의 치명성에 연계해 사용해서는 안 된다고 주장한다. 네이선 울프는 이렇게 말한다. "사실 전염병이라는 용어는 사람들이 전염병이 발생했는지 전혀 눈치채지 못하는 상황에서도 얼마든지 사용할 수 있다고 생각한다."4 즉 특정 질병에 관련된 증상을 유발하지 않는 바이러스에 감염된 사람들이 존재하고 이 사람들이 전 세계 다양한 지역에 흩어져 있다면 전염병이 유발된 것이나 다름없다는 의미다.

《바이러스 폭풍의 시대》에서 네이선 울프는 전염병을 재난으로 묘사하는 일반적인 영화의 내용과 상당히 동떨어진 주장을 전개하는데, 모든 바이러스가 위험의 원천일 수 있다는 관점을 견지한다. 그러면서 열악한 축산업 및 도축업이 새로운 바이러스 출현의 온상이 될 수 있다는 내용에 상당한 지면을 할애한다. 울프에 따르면 수렵 및 야생동물 도축, 애완동물과 식용 가축의 혼입混入, 집약적 가축 사육 같은 행태가 한데 어우러져 동물 숙주에 적응했던 바이러스가 사람에게로 이동해 처참한 결과를 야기할 가능성을 높인다. 게다가 현대적인 운송수단 덕분에 전 세계 사람들의 상호 연결성이 높아지는 상황에서는 여러 대륙에서 동시에 바이러스가 유행할 가능성도 함께 높아진다.

네이선 울프는 지난 세기에 새롭게 식별된 바이러스 비율을 연구한 공동 연구자의 연구 결과를 근거로, 향후 10년 동안 매년 평균적으로 최소한 한두 종의 새로운 바이러스가 식별될 것이라고 주장한다. 이는 높아진 이동성, 생활방식의 변화, 점점 더 정교해지는 바이러스 추적 작업 덕분이다. 수많은 다른 저술가들과 마찬가지로 향후 인플루엔자나 그 밖의 전염병이 유행할 가능성이 높다고 주장하는 울프는 '전 세계 바이러스 예보계획Global Viral Forecasting' 사업을 주도하고 있다. 그러면서 사람들에게 전염병이 무작위로 일어나는 것이 아니라는 사실과 올바른 감시 도구를 활용하면 예측 및 예방이 가능하다는 사실을 알리고자 한다. "전염병을 예측하고 예방하는 일이 쉽지는 않지만 당장 시작할 수 있는 일임에는 틀림없다. 관련 기술이 조금씩 발전해나감에 따라 앞으로는 전염병 예측과 예방이 더 쉬워지고 정확해질 것으로 기대한다."[5]

유럽 질병통제 예방센터European Centre for Disease Prevention and Control, ECDC 소속 연구자들이 같은 해 발표한 연구 역시 네이선 울프의 의견과 궤를 같이 하고[6], 그 이전에 발간된 저술들도 지난 반세기 사이 수백 종의 인간 병원체가 등장하거나 재등장했다고 언급한 바 있다. 이러한 저술의 저자들은 "현재 보유한 질병 관련 지식을 바탕으로 사회생태학적 맥락의 변화를 고려해" 2020년 유럽에 유행할 가능성이 있는 전염병이 무엇인지 식별해내려는 노력을 기울이고 있다.

최신 컴퓨터와 정보 기술을 활용해 포괄적인 감시를 게을리하지 않고 백신 개발에 충분히 투자한다면 전염병을 재난으로 묘사하는 대부분의 영화가 그리는 것처럼 인류는 전염병 유행이라는 과제를 극복할 수 있을 것이고, 일부 영화에서 묘사하는 것처럼 인류가 완전히 사라지는 일을 피할 수 있을 것이다. 물론 이런 기술이나 바이러스학자 및 제약 산업이 기울이는 최선의 노력이 영화에서 묘사하는 사람들의 공포와 사회 분열을 처리하는 데 얼마나 기여할지는 별개의 문제다. 새로운 백신을 신속하게 생산할 수 있는 능력 외에 전염병 대비에 필요한 다른 요소가 있는가? 미국에서는 생물테러에 대한 두려움이 높아진 나머지 용의자를 강제 격리해 조사할 수 있는 권한을 지닌 비상 권력을 요구하는 목소리가 높아지고 있다. 그렇게 될 경우 비단 테러 용의자뿐 아니라 '무기로 사용될 수 있는' 하나 이상의 병원체에 감염된 것으로 의심되는 일반인까지도 모두 용의선상에 오를 가능성이 높다.

공동체가 혼돈에 빠질지 여부가 공동체 구성원의 대응 방식에 달려 있다면 〈컨테이전〉 같은 영화는 단순한 볼거리 이상의 의미를 지닌다고 할 수 있다. 영화를 통해 실험복을 걸친 바이러스학자들에 대한 사람들의 신뢰를 강화할 수 있을 뿐 아니라, 사람들이 그런 상황에서 취할 수 있는 행동 방식을 머릿속에 미리 그려볼 수 있기 때문이다. 이를테면 영화에 등장하는 CDC 담당자와 같은 정부 대변인이 사람들이 직면한 위험에 대해 설명하면서 토해내는 모든 말을 신뢰할지 말지 여부를 생각해볼 수 있는 것이다.

인간의 면역 체계를 보완하는 백신

그렇다면 사람들은 과학자에게 무엇을 기대하는가? 또 〈컨테이전〉에 등장하는 과학자들이 개발하려고 애쓰는 것은 정확히 무엇인가? 위키피디아는 백신을 "특정 질병에 대한 능동획득 면역을 제공해 특정 질병에 생물학적으로 대비할 수 있도록 지원하는 물질"이라고 아주 단순하게 정의한다. 즉, 백신은 자연에서 발견되는 물질에서 유래하고 특정 질병에 연계되는 생물학적인 물질로, 유익한 것이다. 따라서 자양강장제나 아스피린과는 종류가 다르다. 그렇다면 '능동획득 면역'이란 무엇이고 백신은 왜 특별한가?

현미경으로만 확인할 수 있는 작은 유기체의 대부분은 인체를 위험에 빠뜨릴 가능성을 지니고 있지만, 지구상에 살아 있는 유기체 중에서 압도적인 수를 차지하는 바이러스, 박테리아, 기생충, 곰팡이가 반드시 해로운 것은 아니어서 인간과 공존하는 경우도 있다. 예를 들어 인간의 위, 장, 생식기에 서식하는 일부 박테리아는 인간의 신체가 염증을 일으키지 않도록 도와주기도 하고 인간이 섭취한 음식을 소화시킬 수 있도록 지원하기도 한다.

유익하든 해롭든 관계없이 인체 외부에 존재하는 모든 미생물은 인간의 면역 체계가 인지할 수 있는 고유한 표식을 지니고 있으므로 인체에 해로운 미생물이 침입할 경우 면역 체계가 작동해 이를 제거한다. 백신은 면역 체계가 이와 같은 일을 수행하도록 돕는 물질이다. 질병을 유발하는 유기체 조각인 항원을 지닌 백신은 인간의 면역 체계를 자극해 잠재적인 감염에 대응할 수 있도록 유도하는 동시에, 면역 체계가 병원체를 인식해 질병이 더 강해지기 전에 적합한 방식으로 공격할 수 있도록 돕는다.

백신은 면역 체계를 지원해 인체가 감염되지 않도록 보호한다. 면역 체계의 작동 방식은 답하기가 훨씬 까다로운데, 면역 체계가 마음대로 활용할 수 있는 방어 무기가 광범위할 뿐 아니라 면역 체계의 작동 방식을 연구하는 과학인 면역학이 매우 빠른 속도로 발전하고 있기 때문이다.

우선 인체는 림프구를 함유한 투명한 액체인 '림프'를 특별한 순환 체계를 통해 인체의 구석구석으로 실어 나른다. 림프구는 골수에서 생성되는 B세포 및 가슴 상부에 위치한 가슴샘(흉선胸腺)에서 생성되는 T세포와 마찬가지로 인체의 방어 체계를 구성하는 핵심 구성요소에 속한다. 미국 국립 보건원에서 발간한 자료가 B세포와 T세포를 이해하는 데 유용하게 활용될 수 있는데, 이 자료에서는 B세포와 T세포의 기능이 다소 다를 뿐 아니라 담당하는 면역의 형태도 다르다고 설명한다.[7]

B세포는 혈액과 림프를 따라 흐르다가 외부에서 들어온 항원을 만나면 거기에 붙어 다른 면역세포들이 해당 항원을 파괴할 수 있도록 표시하는 역할을 하는 항체를 형성한다. '항체 매개 면역'으로 알려진 체계를 담당하는 B세포는 다양한 기능을 하는데, 그중에는 인체의 면역 반응을 전반적으로 조정하고 규제하는 기능이 포함된다.

한편 T세포는 B세포처럼 혈액과 림프를 따라 흐르지만 외부의 침입자를 인식하는 데 그치지 않고 이를 공격해 파괴할 수 있다. '세포 매개 면역'이라고 알려진 체계를 담당하는 T세포에는 B세포를 일깨워 항체 형성을 유도하는 한편 다른 T세포와 면역 체계 청소세포인 대식세포大食細胞를 활성화하는 세포가 있다. 또 살해세포로 변신해 감염된 세포를 공격하고 파괴하는 동시에 불청객 미생물을 에워싸는 청소세포인 식세포食細胞를 순환하게 만드는 세포도 있다.

그중에서도 특히 중요한 것은 기억세포가 존재한다는 것이다. B세포와 T세포로 이루어진 군대가 인체 방어 작전을 시작하면 일부 세포는 기억세포라고 부르는 세포로 변신한다. 군대는 방어선을 구축하고 감염을 퇴치하면 '해산'하지만 기억세포는 그대로 남아 경계태세를 취하고 있다가 동일한 병원체가 되돌아와 공격할 경우 이를 인식하는 기능을 수행한다. 이와 같은 경고 기능 덕분에 면역 체계가 빠르게 공격태세로 선회할 수 있으므로 처음 병원체를 접했을 때보다 더 효과적으로 인체를 방어할 수 있다.

자연획득 면역은 이와 같은 과정을 거쳐서 형성되는데, 대부분의 사람은 태어날 때부터 이미 자연획득 면역의 도움을 받는다. 물론 정상적인 임신 과정의 일환으로 태아 상태일 때 어머니로부터 물려받는 특별한 면역세포도 있는데, 일반적으로 신생아는 특정 질병을 물리칠 수 있는 임시 면역을 몸에 지닌 상태로 세상에 태어난다.

한편 자연획득 면역과 구별되는 인공획득 면역은 그 이름에서 알 수 있듯이 백신 같은 물질을 인체에 투여해 얻을 수 있는 면역이다. 인공획득 면역은 다시 능동획득 면역과 수동획득 면역으로 구분할 수 있는데, 앞서 언급한 다른 내용들과 달리 이 내용은 불과 한 세기 전에야 세상에 알려졌다. 인공수동획득 면역은 다른 동물이나 다른 사람이 생성한 항체를 또 다른 인체에 투여해 질병을 예방하거나 치료하는 역할을 하는데, 예를 들면 파상풍 항독소나 광견병 면역글로불린을 인체에 투여해 수동 면역을 전달할 수 있다. 이 방법으로 확보할 수 있는 인공수동획득 면역은 빠르게 작용하지만 보호 효능 지속 기간이 매우 짧은 것이 특징이다. 따라서 오늘날에는 중증 질환을 앓고 난 직후처럼 특별히 취약한 경우에만 단기 보호 효능을 누릴 목적으로 사용하는 것이 일반적이다. 백신은 능동 면역을 위해 개발된 물질로, 면역 체계를 자극해 방어 체계를 구축하도록 지원한다.

〈컨테이전〉에는 면역과 관련된 이 모든 내용을 잘 알고 있는 바이러스학자들이 등장한다. 바이러스를 분리하고 백신을 개발하기 위해 연구실에서 고군분투하는 바이러스학자들은 백신의 작동 기제에 대한 풍부한 식견을 갖추고 있는데, 바이러스학자들이 하는 일에는 이와 같은 지식이 반드시 필요하기 때문이다. 한편 CDC와 WHO에 소속된 공공보건 전문가들의 사정은 바이러스학자들의 사정과 사뭇 다르다. 공공보건 전문가들은 전염병의 동역학을 이해하고 전염병의 확산 과정과 확산 속도를 파악해 샘플 수집을 위한 전략을 수립한다. 그럼으로써 전염병이 더는 확산되지 못하도록 방지하고, 개발된 백신을 보급하는 일이 그들의 주된 역할이기 때문이다. 마지막으로 〈컨테이전〉에 등장하는 일반인들은 현실을 살아가는 대부분의 사람들과 마찬가지로 바이러스학, 면역학 또는 역학에 문외한이다.

사물에 대한 정의가 중요하지 않은 것은 아니지만 (위키피디아에 수록된 백신의 정의같이) 사전이 제시하는 정의만으로는 설명할 수 없는 중요한 사항이 더 있다는 사실을 독자들도 어느 정도 이해하게 됐을 것이다. 사전적 정의만으로는 사람들이 (가장 넓은 의미의) '사물'에 부여하는 다양한 의미를 조명할 수 없다. 어떤 형태의 사물이든 사람들은 서로 다른 방식으로 사물과 관련되고 사물에 서로 다른 의미를 부여하기 때문이다. 따라서 여러 집단이 특정 대상을 각자에게 특정한 방식으로 사용하는 이유를 이해하는 데는 사전에서 제시하는 정의가 그다지 큰 도움이 되지 않는다.

좀 더 명확한 이해를 돕기 위해 항공기를 예로 들어 설명해보려 한다. 항공기 관계자들 모두에게 항공기는 중요한 사물이다. 하지만 엔진을 조립하는 엔지니어와, 수백 명의 사람이 지구 한편에서 반대편으로 안전하게 이동할 수 있도록 항공기를 운행할 책임을 지고 있는 조종사 그리고 매주 항공기를 이용해 암스테르담과 런던을 오가는 기업인에게 항공기의 의미가 같을 수는 없다. 항공기 관계자이지만 항공기에 서로 다른 의미를 부여하는 사람들의 예를 들자면 한도 끝도 없을 것이다. 승객이 내리면 그제야 항공기에 오르는 청소원, 수하물 담당자, 항공기 소음에 시달리며 잠을 청하는 공항 인근 지역 주민의 경우에도 항공기의 의미는 서로 다를 것이다. 따라서 〈컨테이전〉의 여러 등장인물들에게도 백신의 의미는 서로 다를 것이다. 누군가에게는 연구실에서 매일매일 씨름해야 하는 물질인 반면 다른 누군가에게는 필수적인 도구일 것이고 또 다른 누군가에게는 마지막 희망일 수 있는 것이다.

생물의학자生物醫學者들에게 백신은 인체에서 특정 효능을 발휘하는 물질을 의미한다. 따라서 생물의학자들은 인체를 자극해 문제가 되는 병원체에 대항할 수 있는 항체를 얼마나 생성할 수 있는지를 알려주는 '혈청변환율'을 중요한 수치로 여기는데, 이를 통해 백신의 효능을 가늠할 수 있기 때문이다. 면역 체계가 작동하기까지는 시간이 필요하지만 광범위한 혈청변환이 이루어지고 나면 특정 박테리아나 특정 바이러스에 대한 항체 테스트에서 양성 반응이 나타날 것이다. 한편 백신의 대규모 사용에 관여하는 공공보건 전문가나 국제보건기구 직원 또는 각국의 보건부 장관은 생물의학자들이 관심을 보이는 수치와는 전혀 다른 수치에 관심을 가질 것이다. 예를 들면 백신접종을 통해 줄일 수 있는 중환자 수나 사망자 수, 그리고 최근 들어 부쩍 관심이 높아진 백신접종 비용의 문제에 관심을 가질 것이다.

집단면역을 통한 공동체 보호 효과

공공보건의 최전선에서 고군분투하는 각 분야의 전문가들에게는 백신이 유도하는 면역 반응의 정확한 본질을 밝히는 일보다 백신을 사용할 최선의 방법을 밝히는 일이 더 중요하다. 사실 사람들은 바이러스나 T세포는 고사하고 항체의 존재조차 알지 못했던 시절에 이미 백신을 개발해 사용해왔기 때문이다. 역학자들과 공공보건 전문가들은 적절한 백신접종 전략을 수립할 책임을 지고 있는데, 이를테면 인체를 효과적으로 보호하기 위해 백신을 몇 차례 접종해야 할지, 몇 세에 백신을 접종해야 효능이 가장 높을지 같은 문제를 결정해야 한다. 너무 어린 나이에 백신을 접종하면 어머니에게서 물려받아 신생아를 보호하는 항체의 작용을 방해하거나 위험이 극대화되는 시기에 도달하기 전에 백신의 효능이 사라져버릴 위험이 있다. 반면 백신접종 시기가 너무 늦어지면 백신을 접종하기도 전에 먼저 감염되고 말 위험이 있기 때문에 백신접종과 관련된 문제는 신중하게 결정할 필요가 있다.

백신접종이 공동체의 보건을 증진하는 데 사용되는 유일한 수단은 아니지만 그 중요성이 커진다는 것 역시 부인할 수 없는 사실이다. 접종해야 할 백신이 나날이 새롭게 추가되면서 백신접종 일정도 점차 복잡해지고 있는데, 사실 오늘날 아동에게 보편적으로 접종하는 백신은 대부분 최근에 들어서야 접종하기 시작한 것이다. 예를 들어 미국의 경우 수두는 1996년부터, A형 간염은 2000년부터, 폐렴구균은 2001년부터 백신접종을 권고하기 시작했고, 영국은 2015년 9월부터 뇌수막염 B혈청형 백신을 생후 2개월 된 아기에게 접종하기 시작했다. 오늘날의 아동들은 부모 세대보다 훨씬 더 많은 질병에 백신을 접종받게 될 것인데, 조부모 세대와 비교하면 거의 갑절에 달할 것이다.

이와 같이 접종해야 하는 백신을 지속적으로 추가해온 결과 그리고 과거부터 접종해온 백신을 값비싼 형태의 새로운 백신으로 꾸준히 대체해온 결과, 아동의 백신접종에 소요되는 비용은 지속적으로 증가하고 있다. 이와 관련해 '국경없는의사회'는 현재 빈곤국 아동이 백신접종을 통해 예방하는 질병의 수는 2000년 대비 2배 증가한 반면 백신접종 비용은 무려 68배 증가했다고 지적한다.[8]

한편 잉글랜드와 웨일스에서 시행되는 백신접종 일정에 따르면 아동은 생후 2개월에서 14세 사이에 14가지 항원을 접종받는데, 미국과 오스트레일리아에서도 비슷한 수의 항원 접종을 권고한다. 항원이 14가지라고 해서 반드시 14번 접종을 받아야 하는 것은 아니다. 예를 들어 디프테리아, 파상풍, 백일해 또는 홍역, 유행성 이하선염(볼거리), 풍진처럼 하나의 백신에 여러 가지 항원이 결합돼 있는 경우가 있는 반면, 대부분의 백신은 장기적인 보호를 위해 두세 차례 접종을 받아야 하기 때문이다. 한편 접종이 아니라 사탕 섭취 방식이나 비강 분무 방식으로 투여하는 백신도 있다. 백신접종 일정은 국가에 따라 다른데, 네덜란드 아동은 생후 6주에서 생후 9주 사이에 백신접종을 시작해 11가지 항원을 접종받는 반면, 인도 아동은 출생 직후 3가지 백신을 접종받은 뒤 첫돌이 지나기 전에 9가지 백신을 추가로 접종받는다.

선진 산업사회에서는 대부분의 부모가 자녀에게 백신을 접종하기 위해 지정된 시간과 장소에 자녀를 데리고 가지만 모든 부모가 그런 것은 아니다. 그러나 사회는 자녀에게 백신을 접종하지 않는 부모가 등장했다는 사실과 그런 부모의 수가 증가하고 있다는 사실에 상당한 관심을 보인다. 이 문제가 중요한 이유는 사회의 대다수 구성원이 면역을 지니고 있을 경우 병원체(박테리아 또는 바이러스)가 감염시킬 마땅한 숙주를 찾지 못해 병원체의 전파가 차단되는 현상, 즉 '집단면역' 때문이다. 이는 백신을 접종하지 않은 사람이 소수일 경우 백신을 접종하지 않은 사람의 감염 가능성이 줄어들게 됨을 의미한다.

사회가 '백신접종률'에 큰 관심을 보이는 한 가지 이유는 백신접종률이 매우 높은 경우에만 집단면역이 형성되기 때문이다. 보통은 백신접종을 받은 사람이 인구의 80~90퍼센트를 차지하는 경우에 집단면역이 형성된다고 알려져 있다. 집단면역이 형성되는 정확한 백신접종률 수치는 알려져 있지 않은데, 백신의 효능에 따라 그리고 특정 병원체의 감염 가능성에 따라 그 수치가 달라지기 때문이다. 영화 〈컨테이전〉에서 역학자들이 시급하게 확인하려 했던 R_0라는 매개변수가 바로 이 병원체의 감염 가능성을 의미한다. 매개변수 R_0를 통해 감염된 사람이 존재하지 않는다면 아무도 감염되지 않을 테지만, 감염된 사람이 존재한다면 감염될 가능성이 있는 사람의 수를 확인할 수 있다. 즉 매개변수 R_0 값이 높을수록 해당 질병의 감염 가능성도 더 높아진다. 현재 인간 면역결핍 바이러스[HIV]/AIDS의 매개변수 R_0는 2~5, 소아마비의 매개변수 R_0는 5~7, 홍역의 매개변수 R_0는 15~18로 알려져 있다.

아시아와 아프리카 대부분의 지역에서 백신접종률은 이제 막 80~90퍼센트 수준에 도달하기 시작했는데 그나마도 소수의 기본적인 백신에만 해당하는 이야기다. WHO 홈페이지에 따르면 2014년 전 세계 아동의 86퍼센트는 소아마비 백신을 세 차례 접종했고, 85퍼센트는 홍역 백신을 한 차례 접종했다. 그러나 이 수치는 중국, 인도, 브라질같이 인구가 많은 국가의 데이터로 인해 크게 왜곡된 것으로, 소규모 국가들은 백신접종률이 매우 낮더라도 전 세계 수치에 별다른 영향을 미치지 못하는 형편이다. 한편 (인도를 비롯한) 많은 국가에서는 지역 간 불평등이나 사회경제적 불평등이 매우 극심하게 나타나는데, 이런 현실 역시 전 세계 수치에는 제대로 반영되지 못한다.

생활환경 개선(위생, 영양, 수질 개선)과 산모 및 신생아 돌봄 개선의 효과를 배제한 상태에서 순수한 백신의 효능을 파악하기란 지극히 어려운 일이다. 하지만 백신접종이 중증 질환으로 인한 아동 사망을 줄이는 데 기여한다는 것 역시 엄연한 사실임에 틀림없다. 예를 들어 소아마비 감염 건수는 1988년 35만 건에서 2014년 359건으로 99퍼센트 감소했다. 1955년 소아마비 감염 건수가 2만 9,000건에 달했고 그 사망자 수가 1,000명에 이르렀던 미국은 1960년대 말 이후 소아마비 환자가 단 한 명도 보고되지 않았다. 한편 전 세계 홍역 사망자 수는 2000년 54만 6,800명에서 2014년 11만 4,900명으로 79퍼센트 감소했다. 전 세계적으로는 백신접종률이 매우 낮은 국가가 여전히 많으므로 아직도 수많은 아동이 질병으로 목숨을 잃는 형편이다. 이 문제를 해결하기 위해 지난 40년 동안 백신접종 프로그램을 확대 적용하고 빈곤국 아동에게 접종하는 항원의 수를 늘리기 위한 노력이 상당히 많이 진척돼왔다.

자녀에게 백신을 접종하는 부모나 독감 백신을 접종받기 위해 매년 병원을 찾는 노인 가운데 백신과 관련된 여러 가지 사안에 크게 관심을 기울이는 경우는 매우 드물다. 즉, 대부분의 사람들은 면역 체계나 매개변수 R_0뿐 아니라 홍역, 소아마비 또는 말라리아 사망률 통계에 대한 지식이 거의 전무한 형편이다. 따라서 대부분의 부모, 적어도 백신접종 서비스를 받을 의향이 있는 부모가 자녀에게 백신접종을 하는 이유가 궁금해지지 않을 수 없다. 다른 부모들이 그들의 자녀에게 백신을 접종하고, 백신접종이 사회적으로 당연하게 여겨지므로 단순히 수동적인 태도로 자녀에게 백신을 접종하는가? 아니면 자녀가 직면할 위험을 평가해 적극적인 태도로 백신을 접종하는가?

물론 백신접종을 받더라도 모든 위험에 대비할 수 있는 것은 아니다. 세상에는 폭력, 주거 상실, 굶주림 같은 나날의 위험에 노출된 자녀를 둔 부모도 많은데, 이와 같은 부모들은 자녀의 생존을 보장하기 위해 다각적인 전략을 수립해야 한다. 하지만 이런 측면을 모두 다룰 수는 없으므로 여기에서는 위험의 범위를 아동의 건강을 위협하는 위험과, 부모가 생각하는 자녀가 직면한 위험으로 제한하고자 한다. 한편 역학자들이 추산한 감염 위험이 부모가 느끼는 자녀의 감염 위험과 반드시 일치하는 것은 아니다. 오늘날의 사람들은 위험에 점점 더 민감해지고 있을 뿐 아니라 위험을 회피하려는 경향도 커지고 있는데, 덕분에 시간이 흐를수록 백신접종에 대한 부모의 견해도 일관성이 없고 불안정해지는 경향을 보일 것이다.

백신접종의 딜레마

오랫동안 백신은 보건과 관련해 두 가지 차원에서 이해돼왔다. 한편으로는 아동 개개인의 취약한 신체를 보호하는 데 기여하는 물질로, 다른 한편으로는 '사회적 신체', 즉 공동체를 보호하는 데 기여하는 물질로 이해돼왔다. 백신에 대한 이 두 가지 이해를 잇는 연결고리는 집단면역 개념이다. 바야흐로 세계화가 진행되면서 여기에 전 세계라는 새로운 차원이 더해졌다. 따라서 보건 또는 보건을 증진하는 경로로서의 백신접종을 '재화財貨'라고 할 수 있다면 보건 또는 백신접종은 '전 세계적 공공재'라고 주장할 수 있다.

영어에서 '재화good'는 구입하거나 획득할 수 있는 물건(의복, 사과, 도서)과 이용할 수 있는 서비스를 의미하지만 또 다른 의미, 즉 ('나쁜 것bads'에 대치되는) '좋은 것'이라는 의미도 내포한다. 사람들이 소비하는 대부분의 재화는 '사적' 재화로, 사람들이 구입하는 쌀이나 빵, 지금까지 섭취한 음식 같은 일상적인 재화는 대부분 소비하면 사라지고 만다. 그러나 (신선한 공기, 도심 공원 또는 공공 도서관 같은) '공공재'는 누구나 무료로 사용할 수 있고 고갈되지 않을 뿐 아니라 타인이 사용한다고 해서 내가 사용할 수 있는 양이 줄어드는 것도 아니다. 이 개념을 확대해보면 전 세계적 공공재는 사람들에게 유익한 공공재로, 국경을 뛰어넘어 전 세계의 사람들이 사용할 수 있는 공공재라고 정의할 수 있으므로 어느 곳에 있는 누구라도 비용을 지불할 능력에 관계없이 전 세계적 공공재의 이점을 누릴 수 있어야 한다.

한편 이와 같은 유형의 재화를 생산하는 일에는 영리를 추구할 기회가 전혀 없는데 공공재는 그 정의상 비용 지불 능력에 관계없이 누구나 사용할 수 있는 것이므로 뚜렷한 이윤을 남기기 어려운 구조이기 때문이다. 그리고 바로 그런 이유로 사회 서비스, 식수, 도로, 기초 연구, 교육 등의 비용을 국가 수준의 정부가 부담하려고 하거나 이제까지 부담해온 것이다. 그런데 국가 수준의 정부는 '전 세계적' 공공재에 소요되는 비용을 지불할 책임이 없으므로 그 비용은 국제기구 또는 초국적 기구가 부담해야 할 것이다.

이와 같은 기준을 모두 충족하므로 백신접종이 명실상부한 전 세계적 공공재에 해당한다고 주장해온 인류학자 비나 다스는 최근 들어 대부분의 사람들이 백신접종을 공공재로 인식하고 있다고 설명한다. 이 설명은 백신접종이 유익한 재화라는 기본적인 인식이 널리 퍼지면서 전 세계적인 차원의 백신접종 캠페인에 자금이 지원되고 자원이 널리 배포되고 있음을 의미한다. 그렇다고 해서 아동 개개인의 건강 필요와 더불어 아동이 생활하는 지역사회의 보건 필요에 우선순위가 부여되고 있다고 이해해서는 안 된다. 그저 전 세계에서 살아가는 모든 사람의 건강 필요에 우선순위가 부여되고 있을 뿐이다.

그렇다면 '전 세계'에 우선순위를 부여한다는 말은 현실에서 어떤 모습으로 나타나는가? 1997년 비나 다스가 인도 마디아프라데시 주에서 한 연구를 통해 그 말의 의미를 엿볼 수 있다. 그녀의 연구에 따르면 인도의 가난한 소규모 농촌 마을 전역에는 먹을 것이 없어 굶주린 상태에서 중증 질환에 시달리는 아기가 상당히 많다. 아기 어머니들은 마을의 남자들이 약간의 쌀이라도 구해서 마을로 돌아오기만을 속수무책으로 기다릴 뿐이다. 고열에 시달리는 아기의 상태가 염려된 비나 다스가 아기 어머니에게 경구 수분보충 요법을 알고 있는지 물었지만 "경구 수분보충 요법을 아는 어머니는 없었고 (국가가 지원하는 조산사를 의미하는) ANM이 마을에 들른 적도 없었다. 그럼에도 전년 개최된 전국 백신접종의 날 National Immunization Day에는 온 마을 사람들이 중심 마을에 위치한 학교로 아기를 데려가 사탕 형태로 만든 경구 소아마비 백신을 투여해야 했다."[9] 솔직히 지속가능한 생활의 한계에 내몰려 생명이 경각에 달린 상황에 처한 사람들의 건강을 돌본다는 이유로 소아마비 백신접종을 가장 우선시한다는 것은 쉽게 납득하기 어렵다.

수백만 명에 달하는 농촌 지역 어머니들이 아기를 데리고 그 먼 길을 걸어가서, 심지어는 하루치 돈벌이까지 포기한 채 백신접종을 하는 이유는 무엇인가? B형 간염 바이러스 또는 로타 바이러스 같은 질병의 이름조차 들어본 적 없으면서 해당 질병에 대한 백신접종이 장차 아기의 건강과 복리에 반드시 필요하다고 여기기 때문인가? 아니면 마을의 다른 어머니들이 아기에게 백신접종을 하기 때문인가? 그것도 아니면 앞으로 얻게 될 무언가를 받으려고 또는 가치 있게 여기는 무언가를 박탈당하지 않으려고 백신접종을 하는가?

비나 다스는 백신접종을 받지 않은 아기에게 출생증명서를 발급하지 않음으로써 그에 따르는 복지급여를 받지 못하게 하는 전략을 고안해 공로를 인정받았다는 공공보건당국 관계자의 말을 인용한다. 그와 같은 조치가 '중요한 것은 사실이지만', 평범한 사람들의 입장에서 볼 때 최고의 선善이라고 할 수는 없는 "목표 및 목적을 달성하기 위해 시민의 권리 정도는 쉽게 묵살할 수 있는 일부 국제기구의 오만을 드러내는 증거"라는 비나 다스의 말은 전적으로 옳다.[10] 아기에게 백신접종을 하지 않아 아동 복지급여를 받지 못하는 가족이야말로 아동복지급여가 가장 절실한 가족일 가능성이 높기 때문이다.

인도에서 수행된 연구임에도, 비나 다스가 연구를 통해 다룬 주제는 보편적으로 적용될 수 있다. 영국이나 캐나다 또는 이탈리아의 부모들이 아기에게 백신을 접종하는 이유를 생각해볼 때도 동일한 질문을 던져볼 수 있기 때문이다. 부모들이 자녀에게 백신을 접종하는 이유는 면역이 건강에 미치는 유익한 영향에 확신을 가지고 있기 때문인가? 가족 주치의가 백신접종을 권하기 때문인가? 아니면 같은 사회에 속한 다른 어머니들이 자녀에게 백신을 접종하기 때문인가? 그것도 아니면 일부 국가에서처럼 백신접종을 하지 않으면 정부가 제재 조치를 내리기 때문인가?

미국의 아동은 백신접종을 모두 마쳤다는 사실을 입증해야만 공립학교에 들어갈 수 있고 캐나다의 일부 주에서도 마찬가지다. 오스트레일리아에서는 백신접종이 의무 사항은 아니지만 아동이 백신접종을 모두 마치지 않으면 부모가 특정 복지급여를 받지 못하는 경우가 발생한다. 유럽은 국가에 따라 현저한 입장 차이를 보인다. 절반가량의 국가에서는 백신접종이 의무가 아니지만 나머지 국가에서는 보통 소아마비를 포함한 하나 이상의 백신접종을 의무화하고 있고 일부 국가에서는 디프테리아와 파상풍 또는 B형 간염 백신을 의무화하고 있다. 백신접종이 의무이든 자율이든 관계없이 일반적으로 서유럽 국가의 백신접종률은 높은 편이다.

그렇다면 이것으로 아무런 문제가 없는가? 부모들이 자녀에게 백신을 접종하기만 한다면 백신접종이 자발적이든, (공동체 전체의 이익을 앞세우는) 이타주의에서 비롯된 것이든, 강요에 못 이긴 것이든 괜찮은가? 수치, 특히

두 얼굴의 백신

백신접종률에만 집중하면 수치 이면에 있는 진정한 문제를 놓치고 넘어가기 쉽다. 이를테면 백신접종을 거부하는 사람들이 많아서 필요한 백신접종률을 달성하기 어려울 경우 정부가 강제와 강압을 동원해 목표한 백신접종률을 달성할 가능성이 생기는 것이다. 즉, 목적이 수단을 정당화할 수 있는데, 이것이 온당한 일인가는 깊이 생각해볼 필요가 있다.

최근 몇 년 사이 강압적인 백신접종에 반대하는 목소리가 높아지고 있다. 백신접종에 반대하는 한 가지 주장은 상당히 실용적인데, 역사가 폴 그리노프는 남아시아에서 강압적으로 시행된 수두 백신접종에 대한 수준 높은 분석을 통해 다음과 같이 설명한다.

강압적인 백신접종은 감정에 앙금을 남기므로 다음 백신접종 캠페인에 대한 대중의 태도에 악영향을 미친다. 남아시아 곳곳에서는 국가 및 국가를 대신해 활동하는 대리인과 조우하면서 정신적 외상을 얻은 사람들의 사회적 기억을 쉽게 찾아볼 수 있다. 남아시아 지역에서는 문맹률이 높은 탓에 공적 행사를 대중의 머릿속에 각인시키려면 문서보다는 입소문을 활용해야 하는데, 정부를 대신해 활동하는 대리인이 수행하는 일의 동기를 폄훼하거나 매도하는 입소문이 나면 질병만큼이나 공공보건에 커다란 골칫거리로 남는다. 소문을 접한 사람들이 백신접종을 회피하거나 거부하기 때문이다.[11]

한편 1995년의 저술을 통해 그리노프는 이와는 사뭇 다른 주장이지만 당시에는 중요성을 더해가던 유형의 주장에 대해서도 논의한다. 베를린, 버밍엄 또는 보스턴이었다면 거의 납득하기 어려웠을 강압적인 방식의 백신접종이 방글라데시에서 정당화될 수 있었던 이유는 무얼까? 최근 몇 년 사이 인권, 개인의 권리, 시민의 권리에 대한 관심이 (보편적인 수준까지는 아니지만) 상당히 높아지고 있는데, 특히 1980년대 AIDS 전염 위기에 대응하는 과정에서 윤리적 문제가 부각돼 논란거리가 되면서 인권에 대한 관심이 부쩍 높아졌다.

정부의 강압적인 조치를 정당화할 수 있는 위협은 무엇인가? 아동의 85퍼센트가 백신접종을 받았다면 국가가 나머지 15퍼센트의 아동에게, 심지어 이들이 백신접종에 의심을 품고 있거나 백신접종에 반대하더라도 백신접종을 요구할 권리가 생기는가? 다른 사안에서처럼 신념이나 양심을 근거로 백신접종을 '거부'할 수는 없는가? 참고로 몇 년 전 이탈리아 정책 입안가들은 백신접종에 관련된 의무적인 요소를 제거하고 백신접종률이 전반적으로 높은 지방에 관련 권한을 이양해 이 문제를 지역사회의 부모들이 스스로 결정하게 한 바 있다.

그러나 위협에 대한 인식이 점차 높아지면서 정치인들의 입장은 그 반대 방향으로 움직일 것으로 보인다. 예를 들어 2016년 1월부터 캘리포니아 주에 거주하는 부모들은 의료적인 이유를 제외한 다른 이유로는 백신접종을 거부할 권리를 누릴 수 없게 됐다. 한편 윤리학자들은 백신에 관련된 그 밖의 다양한 딜레마를 논의하기 시작했는데, 아마 이런 논의 역시 위협에 대한 인식의 영향으로 촉발된 것으로 보인다.

전염병이 유행하기 시작했지만 백신 공급이 여전히 부족한 상황이라면 누구에게 먼저 백신을 공급해야 하는가? (예를 들어 이미 감염된 사람의 가족 구성원같이) 위험이 가장 높은 집단에게 가장 먼저 백신을 공급해야 하는가? (건강할 경우 사회에 가장 유익할 것이므로) 보건의료 종사자들에게 가장 먼저 백신을 공급해야 하는가? 아니면 아동인가? 그것도 아니면 감염됐을 때 가장 먼저 사망할 가능성이 높은 병약한 노인인가?

한편 위험 집단을 지정하는 일에는 또 다른 문제가 따른다. 예를 들어 역학자들은 (인종, 성적 취향, 연령, 성별 등을 토대로) 감염 위험이 평균보다 높은 특정 집단을 지정할 수 있다. 그렇다면 비용이 많이 드는 B형 간염 백신이 새로 개발됐을 당시 많은 국가들이 그랬던 것처럼 지정된 집단 구성원에게만 백신을 접종하는 것이 합리적인가? 아니면 그러한 행위는 이동의 자유를 제한하거나 수혈을 금지하는 것과 동일한 방식으로 낙인을 찍고 차별하는 행위인 것은 아닌가?

백신에 대한 맹신과 불신

부모들은 자녀의 백신접종을 어떻게 생각하는가? 한마디로 답할 수 있는 문제가 아닌 것만은 분명하다. 전 세계에 흩어져 살아가는 다양한 가족들이 처한 사회적, 문화적, 환경적 상황이 지극히 다르기 때문이다. 여러 종류의 모기, 깨끗한 식수 부족, 적절하지 못한 영양공급 같은 요인으로 아동의 건강이 지속적으로 위협받는 국가에서는 백신접종을 통해 아동의 건강을 보호하고자 하는 수요가, 자원이 부족한 해당 국가의 보건 체계로서는 감당할 수 없을 만큼 높을 것이다. 그러나 바로 그 보건 체계에 대한 접근성 부족이나 종교적 신념이 이와 같은 백신접종 수요를 떨어뜨리는 데 기여하기도 한다.

한편 백신접종을 당연하게 받아들이는 선진 산업사회에서는 대부분의 부모들이 자녀를 데리고 의사나 아동복지클리닉을 찾아 백신접종 일정에 따라 백신을 접종하고 자녀의 성장 및 발달 상태를 확인한다. 오늘날 서유럽, 북아메리카, 그 밖의 여러 다른 지역 부모들은 일반적으로 이렇게 행동한다. 앞서 언급한 바와 같이 확신(백신접종을 통해 어린 아이들이 홍역이나 백일해 또는 B형 간염에 감염되는 일을 방지할 수 있으리라는 믿음)을 가지고 자녀에게 백신을 접종하는 경우도 있을 것이고, 사람들이 신뢰하는 의사, 간호사 또는 방문 보건 담당자가 백신접종을 권했기 때문에 자녀에게 백신을 접종하는 경우도 있을 것이다. 사실 자녀에게 백신을 접종하면서도 그 이유를 깊이 고민해본 사람은 거의 없고 대부분의 부모는 자기 자녀의 차례가 오기를 잠자코 기다리는 것이 현실이다.

그러나 새롭고 치명적인 바이러스가 유행하면 사람들의 견해에 균열이 일면서 변화의 조짐이 나타난다. 공공보건당국이 학교의 휴업을 명령하고 사람들에게 여행 중단 및 악수 자제를 권고하거나 임신 자제를 요청하는 순간 정상적인 생활이 무너지기 때문이다. 한편 1918년 유행한 스페인 독감과 새롭게 유행하는 전염병을 비교하거나, 그로 인한 감염자 수를 예상해보는 과정에서 사람들의 불안은 더욱 커진다. 그 과정에서 백신이 최선의 또는 유일한 희망으로 떠오르는 상황이 오면 그때부터 백신접종은 일상적인 활동의 범주에서 벗어나고 사람들은 사뭇 다른 문화적 시나리오에 의존한다. 즉, 지금까지 보아온 영화를 기억해내고 영화 속 과학자들이 인류를 구원하는 이야기를 떠올린 사람들은 기대감에 한껏 부풀어올라 지금 당장 백신을 그 무엇보다도 더 간절하게 원하게 되는 것이다!

백신접종에 대한 부모들의 생각이 단지 수동적인 수용과 공포심에서 비롯된 적극적인 요구 사이를 오간다는 주장만으로는 백신접종과 관련된 전체적인 맥락을 제대로 포착하기 어렵다. 보다 회의적인 제3의 입장도 존재하기 때문인데, 이 입장은 다시 더 강경한 입장과 더 온건한 입장으로 나뉜다. 제3의 입장을 취하는 부모 중에는 자녀의 면역이 반드시 '자연적'인 경로를 통해 구축돼야 하고 그들이 병원성 물질이라고 생각하는 다른 물질에 의해 '강화돼서는' 안 된다고 확신하는 부류가 있다. 이런 입장을 지닌 부모들은 '수두 파티'를 열거나 그 밖의 방법으로 감염된 아이들이 자기 자녀를 감염시키게 만들어 면역을 획득할 수 있게 한다.

한편 백신이 다양한 질병을 유발한다고 확신하는 부모들도 있는데, 이들은 주로 자폐증, 기면증, 과민성 대장 증후군같이 원인이 불분명한 질병의 원인을 백신에서 찾는 경향을 보인다. 선진 산업국가에는 이런 생각을 지닌 부모가 많지 않은 편이지만 인터넷을 살펴보면 이와 같은 생각이 의외로 널리 퍼져 있음을 확인할 수 있다. 더 온건한 입장, 즉 백신에 대한 확신이 없고 의심을 품은 사람들이 더 강경한 입장을 지닌 사람보다 훨씬 더 많다. 그러나 이들은 자신들의 입장을 화려하게 포장하지도 않고 온라인에서 활발하게 활동하지도 않기 때문에 더 강경한 입장을 지닌 사람들에 비해 눈에 띄지 않는 경향이 있다. 어쨌든 이런 불확실성을 느끼는 제3의 입장이 발생하고 확산되는 원인은 이 책의 마지막 장에서 논의할 것이다.

미국의 유명 대학교 영문학부에서 교편을 잡고 있는 작가인 율라 비스는 백신에 대한 견해를 담은 책을 발간해 세간의 이목을 끌었다. 이 책에서 율라 비스는 임신 기간에 배 속 태아를 보호해야 할 필요성을 절실하게 느껴 태아를 가장 잘 보호할 수 있는 방법을 찾아 나서게 되었다고 밝힌다. 아기가 태어나기 전부터 백신접종에 대한 자료를 접하기 시작한 율라 비스는 이내 다양한 백신의 안전성 및 효능을 둘러싼 논쟁과, 백신이 흔히 함유하고 있는 포름알데히드, 수은, 알루미늄 같은 첨가제 및 보존제를 둘러싼 산더미 같은 논쟁에 맞닥뜨렸다.

책을 통해 면역의 개념, 혈액과 뱀파이어 신화의 문화적 중요성, 문화적 '타자'를 감염의 원인으로 여기는 뿌리 깊은 고정 관념에 대해 성찰한 율라 비스는 어머니들과 대화를 나눠본 결과 백신에 대한 불신의 감정이 널리 확산돼 있음을 확인할 수 있었다고 기록한다. 즉, 사람들은 미숙한 정부당국과 대중매체를 믿지 못할 뿐 아니라 이윤만을 앞세우는 기업의 탐욕으로 모든 것이 부패해버리고 마는 현실을 우려하는 것이다.

율라 비스는 심지어 언어조차 더럽혀지고 말았다고 지적하면서 '집단 면역'이라는 용어에 대해 이렇게 말한다. "안타깝게도 집단면역이라는 용어에는 어리석음이라는 의미가 따라다닌다. 집단이 어리석음의 대명사이기 때문이다."[12] 누구를 그리고 무엇을 믿어야 하는가? 이윽고 율라 비스는 교육 수준이 높은 중산층 전문가들의 세계로 눈을 돌리는데, 이들의 세계는 의심과 불안으로 얼룩져 있고 모순된 정보가 난무할 뿐 아니라 공공 기관 및 민간 기관에 대한 불신이 만연해 있었다. 그러나 한편으로 이 전문가들은 자신들이 보호받을 수 있는 세계에서 특권을 누리면서 생활한다고 느끼고 있었다. 이와 관련해 율라 비스는 이렇게 기록한다. "나와 비슷한 사회적 위치에 있는 많은 사람은 공공보건 조치가 우리 같은 사람들을 위한 것이어서는 안 된다는 인식을 지니고 있다."[13]

아들이 태어나자 율라 비스는 아들에게 백신을 접종했지만 그 결정은 확신을 가지고 아무런 의심 없이 내린 결정이 아니었다. 율라 비스는 자신이 물려받은 문화와 사회에 만연한 불신 및 배신의 감정, 그리고 그로 인해 자신이 살아가는 세계의 매력이 사라져가는 현실을 감안할 때 확신을 가지고 아무런 의심 없이 백신을 접종하기가 얼마나 어려운 일일 수 있는지 사람들이 이해하기를 바라며 글을 마무리했다.

윤리적 성찰은 사람들이 '올바른' 결정을 내리도록 돕는다. 그렇다면 어떤 유형의 성찰을 해야 올바른 결정을 내리면서 살아가는 데 도움이 되고, 결정을 내리는 과정에 의문을 제기할 수 있는가?

백신에 의존하게 된 공공보건

오늘날 백신과 백신접종에 행해지는 투자는 실로 막대하다. 한 차례 투여 시 몇 센트에 불과한 백신에서 수백 파운드, 수백 유로 또는 수백 달러가 넘는 백신에 이르는 다양한 백신 수백만 병이 판매된다. 현재 연간 250억 달러 규모에 달하는 전 세계 백신 시장은 빠른 속도로 성장하고 있다. 한편 사람들은 백신 기술을 통해 자녀들이 감염을 피함으로써 병을 얻지 않고, 그 결과 목숨을 잃지 않으리라는 기대를 품고 있는데, 기술에 대한 이와 같은 정서적 투자 역시 금전적 투자 못지않게 막대하다. 보건부 장관과 공공보건 자문가들의 입장에서 보면 백신에 대한 정치적 투자 역시 막대하긴 마찬가지인데, 전국 차원의 백신접종 프로그램을 추진한다는 것은 한 사람의 명성을 거는 일이나 다름없기 때문이다. 백신접종 프로그램을 통해 많은 사람의 목숨을 구할 수 있다면 명성을 얻겠지만, 유감스럽게도 백신접종 캠페인의 결과가 예상했던 것과 다르다면 누군가는 그 책임을 져야만 한다.

1976년 2월 뉴저지 주 포트 딕스에서 군에 입대한 신병이 1918년 유행했던 스페인 독감(자세한 내용은 뒤에 소개) 바이러스와 유사해 보이는 인플루엔자 바이러스에 감염됐음이 확인됐다. 미국 정부 산하 '백신접종 자문위원회'는 전국적 백신접종 프로그램을 시행해 '돼지 독감'이라고 알려지게 될 질병에 대응해야 한다고 권고했다. CDC 소장은 연방정부에 즉시 연락해 제약회사와 백신 생산 계약을 체결하고 모든 미국인에게 접종할 수 있도록 백신을 충분히 확보할 것을 권고했다. 대통령 선거가 임박한 시점이었으므로 백악관도 백신접종 프로그램에 관여했는데, 고위급 회의를 주관한 제럴드 포드 대통령은 기자 간담회를 열어 이와 같은 전문가 권고를 따르기로 했다고 발표했다.

이에 따라 신설된 '전미 인플루엔자 백신접종 프로그램'은 1억 3,700만 달러의 예산을 들여 4,000만 명이 넘는 미국인에게 백신을 접종했다. 안타깝게도 백신 부작용으로 54명이 신경학적 질환인 길랭-바레 증후군 진단을 받은 반면, 발생하리라 예상됐던 전염병은 나타나지 않았다. 오직 한 사람, 즉 군 입대 직후 인플루엔자 감염 진단을 받은 신병만이 유일하게 1976년에 유행한 그 인플루엔자(돼지 독감)로 사망하는 데 그쳤다. 결국 같은 해 12월 전미 인플루엔자 백신접종 프로그램은 취소됐고 차기 미국 대통령 지미 카터와 당시 보건교육복지부 장관이었던 조지프 칼리파노는 CDC 소장을 교체했다. 한순간에 정부에 대한 신용과 신뢰가 추락했고 수백만 달러에 달하는 거금이 날아가고 말았다.

이 이야기에서 얻을 수 있는 교훈은 무엇인가? 리처드 크라우스는 1976년 큰 실패를 맛본 돼지 독감 백신접종 프로그램에 관여한 바 있는데, 2006년에 쓴 글을 통해 이와 유사한 불확실성에 직면한 공공보건 의사 결정자들에게 다음과 같은 교훈을 남겼다.

오늘날 조류 인플루엔자에 직면한 국가 기관과 국제기구 및 동남아시아 각국의 보건부 장관들은 최선봉에 서서 치료제를 비축해야 할지, 백신을 준비해야 할지, 감염된 가금류를 살처분해야 할지 등에 관해 현실적으로 결정을 내려야 한다. 어려운 선택을 해야 할 때면 비판이 따르기 마련이지만, 해리 트루먼 대통령이 말한 대로 "열기를 견딜 수 없다면 주방에서 일할 수 없는 법"이다.[14]

조류 독감 또는 그 이후 등장한 '돼지 독감'에 직면한 후임자들이 이

글을 읽었다면 분명 쓴웃음을 지었을 것이다. 그러나 과거의 사건을 되돌아보는 이유는 비단 사건 사이의 유사점을 비교해 교훈으로 삼기 위해서만은 아니다. 누구든 '지금 여기에 있게 된 이유'에 대해 자문해본 경험이 있으리라고 생각하는데, 과거를 되돌아봄으로써 현재의 삶에 많은 도움을 얻기도 하기 때문이다.

그렇다면 사회문제는 어떠한가? 우리가 공동체, 사회 또는 정체政體를 구성하게 된 과정을 설명함으로써 사회문제에 모종의 기여를 할 수 있지 않을까? 조금 더 구체적으로 공공보건이 백신접종에 이토록 의존하게 된 과정이나, 병원성 물질을 체내에 투여하는 방법으로 작고 가녀린 아동의 건강을 보호하는 것을 책임감 있는 행동으로 여기게 된 과정을 되돌아본다면 모종의 교훈을 얻을 수 있지 않을까? 만일 그렇다면 그 성찰의 과정을 통해 긍정적이든 부정적이든 관계없이 백신접종에 대한 태도에는 깊은 근원이 있고, 사람들이 직관적으로 느끼는 것보다 백신이 훨씬 더 많은 기능을 한다는 사실을 알게 될 것이다.

근대의 공공보건은 백신접종에 크게 의존하고 있지만, 사실 공공보건의 역사는 백신이 존재하지도 않았던 오래전부터 이어져왔다. 중앙정부, 주정부, 도시 행정당국은 관할하에 있는 사람들을 감염으로부터 보호하기 위해 크게 두 가지 접근법에 의존해왔다. 한 가지 접근법은 '격리주의'로, 감염 가능성이 높은 사람, 소유물 및 가축을 격리해 이동을 제한함으로써 감염의 전파를 차단하려는 입장이다. 반면 '위생주의'는 소독을 통해 청결을 유지함으로써 사람들이 일하고 생활하는 장소의 조건을 향상해 균을 제거하는 일의 중요성을 강조한다. 의학사가들 사이에서는 격리주의가 권위주의 정부에 부합한다는 견해가 설득력을 얻고 있다. 실제로도 프로이센 같은 권위주의 정부는 격리주의를 채택하는 경향을 보이는 반면 영국 같은 자유민주주의 정치 체제에서는 위생주의를 선호하는 경향을 보인다.

19세기 후반으로 접어들면서 특정 생물학적 실체 또는 '균'이 질병을 유발한다는 견해가 설득력을 얻기 시작했다. 격리주의적 견해에 더 쉽게 부응하는 세균학이라는 과학이 새롭게 태동해 공공보건에 대한 사고에 영향을 미치기 시작한 것이다. 물론 처음부터 큰 변화가 일었던 것은 아니다. 그러나 세균학 덕분에 지금까지와 마찬가지로 불결과 빈곤만으로 질병의 원인을 설명하기가 어려워졌고, 그 결과 환경적 요인과 위생 조치에 미생물에 대한 지식을 배제할 수 없게 됐다. 새로운 발견을 통해 격리주의와 위생주의가 모두 수정되는 경향을 보이면서 위생주의적 조치만으로는 감염의 확산을 통제하기 어려울 수 있다는 사실을 깨닫게 됐다. 그런가 하면 새로운 과학에 매료된 많은 사람이 몸속에 균이 존재한다는 사실을 통해 감염된 사람을 식별할 수 있게 됐다는 사실을 감안하면서 기존 방식의 격리 조치의 필요성에 의문을 제기하기도 했다.

그러나 20세기 초 강대국들이 격리주의를 지지하면서 이를 경쟁국과의 무역 거래를 제한하는 수단으로 삼았다는 역사가 피터 볼드윈의 언급처럼, 과학은 과학이고 정치는 정치일 뿐이었다.[15] 각국이 자국에 적절한 위생 조치를 구현하기 위해 참고할 수 있는 국제적 차원의 협약도 없었을 뿐더러, 볼드윈이 설명한 대로 대중 역시 격리 조치가 공공보건을 수호하는 중요한 도구임을 인정하는 형편이었다. 일부 도시나 국가의 시민들은 격리 조치를 통해 안전하다고 느꼈으므로 정치가들이 격리 조치를 포기하기란 쉬운 일이 아니었다. 따라서 한 세기가 지난 지금까지도 격리 조치는 공공보건을 증진하는 중요한 도구로 사용되고 있다.

그렇다면 격리주의가 강세를 보이는 상황에서도 백신이 자리를 잡을 수 있었던 이유는 무엇인가? 이 책을 쓰는 동안 참고한 옥스퍼드 영어사전에 따르면 '백신을 접종하다'라는 용어가 처음 사용된 시기는 1803년인데, 당시에는 이 용어가 "우두牛痘 바이러스를 사람에게 접종해 천연두를 예방하는 일"을 의미했다고 한다.[16] 한편 '백신'이라는 단어는 암소를 의미하는 라틴어 단어에서 유래한 것으로, 백신 및 백신접종이라는 용어의 기원과 그 활용에 관련된 이야기는 이미 세간에 널리 알려져 있다.

18세기 후반 천연두는 주로 아동이 많이 걸리는 질병이었다. 한 해 동안 영국에서만 수만 명, 유럽 전역에서 약 100만 명의 목숨을 앗아간 천연두는 목숨을 잃지는 않더라도 평생 안고 살아가야 하는 흉터나 장애를 남기는 무서운 질병이었다. 그러다가 19세기 초 천연두 사망률이 급속히 감소했는데, 보통은 영국의 시골 의사 에드워드 제너가 그 중심에서 활약한 인물로 알려져 있다. 그러나 H. J. 패리시는 《백신접종의 역사History of Immunization》에서 조금 복잡한 이야기를 들려준다.[17]

패리시에 따르면 우두 병원균을 활용한 최초의 인물은 도싯의 농부 벤저민 제스티였다. 제스티는 일꾼 두 명이 우두를 앓고 난 이후 천연두에 면역이 생긴 것처럼 보였다는 사실에 착안해 자신의 가족에게 우두 병원균을 접종했다. 그로부터 20년 뒤 글로체스터셔의 의사 에드워드 제너가 우두를 앓고 나면 천연두를 예방할 수 있다는 세간의 믿음을 보다 과학적인 방법으로 검증했다는 것이다. 1796년 제너는 사람의 팔에 생채기를 낸 뒤 우두를 앓는 사람의 병변에서 채취한 액체를 문지르면, 우두 병원균이 옮은 사람에게서도 천연두 예방 효능이 발휘된다는 사실을 입증했다. 덕분에 이제는 우두를 앓는 암소가 없어도 천연두를 예방할 수 있게 됐다.

다른 사람에게 문지르는 액체는 '인간화 림프humanized lymph'라고 불렀는데, 그리스어인 '림프'는 맑고 깨끗한 시냇물을 의미한다. 앞서 살펴본 바와 같이 오늘날에도 림프는 인체 내에서 특정 세포를 실어 나르는 투명한 액체를 의미하는 말로 사용된다. 런던에서 활동하는 저명한 의사들이 제너의 연구 결과를 검증한 끝에 1800년부터 수많은 천연두 치료 병원에서 제너의 천연두 치료법을 채택했고, 전 세계적으로 10만 명이 인간화 림프를 접종받았다. 나폴레옹과 토머스 제퍼슨 미국 대통령이 제너의 천연두 치료법을 강력하게 지지했을 뿐 아니라 1808년 영국 왕립 의학회는 제너의 요청에 따라 런던의 국립 백신 연구소 설립을 후원했다.

국립 백신 연구소는 영국과 영국 식민지 전역은 물론, (이따금) 유럽의 다른 국가에서 요청이 들어오는 경우에도 림프를 공급했다. 그러나 이내 수요를 따라잡기가 어렵고, 먼 거리를 이동하는 동안 림프 손상을 방지할 뾰족한 방법이 없다는 사실이 드러났다. 한편 모든 사람이 제너의 천연두 치료법을 신뢰한 것도 아니어서 여러 의사와 과학자를 비롯한 많은 사람은 여전히 인체에 유해할 가능성이 있는 물질을, 심지어 아동의 신체에 의도적으로 투여해 인체를 보호한다는 생각에 어불성설이라거나 위험하다고 일축했다.

스페인에서는 국왕을 모시는 자문가들이 림프 수송 문제를 해결할 획기적인 방안을 찾아냈다. 왕실 가족 구성원이 천연두를 앓았던 경험이 있는 스페인 국왕은 1802년 스페인 식민지 전역에 천연두가 유행한다는 정보를 접하고는 1803년 백신 원정대를 조직해 식민지로 파견했다. 스페인에서 출항한 배에는 22명의 고아가 타고 있었는데, 몇 달 뒤 남아메리카에 도착할 때까지 한 아동에게서 다른 아동으로 백신(림프)을 옮기는 방법으로 림프를 활성 상태로 유지하기 위한 조처였다. 그런 다음 멕시코를 떠난 배가 필리핀으로 향할 때는 25명의 멕시코 고아가 배에 올랐다

(그다음 행선지는 마카오에서 광저우였다). 스페인 백신 원정대는 배가 도착하는 곳마다 현지에서 림프를 생산하고 체계적으로 접종할 수 있는 방안을 마련하기 위해 노력했다. 그러나 결과는 지역에 따라 다르게 나타났고, 나중이 돼서야 현지에서 생산하는 방법 외에는 림프를 생산할 다른 방법이 없음을 확인했다.

림프가 널리 사용되면서 각국 정부는 림프 접종을 의무화했고 이를 거부하는 사람을 처벌했다. 전 세계 곳곳에 천연두 백신접종 프로그램이 자리 잡은 결과 천연두로 인해 흉터가 남거나 사망하는 사례가 크게 줄어들었다.

의무 백신접종과 대중의 저항

제너의 발견과 다음 장에서 논의할 선구적인 세균학자들의 연구 결과는 더 나은 백신을 더 많이 개발하고 생산하는 데 기여하는 근대 백신학의 기초가 됐다. 돌이켜 볼 때 일단 무슨 일이 생기면, 그 이후 발생한 모든 과학적, 기술적, 의학적 사건에 대해서는 비교적 쉽게 진보 담론을 구성할 수 있는 것 같다. 그리고 이 진보 담론이 바로 사람들이 익숙하게 느끼는 과학과 기술의 역사다. 그러나 백신과 백신접종의 역사에서 파악할 수 있는 담론은 진보 담론뿐이 아니다. 좀 더 비판적인 시각을 가지고 이 문제를 들여다보면 다른 주제, 다른 담론이 가능하다는 사실을 이내 깨달을 수 있을 것이다.

예를 들면 백신 사용 문제를 생각해볼 수 있다. 지금까지 백신을 어떻게 사용해왔고 (보통은 아동인) 사람들을 보호한다는 명목으로 백신을 어떤 방식으로 접종해왔는가? 백신접종과 다른 의료 활동 또는 의료 서비스는 어떤 연관을 지니는가? 어떤 백신을 누구에게 접종할지는 누가 무슨 근거로 결정하는가? 백신접종은 자발적인가 아니면 강압적인 요소가 개입되는가? 대중은 백신접종을 어떻게 느끼고 인식하는가? 이러한 문제와 관련해 적어도 선진 산업국가의 부모들은 자녀에게 백신을 접종하는 일을 지극히 평범하고 당연한 일로 여긴다고 볼 수 있다. 그렇다면 백신이 위험한 생물학적 물질로 만들어진(졌던) 것임을 감안할 때 이런 태도는 어디에서 비롯되는가? 이 지극히 '평범한 행동' 이면에 있는 견해는 얼마나 '안정적'인가? 공포심 때문에 이 견해가 불안정해질 경우 (백신에 강박적으로 집착하는 사람들로 인해 백신 수요가 치솟은 영화에서처럼) 백신 수요가 급증하는 것은 아닌가? 그런 일이 일어난다면 얼마나 많은 곳에서 일어날 것인가?

　과거에 일어난 개입과 경험을 통해 사람들의 집단 기억 속에 각인된 정보에 의존하는 현상을 '문화 자원 시나리오'라고 한다. 모든 사회에서 동일하게 나타나는 것은 아니지만, 대부분의 사회에서 사람들은 대체로 문화 자원 시나리오라고 부를 만한 정보를 접하면서 백신과 백신접종에 대한 생각을 형성해나간다. 따라서 근대 산업사회에서 대부분의 사람들은 평소에는 백신접종에 무관심하거나 수동적으로 수용하는 태도를 보이면서도 위험과 공포를 느끼면 백신접종을 유일한 희망으로 여기곤 하는 것이다. 그러나 많은 국가에서 백신접종을 의심하면서 이를 거부하는 사람들도 만나볼 수 있는데, 이 역시 백신과 관련해 사람들이 보일 수 있는 태도의 하나다. 세부사항이 달라질 수 있고 백신을 맹신하거나 의심하는 방식이 구성되는 과정도 변할 수 있지만, 중요한 것은 맹신과 의심 모두 깊은 근원에서 비롯된다는 것이다.

질병의 원인이 박테리아에 있다는 사실이 널리 알려진 뒤에도 전염병이 발생하면 언제나 뚜렷이 구별되는 '타자'에게 비난의 화살을 돌릴 필요가 모든 사회에서 고질적으로 발생하는 것처럼 보인다. 로이 포터가 지적한 대로 AIDS 전염이 시작되자 "AIDS는 동성애자가 전파하는 질병이라고 연일 떠들어댄" 타블로이드 신문은 동성애자가 AIDS의 주범이라는 메시지를 효과적으로 활용해 사람들의 공포를 극대화했다.[18] 낙인찍히는 일이 기분 좋은 일일 리 만무하므로, 동성애자들은 AIDS가 유발하는 고통을 과장되게 표현하면서 자신들을 AIDS 전염의 주범이라고 콕 집어 비난한 언론 보도에 즉시 대응했다.

이와 마찬가지로 한 세기 전에도 백신접종을 거부하는 '일반 대중'의 저항이 있었다. 19세기에는 천연두 감염이 두려운 일이었을 것이다. 그럼에도 모든 사람이 의무 백신접종 캠페인을 반긴 것은 아니어서 백신접종에 반발하면서 이를 거부하는 사람들이 나타났다.

1871년 네덜란드 정부는 모든 학생을 대상으로 백신접종을 의무화해 천연두 전염에 대응했는데, 몇 년 뒤 '의무 백신접종 반대동맹'이 결성되면서 의무 백신접종을 거부하는 광범위한 저항이 일어났다. 의무 백신접종에 반대하는 사람들은 백신접종 자체에 반대한다기보다는 백신접종을 의무화한다는 사실에 반대했다. 이를테면 동맹에 참여한 많은 성직자들은 의무 백신접종이 개인의 자유를 침해한다고 생각해 반대 입장을 폈다(20세기 초 네덜란드에서는 종교적 신념이 의무 백신접종을 거부할 수 있는 합당한 근거라는 견해가 널리 받아들여졌는데 이 견해는 오늘날까지 이어지고 있다).

1870년대와 1880년대 미국에서도 의무 백신접종을 거부하는 강력한 저항이 일어났다. 미국의 백신접종 반대협회 설립자들의 동기는 네덜란드에서 의무 백신접종 반대동맹을 결성한 사람들과는 약간 달랐다. 가령 미국에서는 (동종요법同種療法 의사를 비롯한) 무면허 의사들이 백신접종 반대 협회 설립을 주도했는데, 국가의 개입으로 진료 기회를 빼앗길까 봐 두려워했기 때문이다.

1853년에서 1871년 사이 유아에 대한 천연두 백신접종을 의무화하는 법안이 통과되자 잉글랜드와 웨일스에서도 백신접종에 반대하는 목소리가 높아졌다. 의료 혜택을 누릴 만한 금전적인 여유가 있는 사람들은 의무 백신접종 법안으로 별다른 불편을 겪을 일이 없었지만 가난한 사람들은 입장이 달랐다. 일반의의 진료를 받을 만한 금전적 여유가 없는 부모들은 빈민구제위원Poor Law Guardians의 방패 역할을 하는 국가 소속 의사에게 진료를 받아야 했다. 그런 상황 자체가 빈민에게 잔인하게 낙인을 찍는 일이었으므로, 빈민들은 바로 그런 이유로 구빈법과 관련된 정부의 모든 활동을 혐오했다.

한편 구빈법에 따라 백신을 접종하는 의사들이 법을 준수하지 않는 빈곤한 부모를 찾아내 기소하는 업무까지 담당했다는 점은 상황을 더 악화시키는 요인으로 작용했다. 역사가 나자 둘바흐는 국민의 '신체를 규제하는' 국가 활동이 나날이 증가한다는 사실에 노동 계급이 깊은 분노를 느꼈다고 지적했는데, 노동 계급은 의무 백신접종을 이와 같은 국가 활동의 일환으로 받아들였다.[19] 중산층이 중심이 된 자유주의적 백신접종 반대 운동은 기본적으로 의무 백신접종이 개인의 자유를 침해한다는 이유로 백신접종에 반대했다. 하지만 수천 명에 달하는 노동 계급 출신 백신접종 반대 운동가들의 동기는 조금 달랐다. 이 두 흐름은 1860년대에 등장한 백신접종 반대 운동을 통해 서로의 존재를 인식하게 됐다.

한편 백신접종 찬성론자와 반대론자는 모두 훌륭한 시민이라는 관념에 호소했는데, 나자 둘바흐는 그 과정에서 양측이 편 논리를 다음과 같이 설명한다. 찬성론자는 의무 백신접종이 질병으로부터 공동체를 보호한다고 주장하면서 의무 백신접종이 훌륭한 시민이 되는 지름길이라고 호소했다. 반면 반대론자는 훌륭한 시민이라면 타인의 신체를 존중해야 하지 (둘바흐가 인용한 어느 활동가가 지적한 대로) "타인의 신체를 합법적으로 침해"해서는 안 된다고 주장했다. 따라서 의무 백신접종 반대동맹이나 이와 유사한 조직에 가입한 노동 계급 구성원들은 백신접종 거부가 개인이 '선택한 생활방식'의 일부라고 주장했다. 이를테면 금주, 채식주의, 자조조직 가입 및 노조 가입 같은 활동과 마찬가지로 백신접종도 개인이 선택할 수 있는 생활방식의 일부라는 주장이었다.

잉글랜드에서도 백신접종 자체보다는 백신접종 의무화에 초점을 맞춘 상당한 저항이 일어났는데, 반대자들은 양심 등을 근거로 백신접종을 거부할 권리가 있다고 주장했다. 의무 백신접종에 반대하는 움직임을 통해 의무 백신접종 법안을 폐지하는 데 성공한 사회에서는 반대 운동이 수그러들기 시작했다. 예를 들어 1889년 영국 정부는 왕립 백신 위원회를 구성해 대중의 불만을 누그러뜨리기 위해 애썼다. 왕립 백신 위원회는 7년 동안 활동하면서 타협점을 찾아냈고, 마침내 1907년 백신접종을 거부할 권리를 보장하는 새로운 법안이 통과됐다.

백신접종, 의무인가 선택인가

정책 또는 대중의 의견에 초점을 맞추면 백신이 공공보건, 정치, 경제, 문화 측면에서 오늘과 같은 지위를 차지하게 된 과정에 대해 진보 담론과는 사뭇 다른 대안적인 설명 방법을 찾을 수 있다. 그럼에도 사람들은 이런 대안적인 설명보다 '과학' 담론, 즉 진보 담론에 더 익숙해져 있다. 그렇게 된 이유는 지극히 단순하다. 사람들은 끔찍한 질병을 물리치는 데 필요한 도구를 차례로 고안해내고 그 도구들이 점점 더 정교해져가는 과정을 보여주는 역사 이야기를 들으면서 마음의 평안을 느끼고 희망을 품기 때문이다. 만일 공공보건이 과학이 아닌 정치나 경제를 기반으로 한다고 생각한다면 사람들은 절대로 마음의 평안을 느낄 수 없을뿐더러 희망도 가질 수 없을 것이다. 한편 과학의 역사를 진보의 역사로 다루는 과학 담론은 백신이 희망에 찬 미래를 약속하므로 당장 백신 개발에 투자할 필요가 있다는 믿음의 정당화에도 손쉽게 이용될 수 있으므로 사뭇 유용하다.

그렇다면 이런 견해를 뒤집기 위해 애쓰는 이유는 무엇인가? 즉, 백신과 백신접종의 역사를 다른 방식으로 기술하려는 이유는 무엇인가? 아마 완전히 다른 사물, 즉 컴퓨터를 예로 들어보면 이해하기 수월할 것이다. 컴퓨터와 관련된 기록을 남긴다면 아마 컴퓨터 소형화의 역사나 그 어느 때보다 작아진 기기를 통해 누릴 수 있는 컴퓨팅 능력의 역사, 또는 미래에 등장할 가능성이 있는 생물컴퓨터나 반도체 칩 경제를 넘어선 미래의 경제에 대한 기록을 남길 수 있을 것이다. 그러나 이러한 기술의 역사에서 얻을 수 있는 통찰만으로는 컴퓨터 및 정보 기술에 관련된 가장 중요한 통찰, 즉 컴퓨터 및 정보 기술이 개인, 사회, 업무 방식에 영향을 미치는 방식 같은 사회적 전망 또는 문화적 전망은 확인할 수 없을 것이다.

그렇기에 20세기에 발생한 가장 중요한 사회 운동들의 목적은 주로 여성, 동성애자, 장애인, 핵, 자연환경 파괴 문제 같은 대안 담론을 표현하고 촉진하는 것이었다. 즉, 시간이 흐름에 따라 '자연스러워질' 뿐 아니라 자명하고 필연적이며 당연한 것처럼 여겨지고 마는 사물과 활동에서 문화적 덧칠을 벗겨내어 새롭게 조명하려 한 것이다. 한편 사회학자들이 '재구성'이라고 부르는 이와 같은 사실을 예술가들은 이미 200년 전에 인식한 바 있다.

거의 모든 기술이 갖가지 방식으로 사용될 수 있는데, 그 기술이 얼마나 효과적인가 하는 문제는 그 기술을 무엇에 사용하는가에 달려 있다. 예를 들어 드라이버는 문을 여는 데 사용할 수 있지만 배수구를 뚫는 데도 사용할 수 있다! 백신도 마찬가지다. 어쩌면 조금 이상하게 들릴지도 모르지만, 감염성 질환의 확산을 제한하는 것이 백신의 유일한 목적일까?

절대 아니다. 의무 백신접종을 거부하면서 저항한 사람들이 의무 백신접종을 노동 계급을 규율하거나 개인의 자유를 제한하려는 시도로 인식한 것은 사실이다. 그러나 어쩌면 천연두 백신접종이 시작됐을 당시에는 백신접종이 감염성 질환의 확산을 제한할 목적으로만 쓰였을지도 모를 일이다. 그러나 시간이 흐름에 따라 '백신접종'과 천연두 사이에 형성된 고유한 연계가 사라져갔고 한 세기가 지난 오늘날 백신은 '예방접종 목적에 사용되는 특정 유형의 바이러스'가 됐다. 의무 백신접종 관련법이 변경되고 (적어도 유럽에서는) 천연두 발병이 감소하면서 의무 백신접종을 거부하는 조직적인 저항이 사라진 동시에, 기저에 자리했던 감정, 연관성, 중요성에 대한 인식이 변화하고 만 것이다.

옥스퍼드 영어사전을 통해, 작가 겸 정치 활동가 이스라엘 쟁윌Israel Zangwill이 1892년 자신의 소설 《게토의 아이들Children of the Ghetto》에서 "그가 나처럼 자유롭게 생각하지 못하도록 백신을 접종할 자 누구인가?"라고 기록했다는 사실을 확인할 수 있다.[20] 여기에서 이스라엘 쟁윌이 천연두를 염두에 두고 백신접종이라는 표현을 사용한 것은 분명 아닐 것이다. 베를린과 파리의 과학자들이 세균학이라는 새로운 과학을 발전시켜나가면서 감염성 질환에 효과적으로 대처할 수 있으리라는 전망이 힘을 얻기 시작하던 시대에 쟁월이 기록한 "자유롭게 생각하지 못하도록 예방할 백신접종"은 비유적인 표현임에 틀림없다. 쟁월이 《게토의 아이들》을 집필할 무렵에는 천연두 예방에만 한정적으로 적용되던 관념인 백신접종이 그 범위를 넓혀가고 있었다. 따라서 다른 질병(탄저병, 광견병)에 백신접종이 가능하다는 사실이 알려져 다른 질병에도 백신접종을 한 것이 사실이지만, 그렇더라도 당시에는 개인의 정신에까지 적용될 백신이 있을 리 만무했기 때문이다.

2013년 5월에서 2014년 5월 사이 백신 관련 임상 시험이 60개가 넘는 국가에서 700건 넘게 시행되는 것으로 파악됐다(몇 개 국가를 제외하고는 과학자가 직접 지휘하는 임상 시험은 거의 없는 것이 현실이다). 백신 임상 시험 중에는 감염성 질환의 확산을 차단하는 일과는 아무런 관련이 없는 시험도 있고, 불임을 유도하는 백신이나 니코틴 또는 코카인 중독을 방지하는 면역을 제공하기 위한 시험도 있다. 이와 같이 백신이 위험 회피 기술로 조금씩 전환됨에 따라 안타깝게도 쟁월의 비유가 조금씩 현실이 돼가고 있다.

두 얼굴의 백신

2장

백신의 탄생
: 죽음을 극복하려는 노력

19세기 유럽을 휩쓴 전염병

19세기 도시 빈민의 생활환경을 묘사한 유명한 구절을 통해, 프리드리히 엥겔스는 생존하기 위해 고군분투하는 수십만 명의 사람들이 생활하는 환경의 열악함을 부각했다. 엥겔스는 맨체스터에서 목격한 장면을 이렇게 묘사한다.

반파 또는 완파된 건물이 도처에 널려 있다. 사실상 아무 제약 없이 출입할 수 있는 건물도 많은데, 여기서는 그 자체로 무척 큰 의미를 지닌다. 무너지다시피 한 가옥에서는 멀쩡한 돌계단이나 나무계단, 제대로 달려 있는 문이나 창문을 찾아보기 어려운데, 그 더러움이란 이루 말할 수 없다! 온 사방에 건물 잔해, 쓰레기, 음식물 쓰레기 더미가 널려 있고 배수로 웅덩이 근처에서는 악취가 풍긴다. 덕분에 조금이라도 문명의 맛을 본 사람이라면 이곳에서 도저히 살 수 없을 것만 같다. 리즈 철도 확장으로 새로 가설된 철도가 이곳 어크 지역을 가로지르면서 건물과 골목을 밀어버린 탓에 주변 풍경이 훤히 드러났다. 철도가 부설되자마자 철도교 밑에 움막이 들어섰다. 철도가 부설되기 전까지는 상당한 수고를 들이지 않으면 들어가는 길을 찾기조차 어려운 장소였기에 폐쇄된 채로 고립돼 있던 철도교 밑은 이내 더러움과 참혹함이 지배하는 공간으로 전락했다. 이 지역을 잘 안다고 자부하고 있었음에도, 사실 철도가 부설되면서 난 틈이 아니었다면 철도교 밑으로 들어가는 길을 찾을 수조차 없었을 터였다.

울퉁불퉁한 강둑을 따라 어지럽게 널린 작은 움막들 사이로 빨랫줄을 맨 기둥이 세워져 있다. 단층에, 바닥도 깔지 못한 움막에서 사람들은 방 하나를 주방 겸 거실 겸 침실로 한꺼번에 사용한다. 길이 1.5미터, 너비 1.8미터에 침대 틀을 포함한 침대 2개와 계단 및 난로를 욱여넣은 움막도 아주 드물게 있었지만 열린 문에 사람이 기대어 서 있을 뿐인 대부분의 움막에서는 아무것도 찾아볼 수 없다. 쓰레기와 음식물 쓰레기가 문 앞 여기저기에 어김없이 쌓여 있어 포장된 길을 눈으로는 볼 수 없고 오직 발의 감각으로만 느낄 수 있을 뿐이다. 축사 같은 움막이 모여 있는 거주 공간의 양 측면은 각각 가옥과 공장이, 또 다른 한 측면은 강이 에워싸고 있다. 좁은 강둑을 따라 난 비좁은 출입구가 유일한 통로인데, 그래 봤자 똑같이 엉망으로 지어져 제대로 관리되지 않는 미로 같은 거주 공간으로 나갈 수 있을 뿐이다.[1]

그로부터 수십 년이 지난 뒤에도 엥겔스가 묘사한 1844년의 생활환경에는 변함이 없어, 1870년대 맨체스터에서 태어난 사람의 기대수명은 34세에 불과했고 동시대 런던의 경우는 그보다 6년 더 많은 수준이었다. 역사가들은 많은 시간과 노력을 들여 당대에 작성된 병원 기록, 사망증명서, 그 밖의 기록을 검토해 19세기에 발생한 질병과 사망의 원인을 밝히는 데 주력했다. 역사가들의 작업을 어렵게 만드는 난제의 하나는 각 질병의 특징에 대한 묘사 방식과 각 질병을 구별하는 방식이 시대별로 다르다는 것이다. 대부분의 질병은 유사한 증상(발열, 설사)을 보이기 때문에 처음에는 다른 질병으로 오인했다가 나중에야 진짜 질병의 명칭이 밝혀지는 경우가 많았다.

더 큰 문제는 역사가들이 밝혀낸 패턴이 단일하지 않아 일반화하기 어렵다는 점이다. 특정 시기의 일부 지역에서는 도시의 빈민 구역이 부유한 구역보다 더 많은 질병에 시달렸던 반면, 또 다른 시기의 또 다른 지역에서는 그렇지 않았다. 특정 시기의 일부 지역에서는 도시 주민이 시골 주민보다 질병에 대한 경험이 더 나빴던 반면, 또 다른 시기의 또 다른 지역에서는 경험의 차이가 그리 크지 않았다. 그러나 당시 대도시 주민들이 겪었던 질병과 사망의 대부분, 즉 거의 50퍼센트 가까이가 감염성 질환이 원인이 됐다는 점만은 분명하다. 도시 빈민 대부분이 불결하고 비위생적이며 과밀한 환경에서 생활할 수밖에 없었다는 점을 감안하면 감염성 호흡기 질환 및 위장 질환이 쉽고 빠르게 확산됐으리라는 점을 어렵지 않게 추측할 수 있다.

더러운 막사에서 단체 생활을 하는 전쟁터의 군인들도 이와 같은 상황에 처해 있었는데, 19세기 말 일어난 전쟁(크림 전쟁, 프로이센-프랑스 전쟁)에서는 전투가 아니라 감염성 질환으로 목숨을 잃는 군인이 더 많았다. 영국 도시에서 쉽게 찾아볼 수 있는 더럽고 과밀한 구역을 보고 경악한 사람은 엥겔스뿐이 아니었다. 1842년 에드윈 채드윅은《대영제국 노동자들의 위생 상태에 관한 보고서》를 발간했고, 이 보고서가 세간의 주목을 받으면서 공공보건 문제가 정치 의제로 확고히 자리 잡게 됐다.[2] 19세기 말 영국에서 최고조에 이른 산업화도 주요 원인으로 작용했다. 파괴적인 영향력을 지닌 산업화는 다양한 방식으로 건강을 위협했는데 주로 한계에 내몰린 빈곤한 사람들의 어깨를 짓누르곤 했다.

빈곤으로 잘 먹지 못하는 사람들이 걸리는 질병은 대부분 유사한 증상을 보였기 때문에 정확한 질병을 특정하기가 어려웠다. 처음에는 발열과 두통으로 시작된 증상은 전신에 발진이 일어나는 증상으로 발전하고 다음에는 빛에 민감하게 반응하다가 섬망이 일어나고 급기야 사망에 이르기도 했다. 이런 증상을 보이는 환자는 발진티푸스를 앓고 있을 가능성이 높았다. 나중에 이蝨가 옮기는 질병으로 밝혀진 발진티푸스와 이름만 비슷하지 전혀 다른 질병인 장티푸스는 동시대의 또 다른 골칫거리였다. 아무튼 발진티푸스는 19세기 글래스고에서 특히 많이 유행했는데, 역사가 마이클 플린은 글래스고가 19세기 중반 "영국을 통틀어 가장 더럽고 사람들의 건강이 가장 나쁜 지역"이었을 것이라고 언급했다.[3]

한편 1830년대 유럽을 뒤흔든 또 다른 질병은 가장 빈곤한 지역이 아닌 좀 더 부유한 지역을 중심으로 나타나는 경향을 보였다. 이 질병의 증상은 탈수증을 유발하고 급기야 사망에 이르게 하는 것으로 악명 높은 수성설사水性泄瀉(물 설사)였는데, 의사들은 이 질병, 즉 콜레라를 장에 관련된 다른 감염성 질환과 구분하지 못한 채 세월만 보내고 있었다. 콜레라가 유럽에 처음 등장했을 때 그 정체와 원인을 알 수 없었던 사람들은 공포와 절망을 느꼈지만, 1865년 콜레라가 되돌아왔을 때는 콜레라의 기원과 이동 경로에 대한 정보를 축적하기 시작했다.

조사관들은 콜레라가 인도와 중국의 큰 강 인근에서 기원했다는 사실을 파악했다. 19세기 말 등장한 '황화黃禍(황색 공포)' 같은 용어에서도 파악할 수 있듯이 고향으로 되돌아오는 순례자, 이주 노동자, 무역선을 통해 유럽에 전파된 콜레라는 사람들의 마음에 극심한 두려움과 공포를 새겨놓았다. 운송 수단이 발전할수록(지중해 횡단 증기선, 철도, 나중에는 수에즈운하) 콜레라의 위협은 가중돼만 갔고, 1865년 콜레라가 유럽을 강타한 직후에는 마르세유에서 출발해 뉴욕으로 향한 배를 통해 미주 대륙에도 콜레라가 전파됐다.

최대 살인자는 폐병, 소모성 질환, 소모열 등 여러 가지 이름으로 알려진 결핵이었다. 결핵은 불량한 영양 상태와 과도한 노동으로 허약해진 신체에서 발병하는 경향을 보였지만, 사람들은 결핵을 빈곤 및 영양실조보다는 감상적인 이미지로 기억했다. 19세기 예술이나 대중의 정서는 결핵을 낭만주의와 연관시켰다. 26세에 요절한 시인 존 키츠를 부검한 결과 폐가 완전히 망가진 상태였고 쇼팽, 셸리, 파가니니, 로버트 루이스 스티븐슨, 헨리 데이비드 소로, 에머슨, 브론테 자매들도 모두 결핵과 무관하지 않을 것이다.

결핵은 가족 단위로 발병하는 것처럼 보였으므로 혈통으로 이어져 내려오는 유전적 감염 감수성이 결핵의 주요 원인이라는 견해가 지배적이었고, 때로는 결핵의 원인을 미적 창조성에서 찾는 사람도 있었다. 르네 뒤보와 장 뒤보는 대표적인 결핵 연구에서 (1852년 기록된) 소로의 언급을 인용한다. "결핵으로 인해 붉게 빛나는 얼굴같이… 질병과 쇠락이 아름다운 경우도 있다."[4] 에드거 앨런 포와 라파엘전파 화가들은 아름다운 여성의 창백하고 기운 없는 모습에서 영감을 얻었는데, 이와 관련해 르네 뒤보와 장 뒤보는 '결핵을 낭만적으로 포장하는 왜곡된 태도'가 19세기 말까지 이어졌다고 지적한다.

나른하고 창백한 젊은 여성으로부터 눈을 돌린 낭만주의 애호가(시인 및 작가)들은 산업혁명으로 생겨난 을씨년스러운 공동주택에서 생활하는 사람들의 비참한 모습을 인식하기 시작했다. … 그리고 바로 그곳에서 낭만이 아닌 고통과 불행을 퍼뜨리는 결핵의 참상을 보았다.[5]

결핵은 19세기 전반 잉글랜드와 웨일스(를 비롯한 그 밖의 지역)에서 사망한 사람 3분의 1의 목숨을 앗아간 원인으로 추정된다. 시인, 화가, 작가들이 결핵으로 사망했다고 해서 예술가들을 대표적인 결핵 환자라고 보는 것은 사실상 무리였다.

이런 절망적인 상황에서 비껴나간 단 하나의 예외는 19세기 중반 제너가 발견한 백신을 접종해 중환자와 사망자 수가 크게 줄어든 천연두였다. 제너는 백신접종이 질병을 근절할 수 있다고까지 주장했는데, 비록 200년 뒤의 일이기는 하지만 정말 제너의 말대로 됐다! 따라서 (결핵, 발진티푸스, 장티푸스, 콜레라, (미주 지역에서 특히 기승을 부린) 황열 같은) 다른 감염성 질환도 같은 방법으로 퇴치하지 못할 이유가 없었다.

제너가 발견한 백신을 접종해 천연두를 치료하게 된 과정의 이면에는 대수롭지 않은 동물의 가벼운 질병(우두)에 노출된 사람은, 유사하지만 더 무거운 질병(천연두)에 걸리지 않는다는 사실을 우연히 발견한 뒤 확증하는 과정이 있었다. 그렇다면 19세기 사람들의 목숨을 위협한 다른 감염성 질환에도 이 접근법을 적용할 수 있지 않을까? 밀접한 관련이 있지만 더 가벼운 동물의 질병이 존재할 경우에만 이 접근법을 적용할 수 있는가?

면역혈청 개발과 세균학의 태동

프랑스의 위대한 화학자 루이 파스퇴르는 이 질문에 '아니오'라고 답하면서 이와는 다른 방법을 통해 보호 효능을 확보할 수 있다고 주장했다. 파스퇴르는 당시 연구 중이던 결정학을 접어두고 발효와 그 밖의 과정에 대한 연구를 시작해 발효가 미생물의 성장으로 인한 결과임을 입증했다. 오늘날에는 우유나 다른 음료를 상하게 만드는 미생물을 죽이기 위해 열을 가하는 '저온살균법pasteurization'에 파스퇴르의 이름을 붙여 이 분야에서 파스퇴르가 이룬 업적을 기리고 있다.

파스퇴르는 배양된 미생물의 독성을 약화시킬 수 있다는 사실과, 이처럼 독성이 약화된 미생물에 한번 감염되면 나중에 독성이 강한 미생물이 공격해도 인체를 보호할 수 있음을 깨달았다. 미생물의 독성을 얼마나 약화해야 최상의 결과를 나타내는지 알 수 없었으므로 파스퇴르는 기본적으로 동물의 질병인 탄저병을 대상으로 여러 가지 방법을 연구했다. 파스퇴르는 배양한 간균桿菌을 공기에 노출하거나 화학물질로 처리해 독성을 약화한 뒤 토끼, 양, 나중에는 소, 말을 대상으로 실험을 진행했다.

1881년 5월 푸이 르 포르에서 연구 결과를 공식 발표한 파스퇴르는 세간의 주목을 받았다. 독성이 약화된 간균의 안정성을 보장할 방법 및 표준에 부합하는 효능을 발휘하는 물질을 생산할 방법과 관련해 풀어야 할 숙제가 많았다. 하지만 파스퇴르가 운영하는 연구소는 이내 대량생산을 시작했고, 1년 만에 수천 마리의 양에게 이 물질을 접종해 탄저병으로 폐사하는 양의 수를 크게 줄이는 데 성공했다. 파스퇴르는 면역 효능을 발휘하는 배양액에 '백신'이라는 이름을 붙여 제너의 업적을 기렸다. 파스퇴르가 파리에 설립한 핵심 생산 시설에서는 1880년대 내내 매년 수십만 병의 백신을 생산했다.

파스퇴르는 동료인 에밀 루Emile Roux, 샤를 샹베를랑Charles Chamberland
과 함께 광견병 연구를 시작했다. 광견병은 광견병에 감염된 동물에게 물
린 사람이 주로 걸리는 질병으로, 원인이 되는 유기체가 워낙 작아 현미
경을 통해서만 확인할 수 있었을 뿐 아니라 유리 접시(즉, 생체 외生體外)에
서 배양할 수도 없었다. 그러나 광견병 원인 유기체가 감염된 동물의 척
수와 뇌에서 증식한다는 사실을 파악한 파스퇴르와 동료들은 감염된 동
물에서 채취한 유기체를 다른 동물의 뇌에 투여했다. 그 과정에서 원숭이
의 뇌에 분포한 수많은 '관이 개와 토끼에서 채취한 광견병 원인 유기체
의 독성을 약화시킨다는 사실을 발견했다. 광견병 백신의 독성을 약화하
는 방법은 탄저병 백신과 달랐지만 어쨌든 광견병 백신 확보의 길이 열린
것처럼 보였다. 이제 문제는 광견병 백신을 대량생산할 방법을 찾는 일이
었다.

1884년 파스퇴르와 동료들은 광견병에 걸려 죽은 토끼의 척수를 적출
해 살균한 공기에서 2주간 말린 뒤 갈아서 분말로 만드는 생산방법을 확
립했다. 백신은 식염수에 섞은 토끼 척수 분말을 소량 유화乳化해 사용하
는데, 이런 방법으로 만든 백신으로 수많은 개의 목숨을 구할 수 있었다.
파스퇴르와 동료들은 여전히 광견병 원인 유기체의 독성이 약화되는 방
식을 정확하게 파악하지 못한 상태였다. 그러나 공공보건의 관점에서 볼
때는 그 방법을 정확히 모른다는 사실보다는 백신이 실제로 효능을 발휘
한다는 사실이 더 중요했다. 의료 전문가들 사이에서는 이 혼합물을 인간
에게 접종해보겠다는 생각에 반대하는 목소리가 높았고, 파스퇴르와 달
리 의사였던 에밀 루 역시 인간에게 접종해보려는 시도에는 적극 찬성하
지 않았다.

루가 주저하는 사이 1885년 광견병에 걸린 개에 물린 소년 조제프 마이스터Joseph Meister에게 처음으로 광견병 백신이 접종됐는데, 패리시에 따르면 이내 건강을 회복한 마이스터는 이후 파스퇴르 연구소에서 근무했다고 한다. 물론 모든 사람이 마이스터처럼 운이 따른 것은 아니었다. 나중에 알려진 바에 따르면 광견병 치료의 성공 여부는 광견병에 걸린 개에게 물린 환자가 얼마나 빨리 치료를 받느냐에 달려 있었기 때문이다. 광견병의 잠복기가 긴 탓에 감염이 중추 신경계를 침범하기 전에 치료하지 않으면 환자의 목숨을 구하기 어려웠다. 이후 더 나은 광견병 백신 개발에 나선 다른 연구자들은 토끼의 뇌에서 추출한 물질을 다양한 방법으로 건조하거나 화학 처리하는 실험을 했다. 그리고 마침내 몇 달간 보호 효능을 유지하는 페놀 처리된 백신 또는 '사死'백신 개발에 성공했다.

제너와 파스퇴르가 백신접종의 원리를 확립하고 파스퇴르가 간균의 독성을 약화하는 방식으로 면역혈청을 만드는 데 성공했다면, 파리의 파스퇴르 연구소와 베를린에서 로베르트 코흐Robert Koch가 지휘하는 연구소는 세균학이라는 새로운 과학의 기틀을 확립했다. 두 사람이 이끄는 연구소는 세균학 발전 방법에 대한 견해나 추구하는 이론적 기반 등 모든 면에서 달랐다. 질병을 유발하는 기제, 특히 환경적 요인의 영향에 대한 파스퇴르의 견해는 코흐와 사뭇 달랐다.

그뿐 아니라 두 연구소의 구조도 크게 달랐는데, 이는 (불과 10여 년 전 서로를 상대로 전쟁을 벌인) 두 나라의 서로 다른 정치적 전통 및 행정적 관행이 반영된 결과였다. 파스퇴르를 기리는 의미로 설립된 연구소(1888년 설립된 파스퇴르 연구소)와 코흐의 연구소(1891년 설립된 감염성 질환 연구소)는 구조, 조직, 재정 조달 방법 등 모든 면에서 완전히 다른 길을 걸었다. 파리의 파스퇴르 연구소는 대부분 프랑스 대중이 기부한 자금으로 운영됐다. 한편 베를린의 감염성 질환 연구소는 국가가 설립하고 운영하는 연구소로, 대부분의 프로이센 연구소와 마찬가지로 엄격한 위계질서에 따라 조직됐다. 이러한 구조적 차이뿐 아니라 과학 및 산업에 관련된 정책 및 태도 같은 보다 일반적인 차이도 두 연구소의 관계 및 두 나라에서 새로운 백신을 생산하는 방법과 장소에 영향을 미치게 된다.

박테리아가 원인인 질병 연구는 파리와 베를린에 위치한 두 연구소에서 출발해 다른 국가로 확산됐다. 해외에서 새로운 과학을 접한 각국의 의사들이 파리와 베를린으로 찾아와 교육 과정을 이수하거나 자체 실험에 나섰고, 광견병 백신이 세상에 알려진 뒤에는 인근 국가에서 찾아온 의사들이 파스퇴르의 지침을 배운 뒤 자국으로 돌아가 광견병 백신을 접종했다. 한편 브라질, 오스만 제국, 러시아같이 더 멀리 떨어진 국가에서는 사절단을 보냈다.

베를린이나 파리에서 멀리 떨어진 해외에 있는 의사들도 새롭게 등장한 세균학을 접하고 호기심을 느꼈다. 그중에는 1880년대에 황열이 모기를 통해 전염된다는 사실을 최초로 밝힌 카를로스 핀레이Carlos Finlay라는 쿠바 의사도 있었다. 파스퇴르의 탄저병과 광견병 연구는 천연두 이외의 질병에 대해서도 백신이 효능을 발휘한다는 사실을 입증했지만, 탄저병과 광견병은 인간이 주로 걸리는 질병이 아니었다. 만일 세균학을 활용해 19세기에 기승을 부린 여러 감염성 질환을 통제하고자 한다면 가장 먼저 해결해야 할 과제는 개별 질병을 유발하는 병원체를 규명하는 일이었다.

새롭게 등장한 세균학에 전념하는 연구자들이 주변에서 흔히 볼 수 있는 여러 질병을 유발하는 박테리아를 연구하기 시작하면서 1880년에는 살모넬라 티피Salmonella typhi라는 간균이 장티푸스를 유발하는 원인 물질로 밝혀졌다. 1882년 로베르트 코흐는 결핵을 유발하는 간균을 밝혀냈으며 그로부터 몇 년 뒤에는 취리히의 알베르트 클렙스Albert Klebs가 디프 테리아를 유발하는 원인 물질을 규명하고 분리하는 데 성공했다.

그러나 간균을 규명해 배양에 성공하는 일은 시작에 불과했다. 보호 효능을 발휘하는 백신을 개발하기 위해서는 원인 물질로 규명된 간균 균주를 분리한 뒤 그 독성을 충분히 약화해야 했다. 이때 독성을 올바르게 약화한 물질을 얻는 일이 매우 중요했는데, 간균의 독성이 충분히 약화되지 않을 경우 독성이 강해 문제를 일으킬 수 있기 때문이었다. 한편 처리 과정이 지나치게 긴 경우에는 보호 효능이 사라질 위험이 있으므로 역시 주의해야 했다. 독성이 올바르게 약화됐다고 생각하는 물질을 얻은 연구자들은 사람을 대상으로 이 최초의 백신을 시험해봐야 했다. 이 모든 과정을 거쳐 얻은 최초의 백신이 효능을 발휘한다고 입증된 뒤에는 백신을 대량생산한다. 그러나 백신 개발과 대량 백신 생산은 사뭇 다른 유형의 문제로, 대량 백신 생산에는 표준에 부합하고 일관성 있는 효능과 품질을 지닌 면역혈청 생산을 보장하는 것이 관건이었다.

지금까지 백신 개발과 관련된 대강의 패턴을 살펴보았다. 공공 연구소나 준공공 연구소의 대다수 연구자들은 당시 공공보건을 주로 위협하는 질병의 병원체를 분리한 뒤 병원체의 독성을 약화하는 최적의 방법을 찾아냈다. 이런 방식으로 얻은 최초의 백신이 효능을 발휘한다고 입증되면 그 백신을 대량생산하는 것이 정해진 수순이었다. 이와 같은 연구가 빛을 보기까지는 적어도 몇 년이라는 시간이 필요한데, 새로운 백신을 대규모로 사용하기까지는 그보다 훨씬 더 많은 시간이 필요한 경우가 대부분이었다.

기술적인 과제뿐 아니라 사회적인 과제도 극복해야 했는데, 그 가운데 하나는 회의주의였다. 당시 많은 사람은 박테리아가 질병을 유발한다는 생각에 확신을 가지지 못했던 것이다. 한편 결핵의 경우 높은 산 정상에 위치한 요양원에서 맑은 공기를 마시게 하는 등의 치료법을 시행하는 의사들이 영향력을 행사하고 있어 백신 개발이 특히 어려웠다. 사람들이 품은 회의주의가 조금씩 잦아들고 예방 백신접종이 더 일반화되자 또 다른 과제가 모습을 드러냈다. 대규모 백신 사용으로 품질과 효능을 표준화하는 일이 시급해진 것이다. 게다가 통계 방법이 발전하면서 백신 효능의 테스트도 보다 엄격해졌다.

디프테리아 백신 개발

디프테리아는 상부 호흡기 감염성 질환으로, 기침이 나고 목이 붓거나 따가우며 숨을 쉬거나 음식물을 삼키는 데 어려움을 느끼는 증상을 유발하고 막을 형성해 편도선과 인두를 뒤덮는다는 특징이 있다. 19세기 디프테리아는 아동에게 매우 치명적인 질병이었는데, 성인에게 감염되는 일은 드문 편이었다. 당시 일반적으로 활용된 치료법은 목구멍을 주기적으로 씻어내거나 디프테리아 치료에 도움이 된다고 여겨지는 다양한 증기를 흡입하는 방법이었다. 환자의 증상이 심각한 경우에는 대부분 기관절개술(기관氣管을 열어 환자가 코나 입을 사용하지 않고도 호흡할 수 있도록 하는 조치)을 시행했다.

클렙스가 디프테리아를 유발하는 박테리아를 규명하고, 코흐의 연구를 보조한 프리드리히 뢰플러Friedrich Loeffler가 클렙스의 연구 결과를 확인하면서 디프테리아 치료에 새로운 길이 열렸다. 다른 질병과 중복되는 증상에만 의존해 디프테리아 진단을 내리기보다는 세균학적 분석을 통해 디프테리아 진단을 내릴 수 있게 됐기 때문이다. 디프테리아균이 독소로 알려진 독을 생산해 사람을 죽음에 이르게 한다는 사실을 밝혀낸 뢰플러는 '체내 살균(입 헹구기)'을 제안했다. 1890년에는 코흐의 연구소에서 연구한 에밀 베링Emil Behring과 일본 세균학자 기타사토 시바사부로가 해독제를 발견했다. 베링과 기타사토는 배양한 디프테리아균이 생성한 독을 건강한 동물에게 소량 투여하면 그 동물의 몸속에서 중화中和 혈청이 생성돼 디프테리아균을 죽일 수 있음을 확인하고 이 중화 혈청에 '항독소'라는 이름을 붙였다. 두 사람은 치사량의 항독소를 동물에 투여하면 그 동물이 디프테리아 면역을 얻는다는 사실을 확인하고, 1891년 양을 활용해 생산한 항독소를 어린 소녀에게 투여해 디프테리아 치료에 성공했다.

그때까지 베를린 연구소와 파리 연구소는 디프테리아 면역을 지닌 동물에게서 디프테리아 독소를 중화하는 혈청을 얻는 방식으로 디프테리아 면역혈청을 생산했다. 두 연구소는 디프테리아 면역혈청이 디프테리아를 치료하는 방식 및 그 함의와 관련해 서로 다른 이론을 내세우면서 각자 면역혈청을 생산했다. 디프테리아 면역혈청의 보호 효능은 (베링의 주장대로) '면역'과 같은 것인가, 아니면 루와 그의 동료 메치니코프Metschnikoff가 그리스어 '먹다phagein'에서 비롯한 '식균작용食菌作用'이라는 명칭을 붙인 과정으로 이해되는 전혀 다른 방식의 면역인가? 프랑스 측에서는 면역혈청이 독소를 중화하는 방식으로 작용하는 것이 아니라, 세포가 침입 입자를 '집어삼키도록(이른바 식균 반응)' 자극하는 방식으로 작용한다고 생각했다.

여러 연구자들이 서로 다른 동물로 연구를 진행했다. 베링은 면역혈청을 생산하기 위해 양을 사용한 반면 같은 연구를 한 독일의 다른 연구자들은 개를 사용했다. 덩치가 더 큰 동물을 이용하면 혈액에서 더 많은 면역혈청을 얻을 수 있을 터였으므로, 파리에서 연구한 루와 동료들은 양이나 개보다 덩치가 더 큰 말을 이용해 더 많은 면역혈청을 얻을 수 있는 방법을 찾아내려 했다. 특수 배지培地를 이용해 생산한 디프테리아균을 죽인 뒤 동물에 투여함으로써 동물이 면역을 형성하도록 하는 과정은 까다롭기 그지없었다. 박테리아 균주, 배지 종류, 배양한 온도를 비롯한 다양한 요인 때문에 독소의 강도가 그때그때 다를 수밖에 없었다. 어쨌든 루와 동료들은 몇 주나 몇 달에 걸쳐 열 차례가량 접종한 뒤 말이 충분한 항독소를 생성했다고 여겨지면 말 한 마리당 5리터 내지 6리터의 혈액을 뽑고 이를 여과 및 원심분리하는 방법으로 면역혈청을 분리해내는 데 성공했다.

루와 동료들이 이런 방법으로 생산한 면역혈청을 사용함에 따라 파리 소아병원에서 디프테리아로 사망하는 아동 수가 절반으로 줄었다. 한편 그들의 성취가 빠른 속도로 해외에 알려져 큰 주목을 받게 되자 파스퇴르 연구소는 면역혈청 생산 시설 규모를 늘렸다.

1894년 루가 개발한 면역혈청이 잉글랜드에서 처음으로 사용됐다. 파리에서 디프테리아 면역혈청을 구한 조지프 리스터 경Sir Joseph Lister은 런던의 병원에서 치료받던 환자에게 이를 투여해 20명을 치료하는 데 성공했다. 그러자 같은 해 파스퇴르의 제자였던 아르망 루페르Armand Ruffer는 영국 예방의학 연구소British Institute of Preventive Medicine에서 사용할 디프테리아 면역혈청을 준비했다(영국 예방의학 연구소는 기네스 가문의 후원으로 런던에 설립된 연구소로, 제너 연구소로 이름을 바꾸었다가 다시 리스터 연구소로 이름을 바꾼다).

영국 예방의학 연구소에는 말같이 덩치가 큰 동물을 키울 공간이 부족했으므로 아르망 루페르와 찰스 셰링턴 경은 런던 내 다른 구역에서 디프테리아 면역혈청을 생산했다. 1894년 10월 셰링턴 경은 디프테리아로 목숨이 위태로운 소년에게 디프테리아 면역혈청을 투여해 소년의 병을 치료했다. 병원에서 디프테리아 환자에게 항독소 치료를 시행하게 되면서 제1차 세계대전이 시작될 무렵에는 디프테리아로 사망하는 환자가 급격하게 줄어들었다. 한편 당시에는 이처럼 면역혈청으로 치료하는 방식을 근거로 이 치료법을 '백신접종'이라고 불렀는데, 현대인들이 생각하는 예방 면역과는 전혀 다른 것이었다. 세균학이 발전함에 따라 디프테리아 예방 백신이 세상에 모습을 드러내기까지는 아직 몇 년을 더 기다려야 했다.

항독소를 투여하면 질병에 보호 효능을 발휘하지만 그 지속 기간은 짧은 편이었다. 바로 이런 사실을 바탕으로 연구자들은 '수동면역'과 '능동면역'의 차이를 이해하게 됐다. 인체 외부에서 유래한 항체를 인체에 투여하면 면역이 짧은 기간만 지속되지만, 인체를 자극해 인체 스스로 항체를 생산하도록 유도하면 그 결과 능동면역이 생겨 훨씬 더 오래 지속될 터였다. 이와 같이 수동면역과 능동면역을 구분하게 된 연구자들은 능동면역의 실현 방법 개발에 나섰다. 패리시는 능동면역을 개발한 공로를 (1901년 노벨상을 수상한 뒤 '폰 베링von Behring'으로 이름을 바꾼) 베링에게 돌렸는데, 독소-항독소 혼합물을 지속적으로 연구한 베링이 1913년 독소-항독소 혼합물을 사용해 인체에서 지속적으로 작용하는 면역을 생성할 수 있음을 입증했기 때문이다.

다음으로 이룩한 큰 발전은 헝가리 소아과 의사인 벨라 쉬크Bela Schick의 업적이었다. 빈대학교에서 연구한 벨라 쉬크는 특정 개인의 디프테리아 감염 감수성 수준을 확인하는 테스트를 개발해 1922년 영국에서 첫 선을 보였다. 이 테스트는 지극히 소량의 독소를 피부에 투여한 뒤 해당 부위가 붉어지는지 여부에 따라 감염 감수성을 판별하는 방법으로 진행됐다. 독소를 투여한 피부 부위에 반응이 없는 사람은 디프테리아 면역이 있다고 판단할 수 있었다. 이미 면역이 있는 사람에게는 면역혈청이 유해하다는 인식이 널리 퍼져 있었으므로 쉬크 테스트는 많은 사람의 목숨을 구하는 데 기여했다.

세 번째 중요한 발전은 계속 사용되고 있었지만 위험성이 높았던 독소-항독소 혼합물을 다른 물질로 대체한 일이었다. 1924년 파스퇴르 연구소에서 가스통 라몽Gaston Ramon은 디프테리아 독소를 포르말린으로 처리하면 강한 독성을 상실했음에도 항독소 생성을 계속 자극하는 '변성독소'가 생성됨을 확인했다. 라몽은 이 물질을 프랑스어로 변성독소를 의미하는 '아나톡신'이라고 부르면서 독소-항독소 혼합물 대신 사용할 것을 촉구했다. 변성독소를 여러 차례 검증했고 이를 토대로 의학 아카데미에서 변성독소 사용을 승인하면서 독소-항독소 혼합물 대신 변성독소가 널리 사용됐다. 덕분에 백신접종은 훨씬 더 안전해졌다.

그러나 변성독소는 투여한 뒤 빨리 흡수되는 만큼 급격하게 사라진다는 단점이 있었다. 이 때문에 변성독소를 체내에 더 오래 머물게 만들 방법을 연구했고, 그 결과 '보강제'라고 알려질 물질을 발견했다. 1926년 런던의 버로스 웰컴Burroughs Wellcome 연구소에서 연구자들은 라몽의 추가 연구를 바탕으로 명반明礬(황산알루미늄칼륨 단순 화합물)을 변성독소에 첨가하면 변성독소가 체내에 더 오랫동안 머문다는 사실을 발견했고, 마침내 이 방법으로 정제한 '명반 침강 변성독소'가 널리 사용됐다.

중요한 것은 아동이 디프테리아에 걸리지 않도록 보호하는 데 예방 백신접종이 효과적이고 실현 가능한 방법임을 사람들이 인정하게 되기까지, 얼마나 많은 연구가 있었고 얼마나 많은 난관에 봉착했으며 어떻게 이를 극복했는가 하는 것이다. 면역에 대한 이해가 깊어지면서 수차례의 실험을 시도한 끝에 더 안전한 변성독소 및 최초의 보강제가 개발됐다. 이에 따라 독소-항독소를 사용해 디프테리아를 치료하던 현실에서 한 걸음 더 나아가 디프테리아를 예방할 수 있는 길이 열렸다. 이런 새로운 인식은 백신 개발에 심대한 영향을 미쳤다. 그러나 결핵 백신 개발에 여러 해가 걸렸다는 사실에서 파악할 수 있는 것처럼 예방 백신 개발이 쉽고 빠르게 진행된 것은 아니었다.

결핵 백신: 투베르쿨린과 BCG

초기 세균학자들이 관심을 기울인 수많은 질병 가운데 가장 많은 고통을 유발하고 가장 많은 문화적 반향을 일으킨 질병은 다름 아닌 결핵이었다. 결핵은 폐 질환으로 가장 널리 알려졌지만 오늘날 의사들은 결핵이 피부(루푸스) 및 목 림프절(림프절 결핵)을 비롯한 다른 여러 장기로 퍼질 수 있다는 사실을 알고 있다. 그러나 19세기 말까지는 이 질병들이 모두 단일 질병의 여러 가지 형태임을 알지 못했다. 서구 사회에서 결핵은 가장 많은 질병을 유발하고 가장 많은 사람의 목숨을 앗아간 단일 원인으로 작용했다. 당시에는 (증상이 나타나기 전인) 초기 단계에서 결핵을 인지하지 못했기 때문에 대도시의 인구 대부분이 어린 시절에 결핵에 감염됐을 것으로 보인다. 세균 테스트와 X선 촬영이 도입되기 전이었던 탓에 결핵이 상당히 진전돼 위중한 경우에만 결핵을 발견할 수 있었으므로, 더 가볍게 감염돼 증상을 보이지 않는 결핵 감염자 수가 얼마나 되는지는 파악할 수조차 없었다.

한편 단일 원인으로는 가장 많은 사람의 목숨을 앗아간 질병이었음에도 결핵을 '공공보건'을 위협하는 질병으로 인식하는 일은 드물었다. '폐병'이 전염되지 않는 것 같았기 때문이기도 하지만 무엇보다 이 질병이 유전되는 것처럼 보였기 때문이다. 사람들은 결핵이 혈통으로 이어져 내려오는 유전을 통해 인체에 잠재돼 있다가 찬바람을 맞고 나쁜 공기를 마시거나 기관지 또는 폐 손상을 입게 되면 발현된다고 생각했다.

1860년대 후반 윌리엄 버드Willam Budd가 처음으로 결핵이 감염성 질환이고, 이런 측면에서 볼 때 장티푸스와 유사한 질병이라는 의견을 제기했지만 이 견해를 지지하는 사람은 거의 없었다. 프랑스군에서 외과의사로 근무한 장 앙투안 빌맹Jean-Antoine Villemin도 윌리엄 버드와 거의 같은 시기에 유사한 결론에 다다랐지만 역시 무시당했다. 르네 뒤보와 장 뒤보는 빌맹이 "인간이나 동물이 수척해짐에 따라 [또는] 혈통으로 이어져 내려오는 나쁜 유전자를 물려받은 결과 우연히 결핵이 유발되는 것이 아니라, 환자의 체내에 머물면서 증식하고 직접적인 접촉이나 공기를 통해 다른 사람에게 전파될 수 있는 균"이 결핵을 유발한다는 사실을 입증한 것으로 생각했다고 설명한다.[6]

그러나 당시에는 의사들이 폐병에 걸릴 체질을 타고난 사람, 즉 '태어날 때부터 감염 감수성이 높은 사람'만이 결핵에 걸린다고 생각했기 때문에 결핵이 감염성 질환임을 입증하는 증거는 무시되기 일쑤였다. 아무튼 결핵의 원인이 균에 있다는 견해가 제시된 이후 조금씩이나마 그 원인을 다르게 생각하기 시작했고, 1880년 무렵에는 결핵이 미생물에서 비롯된다는 견해가 힘을 얻게 됐다.

그러던 중 1882년 어느 날 로베르트 코흐는 결핵을 일으키는 균, 즉 결핵균을 찾아냈다고 발표했다. 이를 주제로 베를린 생리학회에서 강연해 큰 명성을 얻은 코흐는 강연을 통해 결핵의 원인을 밝혔을 뿐 아니라, 특정 미생물이 질병을 유발한다는 사실을 입증하는 방법까지 밝혀 세간의 주목을 받았다. 코흐는 먼저 인간과 동물 모두의 결핵 병변에 간균이 존재함을 입증한 뒤 실험실에서 결핵균을 배양할 수 있음을 증명했다. 훗날 이른바 '코흐의 법칙'으로 알려지는 이 원칙은 지금까지도 널리 인정받으면서 특정 질병을 유발하는 특정 미생물의 존재를 입증하는 토대로 활용된다.

그러나 코흐의 법칙은 기본적으로 실용적이라는 점에서 특히 그 중요성이 컸다고 할 수 있다. 결핵은 1882년에야 비로소 특정 박테리아와 연관된 것으로 밝혀지면서 그동안 드리워져 있던 베일을 벗었는데, 결핵은 중요하고 익숙한 사망 원인이었으므로 당시 사람들은 세균학이라는 새로운 과학에 기대를 걸기 시작했다. 매우 느리다는 단점이 있었지만, 양이나 황소의 혈청에 섭씨 65도의 열을 가해 주의 깊게 살균한 뒤 응고하는 방식으로 결핵균을 배양할 수 있게 되면서, 사람들이 떠올릴 수 있는 거의 모든 동물에서 확보한 결핵균에 다양한 독성 약화 방법을 적용하는 결핵 백신 개발 노력이 확산됐다.

큰 명성을 얻은 코흐는 1890년 한 단계 더 나아가 결핵 치료제를 개발했다고 발표했다. 코흐는 자신이 개발한 결핵 치료제인 투베르쿨린의 성분 공개를 거부했을 뿐 아니라 투베르쿨린이 결핵을 치료한다는 증거도 불충분했다. 그럼에도 당시 코흐가 누리던 높은 명성 덕분에 투베르쿨린을 결핵 치료에 사용하는 데에는 아무런 문제가 없었다. 이내 투베르쿨린을 활용한 결핵 치료 연구 논문이 모습을 드러냈다. 초기에는 투베르쿨린이 결핵 치료에 효능을 발휘하는 듯했지만 갈수록 치료 효과가 떨어졌고 나중에는 투베르쿨린으로 인한 사망자가 보고되기에 이르렀다.

투베르쿨린을 투여해 결핵을 치료하다 숨진 환자의 시체를 부검한 저명한 병리학자 루돌프 피르호Rudolf Virchow가 투베르쿨린이 결핵 박테리아를 제거하지 못했다는 사실을 밝히면서 불안감은 더욱 커졌다. 결국 코흐는 베일에 싸인 치료제 투베르쿨린의 성분을 밝힐 수밖에 없는 처지가 됐다. 그렇게 밝혀진 투베르쿨린은 글리세린을 활용해 결핵균을 추출한 물질에 불과했다. 코흐를 찾아왔던 수많은 저명인사 가운데 (셜록 홈스의 창조자 겸 의사인) 아서 코난 도일이 있다. 그는 '투베르쿨린'으로 아무도 치료하지 못했을 뿐 아니라 심지어 투베르쿨린이 위험하기까지 하다고 평가하면서, 다만 투베르쿨린을 결핵 진단에 유용하게 활용할 가능성이 있다는 주장을 폈다. 코난 도일의 주장은 사실로 입증됐다.

투베르쿨린을 피부 아래에 투여하면 이미 결핵 박테리아에 감염된 사람은 투베르쿨린을 투여한 피부 주변에 반응(피부가 붓고 붉어짐)이 나타나기 때문이었다. 훗날 투베르쿨린 테스트는 과거 또는 현재의 결핵 감염 여부를 알아보기 위한 표준 테스트로 자리 잡지만, 그것은 코흐의 업적이 아니었다. 결국 코흐는 큰 주목을 받았던 투베르쿨린의 실패로 명성에 큰 손상을 입고 말았다.

결핵 백신을 개발하기 위한 많은 시도가 있었음에도 두드러진 성과는 쉽게 나타나지 않았다. 결국 파스퇴르 연구소에서 개발한 백신이 수많은 후보 백신을 제치고 유일하게 광범위하게 사용되지만, 그러기까지는 적지 않은 시간이 걸렸다. 1890년 파스퇴르 연구소의 연구원이 된 알베르 칼메트Albert Calmette는 베트남에서 근무하다가 1895년 프랑스로 돌아왔다. 귀국한 뒤 릴에 위치한 연구소 소장으로 임명된 칼메트는 결핵 연구에 착수했고, 10년 뒤에는 카미유 게랭Camille Guérin과 협업해 암소에서 확보한 결핵균 균주를 연구했다. 당시 일부 연구자들은 간균을 화학적으로

'죽여' 만든 백신(사백신)의 안전성이 가장 높다고 생각했지만, 칼메트와 게랭은 파스퇴르 연구소의 전통에 따라 간균의 독성을 약화해 백신을 만들 방법을 연구했다.

그러던 중 제1차 세계대전이 일어나 독일이 릴을 점령하면서 칼메트와 게랭의 연구는 난관에 봉착했는데, 독일군이 연구용 소를 징발해가면서 칼메트와 게랭은 점령군과 마찰을 빚었다. 1918년 제1차 세계대전이 끝나면서 다시 연구에 나선 칼메트와 게랭은 결핵을 연구한 13년 동안 수백 차례의 계대배양繼代培養을 거듭했다. 그리고 마침내 소를 결핵 감염으로부터 충분히 보호할 수 있는 양의 항원을 지녔으면서도 독성을 충분히 약화해 안정적으로 보이는 물질을 확보한다.

1921년 칼메트와 게랭은 (훗날 '칼메트-게랭 간균'의 약자인 BCG로 알려지는) 백신으로 인간에게 임상 시험을 해도 되겠다고 생각했다. 그해 7월 파리 자선병원의 의사 벵자맹 베일-알레가 결핵으로 사망한 어머니에게서 태어난 신생아에게 백신을 경구 투여해 건강하게 자라는 모습을 확인했다. 결핵 백신의 부작용이 없었으므로 칼메트와 게랭은 다른 의사들에게도 백신접종을 권해 더 많은 아기들에게 좀 더 많은 양의 백신을 접종했다. 그리고 접종한 결핵 백신이 발휘하는 효능을 몸무게 변화, 체온 변화, 임상학적 관찰 같은 임상 변수를 주의 깊게 기록하는 방식으로 관리 감독했다. 투베르쿨린 테스트 결과가 엇갈리는 것 같다고 느낀 칼메트는 테스트 결과에 신경 쓰지 않고, 1921~1924년에 프랑스 전역의 의사에게 결핵 백신을 무료로 배포했다. 대신 결핵 백신이 발휘한 효능에 대한 데이터를 요구하는 '비금전적 거래'를 시도했다.

1927년 칼메트는 결핵 백신에 관련된 모든 지식을 책에 담아 세상에 공개했는데, 그 무렵에는 파스퇴르 연구소 역시 BCG 백신을 해외의 의사들에게 무료로 제공했다. 이때 칼메트가 해당 국가에 요구한 것은 오직 BCG 백신 생산과 배포 및 백신의 효능을 관리 감독하는 데 필요한 절차를 구축해야 한다는 것뿐이었다. 1882년 로베르트 코흐가 결핵균을 발견한 뒤 무려 40년이 지난 뒤에야 코흐의 발견을 토대로 한 백신이 개발돼 세상의 빛을 보게 된 것이다.

콜레라와 황열 백신

1883년 코흐는 알렉산드리아를 거쳐 캘커타로 여행을 떠났다. 결핵에 활용한 방법과 동일한 방법을 적용해 콜레라 환자의 창자에서 특정 유기체를 분리하는 데 성공한 코흐는, 이 유기체가 콜레라의 원인임을 밝혀냈다. 이내 이 유기체가 유발하는 무서운 질병을 극복할 백신 개발 시도가 이어졌는데, 훗날 이 유기체는 콜레라균 또는 현미경으로 들여다본 모습이 문장부호 콤마와 같은 모양이라고 해서 '콤마 간균'으로 알려진다.

파스퇴르의 저서를 읽은 스페인 의사 하이메 페란Jaime Ferran은 1884년 콜레라가 유행한 프랑스 남부를 찾아 연구했다. 연구를 마친 뒤 스페인으로 돌아간 페란은 콜레라균을 배양한 뒤 독성을 약화하는 데 성공했고, 발렌시아에 콜레라가 유행했을 때 이 물질을 투여했다. 큰 영향력을 행사하던 프랑스 위원회를 비롯해 해외의 많은 과학자들은 페란의 연구 결과가 무용지물이라고 일축했지만, 영리를 목적으로 이 물질을 활용하려던 페란은 끝내 독성 약화 과정에 대한 자세한 정보를 제공하지 않았다.

한편 러시아의 유대계 급진주의자로, 차르 정권에 반대했다는 이유로 투옥되기도 했던 발데마르 하프킨Waldemar Haffkine도 페란과 비슷한 시기에 별도의 연구를 진행하고 있었다. 동물학을 공부한 하프킨은 스위스로 이주했다가 다시 파리로 거처를 옮겼는데, 1890년 에밀 루의 연구소는 하프킨을 초빙해 연구 보조를 맡겼다. 루의 연구소에서 하프킨은 독성이 매우 강한 콜레라균 균주를 기니피그에 주입하는 실험을 진행했는데, 칼메트가 베트남에서 보내준 콜레라균 균주도 실험 대상에 있었다. 많은 저명한 과학자들은 콜레라균이 콜레라를 유발하는 원인인지 여부에 확신을 가지지 못했거나, 기니피그 연구에서 얻을 수 있는 성과가 없을 거라고 생각해서 하프킨의 연구에 회의적인 반응을 보였다.

그러나 하프킨은 연구를 계속했고 마침내 1892년 자신과 친구 셋을 대상으로 콜레라 백신을 테스트하면서 콜레라 백신 개발 사실을 세상에 공표했다. 하프킨은 약화된 백신을 접종하고 며칠 뒤 좀 더 독성이 강한 백신을 접종하면 콜레라 면역이 형성된다고 생각했다. 페란과 하프킨이 최초의 콜레라 백신을 생산한 것은 사실이지만, 페란의 백신이나 하프킨의 백신은 결국 역사의 뒤안길로 사라지고 말았다. 일반적으로 사용하기에는 백신을 접종한 사람들이 지나치게 격렬한 반응을 보였기 때문이다.

바로 이것이 백신 개발과 관련된 또 다른 문제였다. 이른바 '반응원성reactogenicity' 문제로 불리는 이 문제는 지난날 장티푸스 연구자들이 이미 마주친 바 있었다. 베를린의 리하르트 파이퍼Richard Pfeiffer와 빌헬름 콜레, 영국군 의무대에서 근무한 앰로스 라이트는 1880년대부터 장티푸스 백신 개발에 나섰다. 사백신이 독성을 약화한 백신(生백신)보다 더 안전하다고 생각한 라이트는 간균을 담은 부용bouillon(세균 배양액)을 가열한 뒤 리졸이라는 소독제를 첨가하는 방법을 사용해 백신을 개발했다. 그러나 이 백신을 시험 접종하려 한 라이트의 기대는 무산되고 말았다. 영국에서는 장티푸스 백신을 불신하는 경향이 있었던 데다가 백신접종 후 격렬한 반응이 나타난다는 경고를 들은 군인들이 백신접종을 꺼렸기 때문이다.

그러나 그 뒤 몇 년이 지나 제1차 세계대전이 일어날 무렵에는 상황이 달라졌다. 라이트의 후임자로 영국군 의무대에서 근무한 윌리엄 리슈먼William Leishman이 간균을 죽이는 온도가 중요하다는 사실을 밝혀냈기 때문이다. 백신 생산 과정을 더욱 정교하게 다듬고 백신 투여량을 주의 깊게 조절한 리슈먼은 효능을 높이는 동시에 '반응원성'을 낮춘 백신 개발에 성공했다.

그 밖의 질병들은 훨씬 더 다루기 어려운 것으로 판명됐다. 17세기 중반 남아메리카, 미국 남부, 카리브 해 지역에 처음으로 황열이 유행했는데, 아프리카에서 서인도제도를 거쳐 유입됐을 것으로 추정되는 황열은 노예무역이 가져온 반갑지 않은 부산물이었다. 일정하지 않은 시간 간격을 두고 예기치 않게 일어나는 황열은 무서운 증상을 동반할 뿐 아니라 사망률도 매우 높았다. 따라서 미주와 카리브 해 지역 세균학자들의 주목을 받았지만 병원체를 분리하려는 시도가 모두 실패로 돌아갔기 때문에 진전은 거의 없었다. 황열 백신이 세상의 빛을 보려면 앞으로 수십 년의 세월이 더 지나야 할 터였다.

누가, 어떻게 백신을 생산할 것인가?

면역혈청 또는 백신의 효능과 안전성을 입증하는 문제와는 별개로 이를 충분히 생산하는 과정에서도 온갖 종류의 문제가 나타났다. 당시 세균학 연구에 참여하는 대부분의 개별 연구자들은 작은 연구소의 지원을 받고 있는 형편이었는데, 백신을 대량생산하는 일에는 제도적 측면에서 훨씬 더 큰 규모의 자원이 필요했고 기술적 측면에서도 백신 개발과는 다른 기술을 활용해야 했기 때문이다. 따라서 백신과 면역혈청을 생산하기 위해 새로운 연구소를 설립하고 의사 자격으로 백신 개발 및 생산에 나선 많은 연구자들은 베를린과 파리에서 생산 기술자를 확보해야 했다.

1894년 파리의 루와 베를린의 베링은 디프테리아 예방이 아니라 치료에 쓰이는 면역혈청 생산에 성공했다고 발표했다. 그 결과 프랑스와 독일에서는 대중이 디프테리아 치료제를 강력하게 요구하면서 수요가 치솟았다. 이에 두 나라는 백신과 면역혈청을 생산하고 배포할 조직을 갖추었는데, 그 방식은 사뭇 달랐다.

독일에서는 영리를 추구하는 상업적 생산 방식이 금세 자리 잡았다. 1894년 베를린을 떠난 베링은 할레에서, 그리고 이듬해 마르부르크에서 교편을 잡았다. 당시 베링은 면역혈청 생산 및 배포권을 주는 대신 연구자금을 지원받는다는 내용의 논의를 (훗날 파르브베르케 훼히스트Farbwerke Hoechst로 알려지는) 마이스터, 루키우스, 브루닝Meister, Lucius & Brüning과 이미 진행하는 중이었다. 그러나 베링과 마이스터, 루키우스, 브루닝은 이내 베를린 수의학교 소속 과학자 아론슨과 협업해 면역혈청을 개발한 셰링Schering이라는 또 다른 기업과 경쟁하게 됐다. 경쟁관계에 있는 마이스터, 루키우스, 브루닝과 셰링이 생산한 면역혈청은 판매 허가를 받은 약국을 통해서만 구입할 수 있었는데 두 회사는 상대방의 제품을 통렬하게 비판하기 일쑤였다. 1901년 생리학 또는 약학 분야 최초로 노벨상을 수상하는 영예를 얻은 베링은 상금을 창업 자금으로 사용해 베링베르케Behringwerke를 설립하고 1904년 디프테리아 면역혈청을 생산하기 시작했다.

얼마 지나지 않아 독일에서는 다양한 면역혈청 제품이 시장에 등장해 치열한 경쟁을 벌였다. 국가는 연구와 산업이 동맹을 형성해 경쟁적으로 제품을 내놓도록 독려했지만, 점차 일정한 수준에 미치지 못하는 제품이 등장하는 현상이 나타났다. 아무튼 원칙적으로는 공표된 결과를 바탕으로 누구나 디프테리아 면역혈청을 생산할 수 있었고, 면역혈청 시장에 뛰어든 참여자 중 이윤에 눈이 먼 부도덕한 참여자로 인해 대중의 보건이 위험에 노출될 가능성이 있었다.

파스퇴르 연구소가 면역혈청 생산을 독점하고 있던 프랑스에서는 이와 같은 우려가 나타나지 않았다. 일반 대중, 지역사회, 국가로부터 대규모의 후원을 받은 덕분에 파스퇴르 연구소는 생산을 확장할 수 있었다. 후원자들은 면역혈청이 필요하지만 값을 치를 수 없는 모든 사람에게 면역혈청을 무료로 나눠줄 것을 기대했고, 그 기대는 현실이 됐다. 수요가 파스퇴르 연구소의 면역혈청 생산 능력을 앞지르기 시작하자 각 지방마다 면역혈청 생산 시설이 등장했는데, 대부분은 해당 지방의 대학교 내 의과대학을 기반으로 한 시설이었다. 예를 들어 보르도에서는 루에게 교육을 받은 어느 교수가 보르도 시 당국과 협업해 면역혈청 생산 시설을 설립했다. 디프테리아에 걸렸다는 의사의 진단을 받은 사람이라면 누구나 치료를 받을 수 있었다. 프랑스에서는 면역혈청을 공동체의 보건을 보호하는 도구로 활용했으므로 독일처럼 면역혈청을 통해 영리를 추구할 수는 없었지만, 프랑스에서 면역혈청은 또 다른 의미에서 특별한 기능을 수행했다.

프랑스 같은 식민 권력에게는 공공보건을 수호하는 새로운 기술을 전파하는 일이 국가 정책의 일환이 됐다. 프랑스 정부가 운영하는 연구소가 아니었음에도 파스퇴르 연구소는 분명 '제국의' 임무를 수행했다. 프랑스 정부는 프로이센-프랑스 전쟁에서 패배하면서 땅에 떨어진 프랑스의 명예를 파스퇴르 연구소가 되찾아주리라고 기대하면서 연구소를 후원했다.

두 얼굴의 백신

이에 따라 파스퇴르 연구소는 세균학이라는 새로운 과학을 활용해 프랑스 식민지 주민들의 건강을 보호하는 일을 하나의 임무로 수행했을 뿐 아니라 프랑스와 관련된 그 밖의 다양한 전략적 이해관계에 연루됐다. 처음부터 파스퇴르 연구소는 '과학적 식민지'를 구축해 파스퇴르의 신념을 전파하고 특히 '열대지방 국가'를 중심으로 지역에 따라 차별화된 방법으로 면역혈청을 생산할 계획을 수립했다. 이 계획은 현실이 됐고 파스퇴르 연구소의 정책은 전 세계적인 세균학 연구소 네트워크 구축을 이끌었다.

파스퇴르 연구소는 알렉상드르 예르생Alexandre Yersin을 급히 홍콩으로 보내 당시 홍콩에 유행하던 선腺페스트 조사를 맡겼는데, 그가 선페스트를 유발하는 병원체를 밝히는 데 성공했다(코흐 및 베링과 함께 연구했던 기타사토 시바사부로도 몇 년 전 일본 감염성 질환 연구소를 설립하고 예르생과 비슷한 시기에 선페스트를 유발하는 병원체를 밝혀냈다). 파리로 돌아온 예르생은 루, 칼메트, 보를과 함께 최초의 선페스트 면역혈청을 개발했지만 면역혈청 생산을 위한 연구소는 프랑스령 인도차이나반도에 설립했다. 훗날 이 연구소는 파스퇴르 연구소의 지부가 되는데, 튀니지, 세네갈, 마다가스카르 같은 국가의 정부가 국가 차원의 사업으로 설립한 연구소들도 이내 파스퇴르 연구소의 지부로 편입됐다. 한편 정치적 의지가 부족하거나 행정 관료들의 저항이 거센 국가에서는 연구소 설립 사업이 실패로 돌아갔다.

발데마르 하프킨은 콜레라 백신을 테스트하기 위해 인도로 떠났다. 과거 인도 총독을 지낸 파리 주재 영국 대사의 도움으로 인도에서 콜레라 백신 테스트 권한을 얻은 하프킨은 몇 달 동안 인도 전역을 돌면서 수천 명의 사람들에게 콜레라 백신을 접종했다. 당연하게도 다양한 어려움이 뒤따랐는데, (효능이 있는 백신을 적절하게 공급하는 일에 따르는) 기술적인 어려움뿐 아니라 정치적인 어려움도 있었다. 하프킨은 통제집단을 활용해 임상 시험 방법을 개선하고 임상 시험의 신뢰도를 높이고자 했다. 하프킨은 이런 계획을 최초로 수립한 사람의 하나로 보이는데, 이 방법은 훗날 임상 시험의 표준으로 자리 잡는다.

그러나 인도 정부가 지원자가 자발적으로 나서지 않으면 백신접종을 할 수 없다고 못을 박았기 때문에 통제집단을 활용해 임상 시험을 하기란 원천적으로 불가능했다. 1896년 중반 하프킨은 백신접종 후 5일이 지나면 보호 효능이 나타나고 이후 14개월 동안 지속된다는 사실을 확인했지만 연구는 여기에서 중단해야 했다. 과로에 시달리던 하프킨이 말라리아에 걸리는 바람에 유럽으로 돌아가 건강을 회복해야 했기 때문이다. 그사이 하프킨의 연구는 인도에서 큰 관심을 모았고 봄베이에서 콜레라가 유행했을 때 총독이 하프킨을 봄베이로 초청해 콜레라 백신을 생산해달라고 요청하기에 이르렀다. 당시 하프킨은 전염병 연구소에서 연구했는데, 훗날 하프킨이 이 연구소를 이끌게 되면서 이 연구소는 하프킨 연구소로 이름을 바꾼다.

훗날 역사가들은 파스퇴르 연구소가 확산돼가는 과정이 일정한 패턴에 따라 진행됨을 발견했다. 보통은 일단 새로운 연구소를 개설하고 광견병 치료제를 제공하는데, 때로는 백신과 디프테리아 면역혈청 생산을 위한 연구소를 함께 설립하기도 했다. 행정 구조는 단일하지 않았는데, 파리에서 내리는 결정과 별개로 독자적인 결정을 내릴 수 있는지 여부에 따라 행정 구조가 달라지는 양상을 띠었다. 이후 관련 체계가 차츰 발전해나갔는데, 제1차 세계대전이 끝난 뒤에는 프랑스 이외의 국가에 파스퇴르 연구소를 설립할 때 파리의 승인뿐 아니라 해당 국가에서 자체적인 자금 조달 방법을 확보해야 했고, 해당 국가에서 선정한 연구소장 후보의 신상 정보를 파리에 제출해야 했다.

많은 국가에서 백신 생산을 시작하는 데 파스퇴르 연구소와의 인연이 중요한 역할을 했다. 멕시코 대통령 포르피리오 디아스는 개인 주치의를 파리로 보내 새로운 과학을 배워오게 했고, 파스퇴르 연구소와의 긴밀한 연계를 바탕으로 1905년 국립 세균학 연구소를 설립했다. 멕시코의 다른 지방에도 이와 비슷한 연구소들이 설립돼 기본적인 세균학 연구를 진행하는 동시에 백신과 면역혈청을 생산했다. 그러던 중 10여 년 동안 이어진 혁명으로 사회가 불안해지고 정치적 변화가 찾아오면서 멕시코의 국립 세균학 연구소는 위생 연구소로 이름을 바꾼 뒤 록펠러 재단과 긴밀한 협력 관계를 구축했다.

캐나다에서는 파리와 브뤼셀의 파스퇴르 연구소 및 프라이부르크대학교에서 연구한 경험이 있는 존 G. 피츠제럴드John G. FitzGerald 박사가 1913년 토론토의 어느 마구간 건물에 연구소를 설립했다. 피츠제럴드 박사는 캐나다에 세균학을 통해 활용할 수 있게 된 새로운 도구를 저렴한 가격에 제공하기로 마음먹었고, 몇 달 뒤 토론토대학교가 피츠제럴드 박사의 결심에 동참하면서 나중에 코노트 연구소로 이름을 바꾸는 '항독소 연구소'를 의과대학 건물 지하에 설립했다. 코노트 연구소는 디프테리아 항독소를 생산해 미국으로부터 수입하는 면역혈청 가격보다 저렴하게 판매했다.

프랑스와 마찬가지로 영국 식민지에서 근무하는 공무원들 역시 식민지에서 자신들이 담당하는 관할 구역의 공공보건 문제를 처리해야만 했다. 영국령 인도라는 넓은 지역에서 발생하는 질병에 대처하기 위해 영국은 19세기 말과 20세기 초 인도 전역에 공공보건 기관을 설립하고 콜레라, 광견병, 파상풍, 디프테리아, 천연두, 장티푸스에 사용할 면역혈청을 연구, 개발 및 생산했다. 이때 설립된 연구소로는 마드라스(오늘날의 첸나이)에 설립된 왕립 예방의학 연구소, 봄베이(오늘날의 뭄바이)에 문을 연 하프킨 연구소, 1905년 설립된 카사울리 중앙 연구소, 쿠누르에 설립된 인도 파스퇴르 연구소를 꼽을 수 있다.

그중에서 카사울리 중앙 연구소와 하프킨 연구소는 독립하기 이전의 인도에서 백신과 면역혈청을 생산하는 주요 기지의 하나였는데, 특히 카사울리 중앙 연구소는 제1차 세계대전이 진행되는 동안 중동에서 싸우는 인도 군인에게 투여할 장티푸스 백신을 도맡아 생산했다. 1930년 무렵에는 국가의 후원으로 영국령 인도의 여러 주에 설립된 이러한 연구소가 15곳에 달했을 뿐 아니라 일부 민간 기업도 인도에 자리 잡고 백신과 면역혈청 생산에 매진했다.

새롭게 등장한 백신과 면역혈청이 감염성 질환 예방에 효험이 있다는 사실에 수긍하는 사람들이 늘어나면서 백신과 면역혈청을 생산하고 배포하는 일이 공공보건 정책의 당연한 업무로 자리 잡았다. 유럽의 일부 소규모 국가에서는 이내 공공보건 연구소에 디프테리아 면역혈청 생산 시설을 갖추기 시작했다. 예를 들어 1902년에는 덴마크 국립 혈청 연구소가, 1909년에는 스웨덴 연구소가 문을 열었다.

중앙 공공보건 연구소의 필요성을 두고 정치인들이 논쟁을 벌인 네덜란드의 경우에는 1895년 민간 연구소인 '박테리아 치료 연구소'를 통해 디프테리아 항독소 생산을 시작했다. 이후 몇 년 동안 이 연구소는 파상풍 및 광견병을 비롯한 다양한 백신과 면역혈청을 생산했는데 일부는 네덜란드 식민지로 수출하기도 했다. 제1차 세계대전이 일어나면서 백신 및 면역혈청을 국가에 필요한 만큼 충분히 확보해야 하는 문제가 발생했고, 이 문제를 정부가 책임지고 해결해야 한다고 생각하는 대중이 늘어났다.

한편 공급의 안전성 문제가 부각돼 정치적 불안이 커지자 1919년 네덜란드 정부는 박테리아 치료 연구소를 인수하고 국립 혈청 연구소로 이름을 변경했다.

미국에서는 뉴욕 시 보건부가 운영하는 연구소에서 디프테리아 면역혈청 생산이 시작됐는데, 독일에서 세균학을 연구하고 돌아온 윌리엄 H. 파크William H. Park 연구소장은 유럽에서 보내온 지침에 따라 디프테리아 면역혈청을 생산할 수 있었다. 1895년에 이미 항독소를 생산해 판매에 돌입한 연구소는 항독소 판매 대금을 모아 연구소에 새로운 장비를 도입하고 뉴욕에 항독소를 무료로 공급하기 시작했다.

한편 뉴욕 시의 사례를 따르려 한 필라델피아 시에서는 베링으로부터 소량의 항독소를 구입해 (펜실베이니아대학교와 공동으로 사용할) 시설을 건축하기 시작했다. 그러나 생산 규모가 필라델피아 시의 수요에 부응하기에 부적절하다는 사실이 이내 드러나면서 추가 공급 물량은 뉴욕 시가 운영하는 연구소에 의존할 수밖에 없게 됐다. 그러나 미국 공공보건부는 면역혈청 생산에 대한 독점적인 지위를 금세 잃고 말았다. 필라델피아 시에서 운영하는 연구소에 부임한 초대 연구소장이 시에서 제시하는 자금 지원 수준에 실망을 느끼고 연구소를 떠나, 면역혈청 사업에 뛰어들기를 원한 미국 제약회사에 합류한 것이다.

한편 미국 공공보건을 선도한 뉴욕 시 연구소가 공공이든 민간이든 관계없이 모든 사람들과 면역혈청 생산 기술에 관련된 지식을 적극적으로 공유하면서, 영리를 추구하는 멀퍼드Mulford와 파크 데이비스Parke Davis 같은 제약회사들이 뉴욕 시에서 운영하는 연구소가 쥐고 있던 주도권을 빼앗기 시작했다. 기업의 역사를 연구하는 조너선 리베나우는 막 싹을 틔우고 있던 백신 산업이 추구한 전략에 대해 설명했다. 우선 제약회사들은 공공보건 연구소로부터 배울 수 있는 지식을 모조리 섭렵한 다음 공공보건 연구소 직원을 영입했다. 그런 뒤 두 가지 논리를 근거로 공공 부문에서 생산하는 백신과 면역혈청에 대한 사람들의 불신을 부추겼다.

"첫 번째 논리는 시에서 운영하는 시설이 백신과 면역혈청 생산에 부적합하다는 주장이었고, 두 번째 논리는 정부가 백신과 면역혈청을 저렴한 가격에 판매해 영리를 추구하는 기업의 영업을 방해해서는 안 된다는 주장이었다."[7] 리베나우는 초창기에 공공보건 연구소가 거둔 성공이 사실상 뒤이은 쇠락의 씨앗이 됐다고 말한다. 공공보건 연구소에 자금을 지원하는 공공보건당국 담당자들이 영리를 추구하는 제약 산업이 구축한 논리에 호응한 결과, 제1차 세계대전이 일어날 무렵에는 여섯 곳 이상의 장티푸스 백신 생산업체가 미국 시장에서 경쟁하게 됐다.

백신의 기준을 세우다

세균학이 찾아낸 기본적인 지식을 디프테리아, 결핵, 장티푸스, 콜레라 같은 질병에 맞서 싸울 수 있는 효과적인 도구로 전환하려면 이 도구를 대량으로 생산하고 배포할 역량을 지닌 제도적 자원이 필요했다. 요점만 추려 말하자면 20세기가 밝아올 무렵 백신과 면역혈청 생산은 두 가지 핵심적인 단계를 밟았다. 첫 번째는 기본적으로 과학적 단계였는데, 여기서는 일반적으로 감염된 사람의 체액을 활용해 병원체를 규명하고 분리해야 했다. 기본적으로 기술적인 두 번째 단계에서는 병원체를 배양한 뒤 독성을 약화하거나 불활성화(사백신화)해야 할 뿐 아니라 전체 과정의 규모를 확대해야 했다. 수요가 늘면서 백신과 면역혈청을 생산하는 조직의 수도 늘어났는데, 문제는 생산되는 백신과 면역혈청이 사람들을 병들게 하는 게 아니라 사람들을 보호할 거라는 점을 어떻게 보장할 수 있느냐였다.

시민의 건강과 복지에 대한 정부의 관심과 개입 수준이 높아지면서 이런 문제가 크게 불거졌고, 프랑스 정부와 독일 정부 역시 이 문제에 더 많은 관심을 쏟기 시작했다. 프랑스 정부는 전문 조사관에게 이 문제에 대한 책임을 위임했는데, 전문 조사관은 면역혈청을 생산하는 시설의 적절성만을 평가할 수 있을 뿐 생산된 면역혈청의 품질 테스트에는 관여할 수 없었다. 백신과 면역혈청을 생산하는 연구소의 연구소장과, 생산 시설이 표준에 부합하는지 확인할 책임 조사관은 출신 배경이 유사했다. 대부분 파스퇴르 연구소에서 교육을 받았거나 어떤 방식으로든 파스퇴르 연구소와 연관된 사람들이었다. 역사가 폴커 헤스는 이런 저간의 사정이 파스퇴르 연구소가 자체적으로 생산하는 백신과 면역혈청뿐 아니라 경쟁 가능성이 있는 생산 시설에 대한 감독까지 책임지는 결과를 낳았다고 지적한다.[8]

한편 경쟁 시장을 바탕으로 백신과 면역혈청을 생산하던 독일에서는 사기꾼이 백신과 면역혈청 생산 시설을 갖추고 생산에 나설 우려가 있었으므로 훨씬 더 엄격한 접근법을 채택했다. 독일 정부는 백신과 면역혈청이라는 이름으로 사람들에게 판매되는 물질의 품질을 규제할 방법을 찾아야만 했는데, 시장 지향적인 생산 체계를 내세운 독일에서는 이 단계, 즉 규제 과정이 매우 역동적인 방식으로 전개됐다.

1890년대 국가 통제 체계를 구축한 독일은 면역혈청의 생산 과정과 배포 과정뿐 아니라 대중이 면역혈청을 구입할 수 있는 장소와 방법까지 규제했다. 면역혈청 생산을 원하는 기업은 우선 생산 허가를 신청해야 했는데, 이때 국가에 보고할 책임을 지는 의료 담당자를 의무적으로 지정해야 했다. 1896년 새로운 '면역혈청 연구 및 테스트 기관'이 베를린에 설립됐고 (한때 베링의 동료였던) 파울 에를리히Paul Ehrlich가 연구소장에 올랐다. 이때부터 백신과 면역혈청을 생산하는 모든 생산자는 디프테리아 항독소 혈청 배치batch를 대량생산할 때마다 하나의 샘플을 에를리히가 운영하는 연구소로 보내 테스트를 받아야 했다. 연구소에서는 접수한 면역혈청을 독소와 혼합한 뒤 기니피그에 투여했는데, 혼합 비율은 기니피그에 투여했을 때 면역혈청과 독소가 서로의 효능을 상쇄할 수 있는 수준에서 결정됐다.

그러나 질병의 증상이 나타나는지 여부를 평가하는 일에는 여전히 불확실한 부분이 많이 있었으므로 에를리히는 확실한 목표를 설정했다. 즉, 면역혈청과 독소의 혼합 비율을 조정해 테스트 대상 동물이 정확히 4일 뒤에 죽게 되는 혼합물을 만들었던 것이다. 만일 테스트 대상 동물이 4일이 지나기 전에 죽으면 해당 면역혈청은 효능이 약한 것으로 판정돼 허가를 받을 수 없었지만 샘플 테스트를 통과한 배치는 허가를 받을 수 있었다. 일단 허가가 나면 인증서가 발급되고 의료 담당자는 면역혈청 배치를 배포할 수 있었다.

에를리히가 도입한 방법은 면역혈청이 표준에 부합하는 효능을 갖추고 있다는 사실을 확인할 수 있는 방법이었는데, 면역혈청의 품질 문제는 집단 백신접종 프로그램을 시행하기 위해 반드시 확인해야만 하는 중요한 문제였다. 1897년 에를리히가 발간한 회고록《디프테리아 항 면역혈청의 효능 평가 및 그 이론적 근거The Potency Estimation of Diphtheria Antiserum and its Theoretical Base》는 생물학 표준화의 효시로 언급되곤 한다.

에를리히가 도입한 테스트 절차가 복잡하고 까다로워 따르기가 어려웠음에도 그 중요성을 알아보는 사람들이 있었다. 1900년 에를리히는 1895년부터 버로스 웰컴이 면역혈청을 생산해온 런던에서 자신들의 테스트 방법에 대한 강의를 진행했는데, 버로스 웰컴은 자사 제품의 품질을 보장하는 문제가 얼마나 중요한지 제대로 인식하고 있었다. 그래서 1903년 생리학자 헨리 데일을 독일로 보내 에를리히와 함께 몇 달에 걸친 연구를 진행하게 했고, 연구를 마친 헨리 데일은 런던으로 돌아와 버로스 웰컴에서 운영하는 생리학 연구소에 합류했다.

그러나 영국 정부는 독일 정부와 다르게 이 문제에 적극적으로 개입하기를 꺼렸다. 디프테리아가 여전히 수천 명의 목숨을 앗아가던 19세기 말 영국에서 버로스 웰컴은 면역혈청을 생산해 판매하는 여러 제약업체 가운데 하나에 불과했다. 자유로운 상업 활동에 개입할 생각이 없었던 영국 정부가 규제 도입에 소극적인 태도를 보이면서 규제가 매우 느리게 도입됐다. 심지어는 1920년대에 접어들어서도 영국 정부는 여전히 디프테리아 면역혈청 공급, 이 혈청을 일반적으로 사용하라는 권고, 혈청 공급 기업에 대한 규제 도입 등에서 소극적인 모습을 보였다. 그런 탓에 환자에게 백신을 접종하고자 하는 영국 의사들에게는 경쟁하는 여러 제품의 품질과 관련해 믿고 따를 만한 지침이 제공되지 않았다.

독일 의사들은 영국 의사들에 비해 운이 좋은 편이었다. 프로이센 정부는 민간 제약회사에게 면역혈청 생산 문제를 일임하고 이 문제에 개입하지 않는 대신, 면역혈청을 생산할 수 있는 주체와 생산된 면역혈청의 품질에 대한 규제를 도입했다. 영국 의사들과 다르게 독일 의사들과, 치료를 받아야 하는 자녀를 둔 부모들은 치료에 사용되는 면역혈청이 안전할 뿐 아니라 효능을 발휘한다는 사실을 믿을 수 있었다. 면역혈청에 대한 프로이센의 행정 규제 활동은 생물학 표준화 기법과 규제 감독 활동의 발전에 중요한 영향을 미쳤다.

더 정교해진 백신의 검증 기법

1920년대에는 기술적 절차 및 행정적 관행에 더해 향후 도입될 집단 백신접종에 중요한 일련의 기법이 등장했다. 디프테리아 면역혈청이 치료제로 쓰이는 동안에는 환자의 회복 정도를 파악해 디프테리아 면역혈청이 제대로 효능을 발휘하는지 확인할 수 있었다. 그러나 예방 기술의 경우에는 사정이 다르다. 예방 기술은 그 효능이 즉시 발현되지 않을뿐더러 명백한 증거를 찾기 어렵기 때문에 최대한 많은 사람에게서 데이터를 수집해 분석하고 그 결과를 해석해야 한다. 예를 들어 BCG는 결핵을 치료할 목적으로 개발된 것이 아니었기 때문에 환자의 회복 정도를 파악해 효능을 가늠하는 척도로 사용할 수 없었다. 그렇다면 BCG가 결핵 감염으로부터 사람들을 정말 보호하는지 확인할 수 있는 방법은 무엇이고, 그 결과가 충분한 권위를 가지기 위해 수집해야 하는 증거는 무엇이며, 어떤 방법으로 증거를 수집해야 하는가?

1920년대 파스퇴르 연구소는 독점적인 방식으로 BCG를 생산해 프랑스 전역의 의사들에게 BCG를 제공했다. 프랑스에서 활동하는 의사나 산파는 누구나 파스퇴르 연구소에 연락을 취해 이름이 부여된 아기에게 세 차례 접종할 BCG를 요청할 수 있었다. 그 대신 BCG를 접종한 아기에 대한 임상 데이터를 향후 몇 년 동안 파스퇴르 연구소에 제공해야 했다. 1926년 12월 무렵에는 BCG를 접종한 유아가 2만 명에 달했는데, BCG를 독점한 덕분에 파스퇴르 연구소는 제품을 표준화하는 동시에 제품의 안정성을 보장할 수 있었다. BCG가 부패할 수 있는 물질이었던 까닭에 생산된 BCG가 효능을 발휘할 수 있는 기간은 며칠에 불과했으므로 BCG를 효율적으로 생산하고 배포할 필요가 있었다. 게다가 파리에서 생산한 BCG를 프랑스의 대도시를 벗어난 지역에 공급하는 일 역시 불가능했다. 따라서 파스퇴르 연구소는 우선 전 세계 곳곳에 광범위하게 퍼져 있는 국제적인 연구소 네트워크를 총동원해 해외 연구소에 BCG 생산을 위임했다.

칼메트는 통계에 큰 관심이 없었다. 그러나 의료 통계가 이제 막 태동하고 있었던 시절이었음에도 칼메트는 백신이 효능을 발휘한다는 사실을 전문가들이 납득하려면 통계 데이터를 사용하지 않을 수 없음을 인정해야 했다. 특히 칼메트는 백신접종을 받은 아동과 그렇지 않은 아동을 비교하려 했는데, 그러기 위해서는 백신접종을 받지 않은 아동이 결핵으로 사망할 확률을 파악할 필요가 있었다. 프랑스 전역에 퍼져 있는 진료소에 보낸 설문지의 도움을 받은 칼메트는 유아의 결핵 사망률이 24퍼센트라는 사실을 확인했다. 즉, 결핵에 걸린 아기 100명 가운데 생후 1년이 지나기 전에 사망하는 아기가 24명이었던 것이다. 반면 백신을 접종한 병원의 아동 사망률은 1퍼센트에도 못 미치는 것으로 나타났다. 칼메트는 이 수치를 백신의 효능이 충분하다는 사실을 입증하는 증거로 삼았다. 이제 사람들은 확신을 가지고 BCG를 접종할 수 있게 될 터였다. 그러나 프랑스 외부에서는 칼메트의 통계를 확신하지 못하는 사람들도 있었는데, 특정 물질이 효능을 보인다는 사실을 입증할 수 있는 증거에 대한 개념이 변화하고 있었기 때문이다.

파리의 파스퇴르 연구소는 BCG를 접종한 의사와 산파로부터 수집한 데이터를 분석했고, 1927~1928년의 통계 분석 결과를 전 세계에 공표했다. 프랑스 내에서 파스퇴르 연구소가 차지하는 독점적인 지위 덕분에 확보할 수 있었을 뿐 아니라, 칼메트가 백신의 효능을 입증하는 증거로 사용했던 이 통계를 두고 국제적인 비판이 쏟아졌다. 아동에 대한 추가 테스트를 실시하지 않은 이유는 무엇인가? 생후 24개월 된 아동이 건강해 보인다는 단순한 사실에만 근거해 내린 결론이, 어떻게 결핵 면역을 확인하기 위한 투베르쿨린 테스트에 대한 무반응 결과에 부합하는가? 경구 투여라는 접종법에 문제가 있는 것은 아닌가? 스칸디나비아반도 국가에서는 주사기를 활용해 백신을 접종한 반면 프랑스에서는 백신을 경구 투여했기 때문이다.

한편 올바른 기준에 대한 문제도 제기됐는데, 백신접종을 받지 않았을 경우 예상되는 사망률을 기준으로 삼는 것이 올바른지에 대한 것이었다. 칼메트가 백신접종을 받지 않은 아동 100명 중 24명이 결핵으로 사망한다고 추정한 반면, 코펜하겐의 연구에서는 백신접종을 받지 않은 아동이 결핵으로 사망할 확률이 5퍼센트에 불과하다고 나타났기 때문이다. 한편 런던에서는 새롭게 등장한 역학 분야를 선도하고 있던 메이저 그린우드 Major Greenwood가 신뢰할 만한 결론을 내릴 수 있을 만큼 샘플의 크기가 충분히 컸는지에 의문을 제기했다.

1928년 BCG 효능 문제와 이를 입증하기 위해 필요한 데이터의 종류 문제가 국제연맹 보건국 League of Nations Health Organization에 안건으로 상정됐다. 이 문제를 해결하기 위해 구성된 전문가 패널은 대체로 샘플이 불분명하다는 취지로 그린우드가 제기한 비판에 동조하는 입장이었다. 그린우드는 백신접종 대상 아동을 선정한 방법이 불분명할 뿐 아니라 부검을 하지 않은 탓에 사망한 아동이 결핵으로 사망했는지 여부를 파악할 수 없다고 주장했다. 전문가 패널은 신뢰할 만한 통계 결과를 얻으려면 통제집단이 반드시 필요하다고 주장했다. 즉, 관련이 있는 다른 측면이 유사한 아동을 선정해 한 집단의 아동에게는 백신을 접종하고 다른 집단의 아동에게는 백신을 접종하지 않은 상태에서 통계를 내야 한다는 의미였다.

통제집단과 무작위 추출법이라는 개념이 이때 처음 등장한 것은 아니었다. 과거 하프킨이 통제집단을 활용하려고 시도했지만 정치적인 이유로 뜻을 이루지 못한 일이 있었기 때문이다. 사실 이 문제와 관련해 가장 큰 공을 세운 사람은 덴마크의 의사 겸 연구자인 요하네스 피비게르Johannes Fibiger였다. 베를린에서 코흐 및 베링과 함께 연구한 뒤 코펜하겐으로 돌아온 피비게르는 디프테리아 연구에 착수했다. 1896년 어느 병원에서 수련의로 근무하던 피비게르는 디프테리아 면역혈청 치료가 효능을 발휘한다고 밝힌 연구 논문들을 신뢰할 수 없다는 의견을 상급자에게 피력해 인정을 받았다.

1896년과 1897년 피비게르는 최초의 무작위 추출법을 활용한 임상 시험을 실시했다. 피비게르는 우선 디프테리아 환자의 면역혈청 치료 여부나 병원에 입원한 일수에 관계없이 그해 입원한 환자 가운데 약 1,000명을 선정한 뒤 한두 가지 이유를 들어 그중 절반을 배제했다. 그리고 나머지 500명가량의 환자는 매일 번갈아가면서 임상 시험 '연구'집단 또는 '통제'집단으로 분류했다. 이와 같은 샘플을 통해 연구한 결과 면역혈청 치료가 효능을 발휘하는 것으로 나타나자 피비게르는 1898년 연구 결과를 발표했다. 그러나 피비게르가 연구 논문을 덴마크어로 썼기 때문에 덴마크어를 사용하지 않는 국가에서는 언어 장벽으로 피비게르의 논문을 읽을 수 없었고, 결국 피비게르의 연구는 국제적인 주목을 받지 못한 채 묻히고 말았다.

그로부터 30년이 흐른 1920년대에 이르러서야 비로소 증거를 확신하려면 무작위 추출법과 통제집단이 반드시 필요하다는 생각이 조금씩 힘을 얻기 시작했다(사실 1930년대 후반에도 여전히 선도적인 의과대학에 재직하는 저명한 교수가 자신이 만나본 소수의 환자 사례를 바탕으로 효능을 확신한다는 이유만으로 흔히 새로운 치료제가 도입되곤 했다).

통계에 큰 관심이 없었음에도 칼메트는 대응에 나섰다. 그래야만 자신이 개발한 백신을 널리 활용할 길이 열릴 터였기 때문이다. 마침 독일에서 76명의 아기가 BCG 백신접종으로 사망했다는 주장이 제기되면서 BCG의 명성에 금이 가고 있었다. 국제 통계 전문가 집단은 칼메트에게 통제집단과 무작위 추출법을 활용하라고 요구했는데, 프랑스 주치의들이 반대하고 나서는 바람에 그런 방식으로 연구할 수 없었던 칼메트는 난관에 봉착하고 말았다. 따라서 칼메트는 파스퇴르 연구소 지부를 통해 BCG를 생산 및 배포하는 알제리의 수도 알제로 눈을 돌렸다. 당시 알제는 인구통계학적 데이터를 수집할 수 있는 체계적인 조직을 갖추고 있었을 뿐 아니라, 가장 가난하고 인구밀도가 가장 높은 지역에 거주하는 이슬람 주민들 사이에서 결핵 사망률이 매우 높은 형편이었다. 이런 환경은 칼메트가 무작위 추출법을 활용한 임상 시험을 하기에 가장 이상적이었다.

20세기: 백신 개발의 전환기

20세기로 접어들어 첫 20년에서 30년이 지나는 동안 대중의 보건을 보호하기 위해 사용되는 생물학 도구(백신과 면역혈청)를 개발하고 생산하는 체계의 구성요소가 자리를 잡아갔다. 한편 간균을 규명하고 분리하며 배양하는 기법도 더욱 더 정교해져갔다. 그러나 백신 생산은 세균을 연구하는 과학의 문제로 그칠 수 없었다. 백신을 생산하는 조직, 통계 방법, 규제 체제, 생물학 표준, (손상되기 쉬운) 물질을 안전하게 운송하고 보급하는 데 필요한 체계 등 어느 것 하나 중요하지 않은 문제가 없었다.

생산 시설을 구축하는 방식이나 관련 활동을 하는 방식은 국가별로 다른 양상으로 나타났다. 중앙정부 또는 지방정부에서 생산 시설을 설립한 대부분의 국가는 주로 공공보건 연구와 면역혈청 생산을 결합해 운영한 반면, 프로이센 같은 곳에서는 백신과 면역혈청이 민간 기업의 손에서 생산됐다. 이 두 가지 모델은 베를린 또는 파리에서 세균학을 공부한 의사들을 통해, 때로는 (제국주의적이든 국수주의적이든) 정치적 이해관계의 지원을 받으면서 상당히 먼 곳까지 전파됐다.

생물학 도구의 효능은 시간이 흐름에 따라 사라져갔으므로 최대한 사용 장소에서 가까운 곳에서 생산하는 것이 최선의 방법이었다. 디프테리아 면역혈청 사용과 관련해 얻은 경험을 통해 이런 물질을 분산된 장소에서 생산하고 널리 사용하기 위해서는 표준화와 규제 체계를 통해 안전성과 효능을 확보해야 한다는 교훈도 얻을 수 있었다. 표준화와 규제는 프로이센의 행정적 관행에 잘 들어맞았지만 다른 국가의 모든 정치인들이 프로이센에 정착된 엄격한 규제 체계를 달가워하는 것은 아니었다. 따라서 일부 국가는 정부가 책임지고 공공보건 체계에 필요한 백신 생산에 나선 반면, 다른 국가의 정부는 영리를 목적으로 한 상업적 백신 생산의 우수한 품질을 보장해 사람들이 백신을 믿고 사용할 수 있도록 하는 수준으로 자신의 역할을 제한하기도 했다.

한편 백신 생산 문제에 전혀 개입하지 않으려 한 정부도 있었는데, 예를 들어 영국 정부는 1920년대 말이 돼서야 백신 생산의 규제 감독 문제를 자신의 책임으로 떠안았다. 역학이라는 새로운 학문이 등장하면서 질병을 예방하는 도구의 효능을 입증하는 증거가 충족해야 하는 표준에도 심대한 변화가 일었다.

에드워드 제너는 앞으로 나아가야 할 방향을 제시했고 루이 파스퇴르는 그 길을 명확하게 규정했다. 관련 기법이 발전하면서 파스퇴르가 처음 주목한 탄저병과 광견병 같은 비교적 잘 알려지지 않은 질병으로부터 공공보건과 관련성이 높은 주요 질병으로 초점이 옮겨갔다. 이런 흐름 속에서 20세기 초반 주목을 받았던 질병으로 천연두, 장티푸스, 디프테리아, 콜레라, 결핵, 페스트, 황열을 꼽을 수 있는데, 이 질병들은 모두 수많은 사람의 목숨을 앗아간 주요 질병이었다.

나아가 이 시기는 무역이 급속히 확장된 시기로, 그 결과 수십 년이 넘는 시간 동안 공공보건을 수호하는 데 중요한 구성요소로 활용돼온 격리 방법의 효용성이 낮아졌다. 격리가 비단 국제무역을 저해한다는 이유 때문만이 아니라 국가 간의 정치적 마찰을 불러올 소지가 있기 때문이었다. 1900년 무렵 파리와 베를린에서 시작된 백신 기술이 (개발 과정과 생산이라는 양 측면 모두에서) 확산돼가는 과정은 수많은 이해관계가 얽히고설키면서 상당히 복잡한 양상을 띠었다. 여기에는 인도주의적 측면뿐 아니라 식민지의 기능 유지 및 이익 보장에서 시 당국의 책임 이행에 이르는 다양한 정치적 이해관계가 개입돼 있었다.

한편 상업을 통한 영리 추구의 모습도 다소 공공연하게 드러났는데 그 중요성은 나라에 따라 천차만별이었다. 백신 개발과 생산에 관련된 이런 다양한 요소들을 깔끔하게 분리하기란 불가능에 가깝다. 백신이 질병을 치료하거나 예방하는 도구인 동시에 통제 도구이면서 이윤을 낼 가능성을 지닌 상품의 성격을 띠기 때문이다. 그러나 세균학자들의 관심을 모으는 데 가장 큰 영향을 미친 요인이 바로 질병으로 인한 부담, 즉 백신이 공공보건에 반드시 필요한 물질이었기 때문이었다는 점만은 분명하게 말할 수 있다. 세균학자들은 사람들에게 극심한 고통을 안기고 끝내 죽음에 이르게 하는 질병을 극복하기 위해 백신과 면역혈청 개발에 나섰던 것이다.

3장

백신의 역할
: 바이러스에 도전하다

국가적 차원에서 국제적 차원으로

20세기 초 몇 년 동안 급속하게 발전한 세균학은 그 시기에 이미 감염성 질환에 맞서 싸울 새롭고 중요한 몇 가지 도구들을 의사들에게 제공하고 있었다. 그런 도구의 하나는 새로 개발된 매독 치료제였다. 오랫동안 여러 차례의 실험을 공들여 수행한 끝에 1909년 파울 에를리히는 비소 유기 화합물이 매독을 유발하는 원인, 즉 박테리아의 한 종류인 스피로헤타spirochaete를 파괴한다는 사실을 밝혀냈다. 자신이 개발한 매독치료제를 '특효약'이라고 생각했던 에를리히는 이를 훼히스트Hoechst AG를 통해 살바르산Salvarsan이라는 이름으로 판매했다. 한편 광견병과 디프테리아를 치료하는 백신도 있었고 전도유망한 장티푸스 백신도 있었다.

유럽의 많은 국가에서는 공공보건을 수호하기 위해 새롭게 개발된 이 도구를 생산할 수 있는 시설을 갖춘 연구소가 속속 설립됐는데, 정부의 공공보건 부처와 연계된 곳도 있었고 영리를 추구하는 기업과 연계된 곳도 있었다. 그러던 중 1914년 유럽은 유혈이 낭자한 혼란 속으로 빠져들고 말았다. 합스부르크 왕가의 후계자인 프란츠 페르디난트 대공이 암살되자 오스트리아-헝가리 제국이 세르비아를 상대로 전쟁을 선포하면서 시작된 전쟁은 4년 넘게 지속됐다. 전쟁으로 엄청난 수의 민간인과 군인이 사망했는데, 포격 및 독가스 공격의 사망자에 질병 사망자가 더해져 그 수가 수백만 명에 달했다.

군인들은 진흙투성이인 참호를 파고 전투를 벌였는데, 이처럼 위생이 확보되지 않은 더러운 환경에서는 항상 장티푸스와 발진티푸스 같은 질병이 유행할 가능성이 도사리고 있었다. 군인들의 건강이 끊임없이 위협받으면서 라이트와 리슈먼이 개발한 장티푸스 백신이 드디어 빛을 보게 됐다. 영국군은 전선으로 싸우러 가는 영국 군인의 97퍼센트에게 백신을 접종했는데, 덕분에 영국군 전투원 가운데 장티푸스로 사망하는 사람이 백신접종 이전에 비해 크게 줄어들었다.

제1차 세계대전이 끝난 후 베르사유조약이 체결되면서 유럽과 중동의 지도가 다시 그려졌다. 오스트리아-헝가리 제국과 오스만 제국뿐 아니라 (러시아 혁명의 결과) 러시아 제국이 사라지는 대신 새로운 국가들이 탄생한 것이다. 한편 1920년 국제연맹이 창설됐다. 제네바에 본부를 둔 국제연맹은 기본적으로 세계 평화를 유지하고 국제분쟁을 해결한다는 임무를 띠고 설립됐다. 유럽 대부분의 지역에서 생활환경이 급격하게 악화되자 공공보건, 그중에서도 특히 감염성 질환의 통제 문제에 관심이 높아지기 시작했다.

이에 따라 국제연맹은 보건 문제를 자신이 떠안아야 할 임무의 하나로 삼았고 상시 기구인 보건국과 다양한 자문 기구를 창설했다. 훗날 칼메트가 공표한 BCG 데이터의 적절성에 문제를 제기하고 관련 논의를 진행하게 되는 기구가 바로 이 보건국이었다. 아무튼 국제연맹이 창설한 보건 기구는 말라리아와 황열을 유발하는 모기 제거 같은 야심 찬 목표를 수립하고 국제 캠페인에 착수했다.

국제사회에서는 록펠러 재단이 핵심적인 역할을 수행했다. 록펠러 재단은 국제연맹 보건국에 재정을 지원하는 한편 대규모 집단을 대상으로 보건 조사를 실시하고, 라틴아메리카 대부분의 지역에서 구충증鉤蟲症과 황열 퇴치 프로그램을 운영했다. 록펠러 재단은 산하 기구인 국제 보건 위원회를 통해 제국의 잔해를 딛고 등장한 신생국가들이 효과적인 공공보건 체계를 구축할 수 있도록 지원했다. 록펠러 재단이 관여하는 곳이라면 어디서든 사회 안정, 민주주의, 대중의 보건 문제가 함께 다뤄졌으므로, 소련에는 거의 지원이 없었다.

한편 록펠러 재단은 일련의 임무를 수행해 위생을 담당할 새로운 기관과 미국의 존스홉킨스대학교에서 운영하는 교육 프로그램을 바탕으로 마련한 새로운 공공보건 교육 프로그램의 실현 가능성을 평가했다. 그러나 신생국가에 신설된 보건부에 자문가로 파견된 전문가들은 오스트리아-헝가리 제국 또는 오스만 제국이 여러 신생국가에 남긴 행정적 관행으로 어려움을 겪기 일쑤였다.

1919년 영국 정부는 보건부를 신설하고, 제1차 세계대전 기간에 의학 조사 계획 수립 및 수행 업무를 도맡아 진행했던 의학 조사 위원회를 모태로 한 의학 연구 위원회를 꾸려 보건부 산하에 두었다. 공공보건, 복지, 의학 연구에 정치적 관심이 날로 높아지면서 다른 국가도 영국과 비슷한 수순을 밟았다. 1919년 파리강화회의에 페르시아(1935년에 국호를 이란으로 바꿈―옮긴이) 외교대표단 단장으로 참석한 페르시아 외무부 장관은 베르사유 방문을 기회로 파스퇴르 연구소와 접촉했다. 페르시아 외무부 장관은 프랑스 세균학자들을 초청하면서 정부가 페르시아에 파스퇴르 연구소 지부를 설립해 공공보건 문제 해결에 힘을 보태달라고 요청했다. 바로 그것이 파스퇴르 연구소의 임무였으므로 파스퇴르 연구소는 이 제의를 기꺼이 받아들였고, 1920년 프랑스 세균학자 한 명을 테헤란에 보내 페르시아 지원에 나섰다.

'여과성 바이러스'의 발견

제1차 세계대전이 끝나갈 무렵 인플루엔자가 유례없이 심각한 수준으로 전 세계를 강타했다. 인플루엔자에 걸린 사람은 고열, 인후염, 피로, 두통, 기침에 시달리고 몸이 쑤시고 아픈 증상을 보이는데, 인플루엔자가 유발하는 이런 증상은 이미 수백여 년 전부터 알고 있었을 만큼 사람들에게 익숙한 증상이었다. 인플루엔자에 감염된 사람은 며칠가량 앓다가 낫는 것이 일반적인데, 1918년 전 세계를 강타한 인플루엔자는 사정이 사뭇 달랐다. 과거 유행한 인플루엔자와 다르게 1918년에 나타난 인플루엔자는 어린이나 노인을 공격한 것이 아니라 한창나이의 성인을 공격했으므로 20세에서 40세 사이에 속한 사람들이 가장 큰 위험에 노출됐다. 군인들이 인플루엔자에 걸려 쓰러지면서 전투가 중단되는 경우도 있었다.

1918년 전 세계를 덮친 인플루엔자는 총 두 차례에 걸쳐 사람들을 괴롭혔는데, 처음(1918년 봄)보다 두 번째(1918년 가을) 찾아온 인플루엔자의 독성이 훨씬 더 강력했다. 스페인에서 유래한 것도 아니고 스페인과 특별한 연관성도 전혀 없었지만 이 인플루엔자는 '스페인 독감'으로 알려졌다. 전 세계에서 스페인 독감으로 목숨을 잃은 사람은 적게는 2,000만 명에서 많게는 1억 명으로 추정된다. 영국에서만 20만 명이 목숨을 잃었고 수십만 명의 사망자가 나온 페르시아는 이 문제를 해결하기 위해 파스퇴르 연구소에 도움을 청했다. 세균학이라는 새로운 과학이 지금까지 많은 업적을 이루었음에도, 인플루엔자라는 새로운 도전 앞에서 세계는 무력하지 그지없었다.

인플루엔자가 갑작스레 훨씬 더 심각한 중증 질환으로 발전한 이유를 아는 사람은 아무도 없었다. 의학을 연구하는 사람들은 대체로 파이퍼의 간균 Pfeiffer's bacillus 이라고 부르는 박테리아가 병원체로 작용해 인플루엔자가 발생한다는 데 동의했다. 중요성이 큰 여러 발견을 통해 세균학과 면역학 분야에 공헌한 리하르트 파이퍼는 로베르트 코흐의 제자이자 동료로, 1892년 독감에 걸린 환자의 코에서 (오늘날에는 헤모필루스 인플루엔자라고 부르는) 간균을 분리한 뒤 인플루엔자 간균이라는 이름을 붙였는데, 흔히 파이퍼의 간균이라는 이름으로 널리 알려졌다. 스페인 독감이 유행했을 때 과학자들은 파이퍼의 간균을 분리해 과거와 같은 방식으로 백신을 개발할 수 있으리라고 생각했지만, 안타깝게도 스페인 독감 환자에게서는 파이퍼의 간균을 찾을 수 없었다. 파이퍼의 간균과 폐렴구균을 비롯해 호흡기 질환에 관련된 다양한 박테리아를 활용해 만든 백신이 개발됐지만, 어느 것 하나 인플루엔자 보호 효능을 발휘하지 못했다.

전염병이 전례 없는 수준으로 유행하는 가운데 세균학이 이에 대처할 능력이 없다는 사실이 드러나면서 공포에 질린 사람들은 지푸라기라도 붙잡고 싶은 심정이 됐다. 영화 〈컨테이전〉에 등장하는 앨런 크럼위드같이 특허 받은 의약품을 공급하는 사람들은 이때를 기다렸다는 듯 사람들이 잡을 지푸라기를 제공했다. 한편 과학자들은 파이퍼의 간균이 인플루엔자를 유발한 원인이 아닐 수 있다고 생각하기 시작했다. 그렇다면 스페인 독감을 유행하게 만든 원인은 무엇인가? 이와 관련된 통찰력은 의학과는 무관한 생물학 분야에서 서서히 그리고 간접적으로 모습을 드러내기 시작했다.

19세기를 거치면서 상업에서 담배가 차지하는 중요성이 높아진 결과 19세기 말 담배에 발생한 질병으로 상당한 경제적 영향이 나타났다. 1880년대 네덜란드의 바헤닝언에서 발견된 이 질병은 담배모자이크병이라고 알려지는데, 담배모자이크병이 한 작물에서 다른 작물로 전염될 수 있다는 사실은 파악됐지만 그 원인은 여전히 오리무중이었다. 한편 러시아에서도 담배모자이크병이 발생하자 드미트리 이바노프스키Dmitri Iva-novsky를 파견해 조사에 나섰다. 1892년에 그는 담배모자이크병을 유발하는 병원체가 박테리아를 수집하기 위해 개발한 지극히 미세한 필터를 통과한다는 사실을 밝혀내는 업적을 이뤘지만, 그럼에도 여전히 이 병원체가 박테리아의 일종이라고 생각했다.

다음으로 이 문제를 넘겨받은 사람은 과거 네덜란드 담배모자이크병 연구의 불확실성에 자극을 받은 네덜란드 세균학자 마르티누스 베이에링크 Martinus Beijerinck였다. 그 역시 병원체가 박테리아를 걸러내는 자기磁器 필터를 통과한다는 사실을 파악했는데, 열정적인 연구자였던 베이에링크는 이 병원체가 오직 살아 있는 조직에서만 증식한다는 사실까지 알아낼 수 있었다. 병원체를 생체 외에서 배양할 수 없었을 뿐 아니라 현미경으로 관찰할 수도 없었으므로 세균학에서 조사를 위해 사용하던 기존의 표준적인 도구는 아무런 도움이 되지 않았다. 이미 보유하고 있던 화학 지식을 바탕으로 이 병원체가 박테리아가 아니라 훨씬 더 단순한 존재라고 생각한 베이에링크는 이 병원체가 오직 살아 있는 조직에서만 재생산할 수 있는 커다란 분자에 불과하다고 추측했다. 그는 이 병원체에 라틴어로 독毒

을 의미하는 '바이러스'라는 이름을 붙였는데, 베이에링크와 같은 시대를 살아간 사람들은 대부분 단순한 분자가 식물의 질병을 유발할 수 있다는 그의 생각을 어불성설이자 허황된 말로 받아들였다.

그러나 20세기로 접어들면서 세균학자들이 사용하는 필터를 통과하는 다른 여러 병원체(소에게서 나타나는 구제역을 유발하는 병원체 포함)가 발견되기 시작했고 이내 '바이러스'라는 용어가 자리를 잡았다. 이 새로운 유기체는 '여과성 바이러스'라는 이름으로 알려졌는데 20세기 초에는 동물의 질병, 특히 가금류의 질병을 연구하는 과정에서 또 다른 종류의 바이러스들이 무더기로 발견됐다.

1901년 페라라대학교에서 병리학 교수로 재직하던 에우제니오 첸타니Eugenio Centanni가 계두鷄痘(닭 전염병의 일종)를 유발하는 병원체가 여과성을 지니고 있다는 사실을 입증하면서, 이를 계기로 바이러스의 성격을 규명하는 데 초점을 맞춘 후속 연구가 줄을 이었다. 연구자들이 동물을 활용하지 않으면서 바이러스를 배양할 수 있는 방법을 찾기 위해 수많은 노력을 기울였음에도 인공적인 배지로는 여과성 바이러스를 배양할 수 없었다.

한편 이 무렵 첸타니는 닭의 수정란에 주입한 계두 바이러스가 배아를 죽이고 (증식하지는 않았지만) 스스로 살아남는다는 사실을 새롭게 밝혀냈는데, 이 발견은 훗날 백신 생산에 엄청나게 중요한 영향을 미친다. 그러나 첸타니는 자신이 분리한 물질이 살아 있는 유기체인지 아니면 복잡한 화학 분자인지, 그것도 아니면 그사이 어딘가에 위치한 존재인지를 결론짓지 못했다.

모데나대학교의 프란체스코 산펠리체Francesco Sanfelice는 계두를 유발하는 이 병원체의 움직임이 마치 단백질과 같다는 사실을 밝혀냈는데, 단백질과 같아 보이지만 살아 있는 세포 내에서 스스로를 재생산할 수 있다는 점은 끝내 설명하지 못했다. 오늘날의 시각에서 볼 때 산펠리체의 견해는 당시 과학자들이 지니고 있던 담배모자이크병의 원인에 대한 견해와 거의 유사한 것처럼 보인다. 그러나 한쪽의 견해는 동물 질병 연구를 통해, 다른 쪽의 견해는 식물 질병 연구를 통해 도출된 결과였으므로 당시에는 양쪽이 서로의 연구를 파악할 길이 없었다. 당시에는 '바이러스학'이라는 학문 분야가 없었으므로 인간, 동물, 식물 바이러스를 한꺼번에 연구하는 연구자가 없었고, 따라서 다른 분야 연구자의 논문을 읽고 서로 의견을 교환하지도 않았다. 한편 훗날 분자생물학의 등장에 지대한 영향을 미치는 감염성 박테리아 연구 역시 당시에는 단일한 학문 분과가 아니었다.

당시 가장 집중적인 조명을 받았던 질병은 황열이었다. 10여 년 전 카를로스 핀레이라는 쿠바 의사가 황열은 모기가 옮긴다고 추측한 바 있었으므로 초창기에는 황열 예방을 위해 모기 통제를 강조했고 상당한 성과를 거뒀다. 그러나 모기가 옮기는 감염성 병원체를 분리하려는 노력은 모두 실패로 돌아갔다. 1902년 황열 조사를 위해 쿠바에 파견된 미국 육군 위원회는 황열 역시 '여과성 바이러스'가 유발하는 질환으로 결론 내렸는데, 덕분에 이 새로운 유형의 존재가 인간에게 질병을 유발한다는 사실이 처음으로 밝혀졌다.

이에 따라 록펠러 재단이 나이지리아에서 운영하는 서아프리카 황열 위원회와 파스퇴르 연구소 세네갈 지부가 황열 바이러스 분리에 나섰다. 1927년 양측 모두 황열 바이러스 분리에 성공했지만 일부 연구원이 황열에 걸려 사망하는 대가를 치러야 했다. 일단 황열을 일으키는 바이러스가 무엇인지 규명되자 바이러스의 이동 경로와 전염 방식을 조사할 수 있게 됐다. 그리고 이내 아프리카와 라틴아메리카에 서식하는 여러 종의 원숭이에게서 일반적으로 발견된다는 사실과, 원숭이와 원숭이 서식지 인근의 마을 주민들에게는 황열 바이러스 항체가 있음을 파악하게 됐다. 한편 황열이 전염되는 방식에 관한 한 모기가 황열을 옮긴다는 쿠바 의사 카를로스 핀레이의 추측이 정확한 것으로 판명됐다.

바이러스학의 견인차, 인플루엔자

1918년 이전에는 인플루엔자가 근대적인 도시에서 살아가는 사람들이 일반적으로 겪는 위험의 하나로 인식됐다. 그러나 1918년 스페인 독감이 유행한 이후 인플루엔자의 중요성이 크게 달라져 '인플루엔자가 인류에게 치명상을 입힐 날이 다시 한 번 올 것인가?' 하는 것이 오늘날까지도 가장 중요한 해결 과제로 남게 됐다. 인플루엔자에 대한 대중의 인식이 고조되면서 1920년대에는 인플루엔자가 일반의를 찾은 환자들이 가장 많이 호소하는 질병의 하나가 됐다.

인플루엔자가 직접적인 원인이 되어 사망하는 환자는 많지 않은 편이었지만 문제는 인플루엔자 감염이 폐렴으로 이어진다는 것이었다. 폐렴은 중증 질환으로, 당시에는 독감을 앓고 난 뒤 이어진 폐렴으로 많은 사람이 목숨을 잃었다. 한편 바이러스가 인플루엔자를 유발할 가능성이 있다는 인식이 늘어가는 상황에서도 이를 입증할 만한 직접적인 증거는 거의 없는 형편이었다. 필터를 통과하는 병원체(즉, 바이러스)를 활용해 사람(및 원숭이)을 감염시키는 데 명백히 성공한 유일한 연구자는 파스퇴르 연구소 튀니지 지부의 샤를 니콜Charles Nicolle뿐이었다. 그러나 니콜의 연구에 참여한 사람이 두세 명에 불과했으므로 프랑스 과학 아카데미에 제출한 니콜의 연구 논문은 큰 반향을 일으키지 못했다.

영국에서는 새로 설립된 의학 연구 위원회가 바이러스 연구에 특별한 관심을 기울였다. 1918년 스페인 독감이 유행하자 의학 연구 위원회는 스페인 독감이 '흑사병 이후로 가장 큰 전염병'이라는 문구를 내세워 바이러스 연구 계획 수립에 필요한 정치적 지지를 이끌어내기도 했다. 바이러스가 독감을 유발하는 병원체임을 입증하는 증거가 축적되기 시작하면서 1920년대에 이르자 더 많은 과학자들이 바이러스가 인플루엔자를 유발하는 병원체라고 확신했다. 1930년대에도 여전히 과학자들은 바이러스를 살아 있는 유기체로 취급할지 아니면 단순한 화학 물질로 취급할지를 두고 논쟁을 벌이는 형편이었다. 하지만 바이러스에 대한 지식은 나날이 늘어 1935년에는 미국 생화학자 웬델 스탠리가 담배모자이크 바이러스의 속성을 지닌 단백질 결정을 얻었다고 주장하기에 이르렀다(나중에 스탠리의 주장에 의혹이 제기됐다).

한편 바이러스가 식물, 동물, 인간에 유발하는 질병을 연구하는 각 분야의 과학자들이 서로 교류하기 시작하면서 바이러스학이 모습을 드러내기 시작했다. 과학자들은 바이러스가 단순한 단백질에 몇 가지 종류의 유전물질이 결합된 존재라는 데 대체로 동의하는 모습을 보였다. 늘 그래왔듯 새로운 과학의 발전은 새로운 도구의 발전으로 이어졌다. 바이러스가 너무 작아 광학현미경으로 볼 수 없었으므로 1930년대에는 가시광선 대신 전자 빔을 활용하는 새로운 종류의 현미경이 등장해, 말 그대로 바이러스에 새로운 빛을 비추게 됐다.

인플루엔자와 황열같이 바이러스가 유발하는 질환을 치료할 백신을 개발하려면 박테리아가 유발하는 질환을 치료할 백신을 개발할 때 사용했던 기존의 표준 과정, 즉 병원체 분리, 배양, 독성의 약화/불활성화 과정의 수정이 불가피했다. 문제는 바이러스는 시험관에서 배양할 수 없을 뿐 아니라 바이러스의 독성을 약화하거나 불활성화할 수 있는 최적의 방법도 전혀 알지 못하는 상태라는 점이었다.

그사이 1931년 밴더빌트대학교의 앨리스 우드러프Alice Woodruff와 어니스트 굿패스처Ernest Goodpasture가 30년 전 켄타니가 시도했던 방법, 즉 닭의 수정란에 바이러스를 접종하는 방법을 다듬어 완성했다. 우드러프와 굿패스처는 닭 수정란의 장뇨막漿尿膜(조류의 장기로, 인간의 태반에 해당)의 배아세포가 바이러스를 배양할 수 있는 훌륭한 배지가 됨을 입증해냈다. 한편 닭의 배아를 배지로 활용해 천연두 백신을 생산해본 결과 송아지를 활용한 백신 생산 방법만큼 효과가 높았다. 그럴 경우 살아 있는 동물을 활용한 결과 나타날 수 있는 박테리아 오염의 위험을 피할 수 있다는 장점도 있었다. 닭의 수정란을 배지로 활용하는 방법은 백신 생산에 이루 말할 수 없이 유용한 발견이었다.

실패로 돌아간 인플루엔자 백신

연구자들은 1930년대 초까지도 인플루엔자를 유발하는 바이러스를 분리하지 못했고, 그런 탓에 인플루엔자 백신 연구는 매우 느리게 진척됐다. 1933년 런던 국립 의학 연구소 소속 과학자들은 인플루엔자에 감염된 환자들의 코나 목구멍에서 점액을 채취해 (수의과 연구에 광범위하게 사용되는 동물인) 페럿의 코에 분사했다. 실험은 페럿이 인간 인플루엔자에 감염돼 증상을 보이면 페럿의 폐 조직을 말리고 갈아서 가루로 만든 뒤 이를 걸러 또 다른 동물에게 주입하는 방식으로 진행됐다. 이런 연구를 진행한 끝에 1935년 런던 국립 의학 연구소 연구자들과 미국의 토머스 리버스Thomas Rivers, 오스트레일리아의 프랭크 맥팔레인 버넷Frank MacFarlane Burnet은 마침내 바이러스가 인플루엔자를 유발함을 입증했을 뿐 아니라, 인플루엔자에 감염된 페럿에게는 재감염을 극복할 수 있는 내성이 생긴다는 사실을 확인했다.

백신 개발을 향한 첫 번째 관문을 통과한 연구자들은 1930년대 말 인플루엔자 백신 임상 시험을 시작했다. 제1차 세계대전이 장티푸스 백신 개발을 한층 더 앞당겼던 것처럼 제2차 세계대전 역시 효능을 발휘하는 백신 개발에 박차를 가하도록 만드는 새로운 자극제가 됐다. 1918년 유행한 스페인 독감의 기억이 사람들의 머릿속에 생생하게 살아 있는 상황에서 감염성 질환이 유행할 수 있는 완벽한 온상, 즉 수많은 군인이 대규모로 집단생활을 해야 하는 상황에 처했기 때문이다.

1940년대 초 중요한 발전이 이루어졌다. 멜버른대학교에 재직하던 프랭크 맥팔레인 버넷(1960년 노벨상 수상)은 닭의 수정란에서 독감 바이러스를 배양할 수 있다는 사실을 밝혀냈고, 뉴욕 록펠러 연구소의 조지 허스트George Hirst는 감염된 닭의 배아에서 채취한 체액이 적혈구 응집을 유도한다는 사실을 밝혀냈는데, 닭의 혈구든 인간의 혈구든 큰 차이가 없었다. 조지 허스트의 발견을 바탕으로 '혈구응집 테스트'를 개발해 샘플에 존재하는 바이러스의 수를 헤아릴 수 있게 됐다. 이 두 가지 새로운 기법 덕분에 인플루엔자 백신 개발이 크게 활기를 띠었다.

한편 인플루엔자 바이러스가 한 종류 이상 존재함을 발견하면서 문제가 한층 더 복잡해졌는데, 한 종류의 인플루엔자 면역이 다른 종류의 인플루엔자에 면역이 될 수 없기 때문이었다. 미시건대학교의 토머스 프랭시스Thomas Francis가 분리한 바이러스주株, strain는 'B형 인플루엔자'로, 앞서 런던에서 분리된 바이러스주는 'A형 인플루엔자'로 알려진다. 훗날 A형 인플루엔자는 조류 독감 같은 조류 바이러스와 밀접한 관련이 있다는 사실이 밝혀진다. 문제를 한층 더 복잡하게 만드는 것은 인플루엔자 바이러스의 종류별로 다양한 바이러스주가 존재하는 것처럼 보인다는 사실이었다. 따라서 효능을 발휘하는 백신을 개발하기 위해서 어떤 바이러스주를 포함해야 할지 결정하지 않으면 안 될 상황이었다.

제2차 세계대전 참전 준비의 일환으로 미국은 인플루엔자 분야 연구에 박차를 가했다. 1941년 미군은 인플루엔자 위원회를 구성하고 바이러스학 분야를 선도하는 학자와 인플루엔자 백신 연구자들을 대거 불러들였다. 토머스 프랜시스가 위원회 의장이 되어 효능을 발휘하는 인플루엔자 백신 개발에 나섰다. 이 분야에 종사하는 대부분의 미국 연구자들은 독성을 약화한 바이러스 백신만이 효능을 발휘할 것이라고 생각했지만 토머스 프랜시스의 생각은 달랐다. 열정적인 뉴욕 출신 젊은이인 조너스 소크Jonas Salk가 연구를 보조하는 가운데 프랜시스는 불활성화 백신(사백신) 개발에 착수했다. 처음에는 자외선을 조사照射해 바이러스를 죽이려고 시도했고 다음에는 화학작용제를 활용해 바이러스를 죽이려고 시도했다. 1942년 A형 인플루엔자 바이러스의 여러 바이러스주와 B형 인플루엔자 바이러스를 담은 뒤 포르말린을 활용해 불활성화한 백신이 테스트에 들어갔고, 1945년 모든 군인에게 상업적으로 생산된 백신을 접종하는 데 성공했다.

처음에는 매우 뛰어난 효능을 발휘하는 것처럼 보였는데, 이상하게도 포르말린을 활용해 불활성화한 인플루엔자 백신은 이내 실패한 것으로 판명됐다. 1947년 인플루엔자가 유행했을 때 이 백신이 아무런 보호 효능을 나타내지 못했던 것이다. 무슨 일이 일어난 것인가? 연구자들은 1947년 유행한 바이러스주가 A형 인플루엔자 바이러스에서 새롭게 나타난 하위 유형 바이러스인지, 아니면 더 복잡하고 더 우려할 만한 전혀 다른 바이러스인지 여부에 합의하지 못했다. 맥팔레인 버넷은 바이러스가 변이를 일으킨다고 생각했고, 인플루엔자 연구자들은 바이러스 백신이 장기적인 보호 효능을 발휘하는 것이 가능한지 여부에 의구심을 가지기 시작했다.

1949년 (인간이 감염되는 경우는 드물지만) 개와 돼지는 쉽게 감염되는 세 번째 종류의 인플루엔자 바이러스가 발견돼 C형 인플루엔자로 명명되면서 문제는 더욱 복잡한 양상을 띠게 됐다. 한편 런던 국립 의학 연구소에 마련된 세계 인플루엔자 센터World Influenza Centre에서는 바이러스, 바이러스의 속성, 바이러스의 변이, 여러 종류의 백신이 발휘하는 효능 연구를 지속했는데, 인플루엔자 바이러스 문제는 다음 장에서 다시 다룰 것이다.

그 전에 먼저 토머스 프랜시스의 불활성화 인플루엔자 백신 연구를 보조했던 조너스 소크가 바이러스성 질환을 극복하기 위해 애쓰는 과정에서 또 다른 업적을 이룩하면서 전 세계적인 유명 인사로 발돋움하게 되는 과정을 살펴보려 한다.

첫 단추를 잘못 꿴 소아마비 백신

1932년 프랭클린 루스벨트는 미국 대통령이 됐다. 부유하고 촉망받는 뉴욕 변호사였던 루스벨트는 대통령이 되기 10여 년 전 일반적으로 소아

두 얼굴의 백신

마비로 알려진 질병을 앓았고 그 결과 두 다리를 쓸 수 없게 되면서 평생 휠체어 신세를 져야 했다.

'소아마비' 또는 회백수염灰白髓炎으로 알려진 질병은 미국 전역에서 지극히 익숙한 질병이자 공포의 대상이었다. 1916년 뉴욕에서 소아마비가 유행해 9,000명의 환자가 발생했고 2,300명이 넘는 사람이 목숨을 잃었다. 뉴욕 시 보건부는 다른 전염병이 유행했을 때 효과를 거두었던 격리 조치와 위생 개선 캠페인을 통해 소아마비 문제를 극복하려 했지만, 이번에는 그런 방법들이 통하지 않았다. 19세기에 유행한 대부분의 질병과 다르게 소아마비는 가난과 관련된 질병이 아니었기 때문이다. 소아마비는 가난한 동네에는 별다른 영향을 미치지 않았다. 게다가 '소아마비'라는 이름과 다르게 소아에게 영향을 미치는 질병도 아니었다. 오히려 소아마비는 소년이나 젊은 성인에게 가장 큰 영향을 미쳤다.

제1차 세계대전이 끝나고 제2차 세계대전이 일어나기 전 회백수염은 특히 미국 부모들이 가장 무서워하는 질병이었다. 소아마비는 주로 여름에 찾아왔는데 일단 소아마비 유행이 시작되면 수영장과 해변 및 놀이터를 폐쇄했고, 증상을 보이지는 않지만 바이러스에 감염됐을 가능성이 있는 아동이 다른 아동을 감염시킬 가능성을 줄이는 것이 일반적인 대책이었다.

소아마비는 바이러스가 유발하는 질병으로 알려졌다. 훗날 혈액형을 발견해 유명해지는 빈의 의사 겸 연구자 카를 란트슈타이너가 일찍이 소아마비 바이러스를 분리했던 것이다. 그러나 바이러스가 인체에 유입되는 경로나 인체에 유입된 바이러스가 중추신경계로 이동해 마비를 유발하는 과정에 대한 지식은 전혀 없는 형편이었다.

소아마비를 퇴치하겠다는 루스벨트 대통령의 약속에 고무된 과학자들의 연구는 조금씩 진척을 보여, 과학자들은 소아마비 바이러스에 감염된 사람들의 분변을 통해 바이러스가 몸 밖으로 배출된다는 사실을 파악했다. 따라서 위생이 확보되지 않은 불결한 환경에서는 감염된 사람의 몸 밖으로 배출된 바이러스가 사람들이 마시는 물이나 요리에 쓰이는 물, 몸을 씻거나 수영장에 사용되는 물로 유입될 가능성이 농후했다. 바로 이런 이유로 가난한 동네의 비위생적인 환경에서 생활하는 아이들은 일찌감치 가벼운 소아마비를 앓게 되고 그 결과 소아마비에 면역을 얻을 수 있었던 것이다. 오히려 부유한 동네에 사는 아이들은 높은 위생 기준에 따라 청결한 생활을 유지하기 때문에 소아마비 면역을 얻을 수 없을 가능성이 높았다.

원숭이를 대상으로 한 소아마비 연구에서 연구자들은 바이러스가 근육에 자극 신호를 보낼 뿐 아니라 재생이 불가능한 척수신경계를 감염시킨다는 사실을 밝혀냈다. 척수신경이 보내는 자극 신호가 없으면 근육은 제 기능을 할 수 없으므로 소아마비 환자는 다리를 쓰지 못하게 되거나 외부의 도움 없이는 호흡을 할 수 없게 되는 것이었다.

연구자들이 소아마비 바이러스의 감염 기제라고 생각한 것에 이해가 높아지면서 소아마비 백신 생산에 기대가 높아지기 시작했다. 1930년대 연구자들은 소아마비 바이러스가 신경세포 조직에서만 나타난다는 사실을 파악하긴 했지만 이에 따른 위험이 매우 높다는 문제에 봉착했다. 배양한 바이러스에 아주 미세한 오염만 존재해도 환자가 뇌염을 앓게 될 가능성이 있었기 때문이다. 바로 이런 이유로 이 분야를 선도하는 많은 바이러스학자들은 안전한 소아마비 백신 개발이 불가능할 것이라고 생각했다. 그럼에도 이를 시도하는 연구자들이 사라지지는 않았고 그 결과 1930년대에 끔찍한 일이 일어났다.

뉴욕 의과대학교에서 연구한 모리스 브로디Maurice Brody는 포르말린을 활용해 불활성화한 백신을 개발해 수백 명의 아동을 대상으로 임상 시험에 나섰다. 그러나 브로디가 사용한 방법을 재현해 임상 시험을 한 다른 연구자들은 그가 개발한 백신 바이러스가 완벽하게 불활성화되지 않았음을 깨달았다. 한편 필라델피아 템플대학교에서는 존 콜머가 독성을 약화한 백신을 가지고 임상 시험에 나섰는데, 실험에 참여한 아동 가운데 일부가 소아마비에 걸리거나 사망하는 사고가 발생했다.

이미 몇 년 전 맥팔레인 버넷이 한 종류 이상의 소아마비 바이러스가 존재함을 밝혀내기는 했지만 소아마비 바이러스의 종류가 얼마나 많은지 또는 한 종류의 바이러스 면역이 다른 종류의 바이러스 면역으로 작용할 가능성은 어느 정도인지에 대해서는 아무런 지식이 없는 형편이었다. 따라서 이 시기의 소아마비 백신 개발은 때 이른 노력이었다. 자원한 사람들을 대상으로 책임성 있는 임상 시험을 수행해 소아마비 백신을 개발할 수 있으리라는 희망을 품으려면 아직도 파악해야 할 사실이 너무나도 많았다.

제2차 세계대전 이후의 백신 개발

1940년대 말과 1950년대 초 세계는 부족한 자원으로 재건에 나섰다. 이 시대의 사람들은 집을 잃고 굶주림에 시달리는 어려운 생활에 내몰리고 있었다. 해결해야 할 과제가 산적해 있던 유럽에서는 집을 잃고 굶주리는 궁핍한 생활에 내쫓긴 수백만 명의 사람들에게 수준 높은 보건의료 서비스를 제공하는 일을 최우선 과제로 삼았다. 영국은 새로 권력을 잡은 노동당 정부가 수준 높은 보건의료 서비스를 모두에게 제공하기로 결정하고 국민보건서비스National Health Service를 출범했다.

나아가 제2차 세계대전을 거치면서 이룩한 기술적 성취(원자폭탄, 레이더, 컴퓨터)를 목격한 사람들은 기술을 통해 더 나은 미래를 실현할 수 있으리라는 기대를 가지게 됐지만, 한편으로는 일촉즉발의 냉전 상황에 대한 공포가 사람들을 엄습하면서 기술에 대한 사람들의 피해망상을 부추겨 원자에너지를 통제해야 한다는 정치적 강박이 유발됐다. 다행히 기술적 진보가 의학 분야에서 경이로운 개선을 이룩하는 데 발판이 될 수 있다고 생각하는 사람들이 등장하면서, 데이비드 사르노프 미국 무선회사 사장은 소형 전자기기를 인체에 이식해 기능을 멈춘 장기를 대신하게 할 가능성을 점치기도 했다.

이와 같은 미래에 대한 이상은 보건의료를 새로운 방향으로 나아가게 만든 원동력이었지만, 그 이면에는 또 다른 이유가 있었다. 전쟁 당시 군에 복무했던 과학자들과 기술자들이 전쟁을 거치면서 보유하게 된 기술은 물론, 전쟁과 밀접한 연관을 맺으면서 확대된 산업 역량을 새롭게 활용할 필요성이 대두됐던 것이다. 이런 추세 속에서 일부 과학자와 공학자들은 민간인 신분으로 되돌아와 새로운 의료 기술 개발의 길로 뛰어들었다.

이런 상황에서 많은 국가들은 막대한 노력을 기울여 재건에 나섰는데, 나치 독일이 점령하거나 합병했던 서유럽 국가들은 자유를 되찾으면서 정부 제도의 재건과 경제 생산 및 연구 개발에 나서기 시작했다. 예를 들어 네덜란드에서는 공공보건 연구소Institute of Public Health(네덜란드어 약자로 RIV, 이후 RIVM으로 개편)가 설립돼 1930년대 네덜란드의 백신 공급에서 핵심적인 역할을 했다. 그러나 제2차 세계대전이 끝난 직후 연구 시설, 연구 공간, 인력 부족에 시달리면서 최근 개발된 백일해 같은 더 새로운 백신 개발에 나서지 못하는 형편이 됐다. 1950년 네덜란드는 공공보건 연구소를 재구성하고 연구소의 임무를 더욱 분명하게 재정립했을 뿐 아니라 새로운 연구원을 채용했다. 1952년 네덜란드 공공보건 연구소는 DPT(디프테리아-백일해-파상풍) 백신을 하나의 백신으로 결합하는 데 성공했고 천연두 백신 생산을 위한 새로운 시설을 준공했다.

서유럽을 제외한 나머지 세계에서 일어난 정치적 혼란과 제도 재건의 필요성 이면에는 서유럽과는 근본적으로 다른 이유가 있었다. 제2차 세계대전이 끝난 직후 영국은 인도아대륙에서 철수했고 인도아대륙은 독립과 동시에 분할의 길을 걸었다. 영국이 의료 분야에 이렇다 할 만한 제도를 남기지 않은 상태로 인도아대륙을 떠났으므로, 영국에서 독립한 인도(또는 인도에서 분리 독립한 파키스탄) 입장에서는 보건의료 제도가 절실하게 필요했다. 백신 과학과 기술에 관한 한 식민지를 통치한 영국의 정책은 새로 독립한 국가의 정부가 지속적인 방식으로 백신 개발에 나설 수 있을 만한 기초조차 다져두지 못한 것이 현실이었으므로 단기적인 연구와 생산이 장려됐다. 한편 전쟁과 전염병 유행으로 백신과 면역혈청 수요가 증가하고 핵심 연구진이 군으로 이동하면서, 과거 설립됐던 연구소들은 연구 기능을 빼앗긴 채 단순한 생산 시설로 전락하고 말았다. 이에 따라 연구소에는 백신 생산에 필요한 최소한의 인프라, 최소한의 인력, 최소한의 자원만이 남게 됐다.

1948년 국제연합 산하에 WHO가 설립됐다. WHO가 국제연맹 보건국으로부터 넘겨받은 임무의 하나는 생물학 제품의 표준화에 관한 것이었는데, 당시에는 전 세계에 공급되는 대부분의 백신이 충분한 효능을 발휘하지 못한다거나 안전하지 못하다는 인식이 널리 확산돼 있었다. 백신을 생산하는 국가 대부분이 백신의 품질을 통제할 수 있는 수단을 갖추고 있지 않았으므로, WHO는 출범하자마자 '생물의약품 표준화를 위한 전문가 위원회'를 창설하고 개별 백신과 보건의료에 사용되는 그 밖의 생물학 제품의 품질 표준 수립에 나섰다.

그로부터 얼마 뒤 WHO의 '의회'로 기능하는 세계보건총회World Health Assembly는 멸균, 독성, 특정 백신의 효능에 적용하기 위해 WHO가 설정한 참고 표준을 채택하라고 각국에 권고했다. 각국은 전 세계가 합의한 테스트 절차를 따라야 했고, 정부 통제 당국이 인정하는 독립적인 기관을 통해 WHO가 설정한 가이드라인을 준수하고 있는지 여부를 점검해야 했으며, 백신 배치batch가 안전할 뿐 아니라 충분한 효능을 지니고 있는지 확인해야 했다.

1950년대로 접어들면서 과학 일반과 마찬가지로 의학 연구 분야의 무게중심 역시 이동하기 시작했다. 과학과 기술을 선도하는 역할이 유럽에서 미국으로 넘어갔는데, 각 분야를 선도하는 수많은 과학자들이 나치의 박해를 피해 미국의 대학교에서 안식처를 찾았을 뿐 아니라 중유럽과 동유럽 대부분의 국가에서 권력을 잡은 공산주의 정권을 피해 미국에 정착하는 과학자들이 늘어났기 때문이었다. 한편 전쟁을 치르는 동안 과학 연구소들이 이룩한 업적이 세간의 인정을 받으면서 의료 분야에 국가 개입을 불신하던 해묵은 의심도 어느 정도 풀리기 시작했다. 이에 따라 전쟁 전에는 박애주의를 표방하는 민간 기구인 록펠러 재단이 미국 내에서 이루어지는 의학 연구의 주요 후원자였다면, 전쟁이 끝난 후에는 연방 정부가 의학 연구에 점차 개입의 여지를 넓혀나갔다. 1930년 설립된 국립보건원의 연구 예산은 1940년대로 접어들면서 조금씩 늘어나기 시작해 1950년대에는 큰 폭으로 상승했다.

소아마비 정복을 위한 재도전

1938년 루스벨트 대통령과, 그의 친구이자 보좌관인 바실 오코너Basil O'Connor는 (훗날 '소아마비 구제 모금활동March of Dimes'으로 불리게 되는) 국립 소아마비 재단을 창설하고 미국 대중을 대상으로 소아마비 연구에 사용할 기금을 모으기 시작했다. 토머스 리버스가 의장을 맡은 과학 자문 위원회가 구성되면서 국립 소아마비 재단은 이내 안전할 뿐 아니라 충분한 효능을 발휘하는 소아마비 백신 개발을 지원하는 주요 후원자로 나섰다.

제약회사들 역시 바이러스성 질환에 사용할 백신 개발을 시작했다. 소아마비 바이러스 연구에서 중요한 역할을 담당한 핵심 인물은 하버드대학교에 재직 중이던 존 엔더스John Enders 교수로, 그의 연구가 없었다면 안전할 뿐 아니라 충분한 효능을 발휘하는 소아마비 백신 개발은 요원한 일이었을 터였다.

부유한 뉴잉글랜드 은행 가문 출신인 존 엔더스는 예일대학교에서 문학을 공부하고 철학으로 석사학위 과정을 밟던 도중 생물학으로 눈을 돌려 과학 연구의 길로 접어든 인물이었다. 1930년대 말 하버드 의과대학 박테리아 및 면역학부 조교수가 된 엔더스는 유행성 이하선염 연구를 시작해 1948년 조직에서 바이러스를 배양하는 데 성공했다. 그 직후 엔더스는 바이러스를 배양하는 데 사용하고 남은 인간 배아 피부와 근육 조직에 큰 기대 없이 소아마비 바이러스를 주입해보았는데, 비非신경조직이었음에도 소아마비 바이러스를 배양하는 데 성공했다.

당시 엔더스가 배양에 성공한 소아마비 바이러스는 한 종류의 바이러스주뿐이었지만, 비신경조직에서 다른 종류의 소아마비 바이러스 바이러스주를 배양하는 데 성공한 것이었다. 이를 통해 바이러스를 배아 조직에서 배양하는 대신 다른 종류의 비신경조직에서 배양할 수 있게 됐다. 1949년 1월 엔더스의 연구가 〈사이언스Science〉에 실리면서 백신 개발에 관심이 급격하게 높아졌다. 당시 엔더스의 연구에 참여한 프레더릭 로빈스는 오늘날의 기준에서 보면 당시 엔더스의 연구는 조악 그 자체였다고 설명했다. "조직 조각을 잘게 잘라 영양분이 들어 있는 작은 플라스크에 넣은 다음 인간의 체온과 같은 온도에서 플라스크를 배양하는데, 나흘마다 한 번씩 새로운 영양분을 플라스크에 넣어주었다."[1] 새로운 영양분으로 교체하는 방법은 신중하게 계획된 연구 전략의 일환으로 도입된 것이 아니었음에도 당시에는 매우 혁신적인 방법으로 받아들여졌다!

소아마비 바이러스를 냉동고에 넣은 뒤 관찰하는 연구자들도 있었고 엔더스처럼 영양분에 넣은 뒤 관찰하는 연구자들도 있었다. 인간 신경조직이 아닌 다른 배지를 활용해 바이러스를 배양하려 했던 많은 연구자들이 실패를 맛보았다는 사실을 알고 있던 연구자들은 이와 같은 실험에 큰 기대를 걸지는 않았다. 그러나 유산된 인간 태아의 뇌, 근육, 신장 또는 창자를 활용한 소아마비 바이러스 배양 실험을 꾸준히 했고, 끝내 원숭이의 신장 조직에서 소아마비 바이러스를 배양할 수 있다는 사실을 밝혀냈다.

과거에는 신경세포 조직에서만 소아마비 바이러스를 배양할 수 있었으므로 안전할 뿐 아니라 충분한 효능을 발휘하는 소아마비 백신 개발이 불가능하다고 여겼지만 이제 소아마비 백신 개발의 길이 열리게 된 것이었다. 비신경세포를 활용해 소아마비 바이러스를 배양했다는 내용을 담은 논문이 최초로 발표된 1949년 1월 이후 전 세계 연구자들이 하버드 의과대학 연구소를 찾아왔다. 그러나 비신경세포를 활용해 소아마비 바이러스 배양에 성공한 엔더스 본인은 정작 소아마비 백신 개발에 큰 관심을 보이지 않았다.

인플루엔자 바이러스 백신 개발 경험은 몇 종류의 바이러스가 존재하는지, 그리고 여러 종류의 바이러스가 존재한다면 그 가운데 어느 종류가 전염병 유행을 주도하는지 파악하는 일이 백신 개발에 중요하다는 교훈을 남겼다. 이를 바탕으로 학자들이 연구를 거듭한 결과 1948년 세 종류의 소아마비 바이러스가 있을 것으로 여겨졌다. 하지만 추측만으로는 아무것도 할 수 없었고, 앞으로 나아기 위해서는 확실한 증거가 필요했다. 문제는 바이러스의 종류를 밝혀내는 '바이러스 유형 분류'가 지루하고 따분한 작업으로 악명 높은 탓에 이를 떠맡으려는 학자들이 거의 없다는 점이었다. 그런데 다행히 조너스 소크가 이 작업을 자청하고 나섰다.

소크의 소아마비 사백신

1949년 국립 소아마비 재단(소아마비 구제 모금활동)의 지원을 받은 조너스 소크는 바이러스 유형 분류 작업에 착수했다. 세 종류의 소아마비 바이러스에 모두 감염될 가능성이 있는 동물은 원숭이뿐이었으므로 조너스 소크는 원숭이를 대상으로 실험을 진행했고 (훗날 1형, 2형, 3형으로 알려지는) 세 종류의 소아마비 바이러스를 확인했다. 소아마비 바이러스에 대한 지식이 축적됨에 따라 백신 생산과 관련해 해결해야 할 문제가 무엇인지 명확해지기 시작했다.

우선 한 종류의 바이러스 면역이 다른 종류의 바이러스 면역을 의미하는 것은 아닌데, 문제는 효능을 발휘하는 백신이라면 모든 종류의 바이러스에 보호 효능을 보여야 한다는 점이었다. 게다가 대부분의 바이러스주는 주로 1형에서 발견됐지만, 모든 종류의 바이러스가 저마다의 바이러스주를 보유하고 있다는 점도 문제였다. 동일한 종류의 바이러스에 속한 바이러스주라면 하나의 바이러스주에 대한 보호 효능을 다른 바이러스주에도 적용할 수 있지만, 그럼에도 바이러스주들의 속성이 동일한 것은 아니었기 때문이다.

무엇보다 중요한 문제는 특정 종류의 바이러스에 속한 바이러스주가 다른 종류의 바이러스에 속한 바이러스주보다 독성이 강하다는 것이었다. 바이러스주의 독성이 더 강하면 그만큼 더 위험하고 항체 생성을 자극할 가능성이 높아지기 때문에 백신에 포함할 바이러스주를 결정하는 일은 굉장히 까다로운 과제였다.

바이러스 분류 작업을 마친 조너스 소크는 백신 개발에 나서려 했고, 이때 필요한 자원을 국립 소아마비 재단으로부터 지원받고자 했다. 지난날 자신이 조수로 일하면서 연구를 지원했던 토머스 프랜시스로부터 깊은 영향을 받은 소크는 사백신(불활성화한 백신)을 개발할 생각이었다. 1951년 9월 코펜하겐에서 열린 소아마비 학회 일정을 마치고 미국으로 돌아오는 길에 바실 오코너와 이 문제를 두고 이야기를 나눈 끝에, 그는 오코너를 설득해 연구비 지원을 약속 받았다. 그러나 국립 소아마비 재단의 지원은 사백신에 효능이 없을 것이라고 확신한 존 엔더스를 비롯한 바이러스학자들의 의견에 반대되는 것이었다.

아무튼 백신을 생산하려면 세 종류의 소아마비 바이러스 각각에서 하나씩의 바이러스주를 활용해야 했다. 2형 바이러스와 3형 바이러스의 바이러스주를 결정하는 일은 그리 어렵지 않았지만 가장 흔하게 나타나는 1형 바이러스의 바이러스주를 선택하는 일은 그리 쉽지 않았다. 결국 소크는 독성이 특히 강해 특별한 항원으로 작용할 것이 틀림없는 이른바 마호니^{Mahoney} 바이러스주를 선택했다. 이제 세 가지 중요한 변수를 결정해야 했는데, 구체적으로는 불활성화에 필요한 온도, 불활성화에 필요한 시간, 바이러스를 죽이는 화학물질(포르말린)과 백신에 투입할 바이러스의 비율이었다.

1952년 초 소크는 원숭이 신장을 활용해 배양한 소아마비 사백신을 상당히 많이 생산했는데, 소크가 생산한 사백신은 보강제인 미네랄오일에 담가 투여할 수 있는 형태로 바꿔야 했다. 바이러스 사백신이 원숭이를 대상으로 한 임상 시험에서 효능을 보이자 소크는 오늘날의 기준으로 볼 때는 비윤리적인 행동에 해당하는 작업을 진행했다. 바로 피츠버그 인근의 왓슨 장애아동 보호소에서 생활하는 아동을 대상으로 소아마비 사백신의 임상 시험을 진행한 것이다. 모든 것이 소크가 원하는 방향으로 진행되어, 백신을 투여한 아동에게서 항체가 생성됐다. 그러나 바이러스학 분야를 선도하는 연구자들은 소크가 임상 시험에 성공했다는 사실을 인정하지 않았다.

대규모 임상 시험과 사백신의 실패

그럼에도 1953년 백신을 요구하는 대중의 압력이 높아지자 대규모 임상 시험을 더는 미룰 수 없다고 결론 내린 국립 소아마비 재단은 미시건대학교에 재직 중이던 토머스 프랜시스를 초청해 임상 시험의 총괄 진행을 맡겼다. 그는 이중맹검二重盲檢 방식으로 임상 시험을 진행한다는 전제하에 제의를 받아들였다. 즉, 백신접종을 받은 사람이나 연구자 모두 백신접종을 받은 사람이 누구이고 위약僞藥을 투여한 사람이 누구인지 모르는 상태에서 임상 시험을 진행한다는 의미였다. 이는 칼메트의 시대 이후로 의료 통계와 증거의 표준화에 상당한 진전이 있었음을 시사한다.

토머스 프랜시스가 계획한 규모의 임상 시험을 하려면 상당한 양의 백신이 필요했으므로 6개 제약회사에 백신 생산에 나서달라고 요청했다. 소크가 백신을 개발한 과정을 재현 가능한 방식으로 표준화하는 일과, 모든 안전 요건을 충족하면서 백신을 생산하는 일은 결코 쉬운 일이 아니었지만, 결국 1954년 3월 제약회사들은 백신 생산에 성공했다. 바로 다음 달부터 3개월에 걸쳐 44만 명이 넘는 아동에게는 백신을 접종했고 20만 명이 넘는 아동에게는 위약을 투여하는 캠페인이 펼쳐졌다. 임상 시험을 통해 수집한 데이터를 분석하는 동안 국립 소아마비 재단 측 담당자들은 또 다른 문제와 씨름해야 했다. 만일 백신이 효능을 보인다면 당장 수백만 병의 백신이 필요할 터였기 때문이다.

이러한 소아마비 백신 수요에 적시에 부응하려면 제약회사들이 일찌감치 생산을 시작하는 수밖에 없었는데, 그 말은 임상 시험 결과가 나오기도 전에 먼저 상당한 투자를 해야 한다는 것을 의미했다. 이와 같은 재정적 위험을 떠안을 수는 없었던 제약회사들은 백신 생산에 나서기를 꺼렸다. 임상 시험 결과가 부정적일 경우 즉 백신의 효능이 없을 경우 이 모든 투자가 물거품이 될 터였기 때문이다. 결국 국립 소아마비 재단이 임상 시험 결과와 무관하게 900만 달러 상당의 백신을 구매하기로 약속한 뒤에야 제약회사들은 백신 생산에 나섰다.

1955년 4월 토머스 프랜시스는 언론의 큰 관심을 받으며 보고서를 제출했다. 보고서에는 1형 소아마비 바이러스에 백신이 60~70퍼센트의 효능을 보였고, 2형과 3형 소아마비 바이러스에는 90퍼센트의 효능을 보였다고 기록돼 있었다. "소아마비도 많은 아동의 목숨을 앗아갔지만 디프테리아와 결핵은 더 많은 아동의 목숨을 앗아갔습니다. 물론 교회는 이런 질병의 통제를 반기지 않았지만 말입니다."[2] 토머스 프랜시스가 이 발언을 마치기도 전에 보고서에 관련된 소식이 언론을 통해 전해졌는데, 보고서가 공개되기도 전에 언론 보도가 나오게 된 데는 국립 소아마비 재단 홍보 부서가 사전에 정보를 흘렸기 때문일 가능성이 있다. 아무튼 2시간 뒤 보건교육복지부 장관은 백신 사용을 공식 허가했다.

그 즉시 전 세계 여러 국가에서 소아마비 백신접종이 바람직한 것인지 논쟁이 불붙었다. 1952년 유례없이 극심한 소아마비 유행을 겪은 덴마크는 매우 발 빠르게 움직였다. 이미 전문가를 파견해 소크와 접촉하던 덴마크 국립 혈청 연구소는 백신 생산 시설을 신속하게 마련했다. 유럽의 다른 국가들은 덴마크보다는 신중하게 접근하는 모습을 보였다. 네덜란드에서는 특별 구성된 네덜란드 보건 위원회가 불활성화된 백신의 효능이 충분한지 확신을 갖지 못했으므로 보건부 장관에게 소아마비 백신 수입을 허가해서는 안 된다고 조언했다. 그러나 미국이 소아마비 백신을 사용해 큰 성과를 거두었다는 증거가 나타난 데다, 1956년 2,000명가량이 소아마비에 걸리는 극심한 소아마비 유행을 겪은 네덜란드는 이내 마음을 바꿔 1956년 12월 벨기에에서 생산된 소아마비 백신을 수입하기 시작했고, 1959년에는 공공보건 연구소를 통해 불활성화된 백신 개발에 나섰다.

그사이 일부 제약회사의 생산 과정에 문제가 생겼다. 살아 있는 바이러스가 발견되는 바람에 일부 백신 배치batch를 폐기해야 했던 것이다. 바이러스가 살아 있었던 탓에 캘리포니아 주에 거주하는 아동 6명에게서 마비 증상이 나타났다는 사실이 이내 밝혀졌는데, 문제의 아동에게 접종한 백신은 미국의 한 제약회사인 커터 컴퍼니Cutter Company가 생산한 백신으로 밝혀졌다.

커터 컴퍼니가 생산한 백신만을 시장에서 퇴출시킬지 아니면 소아마비 백신접종 프로그램 자체를 폐기할지를 두고 깊은 고민에 빠진 미국 의무 감醫務監은 커터 컴퍼니가 생산한 백신만을 시장에서 퇴출한다는 결정을 내렸다. 만일 소아마비 백신접종 프로그램 자체를 폐기할 경우 결국 모든 사람이 소아마비에 걸릴 위험을 안게 될 것이고 과거와 같은 참사가 쉽게 일어날 터였기 때문이다. 커터 컴퍼니는 소아마비 백신 생산과 공급을 중단했다. 과학자들은 (백신 생산 절차에서 사용한) 포르말린이 바이러스를 완벽하게 불활성화할 수 있는지 여부를 두고 논쟁을 벌이기 시작했다. 어쩌면 자외선 조사照射가 더 나은 방법이었을지도 모를 일이었다. 결국 1955년 5월 미국의 소아마비 백신접종 프로그램은 잠정 중단됐고 소크가 개발한 소아마비 백신에 대한 대중의 신뢰는 크게 흔들리고 말았다.

세이빈의 생백신과 논쟁의 촉발

불활성화된 백신(사백신)의 가치에 회의를 느꼈던 대부분의 바이러스 학자들이 오명을 벗게 되면서 또 다른 소아마비 백신, 즉 생백신 개발이 시작됐다. 생백신 개발에 나선 연구자로는 (폴란드의 망명 과학자로, 브라질에서 황열 백신 개발에 참여했던) 힐러리 코프로프스키Hilary Koprowski와 경험이 풍부한 헤럴드 콕스Herald Cox를 꼽을 수 있는데, 둘 다 레덜리Lederle 제약회사 소속으로 각자 생백신 개발 연구를 수행했다. 레덜리 제약회사는 세 종류의 소아마비 바이러스가 있다는 사실이 밝혀지기 전부터 생백신 개발을 시작해 '정신 장애' 아동을 대상으로 조기 임상 시험을 하고 있었다. 근대의 기준으로 보면 무책임할 뿐 아니라 비윤리적인 일이지만,

그럼에도 이 임상 시험을 통해 백신을 투여한 아동의 분변에서 소아마비 바이러스가 발견된다는 중요한 사실이 밝혀졌다. 즉, 소아마비 바이러스가 상수도를 통해 이동하면서 백신을 접종하지 않은 아동에게 '자연적인' 방식으로 면역을 제공할 수 있다는 사실을 파악하게 된 것이다. 이 주장은 서로 다른 백신의 상대적인 이점을 가늠하는 데 중요한 문제로 떠올랐다.

　반면 감염된 사람의 분변을 통해 독성이 약화된 바이러스는 언제든 독성이 강한 바이러스로 되돌아갈 위험이 있었다. 따라서 콕스와 코프로프스키는 각자 개발한 백신을 활용한 대규모 임상 시험을 하고자 했지만, 이미 미국의 아동 대다수가 소크의 소아마비 백신을 접종받고 소아마비 항체를 보유한 상황이어서 문제에 봉착하고 말았다. 새로 접종받은 백신의 효능과 과거에 접종받은 백신의 효능을 구분하기란 불가능한 일이었으므로 전혀 다른 국가에서 임상 시험을 하는 수밖에 없었다. 결국 코프로프스키는 1956년 북아일랜드에서 두 종류의 백신에 대한 임상 시험에 돌입했다. 실험 결과 백신접종을 받은 사람 중 소아마비에 걸린 사람은 없었고 인체 내 항체는 증가했다. 그러나 백신접종을 받은 사람들의 분변에서 소아마비 바이러스가 무더기로 발견됐을 뿐 아니라 분변에서 발견된 바이러스 대부분이 아동의 창자를 지나는 과정에서 독성이 강해진다는 사실이 밝혀졌다.

　코프로프스키의 임상 시험을 진행한 벨파스트 퀸스대학교의 미생물학 교수 조지 딕은 백신의 안전성이 입증되지 않았으므로 대규모로 사용해서는 안 된다는 부정적인 보고서를 제출했다. 이에 코프로프스키는 레덜리 제약회사를 떠나 필라델피아의 위스타 연구소Wistar Institute로 자리를 옮겨 중앙아프리카에서 소아마비 백신 임상 시험을 계속 이어갔다. 레덜리 제약회사에 남은 콕스는 범미주 보건기구Pan American Health Organization의 지원을 받으면서 라틴아메리카에서 소아마비 백신 연구를 계속 진행했다.

신시내티대학교의 앨버트 세이빈Albert Sabin 역시 국립 소아마비 재단의 지원을 받아 독성을 약화한 소아마비 백신을 개발하고 있었다. 러시아에서 태어나 10대일 때 부모님을 따라 미국으로 이민 온 세이빈은 러시아, 폴란드, 체코슬로바키아에서 소아마비 백신 임상 시험을 진행했다. 1957년 세이빈은 소련에서 소아마비 백신 배포를 담당할 스모로딘트세프Smorodintsev와 춤마코프Chumakov에게 세 가지 바이러스주를 보냈다. 두 사람은 세이빈이 개발한 백신을 시럽이나 사탕에 넣어 수백만 명에게 투여했는데 이는 일반적인 임상 시험보다 훨씬 규모가 큰 검증 프로젝트로, 1959년까지도 긍정적인 결과가 동유럽으로부터 날아들었다.

콕스의 백신 및 세이빈의 백신과 관련된 데이터 검증을 의뢰받은 미국 베일러대학교 바이러스학 및 역학 교수 조지프 멜닉은 양측 백신에 만족하지 못했지만, 독성이 훨씬 강하다고 판단한 콕스의 백신에 더 큰 불만을 표시했다. 1960년 8월 소크의 백신이 나타낼 장기적인 이점이 아직 명확하게 입증되지 않았다고 느낀 국립 소아마비 재단의 반대가 있었음에도, 미국 의무감은 세이빈이 개발한 백신 사용을 공식 허가하라고 권고했다.

세이빈이 개발한 백신은 바이러스주별로 사용이 허가됐는데, 1961년 8월 1형 소아마비 바이러스 백신의 허가를 시작으로 1962년 3월 (가장 많은 문제가 나타났던) 3형 소아마비 백신이 허가를 받으면서 모든 바이러스주에 백신 사용 허가가 내려졌다. 이 무렵 레덜리 제약회사는 자체적인 소아마비 백신 개발 노력을 중단하고 세이빈이 개발한 백신 생산 계약을 체결했다. 1963년 세 종류의 소아마비 바이러스 백신을 하나로 결합한 3가 백신이 생산되기 전까지 1형, 2형, 3형 소아마비 바이러스 백신은 별도로 접종했다.

이제 논쟁의 초점은 소크가 개발한 불활성화된 소아마비 백신(대개 IPV라 부름)과 세이빈이 개발한 독성을 약화한 백신의 상대적인 이점에 관한 것으로 옮겨졌다. 대부분의 바이러스학자들은 독성을 약화한 생백신이 더 낫다고 생각했다. 그 이유는 세이빈이 개발한 백신은 접종 방식이 아닌 경구 투여 방식의 백신이어서 대중에게 좀 더 쉽게 다가갈 수 있다고 여겼기 때문이다. 또한 소크의 백신은 백신의 효능을 높이기 위해 반복 접종해야 했지만, 경구 투여 소아마비 백신OPV으로 알려진 세이빈의 백신은 한 번 투여하는 것만으로 소크의 백신보다 더 오랫동안 면역이 발휘하는 효과를 누릴 수 있었기 때문이다. 게다가 세이빈이 개발한 백신은 더 빠르게 작용해 몇 달이 아닌 며칠 만에 면역을 확립했기 때문에 소아마비 유행이 국지적인 수준에서 나타날 경우에도 활용할 수 있을 뿐 아니라, 경구 투여 백신을 활용할 경우 공동체 전체를 보호할 수 있다는 장점도 있었다.

즉 독성이 약화된 살아 있는 바이러스가 하수도를 통해 흘러 다니면서 간접적인 보호 효능을 발휘할 수 있었으므로 궁극적으로는 소아마비를 퇴치할 길이 열리는 셈이었던 것이다. 1960년대 의사들이 경구 투여 백신을 선호하게 됨에 따라 미국 제약회사들은 소크 백신의 생산을 포기했고, 그 결과 1960년대 중반 매년 400만 병에서 500만 병이 미국에 배포됐던 소크의 사백신은 1967년에 270만 병으로 줄어들었다가 1년 뒤에는 미국에서 자취를 감추고 말았다. 반면 경구 투여 백신은 매년 2,500만 병가량 배포됐다.

1962년 여름 미국 아동 수백만 명이 경구 소아마비 백신을 투여 받을 무렵 먹구름이 드리우기 시작했다. 독성이 약화된 바이러스 중 일부가 강한 독성을 보이면서 백신을 접종한 아동에게 소아마비를 유발시킨 것 같은 기미가 보였던 것이다. 이에 따라 국가적 차원에서 주의 깊게 분석한 결과 16명의 소아마비 환자가 백신 투여로 소아마비에 걸린 것으로 확인됐다. 생백신 프로그램을 중단해야 한다는 권고도 있었지만 그럴 경우 나타날 파급효과를 우려하는 목소리도 있었다. 즉 생백신 프로그램을 종료하면 백신에 대한 대중의 신뢰가 추락해 백신접종률이 곤두박질칠 수 있다는 우려였다. 2년 뒤 새롭게 구성된 조사 위원회가 다시 한 번 데이터를 검토한 결과, 1961년 이후 소아마비에 걸린 환자 87명 가운데 57명의 소아마비 환자가 경구 투여 백신으로 소아마비에 걸린 것으로 '확인'됐다. 이번에는 특정 제약회사가 생산한 백신과의 상관관계를 찾을 수 없었으므로 어떤 조치를 취해야 할지 결정하기가 어려웠다.[3]

네덜란드와 북유럽 국가에서는 사정이 상당히 달라서 각국의 공공보건 연구소에서 생산한 사백신이 매우 큰 효능을 발휘했는데, 이는 캐나다 일부 지역에서도 마찬가지였다. 한스 코헨Hans Cohen이 이끄는 네덜란드 국립 공공보건 연구소는 네덜란드가 전국 차원에서 시행하는 백신접종 프로그램의 중심에 있던 DPT에 불활성화된 소아마비 백신을 결합하려는 노력을 기울였다. 사실 여러 가지 항원을 결합하려는 시도는 새로운 것이 아니었다. 여러 가지 항원을 결합하면 서로 간섭할 수 있다는 우려도 있었지만, 백신접종 횟수를 줄일 수 있다는 장점이 있었으므로 이미 수십 년 전부터 결합 백신이 생산되고 있는 형편이었다.

한편 네덜란드에서 새롭게 결합한 DPT-P 백신은 소아마비 통제에 크게 기여했다. (사실상 전 세계가 경구 투여 백신을 사용하는 형편이어서) 소아

두 얼굴의 백신

마비 백신을 수출할 가능성이 없었음에도 네덜란드 국립 공공보건 연구소는 상당한 자원을 투입해 백신의 효능을 높이고 생산 과정을 개선했다. 그리고 수많은 원숭이에게 의존하지 않고도 백신을 생산할 수 있는 방법을 찾기 위해 심혈을 기울였다. 네덜란드 국립 공공보건 연구소는 시장에서 영리를 추구할 기회에 따른 것이 아니라, 네덜란드가 전국 차원에서 시행하는 백신접종 프로그램의 효과를 극대화할 필요성에 따라 혁신을 추구했다.

훗날 네덜란드 국립 공공보건 연구소는 조너스 소크와 (사백신을 되살려 영리를 추구할 방법에 관심을 보인) 샤를 메리외Charles Mérieux와 협업해 아프리카에서 '개선된' 사백신 임상 시험을 진행했다. 경구 투여 백신은 열대지방의 기후 조건에서 안정성이 떨어졌을 뿐 아니라 백신 생산 장소에서 백신 투여 장소까지 백신을 옮기기 위해 '저온 유통망'을 활용해야 했으므로 열대지방에서 사용하기에 적합하지 않았다. 반면 사백신은 열대지방 같은 더운 기후에서 훨씬 더 안정적이라는 장점이 있었지만, 더운 기후에서는 충분한 효능을 발휘하지 못할 것이라고 생각하는 사람들에게 그 효능을 입증할 필요가 있었다.

백신 개발의 황금기를 장식한 홍역 백신

바이러스성 질환을 극복할 수 있는 새로운 백신을 개발하려는 엔더스의 시도는 소아마비 바이러스 백신 개발 연구에 그치지 않고 1940년대에도 계속 이어졌다. 당시 소아마비 유행에 세간의 공포가 너무나도 광범위한 관계로 소아마비 바이러스 연구가 훨씬 더 주목을 받은 것은 사실이지만, 사실 소아마비 바이러스는 엔더스의 주력 연구 분야가 아니었다. 엔더스는 원래 유행성 이하선염 바이러스를 연구했던 것이다. 한편 당시 개발도상국에서는 소아마비가 선진 산업사회만큼 큰 공포의 대상이 아니었는데, 아프리카, 아시아, 라틴아메리카 등 빈곤한 국가의 공공보건에서는 하버드대학교에 재직하고 있던 엔더스의 연구가 훨씬 더 중요한 것으로 나타났다.

1950년대 북아메리카나 서유럽에 거주하는 아동 중에 홍역을 앓지 않는 아동은 드물었다. 홍역에 걸리는 일이 기분 좋은 일이라고 할 수는 없었다. 그렇더라도 홍역은 환자가 어두운 방에서 며칠가량 나오지 않고 지내다 보면 낫는 질병이었고, 병세가 위중해지는 경우도 드물었으므로 홍역으로 심한 후유증을 겪는 아동은 거의 없었다. 그러나 아프리카의 아동이 홍역에 걸린 경우라면 이야기가 달라서 이내 훨씬 더 심각한 중증 질환으로 이어지기 마련이었고 지금도 사정은 크게 다르지 않다. 따라서 아프리카에서는 소아마비보다 홍역으로 목숨을 잃는 아동이 훨씬 더 많은 실정이었다.

나중에 밝혀진 바에 따르면 유럽보다 아프리카에서 홍역이 훨씬 더 심각한 중증 질환으로 기승을 부리는 데는 그만한 이유가 있었다. 우선 가난한 나라의 수많은 아동들은 영양실조에 걸리기 일쑤였고 이로 인해 면역 체계가 제대로 작동하지 않는 경우가 많았다. 한편 홍역이 중증 질환으로 발전하게 되는 이유는 새롭게 등장한 항생제 같은 자원의 활용 가능성과도 밀접한 연관이 있었다. 홍역으로 목숨을 잃는 경우는 대부분 이차감염으로 인한 것이었으므로 항생제를 사용해 이차감염을 효과적으로 막을 수 있는 선진 산업사회에서는 홍역이 중증 질환으로 발전하는 일이 드물었던 것이다.

문제는 홍역 사망자가 줄어들었음에도 홍역 발병률은 떨어지지 않는다는 데 있었다. 홍역이 워낙 광범위하게 발병하다 보니 홍역을 앓는 절대 환자의 수가 많아 의사들에게 큰 부담을 안겼다. 부모들은 홍역을 대수롭지 않은 질병으로 여겼으므로 홍역 백신 개발을 요구하는 대중의 목소리는 거의 없는 것이나 다름없었지만, 미국의 의사들은 대체로 백신 개발이 바람직하다는 의견을 피력하곤 했다.

　(소아마비 백신 개발에 큰 흥미를 보이지 않았던) 존 엔더스는 홍역 백신 개발에 관심을 기울인 연구자의 하나였다. 이미 소아마비 바이러스 연구에 성공한 엔더스는 이를 발판 삼아 1954년 하버드대학교에 재직 중인 동료들과 함께 홍역 바이러스 배양에 성공했다. 초기 샘플을 데이비드 에드몬스턴David Edmonston이라는 소년으로부터 얻었으므로 바이러스주에도 소년의 이름을 붙여 에드몬스턴 바이러스주라고 불렀다. 1960년 엔더스는 소아과 의사인 새뮤얼 카츠Samuel Katz와 함께 독성을 적절하게 약화한 에드몬스턴 바이러스주를 홍역 감염 감수성이 높은 아동에게 투여하면 아동의 면역 체계를 자극해 아동의 몸에 홍역 항체가 형성된다는 사실을 밝혀냈다.

　당시의 시대정신에 따라 엔더스는 (소크와 마찬가지로) 이 발견에 특허를 내는 일에 관심이 없었다. 오히려 자신의 발견이 다른 연구자들의 연구를 촉진하는 자극제가 되기를 바랐던 엔더스는 에드몬스턴 바이러스주를 연구하고자 하는 모든 연구자에게 무료로 제공했다. 덕분에 아메리칸 홈 프로덕츠American Home Products 소속 안톤 슈바르츠와 머크Merck 소속 모리스 힐만Maurice Hilleman을 비롯한 많은 연구자들이 이내 홍역 바이러스 연구에 뛰어들었고, 불활성화된 소아마비 백신을 개발했던 소크의 연구에 자극을 받은 또 다른 연구소에서는 불활성화된 백신, 즉 사백신 개발에 나섰다.

1963년 3월 최초의 홍역 백신 두 가지가 미국에서 사용 승인을 받고 세상에 모습을 드러냈다. 하나는 독성을 약화한 생백신으로 머크에서 생산한 제품(제품명 Rubeovax)이고, 다른 하나는 포르말린을 활용한 사백신으로 화이자Pfizer에서 생산한 제품(제품명 Pfizer-Vax Measles-K)이었다. 독성을 약화한 생백신은 아동에게 장기적인 보호 효능을 발휘하는 것으로 보였지만 끔찍한 부작용이 뒤따라, 백신접종을 받은 많은 아동이 고열과 발진에 시달렸다. 백신을 접종할 때 (혈장에서 생성되는 단백질인) 감마글로불린을 함께 투여하면 부작용을 줄일 수 있었지만 백신에 포함된 바이러스의 독성을 지금보다 더 약화시켜야 한다는 것만큼은 분명해 보였다.

사백신은 부작용이 없었지만 항체를 측정한 결과 백신 효능이 떨어지는 것으로 나타났다. 심지어 바이러스를 불활성화한 백신이 몇 달이 넘는 동안 보호 효능을 발휘할 수 있는지 여부조차 불투명했다. 백신접종을 통해 누릴 수 있는 보호 효능의 지속 기간이 지나치게 짧으면 홍역 감염이 더 높은 연령대로 유예될 위험이 있었는데, 나이가 더 많은 아동이 홍역에 걸렸을 때 홍역이 아동에게 미치는 영향이 더 클 터였다. 따라서 이 두 가지 백신접종을 결합해 접종하는 방법이 연구됐는데, 우선 불활성화된 백신을 투여하고 한두 달이 지난 뒤 생백신을 투여하면 생백신만을 투여했을 때보다 부작용이 크게 감소하는 것으로 나타났다.

미국에서는 홍역 백신을 사용해야 한다는 주장이 정치권을 중심으로 빠르게 힘을 얻으면서 미국 내 홍역을 단기간에 퇴치하기 위한 홍역 백신접종 캠페인이 전개됐다. 이와 반대로 영국에서는 의료 전문가들조차 영국 전역을 대상으로 홍역 집단 백신접종 프로그램을 시행할 필요에 확신을 가지지 못했다. 심지어 홍역 백신이 도입될 경우 어떤 백신을 사용해야 하는지 또는 어느 연령의 아동에게 백신을 접종해야 하는지조차 명확히 결정하지 못한 형편이었다. 이에 따라 영국은 1964년부터 의학 연구 위원회를 통해 임상 시험을 실시했다.

임상 시험에 나선 한 집단의 아동에게는 (글락소Glaxo 또는 웰컴이 생산한) 독성을 약화한 생백신을 투여하고 다른 한 집단의 아동에게는 화이자가 생산한 사백신을 우선 투여한 뒤 나중에 생백신을 다시 한 번 투여했는데, 항체 생성 수준을 측정한 결과 생백신만 투여한 집단이 더 나은 결과를 보였다. 한편 사백신을 투여한 아동에게서 홍역과 유사해 보이는 이상 질병(이형홍역)이 나타난다는 보고서가 미국에서 나오면서 생백신을 선호하는 현상이 보편화됐고 사백신은 미국 시장에서 자취를 감추었다. 영국에서는 이형홍역 환자가 나타나지 않았지만 1968년 집단 홍역 백신 접종 프로그램을 시행할 때는 영국에서 생산한 생백신만을 사용했다.

원칙적으로 볼 때는 사백신이 더 안전했지만, 홍역 생백신의 독성이 강해질 것이라는 증거도 없기는 마찬가지였다. 그러나 소아마비 백신을 사용하기 시작했을 당시 생백신에 포함된 바이러스의 독성이 강해지면서 백신을 투여한 아동에게서 소아마비가 유발된 전례가 아직 사람들의 뇌리에 생생하게 남아 있었다. 심지어 홍역 사백신을 지나치게 일찍 퇴출시켰다고 생각하는 바이러스학자도 있었다. 스톡홀름 카롤린스카 연구소에서 교수로 재직하면서 1959년부터 홍역 백신을 연구한 에를링 노르비 Erling Norrby는 바이러스를 불활성화하는 방법을 바꿈으로써 사백신이 유발하는 것으로 보이는 이상 반응을 피할 수 있다고 확신했다.

에를링 노르비는 포르말린 대신 트윈-에테르Tween-ether라는 유기용제有機溶劑를 활용해 홍역 바이러스를 불활성화했는데, 이 방법을 활용하면 미국에서 나타났던 이상 반응을 유발하는 병원체를 파괴할 수 있었다. 한편 소아마비 백신의 성공을 경험했던 네덜란드 역시 사백신을 더 선호했다. 네덜란드는 과거에 성공했던 전략을 계승할 수 있으리라는 희망을 품고 이미 사용 중인 4가 백신^{DPT-P}에 불활성화된 홍역 백신을 결합하려고 시도했다. 한편 글락소와 베링베르케 역시 불활성화된 홍역 백신 연구에 나서면서 네덜란드 연구자들은 이 두 회사로부터 홍역 바이러스주를 확보할 가능성을 논의하기 시작했다.

그러나 결국에는 스웨덴의 노르비를 통해 확보한 바이러스주를 바탕으로 DPT-소아마비-홍역 사백신을 생산해 1971년 네덜란드에서 임상 시험에 돌입했다. 그런데 안타깝게도 백신을 투여한 이후 백신이 발휘하는 보호 효능이 지나치게 빠르게 사라지는 것으로 판명되면서 백신이 아무런 소용이 없게 됐다. 이에 네덜란드는 5가 백신 개발을 중단하고 머크로부터 바이러스주를 구입하기로 결정했다.

유산과 기형을 유발하는 풍진을 막아라

한편 과학자들은 (독일 홍역으로 불리기도 하는) 풍진 백신 개발에도 나섰다. 1940년 이전만 해도 풍진을 중증 질환으로 생각하는 사람은 없었다. 그러나 1940년 오스트레일리아의 안과의사 노먼 그레그가 풍진에 감염된 임산부와 시각 장애를 안고 태어나는 신생아 사이의 관계를 밝혀내면서 풍진을 바라보는 시각도 달라졌다. 한편 뒤이어 진행된 풍진 연구에서는 임신한 여성이 풍진에 감염될 경우 (오늘날 '선천성 풍진 증후군'이라고 부르는) 자연유산, 신생아의 중추신경계 손상 또는 그 밖의 다양한 중증

두 얼굴의 백신

질환이 유발된다는 사실이 밝혀졌다.

1960년대 중반 풍진이 이례적으로 크게 유행한 미국에서는 백신 개발을 요구하는 대중의 압력이 높아지면서 연구소들이 서로 다른 바이러스 주와 서로 다른 독성 약화 과정을 활용해 풍진 백신 개발에 나섰다. 대부분의 연구소는 원숭이의 신장 세포나 토끼의 신장 세포를 이용해 바이러스를 배양했는데, 필라델피아 위스타 연구소의 스탠리 플로트킨Stanley Plotkin은 유산된 태아의 세포를 활용해 바이러스를 배양해 논란을 일으켰다. 많은 연구자들이 도덕적 이유나 기술적 이유를 근거로 플로트킨의 방법에 반대했지만 플로트킨은 이 방법만이 동물 세포에서 바이러스를 배양할 경우 나타나는 병원체 오염 현상을 피할 수 있다고 생각했다.

결국 플로트킨은 풍진 백신 개발에 성공해 RA27/3이라는 이름을 붙였다. 1960년대 말 (영국의 버로스 웰컴과 프랑스의 메리외 연구소를 비롯한) 유럽의 여러 제약회사들은 플로트킨이 개발한 풍진 백신 생산에 나섰지만, 미국 제약회사들은 플로트킨의 풍진 백신 생산을 주저했다. 이후 1970년 무렵이 되면 다수의 풍진 백신이 개발돼 영리를 추구하는 시장에서 생산 및 판매되는데, 네덜란드는 공공 부문에서 풍진 백신을 생산했다.

풍진이 유산과 기형을 유발한다는 사실이 알려지면서 의료 전문가들은 풍진 백신접종의 가치를 인정하기 시작했다. 그러나 다양한 종류의 풍진 백신을 평가한 뒤 사용할 제품을 결정하는 일은 시간이 특히 오래 소요되는 복잡한 작업이었다. 임신하기 전 풍진에 감염됐더라도 여성의 자궁 내 감염이 유발하는 손상으로부터 태아를 보호하는 것이 풍진 백신접종의 궁극적인 목표였으므로, 백신접종을 통해 풍진을 통제하려는 노력에는 독특한 과제가 숨어 있었다. 면역의 보호 효능은 시간이 지남에 따라 줄어들 가능성이 있었으므로 풍진 백신을 접종받은 여성이라도 가임기에 접어들 무렵에는 면역의 보호 효능이 크게 떨어질 수 있었던 것이다. 따라서 보호 효능의 지속성이 매우 중요한 문제로 떠올랐다.

그러나 연구를 진행한 결과 시간이 지남에 따라 면역의 보호 효능이 복합적인 방식으로 다양하게 변화했음에도 다양한 백신의 효능에는 별다른 차이가 나타나지 않았다. 그럼에도 의료 전문가들은 플로트킨이 개발한 RA27/3에 비교적 높은 점수를 주었는데, 그 이유는 RA27/3이 발휘하는 보호 효능이 비교적 오래 지속됐기 때문이다. 이에 1978년 머크는 풍진 백신 생산에 사용해온 바이러스주를 RA27/3 바이러스주로 대체하기로 결정했고, 머크가 새로 개발한 풍진 백신은 1979년 1월 미국에서 최종 사용 승인을 받았다.

오늘날 선진 산업사회에서 살아가는 대부분의 사람들은 홍역 백신과 풍진 백신을 MMR(홍역-유행성 이하선염-풍진)이라고 알려진 3가 백신의 두 가지 구성 요소로 접한다. MMR은 선진 산업국가 대부분이 운영하는 백신접종 프로그램의 기초를 구성하는 백신의 하나이지만, 최근 들어 MMR이 부작용을 유발할 가능성에 문제가 제기되고 있다. MMR의 부작용 유발 문제는 나중에 다시 논의하기로 하고, 여기서는 세 번째 구성 요소인 유행성 이하선염 백신을 먼저 살펴보려 한다.

볼거리 백신은 정말 필요했을까?

소아마비 바이러스 연구로 명성을 얻은 것은 사실이지만 사실 존 엔더스는 볼거리, 즉 유행성 이하선염 바이러스를 시작으로 바이러스성 질환 연구에 뛰어든 인물이었다. 유행성 이하선염의 가장 일반적인 증상은 귀밑에 자리 잡은 침샘, 즉 귀밑샘이 부어오르는 증상이지만, 증상이 전혀 나타나지 않는 환자도 많은 편이다. 합병증이 발생하는 경우가 드물게 있는데, 가장 악명 높은 합병증은 무균성 수막염(또는 유행성 이하선염 뇌염)이지만 정말 드물게 나타나고, 항생제가 개발되면서 쉽게 치료할 수 있게 됐다.

한편 유행성 이하선염에 감염된 뒤 합병증으로 남성 불임이 유발된다는 것이 일반적인 사람들의 생각이지만, 그런 일은 거의 일어나지 않는다. 세포에서 바이러스를 배양하는 초기 연구에 실패한 엔더스와 조지프 스토크스Joseph Stokes는 유행성 이하선염 바이러스에 감염된 원숭이의 귀밑샘에서 유제乳劑를 채취한 뒤 포르말린을 활용해 독성을 약화하는 방식으로 백신을 생산했다. 그리고 처음에는 원숭이를 대상으로, 나중에는 자원한 사람을 대상으로 임상 시험을 했다. 1948년 닭의 배아 조직을 활용해 바이러스를 배양하는 데 성공한 엔더스는 부화계란을 활용해 바이러스의 독성을 약화한 백신을 생산할 수 있게 됐다. 한편 소련에서는 레닌그라드의 스모로딘트세프가 엔더스와 유사한 방식으로 연구했다.

유행성 이하선염 백신은 정말 필요했을까? 이 시기 의료 전문가들은 백신의 가치를 높이 평가하고 있었으므로 백신 개발에 의문을 품는 사람이 거의 없었다. 유행성 이하선염에 걸리는 일이 즐거운 일일 수는 없었지만, 그럼에도 유럽의 의료 전문가 대부분은 아동이 앓는 유행성 이하선염을 대수롭지 않은 질병으로 여겼다. 미국 의사들의 입장과 다르게 1960년대와 1970년대 영국과 유럽의 의사들은 유행성 이하선염 백신의 필요성에 확신을 가지지 못했고, 소아마비와 홍역 백신 개발에는 적극적으로 나섰던 네덜란드 공공보건 연구소도 유행성 이하선염 백신의 필요성을 느끼지 못해 백신을 개발할 생각조차 하지 않았다.

한편 유행성 이하선염 백신이 필요하다고 생각한 사람들도 있었으므로 특정 지역에서 유행하는 바이러스주를 활용한 유행성 이하선염 백신이 개발됐다. 연구소마다 서로 다른 바이러스주를 활용하고 서로 다른 독성 약화 방법을 활용해 백신 개발에 나섰는데, 그 결과 개발된 백신에서 큰 차이가 나타났다. 유행성 이하선염 백신이 처음 등장한 것은 1967년이었다. 레닌그라드 인플루엔자 연구소는 기니피그의 신장 세포를 활용해 레닌그라드-3 바이러스주를 배양한 뒤 일본 메추라기 배아를 활용해 바이러스의 독성을 약화하는 방법으로 백신을 생산했다. 처음에는 소련에서 레닌그라드 인플루엔자 연구소가 개발한 백신을 생산 및 사용했지만 나중에는 전 세계에서 널리 사용했다.

같은 해 머크는 미국에서 멈프스백스^{Mumpsvax} 사용 승인을 받았다. 1959년 머크는 혼합 백신(콤보 백신)에 결합해 사용할 목적으로 모리스 힐만의 주도하에 독성을 약화한 유행성 이하선염 생백신 개발을 시작했다. 머크는 힐만의 딸에게서 채취해 '제릴 린^{Jeryl Lynn}'이라는 이름을 붙인 바이러스주를 활용해 유행선 이하선염 백신을 개발했는데, 임상 시험 결과 단 한 번의 접종만으로 부작용이 없으면서 보호 효능이 몇 달 동안 지속되는 등 백신이 안전하고 효과적으로 작용하는 것으로 입증됐다. 뒤이어 다양한 유행성 이하선염 백신이 세상의 빛을 보았는데, 그 가운데 광범위하게 사용되는 백신으로는 일본에서 개발한 우라베 바이러스주와 L-자그레브를 꼽을 수 있다. L-자그레브는 자그레브(오늘날의 크로아티아) 면역학 연구소가 레닌그라드-3 바이러스주의 독성을 추가적으로 약화해 개발한 것으로, 전 세계적으로 널리 사용됐다.

유행성 이하선염이 얼마나 무서운 질병이기에 이와 같이 다양한 백신이 개발된 것인가? 유행성 이하선염이 건강에 미칠 수 있는 위험에 대한 평가가 다양하게 나타났기 때문인가 아니면 예방할 수 있는 질병은 예방해야 한다는 세간의 분위기 때문인가?

그로부터 몇 년 뒤 혼합 백신인 MMR 백신이 세상의 빛을 보면서 이것은 쓸모없는 질문이 됐다. 항원을 결합해 개발한 혼합 백신 역시 완전히 새로운 항원과 마찬가지로 광범위한 임상 시험을 해야 하는데, 하나로 결합된 다양한 구성 요소가 서로 간섭하면서 유해한 결과를 유발할 가능성은 배제됐다. 이미 몇 년 전부터 DPT 백신을 사용해왔으므로 항원을 결합하는 일이 원칙적으로 불가능한 일은 아니었기 때문이다. 한편 네덜란드 연구자들은 소크가 개발한 소아마비 백신을 DPT에 성공적으로 결합해 아동이 보건 센터에 방문해야 하는 횟수를 줄이는 데 기여했다.

DPT 생산에 나서지 않았던 머크는 다른 혼합 백신에 관심을 기울였다. 1960년대 말 항원을 결합하면 얻을 수 있는 이점이 많다는 사실을 깨달은 머크의 백신 개발 프로그램 책임자 모리스 힐만은 다양한 백신을 결합한 뒤 항원 반응성 연구를 시작했는데, 그의 연구 대상에는 홍역, 유행성 이하선염, 풍진 백신도 포함돼 있었다. 머크는 MMR 백신을 생산하기로 마음먹고 1971년 미국에서 개별 백신과 함께 MMR 백신에 사용 승인을 받았다. 경쟁 관계에 있는 다른 제약회사들이 개별 백신을 생산하는 동안 혼합 백신을 생산한 머크는 이내 미국 유일의 MMR 백신 공급업체로 자리매김했다.

공공보건이라는 관점에서 볼 때 서로 다른 항원을 결합하는 주요 근거는 백신접종 일정을 단순화할 수 있다는 것이므로 혼합 백신의 사용 빈도는 차츰 높아졌다. 한편 백신접종률을 높이는 문제의 중요성이 클수록 다양한 항원을 결합한 혼합 백신을 통해 얻을 수 있는 이점이 크다는 것만은 분명했다. 따라서 낮은 백신접종률 탓에 오랫동안 골머리를 썩어온 미국에서는 혼합 백신의 이점을 톡톡히 누릴 수 있었으므로 1970년대 중반부터 MMR을 보편적으로 접종하게 됐고, 덕분에 머크는 막대한 이윤을 남길 수 있었다. 한편 백신접종률이 높았던 서유럽에서는 미국과는 조금 다른 이유로 MMR 백신을 도입했다.

백신과 특허

새롭게 등장한 바이러스성 질환을 극복할 수 있는 백신의 생산은 과학자들과 제약회사에게 새로운 과제로 다가왔다. 박테리아를 극복할 수 있는 백신 생산 방법은 이미 개발돼 있었지만, 이 방법을 바이러스성 질환의 백신 생산에 그대로 활용할 수는 없었으므로 백신 생산 방법에 큰 변화가 뒤따랐다. 예를 들어 인플루엔자 바이러스는 닭의 배아를 활용해 배양해야 했고, 소아마비 백신은 바이러스를 안전하게 배양할 수 있는 적합한 배지를 찾아내는 일이 해결해야 할 가장 큰 과제였다.

그러나 제도적 측면에서는 1920년대와 1960년대 사이에 큰 변화가 일어났다고 보기 어려워서, 대학이나 정부 연구소에서 자체적으로 또는 협업하여 초기 연구 및 개발을 수행하면 다양한 유형의 기관들이 생산에 나서는 과거의 방식이 유지됐다. 20세기 중반에는 공공 기관과 민간 기관이 백신 개발과 생산에 대한 입장을 공유하고 있었으므로 협업도 쉽게 이루어졌다. 따라서 소아마비 백신과 홍역 백신은 이미 광범위하게 사용되고 있던 다른 백신(DPT, 천연두, BCG)과 마찬가지로 매우 다양한 유형의 기관에서 생산됐다.

생산에 참여한 기관에는 이미 오래전부터 백신 생산에 종사해온 제약회사도 있었고 새롭게 등장한 제약회사도 있었다. 미국의 엘리 릴리^{Eli} Lilly, 독일(서독)의 베링베르케, 영국의 버로스 웰컴, 캐나다의 코노트, 프랑스의 메리외 연구소, 이탈리아의 스클라보^{Sclavo}처럼 1960년대와 1970년대까지도 창립자의 이름을 회사 이름으로 사용한 제약회사들은 주로 역사와 전통을 자랑하는 유서 깊은 제약회사였다. 반면 1940년대에 설립해 일찌감치 소크가 개발한 소아마비 백신 생산에 나선 벨기에의 제약 산업 연구소는 새롭게 등장한 제약회사였다.

영국, 독일, 미국에서는 이처럼 영리를 추구하는 제약회사들이 백신을 거의 독점 공급한 반면, 중유럽과 동유럽의 공산주의 국가에서는 국가가 백신 공급을 책임졌다. 한편 네덜란드와 스칸디나비아반도의 복지국가에서도 역시 공공보건 서비스에 필요한 백신 생산을 국가의 책임으로 생각했다. 아프리카와 아시아 일부 국가에서는 식민지 정부나 파스퇴르 연구소 또는 록펠러 재단에서 몇 년 전 구축한 공공보건 기관을 새로 출범한 독립 국가의 정부가 접수해 활용하기도 했다.

산업화에 초점을 맞춘 정치 운동도 백신 관련 제도의 발전에 영향을 미쳤다. 멕시코는 국립 바이러스학 연구소를 통해 멕시코에 필요한 소아용 백신을 생산했다. 또한 오스트레일리아, 브라질, 중국, 인도, 남아프리카공화국, 터키같이 다양한 정치적 역사를 배경으로 하는 여러 국가에서는 공공 부문에서 운영하는 기관과 민간 제약회사들이 공동으로 백신 개발에 공헌하기도 했다.

1950년대와 1960년대에는 냉전 상황을 배경으로 각종 수사修辭가 판을 쳤지만, 동서 양 진영의 백신 과학자들 사이에는 깊은 이념 분열이 나타나지 않았다. 한편 서방 세계 내의 공공 부문에서 운영하는 기관과 민간 부문 제약회사 사이에도 깊은 이념 분열은 나타나지 않았다. 공공 부문에서 운영하는 기관과 민간 부문 제약회사의 관계가 공공보건에 대한 헌신에 뿌리를 두고 있던 유럽은, 이윤 창출을 목표로 하든 아니든 관계 없이 공공 부문과 민간 부문이 협력하는 문화가 조성돼 있었으므로 누구나 모든 지식을 무료로 활용하고 교환할 수 있었다.

당시에는 백신 개발에서 특허가 거의 아무런 역할을 하지 못했으므로, 상업적 측면에서의 영리 추구를 이유로 바이러스주와 경험을 자유롭게 교환할 수 없는 오늘날과는 분위기가 사뭇 달랐다. 조너스 소크는 자신이 개발한 바이러스주를 WHO에 기탁하면서 모든 특허권까지 함께 기탁했는데, 백신 개발 분야에서 특허권을 행사하는 일은 부도덕한 일이라고 생각했던 소크는 "태양에 특허를 부여할 수는 없는 노릇"이라는 유명한 말을 남겼다. 여러 해 동안 네덜란드 국립 연구소^{RIVM} 소장을 지내면서 네덜란드의 백신 생산과 공급을 책임졌던 한스 코헨은 당시 제약회사와의 관계, 특히 파스퇴르 메리외 연구소^{Pasteur Mérieux}(오늘날에는 사노피-아벤티스^{Sanofi-Aventis} 소유)와의 관계를 다음과 같이 언급했다.

〔메리외 연구소에〕 네덜란드 국립 연구소가 그동안 축적한 모든 경험을 제공했는데, 그것이 항상 기꺼운 일이었다고 할 수는 없었다. 그러나 다른 측면에서 보면 네덜란드 국립 연구소 역시 메리외 연구소로부터 많은 경험을 전수받을 수 있었다. 예를 들어 광견병 백신을 입수하면 서로 교환할 수 있었는데, 3분도 채 걸리지 않았다. '내게 요구하는 것이 무엇'인지 물으면 메리외 연구소 소장 역시 '소아마비 백신을 줄 수 있으니 필요한 것을 말해보라'고 했다. 그러면 나는 '홍역 바이러스주가 필요하다'고 말하면서 필요한 것을 몇 가지 덧붙여 말하곤 했다. 당시야말로 자유로운 정보 교환이 가능했던 진정한 호시절이었다.[4]

국가가 운영하는 백신 연구소는 정치적 상황에 따라 운명이 바뀌곤 했는데 (유럽을 제외한) 세계의 나머지 지역에서는 정치적 상황에 따라 연구소 예산과 안정성이 크게 휘둘리는 경우도 있었다. 대신 국영 백신 연구소는 상업적으로 영리를 추구하는 제약회사와는 달리 시장의 힘에는 큰 영향을 받지 않았다. 그러나 영리를 추구하는 제약회사들은 상업적으로 이윤을 낳을 가능성이 있는 백신인지 여부에 따라 백신 생산을 시작하거나 포기했고, 경제적 상황에 따라 산업 전체가 호황을 누리거나 침체되기도 했다.

1960년대에는 새롭게 등장한 바이러스성 질환을 극복하기 위해 개발한 백신에서 상업을 통한 영리 추구의 가능성을 엿본 새로운 제약회사들이 속속 등장했다. 예를 들어 1963년 유럽에서는 프랑스의 스미스클라인SmithKline이 벨기에의 제약 산업 연구소를 인수하면서 백신 시장에 뛰어들었고, 1968년에는 론-풀랭크Rhône-Poulenc가 1897년 파스퇴르 연구소의 지원을 받아 설립된 메리외 연구소를 인수했다. 한편 미국에서는 승인을 받은 여러 제약회사들이 새로운 과학적 가능성에 부응하고 연방정부가 해온 백신접종 촉진 사업에서 적극적인 역할을 담당하면서 성장을 거듭했다. 그러나 영리를 추구하는 제약회사의 약속은 불확실하고 신뢰할 수 없다는 사실이 이내 드러나고 말았다.

백신 시장의 매력이 떨어지면 제약회사는 백신이 아닌 의약품 생산에 전념하곤 했는데 1970년대 미국이 바로 이런 일을 겪었다. 1970년대 말 미국에는 승인을 받은 백신 생산 제약회사의 수가 1960년대 중반의 절반에도 못 미치게 되는데, 승인을 받은 백신의 수도 급감했다. 대부분의 선진 산업국가와 마찬가지로 미국은 민간 제약회사에 백신 공급을 거의 전적으로 의존하고 있었다('거의'라고 표현한 이유는 매사추세츠 주와 미시건

주의 공공보건부가 일부 백신을 생산할 수 있는 자체 시설을 갖추고 각 주의 주민들에게 배포하고 있었기 때문이다).

당시에는 소아마비 백신을 비롯한 19가지 종류의 백신을 미국 내 단한 곳의 제약회사에서 생산하고 있는 형편이었다. 만일 이 제약회사가 백신 생산 중단을 결정하면 그때는 어떻게 해야 할 것인가? 문제는 이미 그와 같은 전례가 많다는 점이었다. 예를 들어 국립 보건 연구소의 지원을 받아 폐렴구균 백신 실험을 진행한 엘리 릴리가 어느 날 갑자기 상업적인 이유를 들어 백신 연구, 개발, 생산 활동을 중단해버리면서 미국에서는 백신 공급 체계의 취약성이 정치적 사안으로 떠올랐다. 이 문제를 조사한 의회 기술평가위원회는 "백신 연구, 개발, 생산에 대한 미국 제약회사의 관심이 줄어들면서 관련 역량도 축소되고 있는 상황인데, (…) 우려하지 않을 수 없다"고 결론 내렸다.[5]

기업의 최고경영자들은 백신 개발에 따른 어려움과 비용 문제, 시장 전망, 연방 규제를 준수하기 위해 해야 하는 각 백신 배치batch 테스트 때문에 이런 상황에 이르렀다고 의회 기술평가위원회에 호소했다. 백신은 백신이 아닌 의약품에 비해 강도 높은 규제 감독을 받는데다가 개발, 테스트, 승인 과정도 훨씬 까다롭다는 단점이 있었다. 한편 백신은 백신이 아닌 의약품에 비해 이윤이 적을 뿐 아니라 백신으로 문제가 발생할 경우져야 할 책임 수준도 높아 제약회사가 큰 타격을 입을 위험도 높았다. 이런 이유로 제약회사들이 백신 연구, 개발, 생산을 중단함에 따라 연방정부는 미국의 백신 공급을 안정화하기 위해 울며 겨자 먹기로 제약회사가생존할 수 있는 길을 열어줄 수밖에 없었다.

그러나 시야를 전 세계 차원으로 확대해보면 조금 다른 이야기를 접할수 있다. 1966년 WHO가 전 세계에서 천연두를 퇴치하겠다고 다짐하면서 전 세계적인 차원의 천연두 백신접종 캠페인이 전개됐다. WHO가 전개한 천연두 퇴치 캠페인에는 소련에서 생산되던 내열성 동결건조 백신이 활용됐는데, 캠페인 규모가 워낙 방대해서 천연두가 유행하는 국가의 백신 생산업체들이 백신 생산에 참여하지 않으면 적절한 수량을 확보할 수 없는 상황이었다. 하지만 국제 전문가들은 현지 백신 생산업체들이 생산하는 백신의 품질을 못미더워했다.

생산되는 백신의 품질을 보장하는 일은 중요한 문제였으므로 이내 현지 생산업체들에게 기술을 이전하는 동시에, 국제 수준의 품질 통제 체계를 도입해 백신 품질을 끌어올리는 방안이 마련됐다. 이에 따라 WHO는 북아메리카와 유럽에서 백신을 생산하는 제약회사를 중심으로 나타나기 시작한 변화에 발맞춰 개발도상국의 제약회사들을 지원해 백신의 생산 규모와 생산된 백신의 품질을 개선했다. WHO의 노력이 결실을 맺어 인도, 이란, 케냐, 라틴아메리카의 여러 국가는 자체 생산한 천연두 백신을 이웃 국가에 나눠줄 수 있는 수준에 올랐다. 나중에 추산한 결과 개발도상국 백신 생산업체들이 생산한 백신이 개발도상국에 필요한 백신의 80퍼센트 이상을 감당한 것으로 나타났다.

1970년대로 접어들어서도 여전히 WHO는 현지 백신 생산업체에 기술을 이전하면서 현지에서 직접 백신을 생산하고 공급하는 체계를 촉진하고 확대하기 위한 노력을 지속적으로 기울였다. 개발도상국 가운데 소아마비와 홍역 같은 질병을 극복할 수 있는 새로운 백신을 생산할 역량을 갖춘 국가는 소수(브라질, 멕시코, 인도)에 불과했다. 그럼에도 개발도상국이 자국의 백신 수요에 부응하는 일, 즉 백신을 자급자족하는 일은 1960년대 정치 지도자들이 내세운 정치적 수사에 꼭 들어맞는 활동이었으므로 많은 개발도상국 지도자들이 백신 자급자족을 정치적 염원의 하나로 삼았다.

4장

백신의 논리
: 공공보건의 수호에서 상업화로

어떤 백신을 먼저 개발할 것인가?

20세기로 접어들어 맞이한 첫 60년에서 70년 사이 개발된 백신은 말 그대로 셀 수 없을 만큼 많은 사람의 목숨을 구했다. 이 시기의 백신은 대체로 보건의료의 필요에 부합하는 방향에서 개발됐는데, 기본적으로 선진 산업사회의 필요에 부합하는 백신이 개발됐다는 점에서 완벽하다고 할 수는 없었다. 최빈국에는 개발된 백신을 구입할 자원이 없을 것으로 여겨졌기 때문에 선진 산업국가에는 필요 없지만 최빈국에는 필요한 백신은 거의 개발되지 않았다. 예를 들어 열대지방 국가에서는 기생충병이 질병과 사망을 유발하는 주요 원인이었지만 기생충병에 관련된 백신은 없을 뿐 아니라 개발 의지도 부족한 형편이었다. 물론 백일해나 홍역 백신같이 선진 산업국가의 보건의료 문제에 대응하기 위해 개발된 백신 가운데 모든 사람들에게 이로운 백신이 없는 것은 아니었다.

그러나 비교적 최근, 즉 1980년 이후의 상황은 어떤가? 보건의료 필요가 여전히 백신 개발의 '추진력'으로 작용하는가? 만일 그렇다면 누구의 보건의료 필요에 부응하는 백신이 개발되고 있는가? 만일 보건의료 필요가 더는 백신 개발의 '추진력'으로 작용하지 못한다면 어떤 힘이 '추진력'으로 작용하는가? 지난 20년에서 30년 사이 수많은 백신이 새롭게 개발됐는데, 그 말은 감염성 병원체의 수가 증가하고 있다는 의미인가? 그런 것이 아니라면 새로운 백신이 줄줄이 등장하는 현실은 무엇으로 설명해야 하는가?

1980년대로 접어들면서 공공보건 정책 수립과 백신 개발 이면에 자리한 맥락이 변화했다. 그 가운데 가장 눈에 띄고 가장 극적인 변화는 분명 1980년대 말에 일어난 베를린 장벽과 소련의 붕괴일 것이다. 그러나 그 두 사건이 일어나기에 전에 먼저 이미 많은 변화들이 있었다. 우선 경제 위기가 전 세계를 휩쓸면서 아르헨티나 같은 일부 국가의 경제가 파산하는 등 광범위한 결과를 남겼다. 개발도상국 전역에서 임금이 추락하고 빈곤과 실업이 치솟으면서 개발도상국 정부는 채무 상환 능력을 상실하고 말았다. 미국 재무부와 미국 국무부가 영향력을 행사하는 가운데 국제 원조 조직이 자유화, 탈규제, 민영화라는 극단적인 이념을 받아들인 것도 바로 이 시기였다. 이와 같은 이념 변화는 보건의료의 조직과 제공에 즉시 심대한 영향을 미쳤는데, 이 문제에 대해서는 뒤에서 다시 살펴보기로 하겠다. 4장에서는 이러한 이념의 변화가 백신 개발에 미친 간접적이지만 상당한 영향을 집중적으로 살펴보려 한다.

1984년 미국의 영향력 있는 기관인 미국의학협회는 개발도상국에 가장 필요할 뿐 아니라, 현재 보유하고 있는 지식을 바탕으로 10년 안에 개발이 가능한 백신을 규명할 목적으로 조사에 착수했다. 이를 통해 몇 년전 분리에 성공한 로타 바이러스와, 폐렴을 유발할 수 있고 미숙아같이 면역 체계가 제대로 작동하지 않는 아동에게 특히 위험한 호흡기세포융합바이러스(RS바이러스, 1956년 확인)가 물망에 올랐다. 사실 호흡기세포융합바이러스의 경우 1960년대에 이미 포르말린을 활용한 사백신이 개발됐지만, 백신접종을 통한 보호 효능의 지속 기간이 지나치게 짧은 탓에 사용하지 않게 됐다.

한편 루이 파스퇴르가 일찍이 분리한 바 있고 폐렴, 이염耳炎, 비강 염증, 수막염(뇌와 척수를 에워싸고 있는 막에 생기는 염증), 균혈증菌血症 같은 다양한 질병을 유발할 수 있는 폐렴연쇄상구균(이른바 폐렴구균)과 말라리아도 물망에 올랐다. 말라리아는 문제가 한층 더 복잡했다. 말라리아 유발 원인, 즉 말라리아원충이라는 이름의 기생충은 이미 한 세기 전에 확인한 바 있고 1950년대에는 습지 배수, 모기장, 살충제 등의 방법을 활용해 말라리아원충을 옮기는 모기를 박멸하려는 대대적인 말라리아 퇴치 캠페인이 있었다. 그러나 끝내 말라리아를 퇴치하지 못했고, 1940년대 이후의 말라리아 백신 개발 시도 역시 모두 무위에 그치고 말았다. 말라리아 백신 개발이 이토록 어려운 이유는 말라리아원충의 생활사가 워낙 복잡하기 때문이었다.

미국의학협회는 건강에 미칠 잠재적인 유익함과 현재 보유하고 있는 지식의 수준을 감안해 필요할 뿐 아니라 개발이 가능할 것으로 보이는 백신 목록을 작성했다.[1] 폐렴연쇄상구균, 말라리아, 로타 바이러스, 이질균赤痢菌이 목록의 1순위에 올랐고, B형 간염 바이러스와 호흡기세포융합바이러스가 조건부로 그 뒤를 이었다. 그러나 미국의학협회 위원회가 목록의 상단에 올린 백신 개발에 관심을 보이는 제약회사는 거의 없었으므로, 미국의학협회는 연방정부가 개입해 제약회사가 이러한 백신 개발에 나서도록 독려해야 한다고 주장했다.

그러나 10년 뒤 〈사이언스〉가 조사한 결과, 미국의학협회가 선정한 목록의 상단에 자리 잡은 질병의 백신은 단 하나도 개발되지 않은 것으로 파악됐다.[2] 1순위 다음으로 목록에 오른 백신 가운데서는 두 종류의 백신이 개발됐다. 중요한 것은 이 두 종류의 백신, 즉 b형 헤모필루스 인플루엔자 백신과 B형 간염 백신 역시 선진 산업사회에서 중요하게 여기는 백신일 뿐 아니라, 가격이 너무 높아 빈곤한 국가에서는 도저히 활용할 수 없다는 점이었다.

자신의 연구가 사람의 생명을 구하는 혁신으로 승화할지에 관심을 가지는 연구자들은 빈곤한 국가에 가장 필요한 백신 개발에 제약 산업이 관심을 보이지 않는다는 사실에 큰 우려를 표했다. 〈사이언스〉 조사 결과를 담은 기사는 저명한 기생충학자 루스 누센츠바이크와의 인터뷰를 인용했는데, 인터뷰에서 그녀는 1980년대에는 어느 제약회사도 이 백신 개발에 관심을 보이지 않았다고 설명했다. "당시 제약회사는 '말라리아'라는 단어만 들려도 등을 돌렸습니다."[3]

이어 누센츠바이크는 백신 개발 분야의 조정력 부족과 미국 정부, 특히 한때 말라리아 연구에 크게 투자했지만 어느 순간 말라리아 연구에서 손을 뗀 미국 국제개발처를 비판했다. 말라리아 백신, 폐렴구균 백신, 로타 바이러스 백신이 사회에 막대한 이점을 안길 것임이 분명함에도, 제약회사들은 새로운 백신을 개발하는 데 소요되는 수천만 달러의 투자비용을 회수할 수 있다고 확신하지 못했다. 말라리아 백신이 개발되더라도 북반구의 부유한 선진 산업국가가 대규모 말라리아 백신접종 프로그램을 시행할 리 만무했고 빈곤한 국가는 높은 백신 가격을 감당할 수 없을 터였다.

사실 기생충병 백신 개발에 제약회사가 흥미를 보이지 않는 것은 비단

어제오늘의 일이 아니었지만, 1980년대에는 공공보건이 내세우는 우선순위와 투자 결정이 그 어느 때보다 더 멀어져가는 것처럼 보였다. 그사이 도대체 무슨 일이 벌어졌는가? 따지고 보면 불과 얼마 전까지만 해도 사정이 이토록 심각하지는 않아서, 공공의 건강 필요에 완벽하게는 아니더라도 어느 정도는 부합하는 방향으로 백신이 개발되는 편이었다. 제도적 수준에서는 공공 부문 백신 연구소가 건재해, 네덜란드 국립 공공보건 연구소의 경우 네덜란드가 전국적인 백신접종 프로그램의 필요를 직접적으로 반영하는 백신 연구 및 개발 작업에 나서는 한편, 백신 기술을 빈곤한 국가에 전수하는 일에 전념했다.

그러나 새천년이 시작될 무렵 선진 산업국가에 남아 있는 공공 부문 백신 연구소는 거의 없었고, 그 결과 보건 우선순위와 백신 개발에 대한 투자 사이의 연계에 금이 가고 말았다. 내부 사정에 밝은 두 명의 관계자들은 1980년대 후반 일어난 변화를 이렇게 언급했다.

공공보건 목표를 추구하고 그 대의를 옹호하는 것만으로는 (…) 기업이 내리는 결정에 영향을 미칠 수 없다. 한편 백신 개발이 중단되는 경우도 자주 볼 수 있었는데, 제약회사가 백신 개발 투자에서 얻을 수 있는 이익과 백신이 아닌 의약품 개발 투자에서 얻을 수 있는 이익을 저울질하는 경우가 많았기 때문이다. 개발할 제품을 결정하는 사람은 결국 공공보건당국의 담당자가 아니라 제약회사 경영진인 것이다.[4]

지금까지 언급한 정치와 경제의 변화뿐 아니라 과학과 기술에서도 근본적인 변화가 일어나 우선순위 설정과 백신 개발 방식에 깊은 영향을 미쳤다. 유전물질을 조작하는 새로운 기법이 등장하면서 정밀하게 맞춤

화해 매우 구체적인 임무를 수행할 수 있는 백신 개발의 완전히 새로운 길이 열렸다. 이런 새로운 기법에 통달한 과학자들은 제약회사가 아닌 대학교나 비영리 연구소 및 비영리 연구센터에서 연구했으므로, 지금껏 백신을 생산해온 기존의 제약회사는 다국적 제약회사든 국립 공공보건 연구소든 관계없이 유전자 조작 같은 새로운 기법에 전문성이 부족했다.

1980년 미국 의회가 베이-돌 법Bayh-Dole Act을 통과시키면서 많은 변화가 일어났다. 이 법안은 정부의 자금 지원을 받아 수행한 연구에서 도출된 특허권을 연방정부가 아닌 민간 기업에 넘길 수 있도록 허용한 것이다. 덕분에 유전물질 조작 분야에서 연구하던 수많은 과학자들이 대학교를 떠나 첨단 기술을 보유한 소규모 '스핀오프' 기업으로 옮겨갔고, 이 스핀오프 기업은 거대 백신 생산업체가 그토록 갈망하던 전문성을 확보할 통로가 됐다. 당장 생산할 수 있는 제품 하나 없이 시작한 스핀오프 기업은 유일한 자원인 전문성을 앞세워 주식시장에서 자본을 끌어모았으므로 특허를 되도록 광범위하게 등록해 회사의 귀중한 자원인 전문성을 빈틈없이 보호해야 했다.

국제적인 차원에서도 대형 제약회사뿐 아니라 스핀오프 같은 기업이 의존하는 지식을 전례 없이 높은 수준으로 보호하려는 경향이 두드러지게 나타났다. 1990년대 중반 이전에는 각국의 특허법에 차이가 있어서 건강에 필수적인 품목이라는 이유로 의약품 특허를 허용하지 않는 국가도 있었다. 그러나 1990년대 초 국제무역 협상(이른바 관세 인하 협상인 우루과이라운드)에서 세계무역기구WTO라는 이름의 새로운 조직을 출범하기로 결정하면서 사정이 달라졌다. 영국 대표단 및 일본 대표단의 지원을 받은 미국 대표단은 자국의 특허법을 수정하는 조건으로 국제무역 분야에서 수많은 이점을 가져다줄 새로운 조직인 WTO 회원 자격을 부여해야 한다고 목소리를 높였다.

결국 협상이 마무리 된 1995년 무역관련 지적재산권에 관한 협정^{TRIPs}으로 규제가 시행됐는데, 그 대표적인 사례로는 항레트로바이러스 제네릭 의약품 규제를 꼽을 수 있다. 그 결과 개발도상국을 중심으로 거센 저항이 일어났고 여러 비영리기구가 이에 동참하면서 몇 년 뒤 이른바 도하선언$^{Doha\ Declaration}$이 도출돼 TRIPs 조항을 피할 수 있는 근거를 명시했다. 그러자 이 같은 수정에 불만을 품은 다국적 제약회사들이 이로 인해 입게 될 손해를 줄일 수 있는 방법을 모색하면서 광범위한 로비를 벌였다. 그런 끝에 (미국을 필두로 하는) 선진 산업국가 정부와 개발도상국 정부 간 양자 협상이 모습을 드러냈고, TRIPs를 '보완'하는 이런 협정에는 더 엄격한 조항이 추가됐다.

이러한 협정, 협정에 대한 저항, 협정 조항 수정, 현지에서 생산한 제네릭 의약품의 사용 가능성이 던지는 함의를 주제로 한 저술, 논문, 기사가 쏟아졌는데, 그 수많은 글들의 핵심은 간단하다. 바로 새로운 백신을 생산하는 데 필요한 지식이 '사유화'돼 누군가의 '지적재산'으로 전락한다는 것이었다. 새롭게 자리 잡은 국제 질서는 가치 있는 의약품과 백신을 개발하는 데에는 상당한 자금이 소요된다는 이유를 근거로 지적재산을 국내적으로나 국제적으로 보호하려는 의도를 품고 있었다.

이런 변화가 현실에서는 어떻게 작용했을까? 새로운 기법을 활용해 개발됐을 뿐 아니라 지적재산권을 보호하는 새로운 국제 질서를 바탕으로 개발된 최초의 백신은 B형 간염 백신이었다. 물론 그 비용을 지불할 수 있는 사람만이 B형 간염 백신의 혜택을 누릴 수 있었다.

전혀 새로운 바이러스, B형 간염

간염 증상은 고대인들도 이미 알고 있었다. 간염이 계속 진행되는 경우도 있고 수년 뒤 간경변증이나 간암으로 발전하는 경우도 있다. 19세기 의사들은 간염이 한 종류 이상일 수 있다고 생각하기 시작했는데, 1960년대 이전까지 일반적으로 '감염성 간염'이라고 알던 질병, 즉 A형 간염은 구강이나 분변을 통해 전파된다. 예를 들어 A형 간염에 감염된 사람이 용변을 본 뒤 손을 깨끗하게 닦지 않은 상태에서 음식을 만들면 그 음식을 통해 A형 간염이 전파된다. 가장 일반적인 간염 유형인 A형 간염은 전염성이 매우 강하지만, 건강에 장기적이고 심각한 영향을 미치는 경우는 드물다.

한편 A형 간염과 비슷한 증상을 보이지만 유형이 다른 간염은 혈액과 관련된 것으로 보였는데, 다른 경로로 전염된다는 것만은 분명했다. 바로 그 '다른' 감염인 B형 간염은 수혈을 받은 사람이나 오염된 주사바늘 또는 오염된 혈액과 접촉한 사람에게서 주로 발견된 관계로 '혈청 간염'으로 알려졌다(C형 간염은 1989년 특정됐고 그 이후 4가지 유형의 간염이 추가로 특정됐다. 그러나 가장 일반적인 형태는 역시 A형 간염과 B형 간염이다). A형 간염과 B형 간염의 차이는 지적 장애를 안고 입원한 아동을 대상으로 의도적인 감염을 일으켜 연구한 결과 알려졌다. 그 이후 B형 간염이 혈액뿐 아니라 성性 접촉을 통해서도 전파되고, 어머니에게서 태아로 전파될 뿐 아니라 심지어 가정에서의 일상적인 접촉을 통해서도 전파된다는 사실이 파악됐다.

1964년 미국의 유전학자 바루크 블룸버그Baruch Blumberg가 우연한 기회에 발견한 사실 덕분에 간염 이해에 돌파구가 마련됐다. 전 세계에서 수집한 혈액 샘플을 활용해 다양한 질병에 대한 감염 감수성이 서로 다르다는 점을 연구하던 바루크 블룸버그는 오스트레일리아 원주민의 혈액에서 아주 흥미로운 단백질을 찾아냈다. 뉴욕 혈액센터 소속 앨프리드 프린스Alfred Prince와 함께한 후속 연구에서 블룸버그는 오스트레일리아 원주민의 혈액에서 발견한 흥미로운 단백질이 바로 B형 간염 바이러스의 항원(표면 단백질)이라는 사실을 밝혀냈다. 그로부터 얼마 뒤 런던 미들섹스 병원 소속 D. S. 데인이 온전한 B형 간염 바이러스를 확인하는 데 성공했다. 연구 결과 B형 간염 바이러스는 어느 바이러스과에도 속하지 않는, 전혀 새로운 바이러스로 밝혀졌다. 이러한 발견 덕분에 혈청학적 방법을 활용해 항원의 존재 여부를 테스트할 수 있는 길이 열리게 되면서 인류 역사상 처음으로 B형 간염 바이러스 보균자, 또는 수혈용 혈액이 B형 간염 바이러스에 오염됐는지 확인할 수 있게 됐다. 블룸버그는 B형 간염 연구 업적을 높이 평가 받아 1976년 노벨상을 수상했다.

　전 세계 B형 간염 바이러스 보균자 비율이 그토록 높을 것이라고 예상한 사람은 아무도 없었다(B형 간염 바이러스를 지니고 있다고 해서 모두가 질병으로 발전하는 것은 아니다). 특히 아시아와 남아프리카 국가들에서는 인구의 10퍼센트, 심지어 20퍼센트가 B형 간염 바이러스 보균자였다. 미국의 경우 B형 간염 바이러스 보균자 비율이 훨씬 낮았지만, 감염에 특히 취약한 집단이 존재했다. 주로 수혈을 받은 사람(특히 혈우병 환자), (외과의사, 간호사, 치과의사같이) 혈액에 접촉할 가능성이 있는 보건의료 종사자, 성 산업 종사자, 성관계 상대를 자주 바꾸는 동성애자가 B형 간염 바이러스 감염에 취약한 집단이었고, 1970년대에는 주로 동성애자 집단을 중심으로 B형 간염이 맹위를 떨쳤다.

　한편 동남아시아 같은 지역에 주둔하는 군인 역시 B형 간염 바이러스 감염 고위험 집단으로 나타났는데, 우연히 만나 성관계를 한 상대가 B형 간염 바이러스 보균자일 가능성이 높기 때문이었다. B형 간염은 세간의 주목을 거의 받지 못한 탓에 B형 간염 바이러스 보균 테스트가 가능해진 뒤에도 전국 차원에서 테스트를 해야 한다는 요구가 일지 않았다. 그 이유에 대해 역사가 윌리엄 무라스킨William Muraskin은 의사들이 고위험 집단인 탓일 거라는 의견을 제시하기도 했다.

블룸버그는 동료 어빙 밀먼과 함께 바이러스를 열처리하는 방식으로 B형 간염 백신 개발에 나섰고 1969년 특허를 획득했다. B형 간염 연구를 주도한 여러 인물을 만나 이야기를 나눈 역사가 윌리엄 무라스킨은, 블룸버그는 대형 제약회사가 자신의 B형 간염 백신 연구를 이어나갈 것으로 기대했다고 기록했다. 이와 관련해 머크는 B형 간염 백신의 독점권을 주장하려 했지만, 블룸버그의 연구에 자금을 지원한 미국 국립 보건원이 독점권을 인정하지 않는다는 규정을 내세우자 B형 간염 백신 개발에 관심을 거둬들이고 말았다. 그러나 1970년대 중반 미국 국립 보건원이 미국 외 시장에 대한 B형 간염 백신 독점권을 머크에 부여하면서 B형 간염 백신 연구가 앞으로 나아갈 수 있게 됐다.

B형 간염 바이러스는 세포에서 배양할 수 없었으므로 소아마비 백신과 홍역 백신을 개발할 때 사용했던 방법으로는 B형 간염 백신을 개발할 수 없었다. 따라서 머크는 B형 간염 바이러스 보균자 가운데 자발적으로 참여한 사람들의 혈장에서 오늘날 B형 간염 바이러스 표면항원HBSAG이라 부르는 항원 확보에 나섰다. 이런 방법으로 확보한 항원을 인체에 투여하면 B형 간염 바이러스에 대한 항체 형성을 자극해 항체가 형성되는데, 형성된 B형 간염 바이러스 항체를 정제하고 매우 신중하게 불활성화하는 과정을 거쳐 B형 간염 백신을 생산할 수 있었다.

문제는 백신 개발에 나서기에 충분한 양의 항원을 확보하는 일이었는데, 수년간 B형 간염을 연구해온 뉴욕대학교 의과대학 소아과 교수인 솔 크루그먼과의 협업을 통해 이 문제를 극복할 수 있었다.

이 과정을 통해 자원자를 대상으로 B형 간염 백신의 임상 시험 준비를 마친 머크는 1975년 뉴욕 혈액센터와 협업해 뉴욕 시에 거주하는 동성애 남성을 대상으로 위약 통제 임상 시험을 했고, 1980년 도출된 결과에 따라 1981년 11월 미국에서 헵타백스Heptavax-B 판매 승인을 받았다. 세 차례 접종해야 하는 B형 간염 백신의 판매 가격은 100달러였는데, B형 간염이 광범위하게 퍼져 있어 미국보다 B형 간염 백신이 훨씬 더 절실하게 필요한 대부분의 국가에서는 도저히 감당할 수 없는 가격이었다. 대다수 공공보건 관계자들은 머크가 판매한 백신 가격에 경악을 금치 못했다. 복잡한 기술을 사용해 B형 간염 백신을 제조했으므로 백신 가격이 높을 거라는 점을 예상치 못한 것은 아니었지만, 그렇더라도 세 차례 접종에 100달러라는 가격은 도저히 납득할 수 있는 수준이 아니었다.

혈액은행은 혈장 확보가 용이하고 백신 개발에 나설 전문가를 보유하고 있었지만 대부분의 제약회사와는 다르게 백신 개발을 통해 이윤을 극대화하는 일에는 무관심했다. 따라서 뉴욕 혈액센터와 네덜란드 수혈연구소는 저렴한 가격의 B형 간염 백신 개발에 나섰다.

뉴욕 혈액센터 소속 앨프리드 프린스는 (한 차례 접종에 머크가 받는 33달러가 아닌 1달러라는) 훨씬 더 저렴한 가격의 B형 간염 백신을 생산할 뿐 아니라 B형 간염 백신이 절실하게 필요한 국가의 현지 생산업체에 기술을 이전할 목적으로, B형 간염 백신을 개발했다. 프린스가 개발한 열처리 방법을 사용하면 머크가 개발한 B형 간염 백신과 동일한 효능을 얻을 수 있었을 뿐 아니라, B형 간염 백신에서 가장 많은 비용을 투자해야 하는 원료(혈장)의 필요량을 크게 줄일 수 있었으므로 가격을 낮출 수 있었다.

마침 미국에서 미국과 한국이 접촉하면서 이 문제를 중재한 덕분에 뉴욕 혈액센터는 당시 삼성의 자회사인 제일제당과 생산 협약을 체결할 수 있었다. CDC 간염사업부 부장이자 당시 B형 간염 백신 개발 분야를 주도하던 제임스 메이너드James Maynard는 빈곤한 국가에 이전할 수 있는 기술을 활용해 저렴한 가격의 B형 간염 백신을 개발하는 일에 전념하고 있었으므로 뉴욕 혈액센터와 제일제당의 협약 체결을 적극 지원했다.

그러나 역사가 윌리엄 무라스킨이 밝힌 대로 뉴욕 혈액센터와 제일제당 사이에 이내 문제가 일어났다.[5] 한국 외 시장에서 B형 간염 백신을 판매할 전략을 제대로 수립하지 못한 제일제당이 지나치게 망설였을 뿐 아니라, 신뢰할 수 있는 데이터를 확보하기 위해 완벽하게 설계된 임상 시험이 필요하다는 사실조차 제대로 이해하지 못했기 때문이다. 우여곡절 끝에 B형 간염 백신을 생산한 제일제당은 한 차례 투여 가격을 5~8달러로 책정하려 했는데, 머크가 판매하는 B형 간염 백신 비용보다는 훨씬 낮은 가격이었지만 프린스가 염두에 둔 1달러보다는 높은 가격이었다. 그러나 이 모든 문제는 결국 극복됐고 1982년 제일제당이 생산한 백신이 시장에 선보이게 됐다.

B형 간염 백신 필요성이 높아질 것으로 예상한 네덜란드에서는 수혈연구소가 B형 간염 백신 개발에 나섰다. 혈청 확보에는 어려움이 없었지만 백신 연구 경험이 없던 수혈연구소는 백신 연구 경험이 풍부한 네덜란드 국립 공공보건 연구소와 협업하고 뉴욕 혈액센터의 도움을 받아 1970년대 중반 B형 간염 백신을 개발해 자발적으로 참여한 사람들을 대상으로 임상 시험에 돌입했다. 1970년대 말에는 암스테르담에 자발적으로 참여한 동성애 남성 임상 시험 집단을 구성하기에 이르렀다. 추후 태국 적

십자와 협업으로 태국에서도 임상 시험을 한 결과, 네덜란드 수혈연구소가 개발한 B형 간염 백신의 효능이 입증됐다. 머크가 판매하는 헵타백스는 세 차례 접종이 필요한 반면 네덜란드 수혈연구소가 개발한 B형 간염 백신은 네 차례 접종이 필요했지만 최종 결과는 거의 비슷하게 나타났다.

B형 간염 재조합 백신

1980년대 초 혈청을 바탕으로 개발한 이 B형 간염 백신과, 한국 녹십자 및 파스퇴르 연구소 상업 사업부에서 개발한 다른 B형 간염 백신이 시장에 선보였다. 그로부터 몇 년 뒤 미국에서 HIV/AIDS가 유행하기 시작했다. 당시 B형 간염 백신 개발에 쓰일 혈액을 가장 많이 제공하는 집단은 동성애 남성이었는데, 동성애 남성은 B형 간염과 HIV에 모두 감염될 위험이 특히 높은 집단이었으므로, 사람들은 혈청을 바탕으로 개발한 B형 간염 백신이 HIV에 오염된 것은 아닌지 우려하기 시작했다. 1985년 HIV의 존재 여부를 확인할 수 있는 테스트가 개발되기 전까지는 불활성화 과정을 통해 HIV를 죽인 뒤 B형 간염 백신을 생산했는데, 그럼에도 B형 간염 백신이 안전하지 않을 거라는 우려가 확산됐다.

이러한 우려는 백신이 충족해야 할 안전성 표준 논의에서 중요한 역할을 해 초기에 설정된 표준을 지나치게 높이는 결과를 초래했다. 한국 녹십자, 네덜란드 수혈연구소, 뉴욕 혈액센터같이 공공 부문에서 운영하는 기관들은 도저히 충족할 수 없는 수준이었다. 이렇게 높은 표준 설정에 대중의 불안이 얼마나 크게 작용했는지 분명히 말하기는 어렵다. 한편 (일각에서 주장하는 것처럼) 위험을 과장해 진입 문턱을 높임으로써 소규모 백신 생산업체를 몰아내려는 대형 제약회사의 활동도 설정된 표준의 수준을 높이는 데 기여했을 것이다. 그러나 이 역시 얼마나 크게 작용했는지는 명확하게 말하기 어렵다.

이와 동시에 전혀 다른 유형, 즉 혈청을 사용하지 않는 B형 간염 백신 연구가 시작됐다. 이 연구가 시작된 이면에는 다양한 이유가 있었다. 예를 들면 '모든 사람이 B형 간염 백신접종을 받으면 B형 간염 바이러스 보균자가 사라져 백신을 생산하는 데 필요한 혈청을 확보할 수 없을 것'이라거나 '특정 지역에서는 혈청 확보가 어렵다'는 등의 주장이 제시됐다. 그러나 무엇보다 강력한 이유는 바로 안전성이었다. 1991년 필리스 프리먼과 앤서니 로빈슨은 다음과 같이 기록했다.

한국의 백신 생산업체가 혈청을 바탕으로 개발한 B형 간염 백신을 한 차례 접종에 1달러라는 가격으로 범미주 보건기구의 후원 아래 카리브 해 지역을 대상으로 한 임상 시험에 제공했을 당시, 유전공학 기법을 활용한 백신 생산 업체들은 한국에서 개발된 B형 간염 백신이 안전하지 못하다고 주장해 임상 시험을 무산시켰다. 그러나 유전공학 백신 생산업체들의 주장은 입증된 바 없었다.[6]

그렇다면 이 새로운 백신은 무엇인가? B형 간염 바이러스의 외피에서 추출한 단백질로 구성된 백신은 면역 반응을 자극하는 방식으로 작용하지만 유전물질을 전혀 포함하고 있지 않기 때문에 백신의 독성이 강해질 염려가 전혀 없다. 그런데 새로운 '유전공학' 기법을 활용하면 보호 단백질 코드가 새겨진 바이러스의 DNA 조각을 잘라내 적합한 기질基質에 접합한 뒤, 이 기질(예를 들면 박테리아 세포)을 증식해 B형 간염 바이러스에 감염된 혈청을 사용하지 않고도 이 단백질을 생산할 수 있을 터였다.

1980년대 초부터 이러한 '재조합' 기법을 바탕으로 혁신적인 제품을 개발하려는 시도가 활발하게 이루어졌다. 머크나 스미스클라인 같은 대형 제약회사가 아니라 대학교나 제넨테크Genentech, 카이론Chiron, 제네틱 시스템Genetic Systems 같이 과학자가 설립해 공격적으로 특허를 확보하는 신생 생명공학 기업이 중심이 됐다. 머크와 스미스클라인도 재조합 B형 간염 백신 개발에 뛰어들기로 결정했는데, 이를 위해 머크는 카이론 및 대학 연구소 두 곳과 계약을 체결하고 협업하기 시작했다.

머크는 B형 간염 바이러스 표면항원이 새겨진 DNA 조각을 효모 세포에 삽입하면 DNA 조각이 복제되는 과정에서 연구자가 바라는 항원이 생성된다는 원리를 적용해 재조합 B형 간염 백신을 개발했고, 1980년대 중반 재조합 백신의 생산을 시작했다. 머크는 발효된 효모 세포 파열을 유도해 효모 안에 들어 있는 항원을 바깥으로 꺼낸 뒤 이를 분리, 정제하고 포름알데히드를 활용해 불활성화하는 여러 단계의 절차를 거쳤다. 그리고 이렇게 처리된 항원을 (보강제 역할을 하는) 수산화알루미늄에 담근 뒤 티메로살이라는 유기 수은 화합물을 추가해 보존하는 방법으로 B형 간염 재조합 백신을 생산했다.

DNA 재조합 기법으로 생산된 최초의 백신은 머크가 개발하고 1986년 미국에서 승인된 리콤비백스HB와, 스미스클라인이 개발하고 같은 해 벨기에에서 승인된 엔제릭스 B였다. 기업사가企業史家 루이스 갈람보스는 머크의 백신 개발사를 다룬 글에서, 스미스클라인은 엔제릭스 B를 세 차례 접종에 149달러 20센트를 받고 판매했는데, 이는 역시 세 차례 접종에 170달러 51센트를 받고 판매한 머크의 리콤비백스 HB보다 낮은 가격이었다고 기록했다.[7] 머크와 스미스클라인이 가격과 효능을 바탕으로 경쟁을 벌였던 것은 사실이지만, 그렇더라도 이 두 백신 모두 한국 제약회사가 불과 몇 달러를 받고 판매했던 백신은 고사하고 머크가 판매했던 헵타백스보다 가격이 높은 것만은 분명했다.

미국에서는 머크와 글락소스미스클라인이 개발한 B형 간염 백신만이 승인을 받았는데, 현재 아동용 백신은 세 차례 접종에 75달러와 165달러에 판매되고 성인용 백신은 그보다 높은 가격에 판매된다. 그러나 전 세계 시장으로 눈을 돌려보면 사정이 또 다르다는 것을 알 수 있다. 현재 B형 간염으로 부담이 가장 큰 곳은 아시아다. 인도는 인구의 4퍼센트가 B형 간염 바이러스 보균자로 추정되고 매년 10만 명이 B형 간염으로 목숨을 잃는 상황이었으므로, 1980년대 초부터 혈청을 바탕으로 개발한 백신을 생산해왔다.[8]

그러나 인도에서도 역시 다른 곳과 마찬가지로 혈청을 바탕으로 개발한 백신의 안전성과 지속가능성에 우려가 등장했다. 한편 인도에 설립된 신생 생명공학 기업 가운데 최소한 한 곳 이상에서 저렴한 가격의 B형 간염 재조합 백신 개발에 착수했다. 1997년 샨타 바이오테크닉스는 인도에서 생산한 샨백-B를 한 차례 접종에 불과 1달러라는 가격으로 인도 시장에서 판매하기 시작했는데, 그 결과 이듬해에만 2,200만 병의 백신을 판매하는 성과를 올렸다. 2009년 유럽의 다국적 제약회사인 사노피-아벤티스는 샨타 바이오테크닉스의 주식을 취득해 대주주가 됐다.

백신 산업에 불어온 자유주의의 바람

로널드 레이건 미국 대통령과 마거릿 대처 영국 수상이 집권하던 시기에 일어난 이념의 변화, 즉 자유 시장을 추구하는 이념의 물결이 밀려들면서 백신 개발 및 생산에 영향을 미치기 시작했다. 공영 백신 생산 기관들의 기능과 정당성이 훼손되기 시작한 것이다. 공영 기관들의 문제, 즉 정치의 개입, 부적절한 관리 구조, 낡은 생산 시설로 인한 백신의 품질 저하, 독립적인 규제와 통제의 어려움 등을 지적하는 기사와 저술이 넘쳐나면서 공영 기관들의 시대가 저물었음을 웅변했다. 흥미롭게도 이런 기사나 저술이 내세운 근거는 70년 전 뉴욕 시 보건부에서 운영하는 연구소가 디프테리아 면역혈청을 생산할 당시 제기됐던 비판의 근거와 매우 흡사했다!

최소주의 국가라는 생각을 받아들인 많은 정부가 백신 생산은 국가가 해야 할 책무가 아니라는 결론을 내렸다. 이런 결론을 내린 배경에는 민간 부문이 더 나은 백신을 더 경제적으로 생산할 수 있다는 이유도 있었지만, 공영 백신 연구소를 폐쇄하거나 민영화함으로써 얻을 수 있는 경제적 잠재력이 상당할 것이라는 이념적 확신도 큰 몫을 했다. 이에 따라 오스트레일리아와 스웨덴에서는 1990년대부터 공영 백신 연구소가 폐쇄되거나 민영화됐고, 미국에서는 유일하게 공공 부문에서 백신을 생산해온 미시건 주가 1996년 백신 생산 기관 매각에 나섰다. 수백만 달러의 적자를 보고 있어 〈뉴욕타임스〉가 '풍전등화'라고 표현한 미시건 주 백신 생산 기관 매입에 나서는 사람은 아무도 없었다. 그러나 이 기관은 미국에서 유일하게 탄저병 백신 생산 승인을 받은 기관이었다. 생물테러 공격이 있을지도 모른다는 공포가 심화되면서 탄저병 백신 수요가 높아지자 민간기관에서 탄저병 백신 생산에 관심을 가지게 됐고, 결국 1998년 미시건 주는 백신 생산 기관을 매각할 수 있었다.

이념적 고려뿐 아니라 경제적 고려가 동시에 작용하면서 네덜란드 백신 연구소는 2013년 (인도의 민간 기업인) 혈청 연구소에 매각됐고, 존경을 한 몸에 받아온 덴마크 연구소 역시 2016년 말레이시아 기업에 매각됐다. 한편 이 글을 쓰고 있는 현재 크로아티아 정부는 자그레브 연구소의 새 주인을 찾아 나선 형편이다.

새로운 백신 생산 방법이 등장하고 정부에서 자금을 지원한 연구의 민간 부문으로의 이전을 촉진하는 법안이 미국에서 통과되면서, 백신 생산에 대한 제약 산업의 관심을 다시 일으키는 촉매제로 작용했다. 한편 제약회사의 관심을 불러일으킬 만한 요인은 그 밖에도 더 있었다. 백일해 백신 부작용에 대중의 관심이 높아져 백일해 백신 생산업체를 상대로 한 피해보상 소송이 줄을 이으면서, 미국의 많은 백신 생산업체들이 백신 사업에서 손을 뗄 것을 고려하기 시작했다. 이에 1986년 미국 의회는 국가가 '백신 부작용을 경험한 아동 보상 프로그램'을 운영해야 한다는 법안을 통과시켰는데, 이 프로그램 덕분에 백신 생산업체의 책임이 제한될 뿐 아니라 국가가 공공 기금을 마련해 피해보상에 소요되는 자금을 백신 생산기업에 지원할 수 있게 됐다.

이에 안심한 제약회사들이 백신 개발에 다시 한 번 나설지 여부를 가늠해보게 됐다. 재조합 B형 간염 백신 개발에 나선 머크가 카이론과 손을 잡았던 것처럼, 백신 생산에 재진출하려고 마음먹은 제약회사들은 자사가 확보하지 못한 기술과 특허를 보유한 신생 생명공학 기업에 손을 내밀었다. 이에 따라 특허 확보는 각종 인수합병에서 국제 시장 점유율 확보만큼이나 중요한 요인이 됐다. 일례로 2009년 (세계 최대 제약회사인) 화이자가 와이어스 제약회사를 6,800만 달러에 인수한 것도 화이자가 백신 시장에 다시 진출하기 위해 와이어스 제약회사가 보유한 특허에 관심을 보였기 때문이다(와이어스 제약회사는 1994년 레덜리 제약회사를 인수한 바 있다).

　새로운 백신의 임상 시험 비용, 즉 임상 시험 조직 비용과 날로 엄격해져만 가는 규제 체제가 요구하는 안전성 및 효능 입증 데이터 수집 및 분석 비용은 꾸준히 상승했고, 오늘날에는 새로운 백신이 시장에 선보이기까지 소요되는 비용이 수억 달러에 이르게 됐다. 1980년에는 민간 기업이 아닌 이상 이런 자원을 동원할 수 있는 조직이 없다는 논의가 이어졌다. 나아가 주주의 투자 수익을 극대화하는 일에 점점 더 많은 관심이 집중되면서 제약 산업은 새로운 경제 환경에 대응하지 않을 수 없게 됐다. 덕분에 10여 년 전만 해도 상업용 백신 생산업체와 공영 백신 생산 기관의 협업이 원활하게 이루어졌지만, 이제는 상업용 백신 생산업체들이 공영 백신 생산 기관과의 협업을 꺼리는 형편이 됐다. 이윤을 낼 잠재성을 지닌 재화로 사유화된 과학 지식이 '지적재산'이라는 이름으로 재탄생하면서, 공영 백신 생산 기관은 이렇게 새롭게 등장한 기술을 활용할 수 없게 됐고, 공공보건당국이 요구하는 새로운 백신의 생산 역량을 상실하고 말았다.

　정책 자문가들은 영리를 추구하는 민간 부문 제약 산업이 공공보건 체계에 필요한 백신 개발에 나서도록 만들 유인책을 찾아야 했다. 이에 따라 제안된 방법의 하나는 민간 기업과 공공보건 부문에서 활동하는 기관을 연결하는 파트너십을 형성해 보건 부문에 필요한 백신과 민간 기업이 개발하는 백신의 불일치를 줄이는 방법이었다. 1970년대에는 당연하게 여겨졌거나 언급할 가치조차 없다고 판단했던 민관 파트너십은 이제 문제의 핵심에 우뚝 서게 됐고, 오늘날 세계의 제도적 구조를 대변하는 상징이 됐다.

민관 파트너십은 서로 다른 다양한 조직을 이어주는 연결점으로, 모든 사람이 공평하게 개선된 치료를 받기 위해 반드시 필요한 제도다. 성공적인 벤처기업과 마찬가지로 민관 파트너십 역시 조직 내 그리고 다양한 조직 간 자원을 효율적으로 조정해야 한다(…).⁹

민관이 협업해 백신 개발 연구에 나서는 접근법은 제약회사가 빈곤한 국가에 필요한 백신 개발에 관심을 가지도록 만들 수 있는 접근법의 하나였다. 제약회사가 투자비용을 회수할 수 있을지를 두고 고민할 때 민관 파트너십을 통해 제약회사에게 투자비용 회수를 보장할 수 있기 때문이다. 이런 생각이 '선행시장 조성사업Advance Market Commitment'으로 이어졌다. 혁신적인 정책 도구로 널리 알려진 이 사업은 사실 과거 국립 소아마비 재단이 소크가 개발한 소아마비 백신의 안전성과 효능이 입증되기 전에 백신 생산업체에게 백신 생산을 의뢰하면서 백신 생산업체에게 확신을 주기 위해 활용한 방법과 유사했다.

선행시장 조성사업은 새로운 백신 개발을 촉진하기 위해 백신 시장을 인위적으로 형성하는 사업이다. 그 골자는 빈곤한 국가에 필요한 백신을 개발하는 백신 생산업체에게는 막대한 시장을 형성할 빈곤한 국가의 시장을 보장하고, 빈곤한 국가에게는 저렴한 가격에 백신을 구입할 기회를 보장하는 것이었다. 백신을 개발한 백신 생산업체가 사전에 결정된 표준에 부합하는 백신을 개발하지 못한다면 공공 자금도 지출되지 않을 터였다. 빌 & 멀린다 게이츠 재단과 5개국 정부가 제공한 기부금으로 15억 달러의 기금이 조성되면서 2009년 선행시장 조성 시범사업이 시작됐다. 시범사업의 목적은 과거 개발된 폐렴구균 백신과 다르게 아동에게 효능을 발휘할 뿐 아니라 (추가적인 보조금을 지급해) 빈곤한 국가에 저렴한 가격으로 제공할 수 있는 폐렴구균 백신 개발을 보장하고 가속화하는 것이었다.

선행시장 조성 시범사업에 참여하는 백신 생산업체는 향후 10년 동안 일정한 수량의 백신을 한 차례 접종당 3달러 50센트라는 고정 가격에 제공하는 대신 기금이 고갈될 때까지 한 차례 접종당 7달러의 보조금을 지급받을 수 있었다. 시범사업에 참여한 글락소스미스클라인과 화이자는 2010년 새로운 '접합' 백신 가운데 하나를 빈곤한 국가에 최초로 공급하면서 선진 산업국가에 판매하는 백신 가격보다 훨씬 낮은 가격을 책정했다('접합' 백신이란 간균 조각을 무해한 유기체에 접합해 더 나은 면역 반응을 이끌어내는 백신을 말한다). 이에 따라 선행시장 조성사업이 성공했다고 보는 시각도 있지만, 비판가들은 제약회사들이 이미 해당 백신을 개발하고 있었으므로 이 사업이 아니었더라도 해당 백신은 개발됐을 것이고 3달러 50센트라는 가격도 낮지 않다는 점을 지적한다. 한편 선행시장 조성사업의 목표 가운데 하나, 즉 백신 생산업체 사이에 경쟁을 유도하고 남반구 국가의 백신 생산업체를 독려한다는 목표 달성은 여전히 요원하다는 비판도 있다.

전염병의 상식을 깬 AIDS

새천년이 시작될 무렵까지도 미국의학협회가 우선적으로 개발해야 한다고 권고한 백신 가운데 실제로 개발된 백신은 많지 않았다. 가장 먼저 개발된 백신은 B형 간염 백신이었지만 이 백신은 미국의학협회가 개발 우선순위를 낮게 평가한 것이었다. B형 간염 백신보다 목록의 더 상위에 있던 로타 바이러스 백신도 개발됐지만, 문제는 말라리아 백신을 비롯해 미국의학협회가 우선순위를 높이 평가한 대부분의 백신이 여전히 개발되지 못했다는 점이었다.

1990년대부터 말라리아 관련 연구에 상당한 자금이 투입됐는데, 주로 미국 정부와 빌 & 멀린다 게이츠 재단이 지원한 막대한 자금 덕분에 말라리아 연구에 느리지만 진척이 보이기 시작했다. 말라리아 백신 개발이 직면한 어려움은 주로 말라리아원충의 성장 단계(종충種蟲, 적혈구외 분열전체前體, 낭충娘蟲 등)마다 서로 다른 항원이 개입된다는 사실에서 기인했다. 즉, 한 단계에 개입하는 항원에 보호 효능을 발휘하는 후보 백신이 개발되더라도 다른 단계에 개입하는 항원에는 보호 효능이 없다는 의미였다. 나아가 인간을 감염시키는 말라리아원충과 다른 생물종을 공격하는 말라리아원충의 종류가 서로 달라서 후보 백신을 테스트하기 용이한 동물 종을 선정하기가 어려웠을 뿐 아니라, 인간을 감염시키는 말라리아원충이라도 지역별로 그 종류가 다른 형편이었다. 즉, 거주 지역에 서식하는 말라리아원충이 지닌 바이러스주에 면역을 획득한 사람이라도 다른 지역에 서식하는 말라리아원충의 바이러스주에는 아무런 보효 효능을 누릴 수 없었다.

그럼에도 백신 개발, 백신 테스트, 백신 구매와 관련해 새로 도입된 자금 지원 체계 덕분에 말라리아 백신 개발에 대한 제약 산업의 관심에 불이 붙어 현재 20종 이상의 말라리아 후보 백신이 임상 시험 단계에 돌입했다. 그 가운데 글락소스미스클라인이 개발한 RTS,S 백신은 대규모 임상 시험 단계(3상)에 돌입한 상태로 현재까지 개발된 말라리아 후보 백신 가운데 가장 앞서 있다.

그러나 그사이 새로운 위협이 모습을 드러내 미국의학협회가 보고서를 작성할 무렵에는 상당히 심각한 수준으로 발전해 있었다(이 문제는 새롭게 개발된 백신 가운데 인간의 건강을 위협하는 새로운 질병에 대응하는 백신이 몇 종류나 되는가 하는 질문을 되짚어보게 한다). 1981년부터 이 질병에 대한 정보가 쌓이기 시작했는데, 훗날 후천성 면역결핍 증후군 또는 AIDS로 불리게 되는 이 질병은 본질, 범위, 심각성의 관점에서 볼 때 지금까지 알려진 어떤 질병과도 다른 것처럼 보였으므로 그 원인을 밝히기 위한 노력이 이어졌다.

이 질병은 주로 동성애자를 공격하는 것처럼 보였으므로 이를 바탕으로 이 질병의 확산 이유에 대한 다양한 이론이 제기됐다. 나아가 이 질병으로 사망하는 사람은 일반적으로 바이러스의 직접적인 영향으로 사망하는 것이 아니라 면역 체계가 심하게 약화된 결과 걸리게 되는 폐렴 같은 다른 질병으로 사망했다. 1983년 파리 파스퇴르 연구소 소속 뤼크 몽타니에Luc Montagnier가 이끄는 연구팀은 이 질병을 유발하는 바이러스가 최근 발견된 레트로바이러스과에 속하는 바이러스임을 밝혀냈다. 레트로바이러스과에 속하는 바이러스는 DNA가 아닌 RNA로 구성돼 있어 다른 바이러스와 다른 과정을 통해 복제된다. 몽타니에가 발견한 바이러스는 오늘날 HIV-1으로 알려진 바이러스로, 일부 원숭이 종에서 일반적으로 발견되는 바이러스에서 진화한 형태로 여겨졌다.

몽타니에의 연구에 뒤이어 그리고 미국 국립 암연구소 소속 로버트 갈로의 연구를 필두로 이 바이러스를 극복할 수 있는 백신 연구가 시작됐다. 1984년 미국 정부 대변인은 2~3년 안에 백신을 개발해 임상 시험에 들어갈 수 있을 것이라고 발표했다! 돌이켜 생각해보면 오만의 극치가 아니었나 싶은데, 발표 당시까지도 독성을 약화한 바이러스 백신을 개발할지 아니면 불활성화한 백신을 개발할지조차 명확하지 않았기 때문이다. 한편 미국보다는 백신 개발 전망을 어둡게 보았던 프랑스는 백신 개발에 더 오랜 시간이 소요될 것으로 생각했다.

1986년 우선적으로 개발해야 할 백신 목록을 나열한 미국의학협회 보고서가 발간될 무렵 첫 번째 AIDS 바이러스 백신이 개발돼 임상 시험에 들어갔다. 그때까지만 해도 이 바이러스가 얼마나 교활한 바이러스인지 아무도 짐작하지 못했다. 인체에 몸을 숨기고, 면역 체계를 공격하며, 지극히 빠른 속도로 복제와 변이를 반복하는 바이러스의 능력에서 기인하는 문제는 아직 모습을 드러내지 않은 상태였기 때문이다.

어떤 유형의 백신을 개발하는 것이 가장 적합한지를 두고 열띤 논쟁이 벌어졌다. 조너스 소크를 비롯해 백신 개발 경험이 풍부한 노련한 정치인들은 '고전적인' 방식의 불활성화 과정을 거친 백신 개발이 가장 단순하고 확실한 방법이라고 주장했다. 그러나 스탠리 플로트킨은 많은 사람이 독성을 약화한 백신의 독성이 갑작스레 강해질 것을 우려했음에도 아랑곳하지 않고 바이러스의 독성을 약화한 백신을 개발해야 한다고 주장했다.

그러나 새롭게 백신 개발 시장에 뛰어든 카이론, 제네테크, 마이크로제네시스, 온코젠, 레플리젠을 비롯한 공격적인 소규모 생명공학 기업들은 주로 유전물질을 조작하는 유전공학 전문 기업이었으므로 이 두 가지 백신 개발 접근법에 아무런 관심을 보이지 않았다. 생명공학 기업이 HIV의 표면 단백질 유전자 코드를 적합한 기질에 접합하는 연구에 몰두하는 사이, 기존 백신 생산업체들은 유전물질을 조작하는 방법만으로 백신을 개발하는 것이 가능한지 혹은 이런 방식으로 개발한 백신을 판매할 시장이 형성될지 여부를 두고 의혹의 눈길을 보냈다. 그와 동시에 책임 문제가 발생할 소지가 있다는 사실에 우려를 표하면서 항레트로바이러스의 약품 개발에 투자했다.

1980년대 말 유전자 조작을 통해 개발된 여러 종류의 후보 백신이 동물과 (효능이 확인되지 않은 후보 백신을 인간 임상 시험에 사용하는 것은 무책임하다는 비판의 목소리가 높았음에도) 자발적으로 참여한 사람을 대상으로 임상 시험에 들어갔다. 1990년 무렵에는 미국에서만 20개가 넘는 AIDS 백신 개발 프로젝트가 진행 중이었는데, 그 가운데 불활성화 바이러스 백신 개발에 집중한 프로젝트는 2개에 불과했다. AIDS 사망자 수는 증가했지만 백신 개발은 더디게 진척됐는데, 비단 과학적인 어려움 때문만은 아니었다. 자원이 부족한 소규모 생명공학 기업은 대규모 임상 시험을 진행할 수 있는 형편이 아니었다. 따라서 중도에 포기한 기업도 있었지만, 불활성화 백신을 개발하려는 기존의 백신 생산업체와 유전공학을 활용해 백신을 개발하려는 생명공학 기업 사이에 빚어진 마찰은 1990년대 내내 사그라지지 않았다. 1997년 클린턴 대통령이 10년 안에 백신을 개발하겠다고 다짐했지만 백신 개발 분야를 선도하는 많은 과학자들은 그 10년 동안 큰 변화가 일어나기는 할지 궁금해하면서 클린턴 대통령의 무모한 다짐에 우려를 표했다.

초기부터 백신의 역할에 근본적인 의문이 제기됐다. 그 결과 사람들이 바이러스에 감염되지 않도록 예방할 역량이 없는 백신이라도 가치를 지닐 수 있다는 결론이 내려졌다. 심지어 질병의 진행 속도를 늦출 수 있다는 이유만으로, 즉 바이러스 양 또는 'CD4(면역세포의 표면에 있는 당단백질) 수치'를 줄일 수 있다는 이유만으로 백신의 유용성을 인정할 수 있다는 의견도 제기됐다.

한편 더 부유한 국가에서 HIV에 감염된 사람들에게 항레트로바이러스 의약품을 제공하기 시작하면서 이미 사용한 의약품의 영향과 백신의 효능을 구분할 길이 사라지고 말았다. 따라서 값비싼 신종 항레트로바이러스 의약품을 구입할 자원이 없는 빈곤한 국가에서 HIV에 감염된 사람들만을 대상으로 임상 시험을 할 수밖에 없었다. 그러나 여기에는 윤리적 문제가 있었는데, HIV 바이러스주가 지역에 따라 다른 관계로 임상 시험이 성공해 백신이 개발된다 해도 임상 시험 참가자들은 혜택을 누리지 못할 가능성이 있기 때문이었다.

2003년 완료된 백스젠VaxGen 임상 시험이, 북아메리카와 태국에서 동일한 개념을 바탕으로 개발됐지만 약간 다른 백신을 사용한 이유가 바로 거기에 있었다. 백스젠 임상 시험이 실패로 드러나자 연구자들은 관심을 전환했고 4개의 임상 시험이 추가로 완료됐다. 끊임없이 변화하는 바이러스에 대응하는 백신이라는 개념을 두고 일각에서는 그와 같은 백신 개발이 실제로 가능할지 여부에 의문을 품기도 한다. 어쨌든 상당한 보호 효능이 입증된 백신을 만나보려면 아직 상당한 시간을 더 기다려야 할 것으로 보인다.

HIV는 많은 사람의 목숨을 앗아갔다. 물론 값비싼 항레트로바이러스 혼합 의약품을 구입할 수 있는 환자들은 적어도 목숨을 잃을 일은 없을 테지만, HIV가 유행한 결과 바이러스에 감염된 사람은 물론이고 그 가족, 지역사회, 특히 아프리카의 경우 경제 전체가 타격을 입었다는 것만은 부인할 수 없는 사실이다. HIV에 감염된 사람은 특히 결핵에 감염 감수성이 높다. 그런 탓에 부활한 결핵이 다시 수백만 명의 목숨을 앗아갔고 그 결과 더 높은 효능을 발휘하는 새로운 결핵 백신 연구가 시작됐다. 한편 HIV가 직간접적으로 앗아간 목숨과는 별개로 AIDS는 감염성 질환 일반에 대해 생각하고 글을 쓰는 방식에 영향을 미쳤다. 감염성 질환을 곧 완전히 통제할 수 있으리라는 과거의 낙관론은 빛을 잃었고, 그 대신 〈컨테이전〉 같은 영화가 유포하는 동시에 의존하는 위기감이 그 자리를 차지하게 된 것이다.

공포를 부추기는 신종 감염성 질환

서구 언론 매체를 토대로 파악해보면 2014~2015년에 전 세계가 겪은 가장 큰 보건 문제는 에볼라였다. 일간신문들은 에볼라 바이러스에 감염된 사람이 증가하고 있고 이로 인한 사망자도 늘고 있다고 보도했다. 에볼라 바이러스에 감염되는 사람들은 주로 서아프리카의 지독하게 가난한 나라 단 세 곳에 국한됐는데, 언론은 주로 유럽이나 미국으로 복귀한 보건의료 관계자들 가운데 에볼라 바이러스 감염이 의심되는 사람들을 중심으로 보도했다.

이 시기에 에볼라가 처음 등장한 것은 아니었다. 1976년 아프리카에서 처음으로 모습을 드러낸 이 질병은 콩고민주공화국의 에볼라 강 인근 마을에서 발생했다는 이유로 에볼라출혈열이라고 알려졌다. 에볼라의 주된 자연 숙주는 과일박쥐인데, 에볼라 바이러스에 감염됐거나 감염으로 죽은 침팬지, 고릴라, 과일박쥐, 원숭이, 숲영양, 호저豪豬의 혈액, 분비물, 장기, 그 밖의 체액에 접촉하면서 인간에게 감염된다고 알려졌다. 사람이 에볼라 바이러스에 감염될 경우 치사율은 최소 60퍼센트인데, 오늘날에는 감염자의 혈액이나 그 밖의 체액에 직접 접촉하면서 또는 에볼라 바이러스에 오염된 침구나 의류를 사용하면서 사람 사이에서 확산되는 형편이다.

1970년대에는 에볼라에 관심을 보이는 사람이 거의 없었다. 그러다가 에볼라 유행이 새롭게 시작되면서 백신 개발에 불이 붙었다. 에볼라 백신 개발 과정이 조직되는 양상을 살펴보면 보건 우선순위를 백신 연구 및 개발 프로젝트로 전환하는 일이 얼마나 복잡한지 확인할 수 있다. 2015년 여름 rVSV-제보브라는 이름의 에볼라 백신에 대한 3상 임상 시험(기니에서 수행)을 성공리에 마쳤다는 결과가 발표됐다. 이 임상 시험을 수행할 자금은 WHO가 웰컴 트러스트, 영국 국제개발부, 노르웨이 외무부, 캐나다 정부, 국경없는의사회의 협조를 받아 지원했고, 임상 시험 설계는 캐나다, 프랑스, 기니, 노르웨이, 스위스, 영국, 미국, WHO의 전문가로 구성된 위원회에서 도맡아 처리했다.

rVSV-제보브 백신의 개발을 시작한 것은 캐나다 공공보건국 소속 과학자들이었지만 이후 미국에 본사를 둔 소규모 제약회사 뉴링크 제네틱스로 관련 권리가 이전됐다. 그리고 2014년 11월 머크와 뉴링크 제네틱스는 조사 중인 백신의 연구, 개발, 생산, 배포 책임을 모두 머크가 진다는 내용의 계약을 체결해 rVSV-제보브 백신에 대한 전 세계 독점권을 인정받았다. 한편 그사이 글락소스미스클라인은 미국 국립 알레르기 및 감염성 질환 연구소와 협업해 또 다른 백신을 개발 중이었고 중국과 러시아 연구자들 역시 에볼라 백신 연구에 매달리고 있었다.

2016년 초 에볼라 유행이 진정세로 접어들 때까지 1만 1,000명 이상이 목숨을 잃었는데 거기에는 아프리카 보건 전문가들이 포함돼 있었다. 〈이코노미스트The Economist〉가 지적한 대로 에볼라 유행을 겪은 국가들의 피해가 극심했던 까닭은 무엇보다도 그들의 부적절한 보건 체계 때문이었다. 예를 들면 미국에는 인구 10만 명당 245명의 의사가 있지만 에볼라 유행으로 극심한 피해를 입은 국가의 하나인 기니는 인구 10만 명당 고작 10명의 의사가 존재하는 형편이었다. 게다가 보건 전문가들은 에볼라에 감염돼 사망할 확률이 높았으므로 가뜩이나 부적절한 보건의료 제공 현실은 악화일로를 걸을 수밖에 없었다.[10]

AIDS와 에볼라는 국제 공공보건 부문에서 가장 활발하게 논의되는 범주, 즉 신종 감염성 질환Emerging Infectious Diseases에 속하는 질병이다. 1990년대 이후 신종 감염성 질환 관련 논의가 활발해지면서 파악됐든 파악되지 않은 상태에서 도사리고 있든 관계없이 여러 가지 새로운 위협에 대한 경고가 발령됐다. 예를 들어 2002~2003년에는 (중국 남부에서 시작해 37개국으로 퍼져나갔고 약 800여 명의 목숨을 앗아간) 중증 급성 호흡기 증후군SARS이 전혀 예상하지 못한 상태에서 유행했는데, 그 덕분에 전 지구적 차원에서 강력하게 대응할 필요성을 실감하게 됐다.

HIV와 마찬가지로 대부분의 새로운 질병은 정상적인 동물 숙주(주로 박쥐)를 벗어나 인간에게로 건너온 뒤 변이를 일으키는 과정을 통해 발생한다고 본다. 신종 감염성 질환 같은 용어는 생물테러 공격의 위협, 동물계에서 인간에게로 바이러스가 건너올 위협, 동일한 질병이 독성이 더 강해진 형태로 재등장할 위협과 한데 어우러지면서 정치적 의미를 가지게 되고 언론과 정치인의 관심을 받는다. 덕분에 감염성 질환이 보건 의제와 개발 의제에 계속해서 오르게 되고 지속적인 자금 지원을 받을 수 있다. 바이러스학과 분자생물학이 크게 발전하고 새로운 백신이 꾸준히 개발돼 세상에 선을 보이고 있지만 건강에 대한 위협에 관한 한 사람들이 느끼는 불안감은 몇 년 전이나 지금이나 크게 달라진 것이 없는 형편이다.

사람들은 1990년대 초 미국의학협회가 발간한 《신종 감염성 질환: 미국인의 건강을 위협하는 미생물Emerging Infections: Microbial Threats to Health in the United States》과 베스트셀러에 오른 로리 가렛Laurie Garrett의 《전염병의 도래The Coming Plague》 같은 저술을 통해 신종 감염성 질환이라는 개념에 익숙해졌다. 한편 세계화가 진행되면서 전 세계 사람들은 그 어느 때보다 상호 연관성이 높아진 상태다. 따라서 국경을 폐쇄해 격리하는 조치만으로는 더는 자국민의 건강을 보호할 수 없게 됐다. 사람들이 이동하는 범위와 이동 속도 그리고 많은 국가의 질병 감시 현실이 열악하다는 점과, 사안에 따라 전염병 유행을 인정하지 않으려는 일부 정부의 태도를 감안할 때, 감염성 질환 통제는 국제 의제의 최우선 순위에 올려놓아도 무색하지 않다. 감염성 질환의 중요성이 그 어느 때보다 커진 오늘날에는 각국의 보건부 장관에게 감염성 질환의 통제를 맡길 것이 아니라 '전 지구적 보건 거버넌스'를 구축해 전 세계적으로 '공론화'해야 한다.

한편 오늘날의 사람들은 위험에 대한 인식과 위험을 회피하려는 경향이 한층 높아진 상태이므로 인공적이든 아니든 다양한 위협으로부터 안전을 지키기 위해 약간 거슬리더라도 감시가 필요하다는 사실을 수용하는 추세다. 그래서인지 시민이자 여행자인 사람들 대부분은 공항 검색대에 놓여 있는 전신 스캐너가 무엇을 검색하는지, 즉 (범죄 의도가 있음을) 의심하게 만드는 물체를 검색하는지, (감염을 의미하는) 체온 상승을 검색하는지 잘 알지 못한 채 무심코 전신 스캐너를 통과한다.

서구 언론은 1년에 하나꼴로 새로운 전염병을 찾아내고 있다. 2015년에는 에볼라와 카리브 해에서 나타난 치쿤군야chikungunya 바이러스가 언론의 주목을 받았고, 2016년에는 라틴아메리카에서 나타난 지카 바이러스가 언론의 관심을 받았다. 이런 질병이 사람들에게 고통을 주고 목숨을 앗아간다는 것과 동물 숙주를 벗어나 인간에게로 건너올 가능성이 있는 바이러스가 수도 없이 많다는 것은 분명한 사실이다. 그러나 이 책은 서구 언론과 서구의 기관들이 멀리 떨어져 있는 사람들이 겪은 고통을 통해 얻은 교훈이 무엇인지, 그리고 사람들이 어떤 과정을 통해 공포심을 키우고 이를 발산하는지에 관심을 가진다. 깨끗한 식수의 부족, 깨끗하지 못한 음식, 부적절하거나 활용할 수 없는 보건 서비스 등 아프리카, 아시아, 라틴아메리카의 가난한 사람들을 감염에 취약하게 만드는 환경 조건에 대해 우리는 얼마나 알고 있는가?

언론은 사람들에게 모든 문제를 해결할 백신의 개발을 기다리라고 부추긴다. 마치 백신만 개발되면 만사형통일 것이라는 말처럼 들린다! 그러나 언론은 사람들에게 백신 개발 과정에서 소요되는 막대한 비용이나, 백신이 가장 필요한 사람들에게 백신을 전달하는 방식은 잘 알리지 않는다. 물론 비교적 부유한 선진 산업국가의 사람들도 새롭게 등장하는 질병의 위협을 받고 있는 것은 사실이다. 그러나 위협의 규모가 크다는 이유만으로 새로운 백신의 수요를 자극하거나 떠받치는 방식을 모두 적절하게 설명할 수 있는 것은 분명 아니다.

인플루엔자 변이: 누구를 위한 백신인가?

매년 수백만 명의 사람들이 인플루엔자 백신접종을 받으라는 권고를 받는다. 주로 독감에 걸렸을 경우 위중한 질병으로 발전할 가능성이 있는 일부 집단이 인플루엔자 백신접종의 대상이 된다. 많은 국가에서는 이와 같은 위험 집단을 대상으로 인플루엔자 백신을 무료로 접종하고 있는데, 여기에는 65세 이상 노인과 아동이 포함된다. 최근 몇 년 사이 일부 국가에서는 미국의 뒤를 이어 위험 집단 목록에 임신한 여성을 추가해 독감 백신접종을 권고하고 있다. 사실 2010년부터 CDC는 생후 6개월 이상 된 아기부터 모든 사람이 매년 인플루엔자 백신접종을 받아야 한다고 권고하고 있다. 매년 접종을 받아야 하는 인플루엔자 백신은 어린 시절 한두 차례 접종받으면 그만인 대부분의 다른 백신과 사뭇 다르다. 어떻게 이런 일이 일어나는가? 인플루엔자 백신의 보호 기간은 왜 고작 1년에 불과한가? 이따금 특히 심각한 독감 유행에 대한 경보가 발령돼 특별한 주의를 기울여야 하는 이유는 무엇인가?

앞선 장에서 살펴본 바와 같이 1940년대 말 인플루엔자 바이러스가 변이를 일으킨 것으로 알려지면서 백신 역시 현존하는 (하위) 바이러스 주에 걸맞게 조정해 그 효능을 유지해야 했다. 1950년 WHO는 전 세계에 퍼져 있는 전문 공공보건 연구소들을 연결하는 국제 네트워크인 '세계 인플루엔자 감시 및 대응 체계GISRS'를 구축했다. GISRS는 1970년대부터 매년 현존하는 인플루엔자 바이러스 샘플을 수집해 가장 큰 위험이 될 수 있는 샘플을 확인하는 역할을 한다. 이 방식으로 확인된 바이러스 주는 곧바로 계절성 인플루엔자 백신을 생산하는 백신 생산업체에게 제공된다. 이 백신 생산업체는 모두 선진 산업국가에 있었는데, 최근 개발도상국 백신 생산업체들이 문제를 제기하면서 상황이 조금 달라졌다. 그해 유행할 바이러스주를 제공하는 시점과 백신접종을 받아야 하는 계절성 인플루엔자 유행이 나타나기 전까지의 기간은 일반적으로 몇 달에 불과할 만큼 짧은 편이다.

최초의 인플루엔자 백신이 개발된 1940년대에 비해 오늘날에는 인플루엔자 바이러스에 대해 훨씬 더 많은 내용을 파악하고 있다. A형 인플루엔자(B형 인플루엔자와 C형 인플루엔자는 해당이 없음)는 인간뿐 아니라 다른 동물 종도 감염시킬 수 있다고 알려져 있는데, 가장 널리 알려진 동물로는 가금류와 조류, 돼지, 개, 말을 꼽을 수 있다.

한편 세 종류의 인플루엔자 바이러스 모두, 두 가지 표면 단백질(헤마글루티닌H과 뉴라미니다아제N)로 구성된 외피 안에 들어 있는 유전물질 조각으로 이루어져 있다. 이 두 가지 단백질에 관련된 유전자가 지속적으로 변이를 일으킨 결과 인플루엔자 바이러스의 외부 표면의 모습이 달라지면서 그 이전의 감염에 보호 효능을 발휘했던 항체가 더는 보호 효능을 발휘할 수 없게 되는 것이다. 이 현상을 항원 소변이라고 부르는데, 이것은 백신 개발을 그토록 까다롭게 만드는 원인의 일부에 지나지 않는다.

항원 대변이라고 부르는 보다 근본적인 변이는 인간과 동물이 접촉한 결과 A형 인플루엔자가 인간을 벗어나 (돼지나 조류 같은) 다른 종으로 건너갈 때 발생하는데, 쉽게 일어나는 일은 아니다. 또 다른 위험은 조류 독감 바이러스나 돼지 독감 바이러스가 또 다른 종을 감염시키는 독감 바이러스와 유전물질을 교환하면서 전혀 다른 H 및 N 외피를 두른 새로운 종류의 독감 바이러스로 변이되는 데 있다. 인간은 이 같은 바이러스에 보호 장치를 지니고 있지 않기 때문에 새로운 종류의 독감 바이러스가 나타나면 사람들 사이에 쉽게 전파되면서 독감이 유행하는 것이다.

1976년 미국에서 일어난 대 혼란 역시 군에 입대한 신병을 검사한 결과 1918년 스페인 독감 유행을 일으킨 바이러스와 밀접한 H1N1 바이러스에 감염된 것으로 판명됐기 때문이었다. 이때 나타난 바이러스는 그때까지는 알려지지 않았던 '돼지 독감'이었는데, 당시에는 단 한 명의 목숨만 앗아가는 데 그쳤다.

2003~2005년 (또 다른 단백질 외피인 H5N1을 두른 인플루엔자인) 조류 독감이 유행해 일대 혼란을 일으켰다. 독감 이름에서 알 수 있듯이 이 바이러스는 조류를 통해 전파되는데, 애완용 새, 앵무새, 비둘기는 드물게 감염되지만 닭과 그 밖의 가금류는 쉽게 감염돼 바이러스를 전파한다. H5N1 바이러스는 지속적으로 진화하면서 기존에 알려진 인플루엔자 바이러스가 감염시킨다고 알려진 것보다 더 많은 종을 감염시키는 것으로 보인다. 조류 독감이 유행할 당시 조류 독감에 감염된 대부분의 환자는 남아시아와 동남아시아에 분포했다. 조류 독감 바이러스가 발견된 이후 수백만 마리의 새가 감염된 것으로 파악됐다. 그러나 인간과 인간 사이에서는 쉽게 전파되지 않았으므로 사망에 이르는 사람은 그리 많지 않

아서 12개국에서 359명이 H5N1 바이러스로 목숨을 잃은 것으로 추정된다. 조류 인플루엔자 백신이 개발돼 승인을 받았지만 광범위하게 사용되지는 않고 있다.

최근 1918년 유행한 스페인 독감만큼 위험한 인플루엔자 유행이 곧 닥칠 것이라는 경고가 점점 더 잦아지고 있다. 2009년 바이러스학자들이 가장 우려하는 H1N1 바이러스주가 돌아왔다. 당시 인플루엔자 바이러스는 H1N1 바이러스였지만 1976년 '유행한' H1N1 인플루엔자와 동일한 바이러스는 아니었다. 분석 결과 2009년 유행한 H1N1 바이러스는 기존의 조류 독감, 돼지 독감, 인간 독감 바이러스에 돼지 독감 바이러스가 추가 결합(적절한 용어는 '재배열')된 전혀 새로운 바이러스주로 밝혀졌고 '돼지 독감'이라는 명칭을 얻었다.

이 바이러스는 멕시코 베라크루스에서 나타난 것으로 파악돼 '멕시코 독감'이라는 이름도 얻었다. 멕시코 정부는 베라크루스 시의 공공시설 대부분을 폐쇄해 바이러스의 확산을 차단하려고 시도했지만 그럼에도 바이러스는 전 세계로 퍼져나갔다. 2009년 6월 WHO는 대부분의 인플루엔자 바이러스 바이러스주와 달리 노인이 아니라 비교적 젊은 사람을 감염시켜 역학자들을 놀라게 한 이 바이러스에 인플루엔자 유행을 선포했다. WHO의 결정은 ('전략 자문 전문가 집단'으로 알려진 상설 기구인) 백신 자문 위원회의 조언에 따른 것이 아니라, 위원 명단이 공개되지 않은 비상 위원회의 조언에 따른 것이었다.

WHO가 인플루엔자 유행이 시작됐다고 선포하자 부유한 국가가 백신 생산업체에게 미리 내려두었던 인플루엔자 조건부 백신 주문이 자동으로 활성화되면서 백신 생산업체들은 백신 생산에 들어갔다. 유럽 국가들은 국민 1명당 2병의 백신을 주문했으므로 수억 유로에 달하는 수억 병

두 얼굴의 백신

의 백신 생산이 시작됐다. 불행인지 다행인지 백신이 대량으로 생산돼 각국 정부에 전달될 무렵에는 조류 독감 환자 수가 줄어들고 있었다. 전문가들의 예상이 크게 빗나간 상황에서 2010년 여름 WHO는 인플루엔자 유행이 종료됐다고 선언했다.

H1N1 유행으로 목숨을 잃은 사람 수 추정이 1만 명에서 수십만 명으로 크게 엇갈리는 가운데 논쟁이 시작됐다. 분명한 것은 유럽이 아니라 아프리카와 동남아시아 지역에 거주하는 사람들이 목숨을 잃었다는 점이었다. 부유한 국가들만이 백신을 구입한데다 인플루엔자 유행이 정점을 찍은 뒤에야 백신접종이 가능해진 탓에 대부분의 백신은 사용조차할 수 없었다. 인플루엔자 유행이 끝났으므로 잉여 생산된 백신 구입에 관심을 보이는 국가도 없었다. 향후 도래할 인플루엔자 유행에는 아무런 소용이 없을지도 모르는 (그리고 일각의 비판대로 적절한 안전성 테스트를 거치지 않은) 수백만 병의 백신이 그대로 폐기처분되고 말았다.

뜨거운 논쟁이 이어졌다. 비판가들은 WHO가 '적시에 적절한 정보'를 제공한 것이 아니라 인플루엔자의 위험성을 과장해 '공포와 혼란'을 조장했다고 주장했다. WHO와 각국의 의사 결정 과정을 조사할 조사위원회가 구성돼 WHO와 각국의 공공보건당국이 누구의 조언을 받아 무슨 근거로 인플루엔자 유행을 선언했는지 검토했다. 도대체 각국의 공공보건당국은 누구의 조언을 받아 무슨 근거로 다국적 백신 생산업체와 맺은 비밀 계약에 서명한 것인가? 조사위원회의 조사 결과 가장 큰 영향력을 행사한 자문가 이름이 대거 밝혀졌는데, 그 대부분이 백신 산업에서 비용을 지불하는 컨설턴트라는 사실이 알려지면서 많은 논평가들은 경악을 금치 못했다. WHO와 각국의 공공보건당국은 누구의 이익을 위해 인플루엔자 유행을 선포한 것인가? 이것이야말로 첨예한 이해관계의 갈등을 극명하게 보여주는 대표적인 사례가 아닌가?

역동하는 전 세계 백신 시장

전 세계 백신 시장은 믿을 수 없을 만큼 역동적이다. 2000년 50억 달러였던 전 세계 백신 구매금액은 2013년 240억 달러로 뛰어올랐고 2025년에는 1,000억 달러에 이를 것이라고 전문가들은 전망한다.[11] 백신 구매금액이 이토록 가파르게 증가하는 현상은 무엇으로 설명할 것인가? 새로운 병원체가 발견되고 신종 감염성 질환을 극복할 수 있는 새로운 백신의 개발 때문인가?

신종 감염성 질환에 관심이 높다는 것은 분명한 사실이다. 그 이유는 부분적으로 전 세계에 서식하는 동물에게서 기인한 질병이 과거에는 멀리 떨어진 지역의 이름 모를 마을에만 제한적으로 나타났지만, 오늘날에는 사람들이 대규모로 이동하고 그 속도가 빨라짐에 따라 쉽게 확산되기 때문일 것이다. 그러나 새로운 위협이 많이 등장했음에도 이와 같은 질병을 극복할 수 있는 백신이 개발돼 승인을 받고 사용에 들어간 경우는 거의 없는 형편이다.

아니면 개발도상국의 백신접종 시장이 과거보다 더 커졌기 때문인가? 이 문제는 뒤에서 다시 논의하겠지만, 잠정적인 결론을 내리자면 '제한적인 범위에서만 그렇다'는 것이다. 중요한 것은 한때 제약 산업이 방치하다시피 해 발전이 거의 없던 백신 부문이 오늘날에는 제약 산업의 추가 성장을 견인하는 원동력이 됐다는 것이다. 현재 개발 파이프라인에 들어 있는 새로운 백신은 자그마치 120종에 이르는데, 이 같은 신규 백신 개발

비용을 만회하려면 해당 백신에 대한 수요를 창출하지 않으면 안 될 것으로 보인다. 그리고 백신 수요를 창출하는 방법의 하나는 부유한 국가에서 생활하는 사람들이 건강에 미칠 가능성이 있는 위험을 더 많이 인식하고 더 많이 회피하며 더 많이 두려워하도록 만드는 것이다.

한편 HIV와 말라리아 바이러스 백신같이 사람들이 가장 고대하는 백신이 개발되기를 기다리는 사이에도, 과거에는 대수롭지 않게 여겼던 질병에 보호 효능을 발휘하는 여러 종류의 백신이 개발돼 세상의 빛을 보고 있다. 그 대표적인 사례가 바로 수두 바이러스다.

수두 바이러스가 일으키는 병변 때문에 한때 가벼운 형태로 나타나는 천연두로 인식되기도 했지만 사실 수두는 천연두와는 전혀 무관한 바이러스, 즉 헤르페스 바이러스의 한 형태인 수두-대상포진 바이러스가 유발하는 질병이다. 수두는 거의 모든 아동이 걸리는 질병으로 기침과 재채기를 통해 공기 중으로 전파되고 전염성이 매우 강하지만 중증 질환으로 이어지는 경우는 거의 없다. 수두에 걸리면 가려움증을 느끼고 반갑지 않은 발진이 일어나지만 한두 주가 지나고 나면 깨끗이 사라진다(성인이 되어 수두에 처음 걸리는 사람에게서 합병증이 나타나는 경우가 많기는 하다). 아동은 수두 합병증이 거의 없고 수두에 걸린 아동 중 입원하는 경우도 드물다. 그러나 일단 수두 증상이 사라지더라도 바이러스는 인체 내에 남아 휴면에 들어갔다가 수년이 지난 뒤, 특히 면역 체계가 제대로 작동하지 않는 사람을 중심으로 대상포진의 형태로 나타날 수 있다.

1970년대 중반 일본에서 개발된 수두 백신은 수두에 감염된 아동에게서 채취한 바이러스의 독성을 약화한 생백신의 형태로 생산됐다. 수두에 걸린 아동으로부터 다른 아동에게로 전염되지 않도록 방지할 목적으로 수두 바이러스를 처음 사용한 곳은 오사카 병원이었다. 여기에서 유래한 이른바 오카 바이러스주를 기반으로 1980년대에 임상 시험이 수행됐고 (1995년부터) 머크가 백신 생산 및 판매에 들어갔으며, 글락소스미스클라인과 (일본의) 비켄이 그 뒤를 이어 수두 백신 시장에 뛰어들었다.

북아메리카, 오스트레일리아, 서유럽에서 부모들은 수두를 평범한 아동이 쉽게 걸리는 일반적인 질환으로 며칠이면 사라지는 대수롭지 않은 질병이라고 생각하므로 수두 백신의 수요 여부가 불투명하다. 사실 미국과 캐나다에서는 수두 접종이 이내 보편화됐지만 (수두 백신을 최초로 개발한 일본을 비롯한) 다른 나라에서는 수두 백신 도입이 상당히 느린 속도로 진행돼, 아직까지도 대부분의 유럽 국가에서는 수두 백신접종이 보편화돼 있지 않다.

한편 미국에서는 두 가지 유형의 주장이 제기돼 수두 백신 시장의 형성에 크게 기여했다. 첫 번째 주장은 경제적인 차원의 주장으로, 수두를 앓는 아동이 유발하는 가정과 국가 차원의 비용을 산정해 수두 백신접종 비용과 비교한 결과를 바탕으로 도출된 것이었다. (진료비용 및 약제비용뿐 아니라 5~6일 동안 부모가 일터에 나가지 못하거나 아동이 등교하지 못함으로써 발생하는 비용 또는 보모 고용 비용을 모두 아우르는) 광범위한 정의를 활용해 수두에 걸린 아동이 유발하는 비용을 산정한 결과 백신을 접종하는 것이 비용 대비 효과가 높았다.

두 번째 주장은 수두로 인한 사망률을 강조함으로써 사람들이 일반적으로 생각하는 것처럼 수두가 대수롭지 않은 질병인 것만은 아니라는 점을 부각하는 것이었다. 이 주장에 따르면 수두 백신접종을 하기 전 미국에서는 매년 400만 명이 수두에 걸렸고 그 가운데 100명 내지 150명이 사망했다. 이 수치를 비율로 표현하면 사망률이 고작 0.004퍼센트에도 못 미쳤으므로 크게 걱정할 만한 수치가 아니었지만, 매년 수두로 100명 이상의 사람이 목숨을 잃는다는 말을 들은 사람들은 다른 반응을 보였다. 이후에 면역으로 누릴 수 있는 효능이 시간이 흐를수록 떨어진다는 사실이 밝혀졌고, 이에 따라 수두에 걸리는 나이대만 높아져 더 큰 위험을 안기는 대상포진에 감염되는 것은 아닌지 염려하는 목소리가 등장했다. 이에 따른 해결책으로 가장 먼저 등장한 것은 백신을 두 차례 접종하는 방법이었는데, 오늘날에는 감염의 위험이 있는 성인에게 접종할 새로운 백신을 개발해 접종하는 방법을 사용하고 있다.

한편 오래전 유행성 이하선염 백신이 혼합 백신에 포함되면서 유행성 이하선염 백신 시장의 외연이 확대된 것처럼, '외톨이 백신' 시장 역시 광범위하게 사용되는 다른 백신과 결합한 혼합 백신의 형태로 만들어 그 외연을 확장할 수 있다. 보다 최근에는 머크와 글락소스미스클라인이 수두 백신을 홍역-유행성 이하선염-풍진(MMR) 백신에 결합하는 데 성공했다. MMR 백신은 거의 모든 선진 산업국가에서 운영하는 백신접종 프로그램의 기둥이 되는 혼합 백신이다. 머크와 글락소스미스클라인이 개발한 4가 백신은 2006년 미국에서 승인됐다. 백신 시장에서 큰 비중을 차지하는 이 두 제약회사가 MMR 백신 대신 새로 개발한 4가 백신만을 시장에 공급한다면 수두 백신접종에 큰 관심을 보이지 않았던 국가라도 수두 백신을 포함한 4가 혼합 백신을 사용하지 않을 수 없을 것이다.

과학자들이 면역 체계가 작동하는 방식에 대해 더 많은 지식을 확보하면 할수록 새로운 전망, 새로운 과제, 감염성 질환과 아무런 관련이 없는 질환이나 행동에 사용할 수 있는 백신 개발의 가능성이 더 많이 열리고 있다. 현재 면역학에서 새롭게 발견한 통찰력을 바탕으로 암 예방 백신 연구가 한창 진행 중인데, 이미 몇 년 전 자궁경부암을 유발할 수 있는 인유두종 바이러스human papilloma virus 백신이 개발된 상태다. 그러나 바이러스가 주로 성관계를 통해 전파되므로 인유두종 바이러스가 유발하는 자궁경부암은 일종의 감염성 질환으로 볼 수 있고, 전혀 다른 경로로 발병하는 다른 암과는 차별화된다.

한편 인체의 저항성을 높이는 데 기여하는 백신이나 종양의 성장을 저해하는 데 기여하는 백신 개발을 목표로 한 연구가 이미 10여 년째 진행 중인데 이 백신 중 일부는 현재 임상 시험 중에 있다. 예를 들어 유방암 백신과 폐암 백신에 대한 초기 단계(1상 또는 2상)의 임상 시험이 현재 진행 중이다.

이와 더불어 과학자들은 스트레스가 면역 체계에 영향을 미쳐 감염 가능성에 영향을 주는 방식과, 면역이 행동에 영향을 미치는 방식도 조사하고 있다. 정신신경면역학psychoneuroimmunlolgy이라고 부르는 이러한 완전히 새로운 과학 연구 분야 덕분에 현재 많은 관심을 받고 있는 문제의 함의가 드러나고 있다. 정신신경면역학은 무섭지만 반드시 위험한 것은 아닌 또는 사회적으로 받아들여지기 어려운 신체적 또는 정신적 질병에 대한 백신 개발에 주목하고 있는 것으로 보인다.

비감염성 질환 가운데 비단 암만이 백신 연구를 촉발하는 것은 아니어서 피임과 관련된 백신 연구도 한창 진행 중이다. 사실 면역학적 방법으로 피임할 수 있다는 생각은 그리 새로운 것이 아니다. 이와 관련해 최근에는 다양한 접근법이 개발되고 있는데, 그 가운데 일부는 이미 애완동물 및 가축을 거세하는 방법의 대안으로 활용되고 있다. 면역학적 방법으로 피임하는 기본 원리는 면역 체계를 활용해 수정을 방지하거나 배아의 착상을 막는 것이다. 이 분야 연구자들은 다양한 분야에서 활용할 수 있다는 이유로 면역-피임법을 기존의 피임법만큼이나 선호하는 것으로 보인다. 생식 호르몬을 바탕으로 생산한 백신은 가역적 피임, 영구 불임, 성 성숙 지연, 호르몬-의존성 종양 차단, 호르몬-발현성 종양 억제 같은 다양한 분야에 활용할 수 있다.

인간을 대상으로 사용하게 된다면 여성과 남성 모두에게 사용 가능할 것으로 보이는 피임 백신은 아직 실험 단계에 있고, 니코틴 중독을 극복할 수 있는 백신 역시 마찬가지다. 니코틴 중독을 극복할 수 있는 백신을 개발하는 이유는 당연하게도 흡연이 중단하기 매우 어려운 습관이라는 사실에 있다. 담배를 끊기 위해 활용하는 기존의 방법은 큰 효과를 보이지 못하고 있는 상황인데다, 흡연은 흡연자의 건강뿐 아니라 담배연기에 노출된 비흡연자의 건강에까지 해로운 영향을 미치기 때문이다. 니코틴이 뇌에 작용하기 때문에 흡연자들이 담배에 중독되는 것이므로 금연 백신의 원리는 혈액 내 니코틴을 감쌀 수 있는 항체를 유도해 니코틴이 혈액뇌장벽을 통과하지 못하도록 방지하는 것이다. 니코틴 분자만으로는 항체를 유도할 수 없으므로 실험 중인 백신에서는 니코틴 분자를 운반 단백질에 결합('접합')했다. 현재 다양한 생명공학 기업에서 다양한 금연 백신을 개발하고 있는데, 모두 승인을 받기까지는 아직 갈 길이 멀어 보인다. 그보다도 더 먼 미래에나 가능한 일이겠지만 언급해볼 만한 백신으로는 비만과 우울증을 극복할 수 있는 백신을 꼽을 수 있다.

새로운 백신 투여 방법에 대한 연구도 백신 분야의 역동성을 한몫 거들고 있다. 많은 사람, 특히 아동은 주사 맞는 일을 죽기보다 더 싫어한다. 바로 이러한 이유로 부모들은 소크가 개발한 접종 방식의 소아마비 백신보다 세이빈이 개발한 사탕 형태의 경구 투여 방식 소아마비 백신을 더 선호했던 것이다. 그 이후 러시아에서 처음으로 접종 방식 대신 비강 분무 방식으로 투여하는 인플루엔자 백신을 개발해 오늘날에는 광범위하게 사용된다. 경구 투여 백신 역시 활발하게 개발 중인데, 감자, 바나나,

쌀, 그 밖의 식물을 유전자 조작해 B형 간염 바이러스 표면 항원을 발현하게 만드는 연구가 그 대표적인 예다. 잊지 말아야 할 것은 이와 유사한 백신 관련 임상 시험이 무려 700여 가지나 진행 중이라는 사실이다!

첨예하게 맞선 공공보건과 제약 산업

점점 더 많은 백신이 등장하는 이유는 무엇인가? 우리에게 가장 필요하고 우리가 가장 원하는 백신인가(대체 '우리'는 또 누구인가)? 다시 말해 백신 개발은 어느 정도의 수준으로 공공보건의 필요에 부응하는가?

돌이켜 볼 때 백신 개발 계획 수립, 백신 개발, 백신 생산 방식은 분명 초창기와는 크게 달라졌다. 100여 년 전 디프테리아, 결핵, 장티푸스, 발진티푸스같이 수많은 사람의 목숨을 앗아간 질병의 원인이 박테리아에 있다는 사실이 밝혀지면서 이런 질병을 극복할 수 있는 백신 개발을 처음으로 시도했다. 물론 실패도 많았다. 나중에 바이러스로 밝혀진 병원체가 유발하는 일부 질병에 대한 백신 개발은 지극히 어렵다는 사실이 확인됐다. 백신 생산 단계에서는 병원체를 충분히 확보하는 것이 중요하다. 일반적인 방법으로는 바이러스를 배양할 수 없었기에 어려움이 따랐고, 생산 규모를 확대하거나 병원체를 불활성화하는 방법과 병원체의 독성을 약화하는 방법 가운데 하나를 선택하는 일에도 어려움이 따랐다.

백신의 품질과 효능을 표준화해 백신 생산업체가 이를 준수하도록 하는 절차도 확립됐다. 초기에 개발된 백신은 국가 또는 지방의 공공보건당국과 직간접적으로 연계된 연구소에서 생산하는 것이 일반적이었다. 당시의 백신은 공공보건 의사들이 수행한 백신 필요 평가를 반영해 생산됐는데, 민간 부문에서 활동하는 의사들의 동의는 필요하지 않았다. 한편 지역사회가 백신접종을 거부하면서 저항하는 경우도 있고 (앞으로 보게 되겠지만) 백신접종을 공공보건의 목적을 달성하기 위한 도구로 활용한다는 생각을 다른 국가보다 더 적극적으로 수용하는 국가도 있다.

백신 생산업체가 공공보건 기관과 밀접한 관련을 맺으면서 공공보건 관심사에 부응하는 모델은 식민지 정부를 통해, 전 세계에 포진한 여러 파스퇴르 연구소를 통해, 라틴아메리카에서 록펠러 재단이 수행한 사업을 통해 전 세계로 확산됐다. 이와 동시에 독일, 영국, 미국 같은 일부 국가에서는 민간 제약회사가 중요한 행위자로 등장하더니 이내 백신의 주요 생산업체로 자리매김했다. 비록 아주 느리게 진행됐다고는 하지만 상업적 관심으로 백신 생산업체와 공공보건당국 사이의 연계가 서서히 약화됐다. 제2차 세계대전이 끝나고 소아마비, 홍역, 인플루엔자 같은 바이러스성 질환을 치료할 수 있는 새로운 백신 생산이 최고조에 이르렀을 무렵까지만 해도 백신 생산업체와 공공보건당국 사이의 연계가 약화되는 현상이 나중에 어떤 모습으로 나타날지 포착하기 어려웠다. 그러나 그 순간에도 제약회사는 백신 분야에 새로운 자원을 도입하면서 역동성을 강화해나가고 있었다.

다른 의료 기술과 마찬가지로 백신도 이중성을 지닌다. 보건부 장관, 공공보건 종사자, 의사 및 간호사는 백신을 무엇보다 공공보건을 수호하는 도구, 즉 환자와 그들이 속한 공동체의 보건을 보호하기 위해 활용할 수 있는 도구로 인식한다. 비효율적이거나 (일부 지역의 경우) 자원이 부족한 경우도 있지만, 그럼에도 공공 부문 백신 기관들은 이런 신념을 바탕으로 한때 전 세계 백신 수요의 상당 부분을 감당했다. 한편 공공 영역에 부응해야 하는 의무와 자원을 투자해 이윤을 내야 할 의무를 조화시킬 방법을 찾아야 하는 입장이었음에도 오래전 설립돼 깊은 역사를 지닌 백신 생산업체 역시 백신을 공공보건을 수호하는 도구로 인식했다. 따라서 민간 백신 생산업체가 국내 시장 또는 국내의 특정 지역 시장을 무대로 백신을 생산했던 1980년대 이전에는 민간 백신 생산업체가 자신들의 고객인 공공보건당국 담당자들과 원만한 관계를 유지할 수 있었다.

1970년대에는 일부 기업이 백신을 달리 생각하기 시작했다. 백신은 백신이 아닌 의약품보다 생산하기가 어려운데다 이윤도 더 적었다. 게다가 수백만 명에 달하는 건강한 아기들에게 백신을 접종하기 때문에 조금이라도 잘못될 경우 그 결과는 참혹할 터였다. 백일해 백신이 신경 손상을 유발할 수 있다는 주장이 제기되면서 백신 생산업체들의 마음이 완전히 돌아서고 말았다. 대부분의 백신 생산업체가 백신 생산을 중단했고 특히 미국의 공공보건당국 담당자들은 큰 실망감을 느꼈다.

1980년대부터 백신을 생산하는 새로운 방법이 개발되면서 백신 관련 지식의 사유화가 진행됐다. 신자유주의 시대로 접어든 뒤에도 아직 명맥을 유지하던 공공 부문 백신 기관들은 특허와 법률 및 국제 협약이 철통같이 차단하는 '지적재산'은 활용할 수 없다는 사실을 깨달았다. 시장의 힘이 자유롭게 날뛰도록 내버려두는 것만이 거의 모든 것을 지배하는 유일한 논리로 자리 잡은 것처럼 보였다. '주주 가치'가 다른 무엇보다 우선적으로 고려되는 경향이 강해지면서 공공 부문과 민간 부문의 이해관계는 점점 더 멀어져만 갔다. 이윤 극대화만을 맹목적으로 지향하는 제약 산업은 의약품 비용을 지불할 수 없을 것 같은 국가에만 필요한 백신 개발에 아무런 관심을 보이지 않았다.

심지어 복족류가 전파하는 주혈흡충증(또는 빌하르츠 주혈흡충증) 또는 모래파리가 옮기는 리슈만편모충증(또는 내장리슈만편모충증) 같은 기생충

두 얼굴의 백신

병은 열대지방과 아열대지방에서 생활하는 수백만 명을 감염시키고 있지만 지금까지도 이런 질병을 치료할 백신은 단 하나도 없는 형편이다. 공공보건이라는 관점에서 보면 이러한 백신 개발의 중요성이 매우 명백하지만, 이 백신을 개발해 판매할 경우 백신 생산회사는 백신 개발 및 생산에 투자한 자금을 되찾을 길이 없을 것이다. 따라서 상당한 지원금이 제공되지 않는 한 제약회사가 이 백신의 개발 및 생산에 관심을 가질 일은 없어 보인다. 공공보건의 우선순위와 제약 산업의 우선순위가 서로 달라졌을 뿐 아니라 개발할 백신 종류를 결정하는 중요한 과제 역시 기업 경영진의 손으로 넘어가면서 공공보건 부문에는 불안감이 드리웠다.

백신 수요 및 백신의 시장성과 관련해 빈곤한 국가와 부유한 국가의 상대적 중요성은 와이어스에서 개발해 1998년 미국에서 승인받은 로타실드라는 백신의 이력에서 잘 드러난다. 설사병은 흔히 볼 수 있는 질병이지만 깨끗한 식수가 부족한 지역의 아동은 중증 설사병을 앓을 수도 있다. 1973년 멜버른의 왕립 아동 병원 소속 연구자들이 처음 밝혀낸 로타 바이러스는 특히 위험한 형태의 설사병을 유발할 수 있으므로 미국의 학협회는 로타 바이러스 백신 개발의 우선순위를 높게 평가했다.

임상 시험 결과 로타실드는 로타 바이러스가 유발한 설사병에 50~60퍼센트의 보호 효능을 발휘했고 중증 질환에 70~100퍼센트의 보호 효능을 보였다. 로타실드를 신속하게 도입한 미국에서는 9개월 동안 60만 명의 유아에게 로타실드를 접종했다. 그러나 1999년 7월 미국이 운영하는 부작용 보고 체계를 통해 15명의 장중첩증腸重疊症 환자가 발생했다는 사실이 알려졌는데, 장중첩증은 드물지만 장폐색으로 이어져 목숨을 위협할 수 있는 질병이었다. 이후 로타실드 백신을 접종한 아동 가운데 장중첩증 환자가 추가로 보고되면서 장중첩증과 로타실드 백신 사이에 개연성이 있을 수 있다는 주장이 제기됐다.

장중첩증 같은 심각한 부작용의 위험성에 대한 평가는 크게 엇갈렸지만, 1999년 10월 미국 백신접종 자문 위원회와 CDC는 로타실드 접종 권고를 철회했고 백신 생산업체는 로타실드 생산을 자발적으로 중단했다. 승인받은 로타 바이러스 백신은 로타실드가 유일했으므로 로타실드 생산 중단을 단행한 미국의 결정에 국제적인 비판이 일었다. 비판가들은 미국의 아동보다 로타 바이러스에 감염될 가능성이 훨씬 더 높은 개발도상국 아동들이 생명을 구할 가능성이 있는 혁신적인 백신을 접종받지 못하게 됐다고 주장했다. 다행인 것은 2005년 또 다른 로타 바이러스 백신이 개발됐다는 점이다.

사실 백신이 공공보건을 수호하기 위해서만 사용되는 도구는 아니다. 또 다른 관점에서 보면 백신은 이윤을 낼 수 있는 상품이기 때문이다. 오늘날 백신은 매우 정교한 과학과 기술을 사용해 생산하는 제품으로, 개발하기가 어렵고 비용이 많이 소요되지만 그만큼 이윤을 낼 가능성도 높은 제품으로 취급된다. 1980년대부터 등장하기 시작한 생명공학 기업들은 공공보건당국과의 교류가 거의 없는 상태에서 사실상 자신들이 독점하고 있는 전문성을 활용해 높은 수확을 거둘 가능성을 지닌 분야로 백신 개발에 주목했다.

이러한 생명공학 기업의 특성을 반영해 벤처 자본의 역할이 커지고 주주의 투자 수익 극대화가 더욱 강조되면서 백신 산업에 변화가 일어나기 시작했다. 기업의 관점에서 볼 때는 선진 산업사회에 시장을 구축할 수 있는 백신을 개발하는 것이 경제적 측면에서 합리적이었는데, 그 비결은 공공보건 정책 입안가를 상대로 한 영향력이든 대중을 상대로 한 영향력이든 관계없이 자신들에게 필요한 영향력을 확보해 유효수요를 창출하는

두 얼굴의 백신

데 있었다. 백신 생산기업들은 생산한 백신은 사용돼야 한다는 생각을 전 세계의 모든 사람들에게 관철해야 했다. 백신접종을 통해 실질적인 위협이나 잠재적인 위협을 줄일 수 있다면 원칙적으로 해당 백신은 개발할 만한 가치가 있는 것이었다.

자녀를 위험에 빠뜨리고 싶은 부모는 없는 법이다. 따라서 보건의료가 질병을 치료하는 일에만 국한되지 않는 것처럼 백신접종의 범위 역시 생명을 위협하는 감염성 질환에 대한 예방을 넘어 확대되고 있다. 과거에는 공동체의 보건을 위협하는 주요 원인을 극복할 백신을 개발했지만 오늘날에는 사정이 다르다. 일반적인 질병에 대한 대중의 인식과 정치적 인식은 쉽게 변하는 경향이 있다. 덕분에 오늘날의 사람들은 부모 세대라면 어깨를 으쓱하고 말았을 질병에도 공포를 느끼게 되고 말았다.

지난 30년 사이 공공보건 관심사와 백신 개발을 잇는 연결고리에 많은 변화가 일어났다. 이 말은 둘 사이의 연계가 끊어졌다는 말이 아니다. 혁신 체계는 여전히 위협이나 위협으로 간주될 수 있는 것에 신속하게 반응하기 위해 애쓰고 있기 때문이다. 문제는 그 위협이 무엇에 대한 위협인가 하는 것이다. 북반구 국가들은 시민의 복리에 관심을 갖는 만큼 국가 안보에 대한 생물학적 위협에도 많은 관심을 기울인다. 따라서 오늘날에는 백신 구입 비용을 지불할 수 있는 능력이 있는지 여부가 의심스러운 국가들의 공공보건 필요에 부응하는 백신보다, 북반구 국가들이 염려하는 생물학적 위협을 염두에 둔 백신이 더 활발하게 개발된다.

한편 기부금과 자선기금을 활용하고 새로운 장려 정책 및 장려 체계를 도입해 개발도상국에서 사용할 수 있도록 설계된 보건의료 기술에 관심을 불러일으키려는 노력도 꾸준히 이어지고 있다. 더불어 그동안 몸집을 불려온 인도 및 그 밖의 개발도상국의 백신 생산업체는 '개발도상국 백신 생산업체 네트워크'를 결성해 체계의 역동성에 또 다른 변화를 일으키려는 움직임을 보인다.

백신 생산업체의 미래는 언론의 관심을 신중하게 조정할 수 있는 능력에 달려 있다고 해도 과언이 아니다. 세상에는 항상 위협이 도사리고 있어야만 한다. 즉, 위험한 병원체가 어딘가에 숨어 살면서 호시탐탐 사람의 목숨을 노린다는 인식을 항상 사람들의 머릿속에 심어주어야 하는 것이다. 사람들이 안전함을 느껴서는 안 된다. 그러나 공공보건당국이 양치기 소년처럼 거짓 경보를 남발하면 사람들의 신뢰를 잃고 말 가능성이 있다는 점을 잊어서는 안 될 것이다.

5장

백신의 수용

: 확신과 망설임 사이에서

공공보건을 수호하는 기술

도대체 백신의 정체는 무엇인가? 앞서 살펴본 장에서 규정한 백신의 정의, 즉 '면역촉진제'는 생물의학적 관점에서 규정한 것이었다. 다시 말해 백신은 인체의 면역 체계를 자극해 인체에 대한 공격에 대응하도록 지원하는 물질이다. 생물의학 분야에서는 인체의 면역 체계 연구와 백신이 작용하는 방식을 논의한 문헌이 넘쳐날 정도로 면역과 백신에 관심이 상당하다. 한편 앞서 살펴본 것처럼 오늘날에는 감염성 질환이 건강에 미치는 위험과는 전혀 다른 종류의 건강 위험을 극복할 수 있는 백신 개발이 시도되고 있다. 그러나 유방암 백신, 피임 백신, 금연 백신 개발을 위해 노력하고 있음을 인식하는 사람은 거의 없어 보이며, 대부분은 감염성 질환을 예방하기 위해 백신을 접종한다고 생각하는 것이 현실이다.

10대에 접종해야 하는 백신의 범주가 증가하고 있고 노인에게는 매년 독감 백신접종을 받으라는 권고가 내려지는 상황이지만, 그렇더라도 백신은 주로 나이 어린 아동에게 집중적으로 접종되는 경향이 있다. 한편 백신은 위험한 균으로부터 인체를 보호할 목적으로 사용될 뿐 아니라, 아픈 사람이 아닌 건강한 사람에게 접종된다는 점에서 백신이 아닌 의약품과 성격이 다르다. 유럽의 건강한 아기들은 첫돌이 지나기 전에 이미 10가지 이상의 서로 다른 항원을 접종받을 뿐 아니라 첫돌이 지난 후에도 여러 가지 백신을 접종받는다. 오늘날에는 모든 아동이 백신접종을 받을 것이라는 기대가 만연해 있는데, 선진 산업국가의 대다수 아동은 실제로 백신접종을 받고 있다. 물론 백신접종이 의무화된 국가도 있어서 백신접종을 받지 않은 아동이 학교에 입학하지 못하거나 부모에게 아동 수당이 지급되지 않는 경우도 있다.

〈컨테이전〉 같은 영화가 생생하게 묘사하는 것처럼 전염병이 유행할 수 있다는 위기감 때문에 백신 개발이 과열되기도 하는데, 이럴 경우 최대한 빠른 시간 안에 백신을 생산하기 위해 연구소들은 백신 개발, 테스트, 생산에 밤낮없이 매달리기도 한다. 한편 공공보건당국이 비상조치를 시행하면 백신의 사용 승인을 받기 위해 실시해야 하는 시간 소모적인 테스트 과정이 느슨해질 가능성도 있다. 전염병이 발생하면 각국 정부는 하루빨리 백신을 활용할 수 있기를 고대하면서 백신을 기다리는 대기열의 맨 앞줄에 서서 초조해한다. 이와 같은 비상 상황이 발생한 경우 세간의 모든 이목이 정부당국에 집중되므로 각국의 보건부 장관은 필요한 의약품, 백신, 시설을 제공하기 위해 최선을 다하고 있음을 사람들에게 알리느라 진땀을 빼곤 한다. 반면 전염병이 발생하지 않는 평범한 상황에서는 또 다른 논리가 작용한다.

한편 백신접종이 예방 보건의 핵심 구성요소로 자리매김하고 있으므로 사람들은 신중하고 철저한 조사를 거쳐 백신 관련 정책이 시행되기를 기대한다. 즉, 사람들은 백신의 안전성과 효능을 입증할 수 있는 강력한 증거를 바탕으로 자신의 건강을 위협하는 요소가 없다는 사실에 확신을 가지고 싶어 하는 것이다.

새로운 항원을 전국적인 백신접종 프로그램에 추가한다는 결정을 내린 정부는 보통 새로운 항원을 추가함으로써 구하게 될 인명의 수나 예방할 수 있는 설사병 환자, 자궁경부암 환자, 감각 이상 환자의 수를 추정해 제시하지만, 의사 결정 과정에서 비용편익 분석이 중요한 역할을 할 가능성이 높다는 사실은 잘 알려지지 않는다. 각국 정부의 서로 다른 정책 결정 과정에 따라 백신접종 정책이 뜨거운 논쟁의 대상이 되는 경우도 있는데, 이런 논쟁에는 주로 수치, 구체적인 세부 사항, 비용, 부작용 등이 도마에 오른다. 어쨌든 평범한 사람들은 대부분 백신접종의 목적은 (돈이 아니라) 생명을 구하는 데 있고, 앓지 않아도 될 질병을 얻지 않도록 사전에 예방하는 데 있다고 생각한다. 그리고 천연두, 디프테리아, 황열, 소아마비, 그 밖의 다양한 질병으로 목숨을 잃는 사람의 수가 집단 백신접종을 시행한 뒤로 크게 줄었음을 웅변하는 수치가 이 사람들의 생각을 뒷받침한다.

백신을 특별하게 만드는 요인을 중심으로 생각하는 방법도 있지만 백신이 '공공보건을 수호하는 여러 기술' 가운데 하나라고 생각하는 방법도 있다. 그리고 이렇게 생각하면 백신은 유달리 특별한 존재가 아니다. 세상에는 정수기에서 모기장, 비타민 보충제에서 유전자 검사에 이르는 다양한 건강 보호 기술이 존재하기 때문이다. 기술은 개인적 차원이든 집단적 차원이든 관계없이 사람이 할 수 있는 일을 한 가지 이상의 방식을 통해 개선하도록 지원하는 도구이자 장치로, 기술의 도움을 받은 사람은 과거에 사람의 손으로 했던 일을 '더 나은' 방식으로 할 수 있게 된다. 이때 '더 낫다'는 말은 더 빠르거나 더 안전한 것을 의미할 수도 있고 더 저렴하거나 더 효율적인 것을 의미할 수도 있는데, 그것은 관련된 활동의 종류에 따라 달라진다.

새로운 기술이나 개선된 기술을 개발 및 설계하는 기술자들은 고객이 원하는 것은 무엇이고 얼마를 지불할 의향이 있는지, 속도나 안전성 개선을 목표로 할지 아니면 비용 절감을 목표로 할지 등 온갖 다양한 요인을 고려해 그 가운데 하나를 선택해야 한다. 겉으로 볼 때는 '불가피성'이 개입해 기술의 진화 과정에 제약을 가하는 것 같지만 사실은 그렇지 않다. 모든 것은 개발자 또는 제조업체가 하는 이윤 평가, 기술 평가, 잠재적 사용자의 보유 자원 평가에 따른 선택에 달려 있기 때문이다.

때로는 자동차처럼 다양한 선호가 존재하는 특별한 시장도 있다. 자동차 시장은 매우 거대하기 때문에 자동차 제조업체는 선호가 서로 다른 소비자층을 대상으로 서로 다른 모델을 생산할 수 있다. 누군가는 빠른 스포츠카를, 누군가는 SUV를 선호한다. 한편 튼튼하고 저렴한 가족용 자동차를 선호하는 사람도 있다. 그러나 원자력발전소 시장, 미사일 방어 체계 시장, 전화 교환기 시장은 자동차 시장과 그 특성이 사뭇 다르다. 이런 시장에서는 경쟁회사의 제품만 고려해서는 안 되고 경쟁하는 기술까지 염두에 두어야 하는데, 이를테면 원자력발전소는 화력발전소뿐 아니라 태양광발전소 및 풍력발전소와도 경쟁해야 하는 것이다.

의료 기술 역시 이와 다르지 않아서 최초의 MRI 촬영 장비를 개발한 제조업체는 병원과 방사선전문의가 MRI 촬영 장비를 도입할 것인지뿐 아니라 규제 기관(예를 들어 미국 식품의약국FDA)의 요구에 부응할 수 있을지 여부도 고려해야 한다. 그뿐 아니라 이들 제조업체들은 서로 치열하게 경쟁하는 와중에도 MRI 촬영 장비 같은 새로운 기술이 최근 여러 병원이 많은 자금을 투자해 설치한 기존의 촬영 기술(예를 들어 CT)을 능가하는 이점을 제공할 수 있을지 여부에도 관심을 기울여야 한다.

수많은 노력을 기울이고 있음에도 정확히 어떤 기술이 새롭게 등장할지를 예측하기는 어렵다. 그 이유는 여러 가지 복잡한 변수를 고려해야 하기 때문인데, 고려해야 할 한 가지 변수는 규모의 효과다. 휴대폰을 예로 들어보자. 휴대폰 기술이 도입될 당시 남들보다 먼저 휴대폰을 들고 다닌 소수의 사람들은 처음에는 독특한 사람 취급을 받으며 웃음거리가 될 수도 있다. 그러나 거의 모든 사람들이 휴대폰을 소유하고 거의 모든 사람들이 휴대폰으로 통화할 수 있게 되는 날이 오면 변화의 주역으로 자리매김한 휴대폰의 진면목을 확인할 수 있게 된다. 이 무렵이 되면 생산 규모도 확대되므로 (원칙적으로는) 휴대폰 가격이 하락해 더 많은 사람이 휴대폰을 사용할 수 있는 길이 열린다.

아마 새로운 기술과 관련해 가장 예측하기 어려운 부분은 새로운 기술이 그 목적과 관계없이 유발하는 영향일 텐데, 처음에는 대부분의 사람들이 기술의 표면적인 목적에만 관심을 기울일 뿐 그 너머에까지는 관심을 가지지 않는다. 자동차가 처음 등장했을 때 사람들은 자동차가 선사하는 자유를 만끽했다. 자동차는 사람들에게 이동의 자유, 속도의 자유, 자립의 느낌을 제공했다. 자동차를 구매할 가능성이 있는 잠재적 소비자들은 바로 이런 경험을 원했고 자동차를 통해 자신의 바람을 이룰 수 있었다. 오직 과학소설 작가들만이 대규모 자동차 사용이 훗날 몰고 올 영향, 이를테면 (세계 일부 국가에서는 주요 사망 원인으로 자리매김하고 있는) 교통사고, 대기오염, 석유 수요 상승이 환경 및 지리에 미치는 영향 등을 어렴풋이 점쳐볼 뿐이었다.

백신을 비롯한 의료 기술 역시 마찬가지여서 오늘날에는 규제 기관이 백신이나 의약품에 사용 허가를 내주기 전에 먼저 부작용을 신중하게 보고하라고 점점 더 엄격하게 요구한다. 그러나 그렇더라도 먼저 어떤 부작용을 살펴볼지 결정해야 하는데, 문제는 부작용을 확인하는 작업이 당대에 존재하는 수단을 활용한다는 점에 있다. 예를 들어 뇌 영상 촬영 기술이 개발되기 전에는 의약품이나 외과 수술이 뇌 활동에 미치는 영향을 파악하는 범위가 지극히 제한적이었다. 따라서 의료 기술이 광범위하게 사용되고 나서 오랜 시간이 지난 뒤에야 비로소 해당 의료 기술에 의혹이 제기되곤 하는데, 바로 이것이 백일해 백신이 도입된 지 30년 만에 뇌 손상을 유발할 수 있다는 주장이 제기된 이유다(이는 결국 근거 없는 주장으로 밝혀졌다).

기술을 둘러싸고 서로 맞물리는 이해관계와 상호 의존성이 등장하기 시작한다. 자동차 사용은 자동차 산업뿐 아니라 자동차 판매업, 타이어 제조업, 석유 산업, 주차장, 주유소, 자동차 협회, 기계공학을 가르치는 교육 기관 같은 산업을 뒷받침한다(물론 공장 부지를 이전하면서 버려진 부지가 쇠락하도록 내버려둔다는 문제도 안고 있다). 한편 각각의 산업은 분명 자동차 사용과 관련된 이해관계를 가지지만 그 중요성의 무게까지 같은 것은 아니어서 전기 자동차 같이 시장의 판도를 뒤바꾸는 제품이 개발될 경우 서로 다른 전망을 내놓는다. (예를 들어) 어느 집단에서는 화석연료 소비가 유발하는 극적인 결과를 입증하는 증거로 받아들여지는 사실이, 그 반대 입장에 선 집단에서는 아무런 의미를 가지지 못하는 이유도 바로 상충하는 이해관계 또는 이념이 그 바탕에 있기 때문이다.

중요한 과학적 증거에 대한 의견 불일치는 기후변화나 셰일가스 시추 기술의 위험성 같은 대중적인 논쟁에 국한되는 것이 아니라, 전문 분야에 따라 현상을 서로 다르게 파악하는 과학계와 의학계에서도 쉽게 찾아볼 수 있다. 역학자들이 통계적으로 무의미하다고 여기는 극소수의 놀라운

회복 사례를 바탕으로 치료법에 확신을 가지고 이를 환자들에게 적용하는 임상의가 나타나는 것도 바로 이런 이유 때문이다. 사실 어느 전망이 다른 전망보다 더 합리적이라고 자신 있게 말할 수 있는 근거는 없는 것이 현실이다.

기술 변화의 과정에는 불확실성, 예측 불가능성, 의도하지 않은 결과, 서로 갈등하는 전망의 등장이 불가피하다. 따라서 기후변화나 그와 유사한 다른 논쟁에서 사람들에게 확신을 주기 위해 제시되는 증거는 현재 보이지 않는 곳에서 전개되는 권력 투쟁의 양상을 반영한다고 봐도 무방할 것이다.

오늘날 선진 산업사회에서 생활하는 대부분의 사람들은 백신접종을 당연한 것으로 받아들이기 때문에, 보통 주류 언론은 백신을 공공보건을 수호하는 여러 가지 기술의 한 형태로서 제시하지 않는다. 일반적으로 백신 개발과 관련된 논의는 감염성 질환을 지속적으로 정복해나가고 있다는 사실을 강조하는 내용으로 치우치는데, 주로 목숨을 구한 사람의 수, '백신으로 예방할 수 있는' 질병의 수 등이 그 근거로 제시된다. 물론 이런 주장의 정당성은 완벽하다. 자동차 덕분에 많은 사람이 편리하게 이동할 수 있게 됐음에 의문을 제기할 수 없는 것처럼, 백신이 감염성 질환으로 인한 사망자 수를 대폭 줄일 수 있는 역량을 지녔다는 사실에는 의문의 여지가 있을 수 없기 때문이다. 그러나 백신을 독특한 무언가로 생각하는 것이 아니라 공공보건을 보호하는 기술의 하나라고 생각하면 문제는 사뭇 달라진다.

시대의 변화에 따르는 백신 개발 및 정책

연구자들이 개발하고자 하는 기술과 기업가들이 시장에 선보이고자 하는 기술에는 과학을 통해 실행 가능한 기술인지와, 당장의 필요나 잠재적 수요가 있는지에 대한 연구자들과 기업가들의 인식이 반영된다. 이 두 요인 가운데 한 가지 또는 이 두 가지 모두를 고려해서 자원 투자 결정을 내리는데, 1984년 장차 개발돼야 할 백신의 청사진을 마련하려 했던 미국의학협회는 과학을 통한 실행 가능성과 사람들의 필요를 모두 고려했다. 그러나 '더 나은' 백신 개발을 생각하는 역학자, 면역학자, 제약회사 경영진이 염두에 두는 기회는 미국의학협회가 고려한 가능성 및 필요와는 사뭇 다르다.

그렇다면 특정 질병을 극복하기 위해 사용하는 백신은 어떤 측면에서 다른 백신보다 더 나은가? 이 문제를 다른 종류의 보존제나 보강제 또는 내열성 같은 기술적인 측면에서 생각해보는 사람도 있을 것이다. 예를 들어 전 세계가 천연두 퇴치에 기울인 노력은 러시아가 동결건조 백신을 개발한 뒤에야 비로소 결실을 맺게 됐는데, 서구에서 사용하는 액상 백신은 열대지방의 기후에서는 안정적이지 못했기 때문이다. 한편 안정성 개선은 더 나은 백신 개발의 중요한 화두로 남아 있다. 가령 재조합 B형 간염 백신이 기존에 사용하던 혈청으로 개발한 백신을 대체한 이유는 혈청으로 개발한 백신과 다르게 재조합 B형 간염 백신은 HIV에 오염될 위험이 전혀 없기 때문이었다.

한편 무세포성 백일해 백신이 개발된 한 가지 이유는 기존에 사용해온 전_全세포 백일해 백신이 아동의 뇌 손상을 유발할 수 있다는 연구 결과를 (과장해 보도한 언론 기사를) 접한 부모들의 공포를 누그러뜨릴 수 있기

두 얼굴의 백신

때문이었다. 그러나 새로 개발된 무세포성 백일해 백신은 가격이 훨씬 높으면서도 기존에 사용해온 전세포 백일해 백신에 비해 보호 기간이 상당히 짧은 것으로 드러났다. 만일 개발의 초점을 비용을 낮추고 보호 기간을 늘리는 데 두었다면 무세포성 백일해 백신은 세상의 빛을 보지 못했을 터였다. 따라서 백신 개발은 사람들이 살아가는 세상의 변화에 대응하는 방향으로 이루어질 뿐 과학을 통한 실행 가능성이나 기술을 통한 실행 가능성과는 무관하다는 사실을 알 수 있다. 예를 들어 1914~1918년에 벌어진 제1차 세계대전에서 많은 사람의 목숨을 앗아간 참호전 덕분에 사람들은 장티푸스 연구의 시급성을 인식하게 됐고, 기후변화로 말라리아가 북반구 온대 기후 지역까지 위협하게 되면서 말라리아 연구의 필요성이 새롭게 제기되고 있다.

한편 인구 이동과 보건 서비스의 붕괴는 선진 산업사회를 다시 한 번 위협하고 있는 결핵을 극복할 더 나은 백신 연구가 시급함을 사람들에게 각인시켰다. 또한 세계화 때문에 암스테르담, 런던, 뉴욕에 사는 사람들이 동물에서 기원한 새로운 질병에 노출될 가능성과, 과거에는 멀리 떨어진 지역이었지만 이제는 가까워진 지역에서 발생하는 새로운 질병에 노출될 가능성이 높아지면서 대책 마련에 대한 목소리가 높아지고 있다.

새로운 백신이 등장한다고 해서 공공보건의 수준이 무조건 높아지는 것은 아니다. 새로운 항원을 백신접종 프로그램에 도입할지 여부, 관련 비용, 의무화 여부, 제네바나 뉴욕에서 합의한 목표 달성에 관련된 사안은 백신접종 정책을 통해 결정된다. 그런데 백신접종 정책 결정은 역학 데이터나 공공의 요구, 거부, 저항 여부에 따라 날라질 수 있다. 한편 국내 의료 전문가나 제약회사의 압력에 따라 또는 국제적 합의나 압력에 따라 백신접종 정책이 결정되는 경우도 있다. 예를 들어 기부국의 원조에 의존해 기본적인 보건 서비스를 근근이 유지하는 빈곤한 국가의 정부는 국제 기구와 기부국의 권고 사항을 무시하기 어렵다. 일단 새로운 백신을 도입하거나 백신접종 범위를 확대하기로 결정하면 해당 백신을 확보해야 한다. 유엔아동기금UNICEF 같은 국제조직을 통하면 저렴한 가격으로 해당 백신을 확보할 가능성이 높고, 열대지방의 기후에서는 (대부분의) 백신이 쉽게 변질되므로 이른바 '저온유통망'이라고 부르는 냉장 기술도 반드시 필요하다.

한편 백신접종에 관련된 업무에는 사실상 정부 소속의 공공보건 종사자, 약사, 일반의, 육아상담소, 간호사, 일반인(비非의료 전문가) 백신접종 담당자, 이동식 보건 센터가 관여한다. 또 다른 문제는 자녀에게 백신을 접종하려 하는 부모들의 의향이다. 전염병이 유행하거나 곧 전염병이 유행할 것이라는 소문이 돌면 새로운 백신에 대한 수요가 광범위하게 일어날 수 있고, 혹 새로운 백신의 수량이 부족할 경우 누구에게 먼저 백신접종을 할지를 둘러싼 논란이 일어날 수 있다. 반대로 질병이 크게 위협적이지 않다고 인식되는 경우 또는 초자연적인 원인이 질병을 유발한다고 인식되는 경우, 백신접종에 무관심하거나 백신접종을 거부하는 현상이 나타날 수도 있다.

공공보건당국은 부모들이 자녀를 데리고 병원이나 일반의를 찾아가 백신을 접종하도록 또는 이동 백신접종 센터가 마을을 찾았을 때 자녀에게 백신을 접종하도록 장려하거나 유도한다. 공공보건당국은 언론을 통한 홍보 활동에 나서거나 장려 정책을 마련해 아동에 대한 백신접종을 장려하기도 한다. 한편 19세기 의무 천연두 백신접종이 시행됐을 당시와 마찬가지로 공공보건당국이 백신접종을 거부하는 사람들에게 처벌 같은 강압적인 방법을 동원하는 사례가 최근 들어 다시 등장하고 있는 형편이다.

두 얼굴의 백신

앞선 장에서 살펴본 내용을 통해 사회적 변화 및 정치적 변화와 이해 관계, 자원 및 당국 간 환경의 변화가 백신을 개발하고 생산하는 장소, 방법, 내용에 영향을 미친다는 사실을 확인한 바 있다. 공동체에 백신을 도입하는 데 관련된 정책 및 시행 과정 역시 사회적 변화와 정치적 변화에 따라 변화를 거듭해왔다. 사실 정부 이념의 변화나 사회적 가치의 변화는 백신 개발과 백신 생산보다는 백신 정책에 보다 직접적으로 영향을 미친 것으로 보인다. 또한 개발할 백신의 종류를 결정하는 일은 주주와 '시장'의 요구에 부응해야 하는 임무를 띠고 있는 기업가와 기업 경영진의 손에 맡겨져 있는 것으로 보인다.

기업가와 기업 경영진은 주주에게 약속한 투자 수익을 내거나 전 세계 시장에서 자사의 점유율을 높이는 데 혈안이 돼 있다. 반면 최소한 원칙적으로는 시민에게 봉사할 임무를 띠고 있는 보건부 장관과 공공보건당국 담당자들은 다른 무엇보다 보건의료의 적절성과 보건의료에 대한 접근성을 바탕으로 평가받아야 한다. 그러나 앞으로 보게 될 내용처럼 기부국이나 국제 보건 협약이 부과하는 요건에 부응해야 하는 공공보건당국 담당자들의 임무가 점차 그 중요성을 더해가는 형편이다. 오늘날 제약 산업 경영진과 공공보건당국 담당자들은 모두 결과를 제시하라는 압력에 더 많이 시달리는데, 큰 효능을 발휘하는 백신을 광범위하게 사용하는 일이야말로 제약 산업 경영진과 공공보건당국 담당자들이 이런 요구에 부응하는 지름길이다.

따라서 이번 장과 뒤이은 두 장에서는 지금까지와는 조금 다른 이야기를 해보려고 한다. 지금부터 하려는 이야기는 직선적인 진보라는 관념을 직관적으로 느끼기 어렵다는 점에서, 지금까지 이야기해온 백신 개발 관련 이야기보다 더 복잡하고 더 어려운 이야기가 될 것이다. 약 200여 년 동안 서구 문화에서는 과학을 끊임없는 진보, 개선, 진전이라는 직선적인 관점에서 생각해왔는데, 이 같은 사고가 얼마나 단단하게 뿌리내리고 있는지 비판조차 거의 없는 형편이다. 따라서 세균학, 바이러스학, 면역학이라는 과학의 관점에서 백신 개발을 이야기한 앞선 장에서는 서구 문화를 지배하는 진보 담론을 최대한 벗어나려고 애썼다. 공공보건의 이해에 따라 백신을 사용하고 배포한 방식을 다룬 앞선 장들의 내용을 되짚어본다면, 아마도 서구 문화를 지배하고 있는 진보 관념이 두드러지게 나타나지 않았다는 점을 눈치챌 수 있을 것이다.

물론 이야기를 전개하는 과정에서 백신접종을 통해 목숨을 구한 사람의 수나 장애를 입지 않은 사람의 수 같은 수치도 등장하기는 했지만, 이 수치는 전체 이야기에서 피상적인 부분에 불과했다. 나아가 앞으로 보게 될 것처럼 백신을 둘러싼 이야기는 훨씬 더 광범위한 경쟁과 맞물려 있다. 백신접종 프로그램을 둘러싼 정치는 서로 상이한 각국의 정치 환경을 다소 반영할 수밖에 없으므로, 앞으로 보게 될 이야기는 분명 다양성에 관한 이야기가 될 것이다. 당연하게도 백신접종 프로그램은 국가에 따라 다른 모습으로 나타난다. 각국이 시행하는 백신접종 프로그램의 양상을 결정하는 요인으로는 최소한 질병 부담, 해당 국가가 보유하고 있는 부^富, 각국의 보건의료 조직, 정부가 표방하는 이념을 꼽을 수 있다. 우선 백신이 공공보건을 수호하는 가치 있는 도구로서 기능할 가능성을 조금씩 인정받는 과정과, 그 과정에서 국가별로 백신을 서로 다르게 활용하는 모습을 살펴볼 것이다.

백신접종의 주체는 누구인가

19세기를 거치면서 공공보건에 대한 관심이 점차 늘어났다. 중앙정부 및 지방정부는 관할 영역 내 사람들과 해외에 거주하는 자국민의 건강에 점점 더 많은 관심을 기울이기 시작했다. 중앙정부와 지방정부가 공공보건에 관심을 기울이게 된 데에는 많은 요인이 작용했는데, 주로 종교적 차원에서 발로한 자선에 대한 관심, 전염병이 유행해 사회질서를 무너뜨릴지도 모른다는 불안감, 상업적 이익을 보호해야 한다는 사명감이 한데 어우러져 있었다.

19세기 중반 공공보건이 국가 활동의 영역으로 들어왔지만 공공보건 체계 전반에서 백신이 가지는 중요성은 제한적이었다. 당시에는 다른 질병과 중복되곤 하는 증상에만 의존해 질병을 진단할 수밖에 없었으므로 훗날 '백신으로 예방할 수 있는' 질병으로 판명되는 수많은 질병을 제대로 구분해낼 수 없었기 때문이다. 따라서 당시에는 각국이 추정한 질병의 원인과 질병의 전파 방식, 각국의 정치적 전통 및 행정적 관행에 따라 위생 조치를 강조한 국가도 있었고 이동의 제한 같은 격리 조치를 강조한 국가도 있었다. (주로 가난한 사람들이 살아가는 지역의 특징인) 더럽고 비위생적인 생활환경이 원인이 돼 감염성 질환이 발생했다고 생각하는 국가에서는 위생 검사를 통한 생활환경의 위생 개선을 급선무로 여겼다. 한편 감염이 원인이 돼 감염성 질환이 발생했다고 생각하는 국가에서는 사람들의 이동을 제한할 뿐 아니라 감염성 병원체에 오염됐을 것으로 판단되는 선박과 물품(예를 들어 면화나 모직물)의 이동까지 제한할 필요가 있다고 여겼다.

감염성 질환에 대처하는 한 가지 방법이 어느 장소와 어느 시대를 지배했다면 다른 장소와 다른 시대에는 또 다른 방법이 대처법으로 군림했다. 디프테리아 항독소가 광범위하게 사용될 무렵에는 공공보건당국이 감염성 질환에 대처하는 저마다의 방법을 구축하기 시작했다. 물론 대처 방법이 장소에 따라 다르다는 것에는 변함이 없었지만 공동체가 감염성 질환에 노출될 가능성을 줄이기 위한 조치라는 점에서는 모든 대처 방법이 동일선상에 있었다. 그리고 이러한 공공보건당국의 노력은 새로운 백신과 면역혈청을 광범위하게 사용할 수 있는 환경 조성에 초석이 됐다.

1840년대와 1850년대의 영국은 프리드리히 엥겔스가 강력하게 환기한 비위생적인 생활환경을 감염성 질환의 주범이라고 생각해 위생주의적 접근을 특히 강조했다. 즉, 부패한 유기물이 '질병을 일으키는 환경'을 조성한다고 생각했던 것이다. 격리 조치가 감염성 질환의 전파를 막을 수 있다는 사실을 인정하면서도 감염성 질환의 원인 제거에는 도움이 되지 않는다고 생각한 영국에서는 위생 조치를 통한 감염성 질환의 원인 제거가 강조됐다. 1848년 제정한 법을 통해 영국은 전국 보건 위원회와 지역 보건 위원회를 설립하고 보건의료 담당자를 지정했다. 주로 위생 문제를 집중적으로 다룬 지역 보건 위원회는 주택 소유자가 소유 주택의 위생 조건을 개선하도록 강제할 권한을 지니고 있었다. 한편 격리주의적 견해가 지배적이었던 영국 이외의 국가에서는 감염된 사람과 감염되지 않은 사람 사이의 접촉을 차단하는 일에 더 주력했다.

시간이 흐름에 따라 새로운 지식과 더불어 새로운 위협이 등장하면서 각국은 감염성 질환에 대처하기 위해 지금까지 사용해온 수단을 조금씩 수정했다. 로베르트 코흐가 콜레라를 유발하는 원인이 콤마 간균이라는 사실을 밝히기 오래전부터 이미 사람들은 콜레라 유행이 동쪽에서 유래한 것이라는 사실을 파악하고 있었다. 그런데다 새롭게 등장한 (증기선, 철도 같은) 운송 수단이 콜레라 확산을 부추기면서 격리주의 조치를 취할 필요성이 명확해졌다. 각 지역의 위생 조건 역시 콜레라 확산을 가속화하거나 늦추는 데 어느 정도 기여하기는 했지만, 격리 조치를 취해야 한다는 필요성에 영향을 미치지는 못했다.

문제는 동쪽에서 출발한 모든 화물에 무차별적으로 격리 조치를 취할 경우 막대한 비용이 발생한다는 점이었다. 기업 운영에 차질을 빚은 기업가뿐 아니라 자유무역을 옹호하는 사람들의 반대가 빗발쳤으므로 선별주의 방식, 즉 화물이 출발하는 지역에서 특정 지역을 '위험' 지역으로 분류해 격리 조치를 취할 필요성이 대두됐다. 그럼으로써 위험 지역으로 분류된 국가들의 적극적인 대응을 유도하는 효과도 누릴 수 있었다. 그러나 격리 조치가 실패로 돌아가면 이웃한 국가 사이에 긴장이 흐르기 마련이었다. 비단 콜레라만이 이런 논쟁을 유발한 것은 아니어서, 이 시기에 서쪽에서 유래한 황열 역시 또 다른 극심한 위협으로 대두됐다.

1870년대 서아프리카, 카리브 해 지역, 부에노스아이레스, 리우데자네이루, 미국 동부 해안지대의 여러 도시에서 생활하는 사람들은 황열 유행으로 인한 참혹한 결과를 제대로 인식하고 있었다. 황열이 유행하는 곳이면 어디에서나 격리 조치가 민감한 쟁점으로 떠올라 논란을 불러일으켰는데, 상업적 이익과 대중의 의견이 치열하게 맞붙는 경우가 많았다. 논쟁끝에 격리 대상이 누구이고 무엇인지, 보다 정확하게 파악할 필요성이 있다는 사실이 확인됐다. 그러려면 조사와 감시를 통해 감염된 사람을 찾아내고, 이를 토대로 제한적으로 격리 조치를 수행할 기법이 필요했다. 백신이 개발되기 전이었지만 초기 세균학은 바로 이와 같은 지점에서 그 빛을 발했다.

1883년 코흐는 콜레라를 유발하는 원인균을 확인하는 데 성공했다고 발표했다. 효능을 발휘하는 콜레라 백신이 개발되려면 아직 몇 년을 더 기다려야 했지만, 코흐의 콜레라균 발견으로 (위장 질환과 혼동하기 쉬운) 증상이 아니라 간균의 존재 여부를 통해 격리 대상자를 선정할 수 있게 됐다. 코흐의 콜레라균 발견은 공공보건을 수호하는 데 활용되던 기존의 방법을 대체한 것이 아니라 기존의 방법에 영향을 미치고 이에 통합돼 어깨를 나란히 하게 됐다.

최초의 백신과 면역혈청이 세상에 선을 보일 무렵에는 많은 국가들이 이미 천연두 백신을 접종한 경험이 있었다. 사람들은 천연두 백신접종을 꺼렸는데, 그 이유의 하나는 백신접종 방식에 있었다. 천연두 백신접종은 끝을 뾰족하게 만든 특수 도구를 활용해 접종 대상자의 팔을 반복적으로 긁어 피부에 상처를 낸 뒤 그 위에 림프를 바르는 방식이었다. 기술이 부족한 담당자에게 백신을 접종받으면 팔에 보기 흉한 흉터가 남곤 했다. 대규모 천연두 백신접종을 시작한 국가들은 천연두 백신접종을 수행할 새로운 행정 구조를 마련해야 했다.

잉글랜드는 천연두 백신접종을 시행하는 담당자로 빈민구제위원을 지정했는데, 잉글랜드에서는 바로 이것이 사람들이 천연두 백신접종을 꺼리는 이유가 됐다. 1853년 천연두 백신접종을 의무화한 잉글랜드는 출생 후 세 달이 지나도록 자녀에게 천연두 백신접종을 하지 않은 부모나 빈민구제위원에게 제재를 가했는데, 벌금을 부과하는 경우도 있었고 심한 경우에는 이들을 감옥에 가두기도 했다. 천연두 발병률은 낮아졌지만 사람들은 여전히 천연두 백신접종 과정과 방법에 거부감이 있었고, 수많은 유력 인사들도 천연두 백신접종 의무화에 반대하는 목소리를 높였다. 의무화에 반대한 사람들 가운데에는 (철학자 허버트 스펜서처럼) 격리주의자인 경우도 있었고 보건 부문에 국가 개입을 반대하는 경우도 있었다.

한편 유럽의 여러 나라에도 이와 유사한 체계가 도입됐다. 네덜란드에서는 개신교 공동체의 강력한 반대가 있었음에도 1872년 백신접종 증명서를 제출하지 않으면 아동의 학교 입학을 거부하는 법을 통과시켰다. 덕분에 천연두 백신접종률이 90퍼센트까지 치솟았지만 잉글랜드와 마찬가지로 백신접종 방법에 대한 사람들의 거부감은 매우 높았다. 통일 이전 독일의 일부 지역은 이미 오래전부터 국민의 건강은 국가가 책임져야 하는 영역의 하나라는 인식을 지니고 있었다. 따라서 프로이센에서는 지방정부마다 백신접종 담당자를 지정해 백신접종 체계를 마련하고 가난한 사람들을 대상으로 천연두 백신을 무료로 접종하는 정책을 폈다. 그러나 지식인을 중심으로 의무 접종을 시행해야 한다는 목소리가 높아지면서 1874년 독일제국 백신접종법이 제정돼 독일제국 전체에 천연두 백신접종을 의무화했다.

미국에서도 주정부당국과 도시 행정당국이 운영하는 공공보건 위원회가 천연두 백신접종 프로그램을 마련했지만 사람들 사이에는 백신접종에 대한 거부감이 팽배해 있어 어려움을 겪었다. 이러한 거부감은 특히 백신접종으로 편견의 대상이 되거나 과도한 관심에 노출될 것을 우려하는 이민자 공동체를 중심으로 높게 나타났다.

19세기에는 천연두 백신접종 프로그램을 도입한 곳에서 논란이 일지 않은 곳이 없었다. 예를 들어 인도는 인도 정부가 백신접종에 팔을 걷어붙이고 나섰음에도 중앙정부, 주정부, 지방정부 공직자를 중심으로 논란이 거세게 일었다. 천연두 백신접종 의무화 법안이 마련됐지만 '인도 의료 서비스' 소속 공무원들은 현실적으로 시행하기 어렵다는 이유로 의무화에 반대했다. 한편 브라질은 19세기 초 천연두 백신접종을 의무화했다.

여기서 기억해두어야 할 점은 디프테리아 면역혈청이 개발되기 전에 이미 많은 국가에서 천연두 백신접종의 행정 체계를 구축했다는 점이다. 이 점을 감안할 때 디프테리아 면역혈청을 사람들에게 보급하는 일이 수월했으리라 생각하기 쉽지만 사실은 그렇지 않았다. 천연두 백신접종으로 천연두 발병률이 크게 줄었지만 국가가 의무적으로 시행하는 백신접종에 사람들의 거부감이 높았으므로, 다음에 시행될 의무 백신접종 프로그램에 사람들이 어떤 반응을 보일지 쉽게 예단할 수 없는 형편이었다. 게다가 의사들도 천연두 백신접종 시행에 열의를 보이지 않았는데, 무료 백신접종이 전문가로서 의사가 누리는 이권을 침해한다고 생각했기 때문이다. 개별 환자를 치료하는 의료 전문가와 지역사회의 보건에 관여하는 보건의료당국 사이에 적절한 경계를 설정하는 일이 논쟁의 도마 위에 올랐다. 백신접종은 의사의 영역인가, 보건의료당국의 영역인가? 이 질문은 흥미롭지만 19세기 말에는 뜨거운 쟁점으로 부상하지 못했다. 백신접종은 여전히 천연두 백신접종에 국한돼 있었고 공공보건당국의 주요 관심사에서도 벗어나 있는 형편이었기 때문이다. 따라서 최초의 디프테리아 면역혈청이 세상에 모습을 드러낸 1890년대에도 당장 커다란 변화가 일어난 것은 아니었다.

디프테리아: 백신으로 질병을 예방하는 시대

19세기 말 무렵 성행한 디프테리아는 사람들에게 공포의 대상이었는데, 주로 아동에게 찾아오는 디프테리아로 목숨을 잃은 아동은 수천 명에 달했다. 1890년대를 거치면서 개발된 디프테리아 항독소는 예방이 아닌 치료를 목적으로 사용됐다. 항독소가 무슨 작용을 하는지 정확히 아

두 얼굴의 백신

는 사람은 없었지만 디프테리아 항독소를 사용한 초기 결과는 긍정적이었다. 작용 방식이야 어찌 됐든 디프테리아 면역혈청이 효능을 보였던 것이다. 1890년대 중반 무렵 베를린과 파리에서 디프테리아에 감염된 아동의 치료에 성공하면서 디프테리아 면역혈청을 치료에 사용하는 사례가 급속히 확산됐다. 프랑스에서는 파스퇴르 연구소가 프랑스 전국을 아우르는 배포망을 갖추고 디프테리아 면역혈청을 배포했는데, 프랑스 대중이 기부한 자금, 국가의 재정 지원, 유럽의 다른 국가 정부에서 주문한 디프테리아 면역혈청을 해당 국가에 수출해 얻은 이익으로 디프테리아 면역혈청을 무료로 배포할 수 있었다.

한편 런던의 병원들은 일찌감치 디프테리아 면역혈청을 도입했는데, 그 덕분에 제1차 세계대전이 발발하기 전까지 디프테리아 감염으로 인한 사망률이 크게 떨어졌다. 뉴욕, 오스트레일리아, 그 밖의 국가에서도 디프테리아 면역혈청을 사용해 사망률을 크게 줄였다는 보고가 이어졌는데, 디프테리아 면역혈청의 치료 효능이 입증됐음에도 디프테리아 감염률은 좀처럼 떨어지지 않았다.

1890년대 세균학자들이나 의사들은 디프테리아 면역혈청을 질병을 예방하기 위해, 즉 감염을 예방할 목적으로 사용할 생각을 하지 못했다. 질병 예방을 목적으로 하는 백신접종이라는 생각이 천연두 백신접종의 사례를 넘어 다른 질병으로 확장된 것은 제1차 세계대전 이후였다. 이는 제1차 세계대전 당시 장티푸스 면역혈청을 예방 목적으로 사용한 결과 얻은 경험에서 비롯된 것이었다. 전쟁터의 비위생적인 환경은 질병의 온상이나 다름없었으므로, 수많은 군인들이 질병으로 목숨을 잃었다. 이런 상황은 새로운 백신 연구를 부추겼고 그중에서도 장티푸스 백신 연구가 특히 활발했다. 영국이 장티푸스 백신을 도입해 영국 군인 수천 명의 목숨을 구하자, 이에 고무된 다른 국가들도 자국 군인에게 장티푸스 백신접종을 실시했다.

장티푸스 백신접종은 병원에서 근무하는 간호사에서 시작해 열대지방에서 활동하는 선교사에게로 확장돼갔는데, 그 과정에서 예방을 목적으로 하는 백신접종이라는 개념이 힘을 얻었다. 그러나 앞서 지적한 바와 같이 치료 목적으로 사용하던 디프테리아 면역혈청을 예방 목적으로 확장해 사용하게 된 것은 단순히 논리적 수순에 따른 것은 아니었다. 면역에 대한 이해가 조금 더 높아지고 능동면역과 수동면역을 구분할 수 있게 됐으며 무증상 '보균자' 개념을 파악하게 되는 등 면역 개념과 관련된 중대한 돌파구가 마련된 이후에야 비로소 장기적 보호라는 개념이 힘을 얻기 시작했다.

벨라 쉬크가 감염 감수성 테스트를 개발한데 이어 독소-항독소 혼합물이 개발되고 마지막으로 더 안전한 변성독소가 개발되는 등 실증적 방법의 발전 역시 중요한 역할을 했다. 이러한 발전을 토대로 안전할 뿐 아니라 질병을 예방할 수 있을 만큼 충분한 효능을 발휘하는 예방 백신접종 개념이 뿌리를 내렸다. 그러나 백신접종은 공공보건을 수호하기 위해 활용돼온 기존의 다른 수단과 비교되곤 했다. 당시 사람들은 감염 확산을 막기 위한 격리 조치와 임시 폐교 조치를 비롯한 기존의 수단들을 완벽하다고 여기는 경향을 보였다. 게다가 치료 목적의 백신접종은 그 효능을 충분히 입증할 수 있었지만 예방 목적의 백신접종은 그러기가 어려웠다. 의사와 부모들은 모두 감염된 아동이 항독소 치료를 받은 후 회복됐다는 사실을 금세 확인할 수 있었지만, 예방 목적의 백신접종 효능은 통계가 수집되고 분석된 이후에야 비로소 점진적으로 드러났기 때문이다. 따라서 예방을 목적으로 디프테리아 면역혈청의 대규모 접종을 시도한다면 수많은 새로운 문제에 부딪힐 수밖에 없을 터였다.

적절하고 신뢰할 수 있는 디프테리아 면역혈청을 공급할 방법은 무엇인가? 기존에 구축된 공공보건 인프라를 활용하면 모든 아동에게 디프테리아 면역혈청을 접종할 수 있는가? 의료 전문가들은 공공보건이 위생 개선을 넘어 세균학이 개발한 새로운 도구를 수용하는 방향으로 확장해 나가는 상황에 어떤 반응을 보일까? 많은 이익을 남길 수 있는 잠재력을 지닌 수단을 지방 공공보건당국이 빼앗아가는 일을 민간 부문에서 활동하는 의사들이 눈감고 지켜볼 리 만무했다. 반면 백신접종의 가치에 회의적인 의사들도 많은 형편이었을 뿐 아니라 천연두 백신접종에 대한 사람들의 거부감 역시 새로운 집단 백신접종 캠페인 추진에 또 다른 걸림돌로 작용할 가능성도 있었다.

그럼에도 장티푸스 면역혈청을 투여해 영국 군인 수천 명의 목숨을 구한 성공 사례에 고무된 각국의 공공보건당국은 1920년대와 1930년대에 디프테리아 백신접종을 예방 목적으로 활용할 수 있다는 생각을 조금씩 수용하기 시작했다. 그러나 각국의 공공보건당국이 취한 조치는 각국의 지리적 위치, 각국이 보유한 자원, 가능한 면역혈청 공급량에 따라 서로 차이를 보였다. 공공보건에서 국가가 해야 할 역할에 대한 견해 차이도 각국의 공공보건당국이 취한 조치에 차이를 가져온 한 가지 요인이었다.

공공보건당국과 민간 의료 전문가의 책임을 구분할 방법은 무엇이고 중앙정부와 지방정부의 역할을 나눌 방법은 무엇인가? 이런 여러 가지 영향이 작용한 결과 디프테리아를 예방할 목적의 백신접종 도입 시기와 도입 속도가 국가와 지역별로 큰 차이를 보였다. 1920년대 오스트레일리아, 캐나다, 미국이 아동을 대상으로 대규모 디프테리아 예방 백신접종에 나서면서 디프테리아 예방 백신접종의 도입을 주도했다.

캐나다 온타리오 주가 특히 적극적으로 디프테리아 예방 백신접종을 도입했다. 앞서 살펴본 바와 같이 존 G. 피츠제럴드 박사가 1913년 토론토대학교에 항독소 연구소를 설립했고, 1915년에는 온타리오 주 정부가 피츠제럴드 박사가 생산한 항독소의 무료 접종에 동의했다. 당시 온타리오 주 의료 전문가들은 주정부의 결정을 적극적으로 지원했다. 캐나다 온타리오 주에는 디프테리아 예방 백신접종 캠페인을 효과적으로 펼칠 수 있는 조건이 모두 갖춰져 있었다. 저렴한 가격에 면역혈청을 안정적으로 공급할 수 있었을 뿐 아니라 주 보건 위원회가 적극적으로 나섰으며, 주 의사들도 이 조치에 반대하지 않았다. 따라서 온타리오 주에서는 주 정부가 예방의학에서 일정한 역할을 한다는 사실에 거부감이 형성되기 전에 백신접종 프로그램을 정착시킬 수 있었다.

한편 오스트레일리아 역시 1916년부터 영연방 혈청 연구소가 저렴한 가격에 항독소(이후 변성독소)를 안정적으로 공급하기 시작했다. 그러나 오스트레일리아는 광활한 면적에 인구가 지극히 적은 탓에 마을과 도시들이 굉장히 멀리 떨어져 있었다. 게다가 영국의 식민 지배를 벗어난 여러 독립 도시들이 하나로 뭉쳐 하나의 국가인 오스트레일리아 연방을 구성한 것이 불과 1901년의 일이었으므로 전국적 백신접종 프로그램을 추진할 수 있는 행정 기구가 구성되지 않은 상태였다. 따라서 역사적, 지리적 이유로 어려움이 따랐다. 심지어 항독소 치료를 시행한 이후부터 1900년대 중반까지 전반적인 디프테리아 발병률이 오히려 증가하는 이상한 현상까지 나타났다.

1922년 오스트레일리아 전역에 퍼져 있는 일부 지역사회를 중심으로 집단 백신접종 캠페인이 시작됐다. 쉬크 테스트를 통해 디프테리아에 감염될 위험이 높은 아동에게 백신접종을 시행했는데, 강제성은 없었다. 변성독소는 영연방 혈청 연구소를 통해 확보할 수 있었지만, 변성독소 확보 업무는 지방정부가 해야 할 사업이었다. 사실 대부분의 지역사회는 그 뒤로도 오랫동안 디프테리아 예방 백신접종 프로그램을 시행하지 않았고 제2차 세계대전이 발발한 뒤에야 비로소 오스트레일리아 전역에서 백신접종이 일반화됐다.

미국에서는 뉴욕 시가 디프테리아 예방 백신접종을 선도했다. 뉴욕 시 공공보건부가 운영하는 연구소에서는 이미 1895년부터 디프테리아를 치료할 목적으로 항독소를 생산해왔고 1921년부터는 디프테리아 예방 목적의 백신접종을 시작했다. 아동을 대상으로 집단 백신접종을 시행하는 과정에서 수많은 문제점이 드러났다. (윌리엄 파크가 이끄는) 뉴욕 시 공공보건부는 뉴욕 시 교육부와 협업해 아동을 대상으로 쉬크 테스트를 수행해 필요한 경우 독소–항독소를 투여했는데, (당시로서는 흔치 않게) 부모에게 동의를 받은 아동에 한해 독소–항독소를 투여했다.

그러나 아동을 대상으로 시행한 집단 백신접종의 결과가 긍정적이었음에도, 뉴욕 시 공공보건부가 가야 할 길은 험난하기 그지없었다. 디프테리아에 감염될 위험이 가장 높은 미취학 아동에게 백신을 접종할 기회를 얻기 어려웠을 뿐 아니라 집단 백신접종을 거부하는 목소리도 높았기 때문이다. 따라서 아동을 대상으로 하는 디프테리아 예방 집단 백신접종 캠페인을 성공으로 이끌기 위한 홍보 노력이 절실하게 필요했지만, 뉴욕 시 공공보건부에는 홍보에 필요한 자원이 없었다. 그러나 뉴욕 시에 위치한 보험회사와 밀뱅크 기념 기금Milbank Memorial Fund같이 박애주의를 표방하는 민간 기구가 뉴욕 시 공공보건부에 필요한 자금을 지원해 디프테리아 예방 집단 백신접종 캠페인이 명맥을 이어갔다. 일부 지역사회에서는 공공보건부 담당자들이 모든 가정을 일일이 방문해 의사를 찾아 면역혈청을 투여 받으라고 권유하기도 했다.

한편 신문, 라디오, 가두 행진, 야외 공연 등 1920년대에 활용됐던 모든 홍보 수단이 디프테리아 예방 백신접종 캠페인 홍보에 동원됐다. 역사가 제임스 콜그로브는 뉴욕 시 공공보건부를 "디프테리아 퇴치라는 기치를 내건 십자군"이라고 묘사했다.[1] 뉴욕 시 공공보건부가 홍보에 열을 올리면서 보건 교육이 제도화됐는데, 그 덕분에 앞서 시행했던 천연두 백신접종에 비해 정보 제공 및 교육 활동이 활발하게 이루어졌을 뿐 아니라 강제성도 누그러졌다. 한편 제임스 콜그로브는 영국의 경우 디프테리아 예방 백신접종 '홍보'를 "영국의 의료 전문가에게는 어울리지 않는 처사"라고 생각해 무시했다고 밝혔다.[2] 미국 민간 부문에서 활동하는 의사들 역시 디프테리아 예방 백신접종을 달가워하지 않았으므로 백신접종을 공공보건당국이 무료로 제공할지 아니면 민간 부문 의사들이 (유료로) 제공할지 여부를 두고 열띤 논쟁이 벌어졌다. 〈미국의학협회 저널Journal of the American Medical Association〉은 공공보건당국이 제공하는 무료 백신접종에 반대 의견을 제시하기도 했다.

영국 보건부는 디프테리아 예방 목적의 집단 백신접종 도입에 거의 아무런 신경을 기울이지 않았다. 영국 보건부가 이를 망설인 데는 재정 부담을 져야 한다는 이유도 있었지만, (유료 백신접종을 하는 민간 부문의 이익을 훼손해) 일반의의 적대감을 불러오거나 (지방정부의 자율성을 침해해) 지방 보건당국의 적대감을 불러올 위험이 있다는 이유도 있었다. 만에 하나 디프테리아 예방 목적의 집단 백신접종 사업을 도입해도 그것은 어디까지나 해당 업무를 담당하는 지방 보건당국 담당자들의 몫이었다.

그러나 지방 보건당국 담당자들은 이 사업의 도입에 적극적으로 나서지 않았다. 그 이유는 백신접종이 가치 있는 일이라는 사실을 확신하지 못했기 때문이거나, 보건 서비스를 학교와 산전産前 및 아동복지클리닉으로 확대해야 한다는 생각에 사로잡힌 많은 사람 때문에 공공보건당국이 해야 할 일이 이미 산더미같이 많은 상태라고 생각했기 때문이다. 무슨 이유에서건 간에 영국 공공보건당국은 지극히 보수적인 태도로 일관했다. 영국 공공보건당국 담당자들은 항독소가 개발되기 이전에 사용하던 방법을 계속 활용하는 데 만족했으므로 디프테리아 치료 목적의 백신접종 도입조차도 항독소보다 안전성이 훨씬 더 뛰어난 변성독소를 활용할 수 있게 될 무렵에야 비로소 느리게 진행됐다.

영국 보건부는 백신접종 캠페인에 보조금을 지급하거나 (뉴욕 시나 온타리오 주에서처럼 면역혈청을 공급할 수 있는 공공 부문 백신 생산업체가 전혀 없는 상황이었음에도) 신뢰할 수 있는 백신 생산업체와 관련된 조언을 제공할 의향이 전혀 없었다. 영국 보건부의 견해는 1930년대로 접어들면서 조금씩 변화하기 시작해 더 큰 전염병이 유행할 것이라는 두려움에 휩싸인 1940년대에는 영국 보건부가 임시로 마련된 전시 긴급 조치에 재정을 지원하게 됐다. 그리고 1941년이 돼서야 비로소 잉글랜드와 웨일스에서 전국적 백신접종 프로그램이 시작됐다.

1920년대 미국 아동 1만 명 이상의 목숨을 앗아간 백일해를 극복하기 위한 백신접종이 시작됐을 때도 이와 유사한 국가 간 차이가 나타났다. 1920년대 말 덴마크 연구자인 토르발트 마드센이 간균을 죽여 만든 백일해 사백신을 개발한 뒤 여러 차례의 임상 시험이 잇달아 이어졌다. 이후 1930년대 오스트레일리아와 미국에서는 일부 의사들이 각자의 환자에게 치료 및 예방 목적으로 백일해 백신을 투여했다. 한편 유럽 대부분의 국가, 특히 영국에서는 예방 목적의 디프테리아 면역혈청 접종을 시행할 때와 마찬가지로 집단 백신접종 시행을 망설였는데, 영국 의학 연구 위원회는 1940년대에 접어들어서야 대규모 임상 시험을 했다. 그럼에도 뚜렷한 결론을 내리지 못하면서 의료 전문가들에게 확신을 심어주지 못하는 결과를 낳았다. 결국 1950년대 중반 새로운 임상 시험을 수행해 결과를 분석한 뒤에야 비로소 영국(과 유럽의 다른 국가들)은 백일해 집단 백신접종에 나섰다.

BCG 도입과 회의주의

결핵 백신접종의 역사에서 BCG 백신접종만큼 20세기 초 각국의 공공보건 정책을 휩싸고 있던 회의주의를 선명하게 보여주는 사례도 없을 것이다. 르네 뒤보와 장 뒤보는 대표적인 결핵 연구의 서문을 통해 당시 전 세계에서 매년 결핵으로 목숨을 잃는 사람이 300만~500만 명가량이었다고 지적했다. 이들의 연구는 코흐가 결핵균을 발견한(1882) 지 70년, BCG 백신접종이 처음 실시된 지 30년이 지난 시점인 1952년에 수행된 것이었다.[3]

19세기 결핵으로 인한 사망률 추이 및 사망률 하락의 원인은 의료 부문과 인구통계학 부문에서 가장 뜨거운 논란을 불러온 주제의 하나였다. 각국이 BCG 백신접종과 관련해 그토록 다른 태도를 보인 이유를 이해하고 BCG 백신접종이 가능해진 이후에도 상당히 오랜 기간 결핵 사망률이 높은 수준을 유지한 이유를 이해하는 일 역시 그리 녹록지만은 않았다. 그러나 결핵 백신접종 과정을 통해 제2차 세계대전 전후 수십 년간의 백신접종 정책을 생생하게 그려봄으로써, 각국이 상당히 상이한 반응을 보인 복잡한 요인에 대한 이해를 약간이나마 높일 수 있을 것이다.

두 얼굴의 백신

공공보건당국은 천연두나 디프테리아를 통제하는 일에는 관심을 보였지만 결핵 통제에는 관심이 없었다. 결핵은 매우 느린 속도로 그 모습을 드러내는데다가 결핵에 감염됐어도 감염된 사람이 수년 동안 뚜렷한 증상을 보이지 않을 수도 있기 때문이었다. 게다가 증상이 나타나더라도 다른 질병의 증상과 명확하게 구분하기 어려웠다. 한편 많은 의사들은 개인이 지닌 소인素因이 결핵이라는 '소모성 질환'에 감염될 위험을 결정하는 데 중요한 역할을 한다고 생각했으므로 결핵에 감염될 소인이 있는 사람들이 각별한 주의를 기울일 필요가 있다고 생각했다. 코흐가 결핵 감염을 일으키는 간균을 분리하는 데 성공했지만 결핵 감염과 개인이 지닌 소인을 결부시키는 일반적인 생각을 쉽게 타파하기에는 역부족이었다. 따라서 결핵균이 결핵의 원인이라는 사실이 밝혀진 뒤에도 기존의 결핵 치료법이 계속 성행했다.

19세기에는 결핵 치료를 위해 갖가지 방법이 동원됐는데, 오늘날의 관점에서 보면 상당히 특이하다고 여겨질 만한 치료법도 있었고 코흐의 투베르쿨린 치료법처럼 신뢰할 수 없는 치료법도 있었다. 한편 19세기에는 결핵 치료에 영양이 중요하다는 사실을 인식하게 됐는데, 이런 인식은 오늘날에도 유효하다. 나중에 실시한 역학 연구를 통해 육류와 우유를 충분히 섭취하는 식이요법이 결핵 감염 감수성을 누그러뜨리는 데 도움이 된다는 사실이 확인됐기 때문이다. 이 같은 연구 결과 덕분에 식량이 부족한 시기에 결핵 발병이 증가하는 이유도 이해할 수 있게 됐다. 휴식을 취하고 과도한 육체적 활동을 삼가라는 처방도 내려졌다.

한편 결핵이 기후와 관련이 있다는 생각과 공기가 맑은 시골, 산지, 바닷가의 깨끗한 환경이 결핵 치료에 도움이 된다는 생각이 만연했다. 덕분에 결핵 치료에는 효능이 없지만 그렇다고 해가 되지도 않는 별난 치료법이 성행하는 한편, 곳곳에 수많은 요양원이 설립돼 결핵 치료의 중심지로 부상했다. 그보다 앞서 폐결핵 환자를 격리하기 위한 특수 병원이 설립됐지만 깨끗한 공기를 마실 수 있는 개방형 공간에서 결핵을 치료하기 위해 설립된 입주형 시설과는 차이가 있었다. 1850년대 독일 의사 헤르만 브레머Herman Brehmer가 실레지아 산악지대에 최초로 요양원을 개설하면서 깨끗한 공기를 마시면서 휴식을 취하는 방법으로 결핵을 치료한다는 개념이 세상에 알려졌다.

많은 의사들이 단순히 깨끗한 공기를 마신다는 이유만으로 결핵이 치료될 수 있다는 생각을 받아들이기 어려워했음에도 요양원은 우후죽순처럼 생겨났다. "최초의 요양원이 설립된 이후 불과 20년 만에 깨끗한 공기를 마실 수 있는 개방형 공간에서 절대 휴식을 취함으로써 결핵을 치료할 수 있다는 생각이 유럽 전역에 자리 잡았다."[4] 이내 스위스 산악지대에 수많은 요양원이 설립돼 요양원에서 생활하며 치료를 받는 데 필요한 비용을 감당할 수 있는 사람들의 안식처가 됐다. 몇 년 뒤 헤르만 브레머의 저술을 접한 에드워드 리빙스턴 트루도가 미국에 요양원을 설립했다. 그러나 결핵은 결핵균이 확산되기 쉬운 인구가 과밀한 도시의 슬럼에 거주하는 빈곤한 주민들 사이에서 가장 크게 성행했으므로, 결핵 환자 가운데 한두 달 시간을 내 스위스 산악지대에 자리 잡은 요양원에서 휴식을 취하는 데 필요한 비용을 감당할 수 있는 사람은 지극히 드물었다.

19세기에는 결핵 사망자 수가 좀처럼 줄어들지 않았는데, 결핵이 감염성 질환이라는 사실을 인지하게 되면서 공공보건당국은 결핵 사망자 수를 줄이기 위한 행동에 나서기 시작했다. 예를 들어 뉴욕 시와, 유럽 국가 가운데 가장 인구가 과밀한 생활환경이 조성돼 있었던 프로이센에서는 의사들이 결핵에 감염된 환자를 엄격하게 격리하는 조치를 도입한 이후 결핵 사망자 수가 크게 감소했다. 잉글랜드와 웨일스에서는 결핵에 감염된 환자를 구빈원 치료소에 격리하는 조치를 취하는 범위와, 결핵 사망자 수의 감소 현상 사이에 상관관계가 있음이 조사를 통해 밝혀지기도 했다.

다양한 공공보건 조치가 도입되면서 결핵 사망자 수를 줄일 수 있었다. 거기에는 재개발을 통해 슬럼을 정리하고 인구밀도를 줄이는 환경 개선, 결핵 환자가 발생했을 때 의사가 이를 공공보건당국에 알리도록 하는 보고 체계 마련, 공공 기금으로 운영하는 병원 및 요양원 설립 등의 방법이 포함됐다. 영국에서는 지방 공공보건 담당자들이 보건의료 정책에 관련된 다양한 요소들을 조정하고 관리할 책임을 지고 있었으므로, 결핵 치료를 자신의 임무로 생각할 뿐 아니라 공공보건당국의 개입으로 수입이 줄어들 위기에 빠진 민간 의료 전문가들과 갈등을 빚었다.

1911년 국민보험법을 도입하면서 데이비드 로이드 조지 영국 수상은 결핵이 영국에 미치는 영향을 언급했다. 당시 영국과 아일랜드에서는 매년 7만 5,000명이 결핵으로 목숨을 잃었다. 이는 일할 수 있는 연령대의 남성 셋 중 하나에 해당하는 수치이자, 젊은 여성 사망자 수의 절반에 해당했다. 로이드 조지 영국 수상은 요양원 설립에 투자한 독일의 결핵 사망자 수가 영국보다 적다고 지적하면서 영국도 독일의 뒤를 따라야 한다고 지적했다. 이는 독일의 경험을 무시하고 요양원을 설립하지 않는다면 영국의 '국가 효능'이 독일에 못 미치게 될 것이라는 점을 염두에 둔 발언이었다.

그로부터 3년 뒤 제1차 세계대전이 발발했다. 전쟁을 치르는 동안 유럽 대부분의 국가와 마찬가지로 영국에서도 결핵 사망자 수가 급증했는데, 이는 과밀한 인구, 부족한 주택, 부실한 영양공급 같은 열악한 환경에 1918년 유행한 스페인 독감이 동시이환^{同時罹患}하는 상황이 겹친 결과였다. 제1차 세계대전이 끝난 1920년대 일부 국가에서 BCG 백신접종을 도입해 결핵 예방 노력의 핵심으로 삼았지만, 여기에서도 다시 한 번 디프테리아 예방 목적의 백신접종에서 확인한 국가별 정책 차이를 엿볼 수 있다.

1920년대 초부터 파리 자선 병원은 BCG 백신을 우유에 섞은 뒤 신생아에게 경구 투여하는 방식으로 BCG 백신을 광범위하게 사용했다. 스칸디나비아반도 국가들에서도 BCG 백신접종을 광범위하게 활용해 결핵 사망자 수를 줄이기 위해 노력하는 사람들이 나타났는데, 덴마크 국립 혈청 연구소 소장을 지낸 요하네스 홀름^{Johannes Holm}이 그러했다. 1927년부터 덴마크는 국립 혈청 연구소가 생산한 BCG 백신을 접종하기 시작했는데, 광범위한 백신접종은 제2차 세계대전이 끝난 이후 실시됐다. BCG 백신접종을 광범위하게 사용하는 데 공헌한 또 다른 중요한 인물은 스웨덴 예테보리대학교 소아과 교수인 아르비드 발그렌^{Arvid Wallgren}이었다. 그는 1927년부터 결핵에 감염된 사람이 속한 가족에게 백신접종을 시작했다. 한편 프랑스에서는 BCG 백신을 경구 투여했고, 스칸디나비아반도 국가들에서는 피부에 접종했다.

독일 의사들 역시 1925년부터 BCG 백신접종을 시작했지만 얼마 지나지 않아 백신접종이 중단되면서 이후 6년 동안 독일에서는 BCG 백신을 접종할 수 없었다. 독일 북부의 뤼벡이라는 마을에서 BCG 백신접종을 받은 아동 가운데 72명이 백신접종을 받은 지 불과 1년 만에 목숨을 잃은 사건이 벌어졌기 때문이다. 뒤이은 조사에서 특정 BCG 백신 배치^{batch}가 오염되는 바람에 비극이 일어났다는 사실이 밝혀졌지만 대중은 BCG 백신접종을 중단해야 한다고 목소리를 높였다. 뤼벡에서 일어난 비극 덕분에 이득을 본 사람은 BCG 백신접종을 불신한 많은 연구자와 의사들이었다.

한편 BCG 백신접종을 불신하는 회의론자들은 영국에도 많았다. BCG 백신접종의 안전성과 효능을 입증하기 위해 영국에서 실시한 연구가 오히려 의심의 단초를 제공한 탓이었다. 덴마크와 스웨덴에서 이미 BCG 백신접종을 통해 큰 효과를 누리고 있음을 알면서도 대부분의 영국인들은 스칸디나비아반도 국가들이 통제된 임상 시험을 진행하지 않았다는 점을 지적하면서 BCG 백신접종에 불신을 키웠다. 사실 덴마크나 스웨덴이 결핵을 통제하는 데 성공했더라도 그것이 BCG 백신접종의 영향 때문인지 아니면 두 나라가 자랑하는 높은 위생수준과 저렴한 치료비를 바탕으로 한 적극적인 치료 때문인지 확인할 길이 없었다.

한편 런던 보건 및 열대 의과대학London School of Hygiene and Tropical Medicine의 저명한 역학자인 메이저 그린우드는 프랑스에서 칼메트가 수집한 데이터가 과학적 가치가 없다고 일축했다. 역사가 린다 브라이더Linda Bryder는 BCG 백신의 임상 시험 가운데 통계적으로 가장 의미 있는 결과를 보인 것은 북아메리카 인디언의 임상 시험이었음을 지적했다. 따라서 영국 사람들이 해당 임상 시험 결과가 자신들과는 무관하다고 생각한 것도 무리는 아니었다!

BCG 백신접종의 안전성과 효능을 입증하는 증거에 대한 의심만이 BCG 백신접종에 대한 영국 사람들의 광범위한 불신을 부추긴 것은 아니었다. 한 도시 내에서도 여러 구역 사이에 다르게 나타나는 결핵 사망률을 살펴보면 부유한 구역보다 가난한 구역에서 결핵 사망률이 훨씬 더 높게 나타남을 파악할 수 있었다. 1920년대 당시 결핵 문제를 연구한 연구자들은 이 차이를 사람들이 생활하는 환경의 물질적 차이에서 찾지 않았다.

오히려 앞서간 빅토리아 시대의 연구자들과 마찬가지로 가난한 지역의 사람들이 무지와 경솔함 때문에 생활방식을 잘못 선택해 나타나는 현상으로 치부했다. 린다 브라이더는 결핵 연구자들이 높은 결핵 사망률의 원인을 잘못 선택한 생활방식 탓으로 돌림으로써 환자에게 생활방식의 변화를 권유하는 한편, 백신접종으로 인위적인 보호를 제공해 오히려 환자가 안심하는 상황이 조성되지 않게 하려는 경향이 생겼다고 지적했다.[5]

만일 무지 탓에 잘못 선택한 생활방식으로 결핵에 감염되는 것이 사실이라면 사람들에게 올바른 생활방식을 가르치고 스스로를 통제하는 방법을 교육하면 될 터였다. 즉, 자신의 건강을 스스로 지키는 데 도움이 되는 방법, 건강한 식이요법의 가치, 깨끗한 공기를 마시고 적당한 운동을 하는 생활방식의 이점을 교육할 필요가 있었는데, 이는 수년 동안 그 가치를 입증해온 조치였다. 따라서 군이 BCG 백신을 접종해 사람들에게 안전하다는 잘못된 믿음을 심어주거나 스스로의 행동을 변화시키려는 의지를 꺾을 위험을 감수할 이유가 없었다.

한편 결핵 백신접종을 일반화하려는 노력이 의사들의 전문 영역을 침해해 경제적인 이익을 위협한다는 주장이 제기되면서 BCG 백신접종 도입에 반대하는 목소리는 더욱 높아졌다. 결핵 전문 요양원에서는 결핵 전문가들을 초빙해 요양원 관리 감독을 맡겼다. 따라서 예방 목적의 백신접종의 효능을 입증하는 증거가 매우 강력하지 않은 한, 결핵 전문가들이 회의적인 반응을 보일 수밖에 없으리라는 것은 불 보듯 뻔했다.

한편 미국의 결핵 전문가들의 견해도 영국과 크게 다르지 않았으므로 미국에서도 BCG 백신접종이 거의 진행되지 않았다. 집단 백신접종을 하면 기존에 활용되던 결핵 치료법의 인기가 떨어질 위험이 있었고, 사람들에게 안전하다는 잘못된 믿음을 심어줄 위험이 있었다. 영국과 미국의 결핵 전문가들은 사태의 심각성에 대한 열띤 논쟁 한번 제대로 펴보지 않은 채 BCG 백신접종의 잠재력을 무시해버렸다.

제2차 세계대전이 발발하면서 영국에서는 매년 결핵 감염 진단을 받는 신규 환자 수가 수만 명에 달했고, 그 가운데 2만 명이 넘는 사람이 목숨을 잃었다. 제1차 세계대전을 치를 때와 마찬가지로 제2차 세계대전 동안에도 결핵 사망률이 치솟았다. 유럽 대륙에서는 특히 나치가 점령한 국가를 중심으로 강제 이주와 주택 파괴로 인한 노숙 생활이 이어지고, 특정 지역에 인구가 과밀해지거나 영양실조가 발생하면서 결핵 발병률이 급격하게 치솟았다.

중립국이었던 스웨덴이 결핵 백신접종에 앞장섰는데, 복지국가 스웨덴에서 때마침 확장 및 강화되고 있던 예방 보건을 강조하는 일은 지극히 자연스러운 일이었다. 1944년 스웨덴은 모든 교사와 학생에게 투베르쿨린 테스트를 해서 음성 판정을 받은 경우 BCG 백신접종을 의무화하는 법안을 통과시켰다. 덕분에 스웨덴의 BCG 백신접종률이 급격하게 치솟았고 제2차 세계대전이 끝난 뒤에는 덴마크와 노르웨이가 스웨덴이 걸어간 길을 따라갔다.

제2차 세계대전을 치르는 과정에서 영국 보건의료당국은 BCG 백신접종을 재고해보지 않으면 안 되는 시점에 이르렀음을 깨달았다. 엑스레이 집단간접검진 기법이 개발된 덕분에 모든 사람을 대상으로 검진을 실시해 결핵 감염을 조기에 발견할 수 있는 길이 열렸다. 영국 보건의료당국은 우선 군입대한 신병과 전쟁에 꼭 필요한 산업 종사자를 대상으로 엑스레이 집단간접검진을 실시했다. 이런 조치는 이들 사이에서 결핵 감염이 확산하는 사태를 방지하는 데 기여했지만 한편으로는 결핵 감염자로 밝혀진 사람들을 격리하고 치료하기 위한 추가 시설의 필요성을 환기했다.

그리고 바로 여기에서 문제가 발생했다. 제2차 세계대전을 치르는 동안과 전쟁이 끝난 뒤 (민간인을 대상으로 한 엑스레이 집단간접검진이 시행되면서) 결핵 요양원에서 근무할 간호사가 크게 부족해진 것이다. 린다 브라이더는 자신이 간호하는 환자 때문에 결핵에 감염될 것을 두려워한 여성들이 결핵 요양원에서 간호사로 근무하기를 꺼렸다는 사실을 밝혀냈다. 간호사의 결핵 감염률이 매우 높았으므로 여성들이 이런 두려움을 지니게 된 것도 무리는 아니었다.

따라서 1943년 결핵 전문가들은 영국 보건부에 BCG 집단 백신접종을 재고하라고 촉구했고, BCG 백신접종에 대한 공공보건당국의 견해도 서서히 변화하기 시작했다. 1949년 열린 '영연방 및 제국 결핵 컨퍼런스'에 대표로 참석한 많은 사람은 영국 식민지에 BCG 백신접종을 도입해야 한다고 주장했다. 결핵 감염률이 높지만 영국에서 활용할 수 있는 시설과는 비교할 수 없을 만큼 열악한 시설을 운영하고 있는 영국 식민지에 BCG 백신접종을 도입하면 그 가치는 이루 말할 수 없을 만큼 클 터였다.

결핵 전문가들의 촉구와 영국 공공보건당국의 견해 변화에 힘입어 1949년 영국 내 간호사를 대상으로 BCG 백신접종이 시행됐고, 1년 뒤에는 영국 의학 연구 위원회가 5만 6,000명의 학생을 대상으로 임상 시험을 시작했다. 그 결과 BCG 백신접종이 상당한 보효 효능을 보였는데, 임상 시험 결과가 발표된 1956년이 되기 3년 전부터 이미 아동을 대상으로 BCG 집단 백신접종을 하고 있었다. 새로 권력을 잡은 노동당 정부는 의료 전문가들의 조직적인 반대를 무릅쓰고 국민보건서비스 출범 계획을 추진했다. 한편 예방 보건에 더욱 전념하겠다는 약속은 국민보건서비스를 출범하려는 노동당 정부의 계획에 잘 들어맞았으므로, 스웨덴을 더 나은 복지국가로 발전시키려고 했던 스웨덴 정부가 예방 보건에 앞장섰

듯이 영국 정부도 예방 보건에 더욱 힘을 쏟게 됐다.

세계보건기구와 BCG 백신접종 프로그램

제2차 세계대전이 끝난 뒤 동유럽에서는 되살아난 결핵이 그 어느 때보다 극심하게 기승을 부렸다. 1946년 폴란드 전역을 살피고 다닌 덴마크 구호 사절단은 결핵이 극심하게 날뛰는 데 비해 결핵을 퇴치하는 데 활용할 수 있는 시설은 지극히 부적절하다고 판단했다. 엑스레이 집단간접 검진이 도입됐다고는 하지만 폴란드의 전력 공급이 불안한 상태였으므로 이 방법을 충분히 활용하기가 어려웠다. 한편 미국에서는 과학자들이 항생제인 스트렙토마이신을 개발해 결핵 치료에 사용했지만 공급이 달리기는 마찬가지였다.

따라서 1947년 덴마크 적십자는 투베르쿨린 테스트를 해서 음성 판정을 받은 폴란드 아동들에게 유일하게 활용할 수 있는 방법으로 여겨진 BCG 백신접종을 시행했고, 6개월 만에 4만 6,000명에게 BCG 백신을 접종하는 성과를 올렸다. 그로부터 얼마 지나지 않아 전쟁으로 황폐화된 유럽 각국 아동에게 영양을 공급하는 프로그램을 운영하던 UNICEF가 덴마크 적십자가 폴란드에서 수행한 일을 확대 지원할 의사가 있음을 밝혔고, 그와 동시에 새로운 국제 보건 조직, 즉 WHO를 구성하려는 계획이 진행됐다.

WHO가 구성되면 결핵 퇴치를 최우선 사업의 하나로 다루기로 마음 먹은 전문가들은 1947년 '결핵 전문가 위원회'를 구성하고 덴마크 국립 혈청 연구소 소장을 지낸 요하네스 홀름을 위원장으로 임명했다. 코펜하겐에 머물던 홀름은 UNICEF가 지원하는 BCG 백신접종이 (배타적이지는 않지만) 매우 중요한 역할을 하는 결핵 퇴치 프로젝트도 진두지휘했다. 요하네스 홀름이 두 사업을 동시에 이끌면서 UNICEF와 새로 출범한 WHO 사이의 영역 다툼을 피할 수 있었다.

한편 1948년 초 노르웨이와 스웨덴 구호단체가 덴마크 적십자의 사업에 동참하기로 하면서 이른바 '공동 사업단'의 기틀이 마련됐다. 세 나라는 코펜하겐에 본부를 두게 될 공동 사업단을 통해 현장에서 구호 사업을 벌이는 외에도 테스트와 백신접종 절차의 표준화 작업에 합의했다. 또한 1948년 UNICEF 집행 위원회는 공동 사업단이 유럽에서 벌이는 활동에 200만 달러, 아시아, 아프리카, 라틴아메리카에서 벌이는 백신접종 사업에 200만 달러를 지원하기로 약속했다.

마침내 1948년 7월 1일 (이후 국제 결핵 캠페인으로 이름을 바꾸는) 공동 사업단은 덴마크 적십자의 활동을 승계하고 공식 활동을 시작했다. 덴마크, 스웨덴, 프랑스, 인도, 멕시코의 연구소들은 새로 출범한 WHO 산하 생물의약품 표준화를 위한 전문가 위원회가 승인한 BCG 백신을 공급했다.

당시 BCG 백신은 열과 빛에 민감하게 반응하고 몇 주 안에 효능이 사라져버리는 액상 형태의 생백신뿐이었으므로, 연구소에서 생산한 백신을 실제 접종을 실시할 장소까지 신속하게 운반하는 문제가 중요하게 대두됐다. 처음에는 특수 장비를 갖춘 덴마크 적십자 소유의 소형 비행기를 이용해 백신을 접종 현장에 공급했다. 프로그램이 점차 확대되면서 소형 비행기만으로는 백신 운반을 감당할 수 없게 되자 1949년 1월 공동 사업단은 미국 공군으로부터 DC3 화물 수송기를 임대해 백신 공급에 사용했다. 이후 민간 항공기 운항 횟수가 늘고 신뢰도가 높아진 1950년부터는 민간 항공기를 이용해 BCG 백신을 공급했다.

공동 사업단이 수행하는 BCG 백신접종 프로그램은 1951년 6월 30일 종료돼 WHO의 정규 프로그램에 통합됐다. WHO가 이어받은 BCG 백신접종 사업은 UNICEF가 백신 공급을 담당하고 각국 정부가 자국 영토 내의 백신접종 프로그램을 관리하는 구조였는데, WHO는 1955년 출범한 말라리아 퇴치 프로그램에도 이와 같은 사업 모델을 다시 한 번 활용했다.

3년간의 활동을 통해 공동 사업단은 22개국과 팔레스타인 난민 캠프에서 결핵 테스트 프로그램을 운영하고 BCG 백신접종을 시행했다. 투베르쿨린 테스트를 받은 3,000만 명 가운데 약 1,400만 명이 백신접종을 받았는데, 3년 동안 하루 평균 2만 7,000건의 테스트와 1만 2,000건의 백신접종을 한 셈이었다. 한편 공동 사업단은 일부 국가에서 BCG 백신접종 캠페인을 진행하는 데 어려움을 겪었다. 이탈리아에서는 BCG 백신접종 캠페인보다는 BCG 백신 연구를 위한 공공보건당국과 의료 전문가들의 반대가 극심했고, 멕시코에서는 BCG 백신접종으로 목숨을 잃은 사람이 있다는 유언비어가 돌면서 투베르쿨린 테스트와 BCG 백신접종 사업이 중단됐다 재개되기를 반복해야 했다.

1948년 결핵이 신생독립국가 인도에서 유행하는 전염병에서 큰 비중을 차지하므로 BCG 백신접종 프로그램을 도입하겠다고 선언한 인도 정부는 공동 사업단에 도움을 요청했다. 1949년 초 스칸디나비아반도 국가에서 활동하는 의사들이, 인도 전역에 포진한 도심 지역 인도 의사들에게 BCG 백신접종 방법의 전수 임무를 띠고 인도를 찾았다. 이들은 원래 인도에 6개월가량 머무르면서 활동할 계획이었지만, 결과적으로는 공동 사업단의 활동이 WHO-UNICEF가 운영하는 사업에 통합된 1951년까지 인도에서의 활동을 계속 이어갔다.

그 뒤 공동 사업단으로부터 BCG 백신접종 사업의 운영을 이어받은 인도 공공보건당국은 WHO의 기술 지원과 UNICEF의 자금 지원을 받아 집단 백신접종 캠페인을 진행하려는 계획을 수립했다. 단계별로 진행될 예정이었던 인도의 집단 백신접종 캠페인은 첫 번째 단계에서는 7,000만 명을 대상으로 하고, 1961년까지는 25세 이하의 모든 인구(약 1억 7,000만 명)를 대상으로 투베르쿨린 테스트를 한 뒤, 음성 판정을 받은 모든 사람에게 BCG 백신접종을 시행할 계획이었다. 사업이 완료되기까지는 꼬박 10년이 걸릴 예정이었다.

그러나 인도에서 BCG 백신접종 캠페인을 진행한 국제 공공보건 전문가들은 큰 난관에 부딪혔다. 이들의 임무는 제2차 세계대전이 끝난 유럽에서 개발해 시행한 BCG 백신접종 프로그램 관련 지식을 인도에 전수해주는 것이었지만, 문제는 가난하고 덥고 인구밀도가 높은 인도의 환경이 유럽의 환경과 전혀 다르다는 데 있었다. 모든 사람이 BCG의 안전성이나 효능에 확신을 가지고 있었던 것은 아니었으므로 WHO 전문가들은 BCG 백신접종 캠페인을 되도록 표준화된 방식으로 시행하기를 원했다. 만에 하나 표준화된 방식에서 조금이라도 벗어나는 기미가 보이면 BCG 백신접종에 반대하는 목소리가 커질 것이었으므로 무슨 일이 있어도 그렇게 되는 일만은 막아야 했다.

인도라는 지역의 환경과, 표준 처리방법에 따라 BCG 백신접종을 시행하라는 상부의 압력 사이에서 균형점을 찾는 일은 쉽지 않았다. 결국 현장의 환경을 감안해 표준 처리방법의 엄격한 적용이라는 원칙에서 한 발 물러선 국제 공공보건 전문가들은 유럽에서 시행한 BCG 백신접종 캠페인의 절차를 약간 수정했다. 즉 두 차례 투베르쿨린 테스트를 진행한 뒤 결핵 감염 여부를 확진하던 방식에서 한 차례의 투베르쿨린 테스트 결과만으로 감염 여부를 확진했고, 신중하게 통계 데이터를 수집하려는 노력을 포기했다. 게다가 유럽에서는 자격을 갖춘 의료 인력(의사와 간호사)만이 BCG 백신접종을 할 수 있었지만 의료 인력이 절대적으로 부족했던 인도에서는 이 규정을 준수하기가 불가능했으므로, 일반인(비의료 전문가) 가운데 담당자를 선정해 의사의 감독하에 백신접종 업무를 맡겼다.

BCG는 정말 안전한가?

BCG 백신접종이 결핵 감염을 예방한다고 확신을 주는 증거는 여전히 나타나지 않았다. 임상 시험 결과는 여전히 모호했으므로 영국과 미국에 포진한 수많은 회의론자들에게 확신을 주기에는 역부족이었다. 뉴욕 시에서는 (뉴욕 시 공공보건 연구부 부서장으로, 디프테리아 퇴치 사업을 성공리에 이끌었던) 윌리엄 파크가 1927년 BCG 백신 임상 시험을 시작했다. 그러나 아메리카 인디언을 대상으로 한 임상 시험의 결과와 완전히 다른 결과가 도출됐고, 파크와 동료 연구자들은 BCG 백신접종이 결핵 예방 효과가 없다는 결론을 내렸다. 따라서 BCG 백신에 회의적이었던 영국과 미국의 연구자들은 새로운 결핵 백신 연구에 매진했고 1930년대 록펠러 재단의 지원을 받아 사백신을 개발한 뒤 자메이카에서 임상 시험을 진행했지만 실패로 돌아갔다.

결핵을 가장 효과적으로 퇴치하는 방법은 감염 여부를 테스트한 뒤 접촉한 사람을 추적해 치료하는 방법이라고 철석같이 믿은 미국의 저명한 결핵 전문가들은, 지난날 영국의 결핵 전문가들과 동일한 근거를 내세우면서 BCG 집단 백신접종에 반대 목소리를 드높였다. 미국의 저명한 결핵 전문가들은 백신을 접종하면 감염자를 식별해 치료하던 기존의 치료법을 활용하기 어려워질 것을 우려했다. 투베르쿨린 테스트에서 음성 판정을 받은 모든 사람에게 BCG 백신접종을 시행하면 결핵 감염 여부를 테스트하는 일이 무의미해질 터였고, 결국에는 감염의 근원을 파악할 수 없게 될 터였다. 따라서 1940년대에 접어들면서 항생제인 스트렙토마이신이 개발돼 결핵에 감염된 사람들을 치료할 수 있게 되자 미국 의사들은 일제히 스트렙토마이신을 활용한 결핵 치료에 매진했다.

심지어 1950년대에 접어들어서도 BCG 백신의 효능을 입증할 만한 강력한 증거는 나타나지 않았다. BCG 백신접종을 시행한 국가에서 결핵 발병률이 줄어드는 것은 사실이었지만 그것이 BCG 백신접종으로 인한 결과인지 결핵 퇴치를 위해 기존에 해온 그 밖의 조치로 인한 결과인지 확신할 수 없었다. 게다가 (아이슬란드와 네덜란드를 비롯한) 일부 국가에서는 BCG 백신접종을 시행하지 않았음에도 결핵 발병률이 떨어지는 현상이 나타났다.

미국과 영국의 전문가들은 자국에서 시행하는 결핵 백신접종의 가치는 신뢰하지 않았지만, 열대지방 국가에서는 결핵 백신접종이 유용하게 사용될 수 있을 것이라고 생각했다. 열대지방 국가는 미국과 영국에 비해 결핵이 유발하는 건강 위협이 훨씬 더 컸을 뿐 아니라 결핵을 진단하고 치료할 시설도 부족했기 때문이다. 예를 들어 1930년대와 1940년대 상파울루와 리우데자네이루를 비롯한 브라질의 여러 도시에서는 결핵이 장티푸스, 매독, 디프테리아, 홍역보다 더 많은 사람의 목숨을 앗아가면서 사망 원인 가운데 가장 큰 비중을 차지하기도 했다. 그러나 브라질이 자체적으로 BCG 백신접종 프로그램을 시행하면서 1940년대 중반 이후 결핵 사망자 수가 크게 줄어들었다.

결정적인 증거가 나타나지 않았음에도 WHO와 UNICEF는 서유럽과 북아메리카 이외의 지역에서 BCG 백신접종 프로그램을 지속적으로 추진해나갔다. WHO와 UNICEF의 입장에서는 BCG 백신접종 프로그램이 국제 결핵 통제에 유일하지는 않더라도 중요한 요소로 자리매김해야 할 필요가 있었다. 한편 (UNICEF와는 다르게) WHO에서는 BCG 백신접종에 어디까지 의지해야 하는가라는 의문이 제기됐지만 자금이 부족하고 대안 전략을 개발해 시행할 수단이 없었다. 따라서 비교적 저렴하고 시행하기 용이한 BCG 집단 백신접종 프로그램을 포기할 수 없었으므로 백신의 효능을 입증해 사람들의 의심을 해소할 필요가 있었다.

이에 따라 WHO는 BCG 백신접종의 효능을 입증할 증거를 확보하기 위한 특별 연구 계획을 수립하고 1950년대 중반 연구에 들어갔다. 연구 초기에 밝혀진 결과에 따르면 BCG 백신접종의 효능이 지역에 따라 크게 달라지는 것처럼 보였는데, 이후 다양한 지역에서 수집한 데이터를 다시 분석한 결과 집단 백신접종이 결핵 발병률에 미치는 효능이 서로 달라 도저히 신뢰할 만한 결과를 도출할 수 없다는 결론에 이르렀다. 어느 지역에서 수행한 연구에서는 BCG 백신접종의 효능이 80퍼센트에 달했지만 다른 지역 연구에서는 효능이 없는 것이나 다름없는 결과가 나왔기 때문이다. 이론적인 측면에서 이 결과는 한번 연구해봄직한 매우 흥미로운 문제였지만 WHO에게는 해결해야 할 딜레마에 불과했다.

WHO는 BCG 백신의 효능을 입증할 최후의 장소로 인도를 선택했지만 아무것도 손에 넣지 못한 채 물러나야 했다. WHO는 1968년 (과거 마드라스로 불렸던 첸나이 인근의) 칭글레푸트 지구에서 이미 몇 년 전 제안된 대규모 BCG 백신접종 임상 시험을 시작했다. WHO와 미국 공공보건 서비스가 지원하고 인도 의료 연구 위원회가 수행한 대규모 임상 시험은 열대지방 국가에서 BCG 백신접종의 가치를 입증할 마지막이자 절호의 기회였다.

당시 WHO가 직면한 문제는 BCG 백신접종의 필요성이 가장 낮은 국가에서 시행된 임상 시험에서 도출된 결과는 긍정적인 반면, 열대지방의 가난한 국가에서 도출된 결과는 기껏해야 모호한 수준에 불과하다는 점이었다. WHO가 인도의 칭글레푸트 지구를 BCG 백신접종 임상 시험 지역으로 선정한 이유는 이 지구에서 생활하는 사람들이 '감염 감수성이 낮다'고 알려졌기 때문이다. 특정 지역에서 시행한 투베르쿨린 테스트에서 모호한 결과가 빈번하게 도출되는 현상을 통해 1950년대에 밝혀진 개념인 '낮은 감염 감수성'은 감염 정도가 지나치게 약해 결핵 감염으로 확정하기는 어렵지만 그렇다고 해서 감염되지 않았다고 확정할 수도 없는 사람들이 많은 지역에서 주로 나타났는데, BCG 백신접종 임상 시험 결과를 모호하게 만들었으므로 두고두고 WHO의 골칫거리가 됐다.

낮은 감염 감수성 현상은 결핵 유발에 관련된 박테리아, 즉 마이코박테리아mycobacteria에 감염된 결과 나타나는 것으로 알려졌다. 낮은 감염 감수성 현상에는 세상에 존재하는 다양한 종류의 마이코박테리아 가운데 토양에 서식하면서 병원체는 아니지만 결핵 보호 효능을 발휘하거나, BCG 백신 작용을 억제하는 마이코박테리아가 관여하는 것으로 여겨졌다. 과거에 진행한 BCG 백신접종 임상 시험에 이와 같이 감염 감수성이 낮은 사람들을 포함시킨 결과 접종 효능이 실제보다 더 낮게 나타났을 가능성이 있었다. 즉, 과거에 진행한 임상 시험 결과에서 나타난 차이가 바로 감염 감수성이 낮은 사람들이 임상 시험에 포함된 데서 기인했을 가능성이 있었다.

따라서 WHO는 칭글레푸트 지구에서 새롭게 시작한 BCG 백신접종 임상 시험에 투베르쿨린 테스트 양성 판정을 받은 사람들뿐 아니라, 감염 감수성이 낮은 사람들까지 포함해 이들이 과거에 진행한 임상 시험 결과에 미친 영향을 확인하려 했다. WHO로부터 독립한 전문가들이 칭글레푸트 지구의 BCG 백신접종 임상 시험에 사용된 연구 방법론을 주의 깊게 검토해 1977년 첫 번째 보고서를 발표했다. 검토 결과 BCG 백신접종이 전혀 효과가 없었고, 이런 결과에 WHO와 인도 의료당국은 실망감을 감추지 못했다. 그럼에도 WHO를 비롯한 국제 공공보건기구는 사람들의 유전적 다양성 때문이라는 둥, 임상 시험은 성인을 대상으로 했지만 BCG 백신접종은 아동에게 더 큰 효능을 발휘한다고 믿을 만한 근거가 있다는 둥, 무엇보다 가장 중요하게는 BCG 백신접종을 제외하고는 결핵 퇴치에 활용할 수 있는 저렴한 대안적 수단이 없다는 둥, 다양한 근거를 제시하면서 BCG 백신접종에 대한 미련을 버리지 않았다.

사실 당시 사용 가능한 항결핵 약제는 가격이 높아 WHO가 열대지방 국가들에 광범위하게 보급할 수 없는 형편이었다. 결국 BCG 백신접종 프로그램은 WHO와 UNICEF가 1970년대 초 가시성을 더 높인 프로그램인 '백신접종 확대 프로그램'을 개발하면서 새로운 프로그램에 통합됐다. 그러나 가장 큰 규모로 수행된 인도에서의 임상 시험 결과가 부정적이었음에도 이를 계기로 의료 전문가들은 BCG 백신접종의 효능을 신뢰하는 방향으로 입장을 선회하기 시작했다. 이후의 임상 시험을 통해 BCG 백신접종이 5세 이하의 아동이 중증 결핵에 걸리지 않도록 예방한다는 사실과, 전혀 무관해 보이는 한센병에도 약간의 보호 효능을 발휘한다는 사실이 밝혀졌다! 그러나 오늘날 HIV 보균자를 중심으로 결핵이 되살아나면서 BCG 백신보다 효능이 더 나은 새로운 백신 개발 움직임이 활발해지고 있다.

논란의 중심에 선 백신

 지금까지 크게 세 가지 주제를 중심으로 백신접종이 시작되는 과정을 살펴보았다. 첫 번째 주제는 사람들이 일반적으로 생각하는 것처럼 백신을 고유한 무엇이 아니라 공동체의 보건을 보호하는 도구, 즉 공공보건 기술 가운데 하나로 파악해야 한다는 것이다. 그럼으로써 한 세기 전, 즉 백신이 지금처럼 자명한 것으로 받아들여지지 않았던 당시의 백신에 대한 평가 방식을 더 제대로 파악할 수 있기 때문이다. 한편 백신을 여러 가지 도구 가운데 하나로 파악하면 백신이 표방하는 목적이 아니라 백신의 활용이나 효능을 생각해볼 기회도 얻을 수 있는데, 무릇 도구란 갖가지 방식으로 사용될 수 있기 때문이다.

 두 번째 주제는 천연두를 제외하고는 질병 예방을 목적으로 한 백신접종의 가치를 수용하는 과정이 더뎠을 뿐 아니라 일관성 없게 진행됐다는 것이다. 디프테리아 치료에 사용하던 항독소를 디프테리아 예방으로 확장해 사용하는 일은 그 자체로 쉽지 않았다. 당시 사람들이 지극히 적절하다고 생각한 다양한 디프테리아 통제 조치들이 존재하고 있었기 때문이다. 게다가 항독소가 디프테리아를 성공적으로 치료하는 데 기여한다는 사실은 쉽게 확인되는 반면, 예방을 목적으로 디프테리아 항독소를 사용할 경우 그 효능을 입증하기까지는 대규모 데이터를 바탕으로 상당한 시간이 필요하다는 단점도 있었다. 따라서 무증상 보균자 개념 파악, 더 안전한 변성독소 면역혈청 개발, 쉬크 테스트를 통한 감염 감수성 판단 등 면역을 더 잘 이해한 뒤에야 비로소 예방 목적의 백신접종이라는 개념을 사람들이 수용하게 됐다.

 제1차 세계대전 도중 장티푸스 백신접종이 성공을 거두면서 공공보건당국 담당자들은 예방 목적의 백신접종이 예방 보건에 광범위하게 활용할 수 있는 도구라는 확신을 가지게 됐다. 그 덕분에 20세기로 접어들 무렵 디프테리아 치료에 사용되기 시작한 항독소는 1920년대가 돼서야 비로소 디프테리아 예방 목적으로 광범위하게 사용됐다. 그러나 모든 사람들의 의심이 풀린 것은 아니어서 여전히 많은 사람이 예방 목적의 디프테리아 항독소 백신접종에 의문을 품고 있었다. 심지어 1920년대에는 세균학에 입각해서 건강과 질병 문제를 해결하는 일 자체에 열의를 보이지 않는 의료 전문가들도 있었고, 세균학이 지나치게 많은 과업을 떠안고 있다고 생각하는 의료 전문가도 있었다. 이들은 박테리아 박멸에 관심을 집중하면 제도적, 환경적 요인에 관심이 줄어들 것을 우려했다.

한편 의료 현장에서 환자를 직접 진료하는 일부 의사들은 연구소가 병원의 병상을 대체해가는 현실에 경각심을 느끼고 특별한 임상 과학의 기틀을 다지기 시작했는데, 가장 눈에 띄는 기관으로는 1914년 문을 연 록펠러 재단 병원을 꼽을 수 있다. 또한 1924년 〈임상 연구 저널Journal of Clinical Investigation〉을 창간한 앨프리드 콘은 세균학이 감염성 질환의 통제에 중요한 역할을 하는 것은 사실이지만, 그것이 의학의 근본적인 목적은 아니라고 꼬집었다. 요양원에서 휴식을 취하면서 결핵을 치료하는 처방이 계속 내려졌다는 사실과 그 밖의 여러 가지 이유를 감안할 때, 당시 의사들은 치료든 질병 예방이든 관계없이 세균학보다는 더 오래된 치료법 활용을 선호했던 것으로 보인다.

세 번째 주제는 수백 년에 걸쳐 이어져 내려온 각국의 독특한 정치적, 이념적 전통이 감염성 질환의 통제에 기여해왔다는 것이다. 그 결과 연구소에서 새로운 백신과 면역혈청이 탄생하더라도 이를 배포하는 일은 각국의 서로 다른 전통(및 국가별 경쟁관계)에 따라 다른 방식으로 이루어졌다. 디프테리아나 그 밖의 감염성 질환을 극복하기 위한 활동을 하고자 하는 정부나 다른 행위자가 이 문제에 얼마나 적극적으로 관여해야 하는가? 사람들이 어느 수준의 국가 개입을 적법하다고 여기는가? 중앙정부, 지방정부, 도시 행정당국 등 각급 정부가 마음대로 다룰 수 있는 행정 도구는 무엇인가? 각국의 의료 전문가들은 어떤 입장을 지니고 있는가? 예방의학이 민간 부문에서 활동하는 의사의 전문성을 침해하고 의사가 누리는 이권을 훼손할 수 있다고 여겨 의심의 눈초리를 보내는가? 아니면 국가와 의료 전문가의 역할을 상호 보완적인 것으로 파악하는가?

집단 백신접종이 시작될 때부터 이미 이것이 중앙정부와 지방정부가 활동하는 여러 영역 가운데 하나인지 아니면 중앙정부와 지방정부만이 할 수 있는 특권인지 구분하는 문제가 지속적으로 제기됐다. 그뿐 아니라 중앙정부와 지방정부는 의료 전문가들이 민간 부문의 영역이라고 여기는 영역을 침범하지 않으려 애썼다.

집단 백신접종이 도입되던 초기부터 찬반논란의 대상이 돼온 주제 가운데 오늘날에도 여전히 논란을 일으키는 주제가 존재한다는 사실은 그리 놀랍지 않을 것이다. 1920년대 영국에서 BCG 집단 백신접종에 반대하는 근거로 제시된 개념의 하나는 바로 '개인의 책임'이었다. 즉, 감염은 자기 통제가 부족하고 잘못된 생활방식을 선택한 개인의 탓이라는 논리였다. 따라서 보호 효능을 발휘한다고 약속하는 백신접종을 하면 사람들은 스스로를 성찰하려 하지 않을 것이고 자기의 행동을 변화시키고자 노력하지 않을 터였다. 그리고 그로부터 거의 한 세기가 지난 오늘날에도 인유두종 바이러스 백신접종에 반대하는 사람들은 이와 동일한 근거를 제시하고 있는 형편이다.

냉전 시대의 백신
: 이념 경쟁의 도구화

진영 논리로 맞선 각국의 공공보건

수십 년 동안 백신이 개발될 수 있도록 자극해온 강력한 추진력의 하나는 무장 갈등이었다. 제1차 세계대전을 치르면서 각국 군대의 사령관들이 장티푸스 백신접종의 가치를 인식하게 됐으니, 전시라는 상황 자체가 백신접종의 사용을 촉진하는 원동력으로 작용한 것이나 다름없었다. 그러나 적대감이 사라지고 전쟁이 끝났다고 해서 공공보건의 존재감이 사그라진 것은 아니었다. 전쟁이 끝난 뒤 폭격이나 점령에 무릎을 꿇은 국가들은 집을 잃고 영양실조로 신음하는 사람들로 시름에 잠겼다. 오늘날의 사람들은 감염성 질환이 기승을 부리기 좋은 환경이 발생하면 공공보건당국이 문제를 극복하기 위해 시급히 대응에 나선다는 시나리오에 익숙해져 있는데, 제2차 세계대전이 끝난 중유럽과 동유럽이 처한 상황이 바로 그와 같았다.

가장 기승을 부린 감염성 질환은 결핵이었는데, 보건의료당국이 개별 환자를 일일이 찾아내 치료할 형편이 아니었으므로, 지난날 BCG 백신접종의 가치에 회의를 품었던 의사들에게조차 BCG 백신접종을 활용해 결핵의 확산을 통제할 필요성이 있다는 사실은 명확하게 보였다. BCG 백신접종이 결핵의 사회적 원인까지 제거하는 것은 아니었지만 당장 기승을 부리는 결핵을 다스릴 매우 유용한 기술적인 도구인 것만은 틀림없어 보였던 것이다. 한편 BCG 백신접종의 가치에 지극히 회의적인 태도를 보였던 영국에서도 그 가치를 재평가할 수밖에 없었다. 제2차 세계대전이 끝난 시점이 돼서야 처음으로 영국에 만연한 BCG 백신접종에 대한 회의주의가 궁핍함과 복지국가 건설이라는 새롭게 등장한 정치적 약속 앞에 무릎을 꿇은 것이다. 따라서 1920년대와 1930년대에는 BCG 백신접종에 의존하는 각국의 태도가 서로 다른 정치 이념과 행정 및 의료 관행에 따라 사뭇 달랐지만, 1950년대로 접어들면서 이와 같은 차이가 사그라지기 시작했다.

그러나 제2차 세계대전이 끝날 무렵 선진 산업국가 사이에서는 양극화가 두드러지게 진행됐다. 중유럽과 동유럽 국가들이 표방하는 중앙 계획경제와 서구 사회가 표방하는 자유 시장경제가 공식 이념, 정치적 전통 및 행정적 관행, 생산 조직, 사회 서비스, 표현의 자유 및 그 밖의 여러 가지 측면에서 서로 다른 모습을 보이기 시작한 것이다. 동서 양 진영의 견해 차이는 공공보건에 관한 관점에서도 두드러지게 나타났는데, 이에 따라 백신 분야에도 새로운 논리가 등장했으리라는 점은 어렵지 않게 짐작할 수 있을 것이다. 제2차 세계대전이 끝난 직후 몇 십 년 동안 백신 배포와 관련된 문제는 각국 사이에 나타났던 차이가 거의 사라졌다는 관점에서 파악하기보다는, 새로운 질서의 부분적인 지배를 받게 된 것으로 파악하는 편이 더 정확하다. 그러므로 이제부터는 새롭게 등장한 정치 환경이 백신 개발이 아니라 공공보건을 수호하는 기술의 하나인 백신의 활용에 어떤 영향을 미쳤는지 살펴보려 한다.

1950년대와 1960년대에는 동서 양 진영 모두가 과학이 진보의 기초라는 생각을 공유했다. 따라서 앨버트 세이빈이 개발한 소아마비 백신의 역사를 살펴보면서 확인한 것처럼 과학자들은 정치적 장벽을 극복하고 과학 정보를 교환할 수 있었다. 그러나 공공보건 정책은 과학과는 사뭇 다른 문제여서 역사가 도라 바르가는 이렇게 지적했다. "〔소아마비〕 생백신이 철의 장막을 넘나들며 개발된 철두철미한 협업의 결과였다면 〔소아마비〕 생백신을 접종하는 문제는 냉전이 갈라놓은 단층선을 따라 추진됐다."[1]

동서 양 진영은 자국에서 공공보건을 발전시켜나가는 방식과 1950년대 독립을 통해 새롭게 탄생한 여러 개발도상국 국가에 대한 영향력을 두고 다투면서, 이들 국가에서 공공보건을 발전시켜나가는 방식에 서로 다른 입장을 표방했다. 이념으로 갈라진 동서 양 진영의 정치인들은 감염성 질환을 통제해 사람들이 불필요하게 목숨을 잃는 일이 없도록 방지하는 일에서 눈부신 성공을 거둠으로써 각자의 정치 체제가 우월하다는 사실을 웅변할 수 있으리라 생각했다.

세계보건기구와 주도권 경쟁

동서 양 진영의 대표가 등장하는 국제정치 무대에서는 냉전이 유발한 긴장이 매우 선명하게 나타나곤 했는데, 국제 공공보건 분야의 논의라고 해서 예외일 수는 없었다. 1946년 봄 18명의 전문가들이 파리에 모여 제2차 세계대전 이전에 활동한 국제연맹 보건국을 계승할 기구의 설립 계획을 수립했다(미국은 국제연맹 회원국이 아니었고 소련은 국제연맹 회원국 자격을 사실상 박탈당했다). 그로부터 몇 달 뒤 각국 정부를 대표하는 대표단이 뉴욕에 모여 파리 회의에서 새로 설립될 기구에 대해 제안한 내용을 두고 격론을 벌였다. 뉴욕에서 열린 대규모 국제회의가 마무리될 무렵 61개국이 1948년 4월 설립될 WHO 헌장에 서명했다.

제네바에 본부를 두고 각 대륙에 지역 사무소를 개설하면서 새로 출범할 WHO에는 '의회'로 기능하면서 WHO의 예산과 활동 범위를 조정할 세계보건총회가 구성돼 매년 개최될 예정이었다. 갓 출범한 WHO는 앞서 활동한 기구인 국제연맹 보건국의 활동을 이어받았지만 이내 자신만의 우선순위 목록을 작성하기 시작했는데, WHO가 가장 중요하게 여긴 주제는 오늘날에도 친숙한 말라리아 퇴치, 모자보건 증진, 결핵 퇴치였다. 그러나 이내 새로운 문제로 떠오른 정치적 대립은 WHO의 기초를 흔들어놓을 만큼 위력적이었다. WHO가 출범할 당시 WHO에 참여한 소련과 그 동맹국은 (회원국 탈퇴를 인정하지 않는 WHO 헌장을 무시한 채) 불과 몇 달 만에 WHO에서 탈퇴하고 말았다. 동구권 진영 국가들은 WHO가 자신들이 기대한 사업을 추진하지 않을 뿐 아니라 행정 비용이 지나치게 높고 미국의 손아귀에서 놀아나고 있다고 주장했다.

1950년대 WHO가 주력한 활동은 미국의 주도 아래 1955년 시작된 말라리아 퇴치 캠페인이었다. 시작하자마자 불과 두세 달 만에 WHO에서 가장 폭넓은 프로그램으로 자리 잡은 이 캠페인에는 특별 기금이 배정됐을 뿐 아니라 50개국이 넘는 국가가 이를 운영했다. 이미 말라리아 퇴치를 위해 노력 중이던 미주 지역 출신인 당시 WHO 사무총장이자 브라질의 기생충학자 마르셀리노 칸다우Marcelino Candau는 말라리아 퇴치 프로그램을 전 세계적으로 확대하는 데 지대한 관심을 보였다. 그리고 미국 대통령 아이젠하워는 말라리아 퇴치 캠페인이 아프리카와 아시아에서 영향력을 넓혀가는 공산주의를 견제할 유용한 수단으로 활용할 수 있는 사업이라고 미국 의회를 설득해, WHO의 말라리아 퇴치 캠페인을 대대적으로 지원했다.

WHO가 캠페인을 시작한 지 2년 만에 미국은 수백 명에 달하는 직원을 거느린 거대한 국제 프로젝트로 발전하게 될 말라리아 퇴치 캠페인을 책임질 국가로 부상하면서 수백만 달러에 이르는 비용을 감당했다. 이와 동시에 프로그램의 초점이 말라리아에 대한 단순한 통제 수준을 넘어 말라리아를 완전히 퇴치하는 야심 찬 방향으로 확대됐다. 그러나 말라리아 백신이 개발되지 않았던 관계로 대규모 백신접종은 시행되지 않았다. 대신 말라리아 퇴치 캠페인은 습지 배수를 통해 모기의 번식을 막았고 주거 지역에 DDT를 살포했으며 마을 주민에게 모기장을 지급해 자는 동안 모기에 물리지 않도록 조치했다. 이를 낙관적인 시각으로 바라보는 사람들은 몇 년 안에 말라리아를 퇴치할 수 있으리라 기대했다.

1957년 WHO에 다시 합류한 소련과 그 동맹국은 WHO가 작성한 우선순위 목록을 재고하라고 촉구했다. 1958년 소련 대표단을 이끌고 세계보건총회에 참석한 소련 보건부 차관이자 바이러스학자인 빅토르 즈다노프Victor Zhdanov는 세계보건총회에서 WHO가 천연두 퇴치 캠페인에 전념해야 한다고 제안했다. 소련은 열악한 보건 인프라를 극복하고 더는 천연두 전염이 일어나지 않도록 만드는 데 성공했다. 그럼에도 소련 이외의 지역에서 소련으로 들어오는 사람들이 천연두를 꾸준히 옮기는 바람에 소련은 비용이 많이 소요되는 천연두 백신접종 프로그램을 계속 이어나갈 수밖에 없는 형편이었다. 따라서 빅토르 즈다노프는 전 세계 인구의 80퍼센트가 백신접종을 받으면 천연두 전염을 멈추고 완전히 퇴치할 수 있다고 주장했다.

세계보건총회는 빅토르 즈다노프의 제안을 수용했지만 마르셀리노 칸다우는 천연두 퇴치 프로그램에 열의를 보이지 않았다. WHO는 가장 큰 후원국인 미국이 지원하는 말라리아 퇴치 캠페인에 계속해서 열을 올렸는데, 칸다우 사무총장이 천연두 퇴치 가능성에 회의적이었을 뿐 아니라 말라리아 퇴치 캠페인에 사용할 자금을 다른 프로그램에 사용하지 않으려 했기 때문이다. 1958년 천연두 퇴치 프로그램이 WHO의 우선순위 목록에 공식 등재됐지만 WHO는 사실상 아무런 지원을 하지 않았다. 따라서 매년 열리는 세계보건총회에 참석한 소련 대표가 천연두 퇴치 프로그램에 아무런 진전이 없다고 매번 실망감을 표현한 것도 무리는 아니었다.

1960년대 초부터 말라리아 퇴치 캠페인이 실패로 끝나고 말 것임을 예감하게 하는 증거들이 쌓이기 시작했다. 미국에서는 캠페인에 지원한 자금이 제대로 사용되지 못하고 있다는 비판이 일면서 국내 정치인들의 지원이 흔들리기 시작했고, 국제적으로는 캠페인 중단이 바람직하다는 입장이 캠페인을 지원하려는 입장보다 우세해지기 시작했다. 그런 탓에 이 캠페인의 최대 지원국인 미국 정부는 딜레마에 빠지고 말았다. 1965년 미군 전투 병력이 베트남에 첫발을 내딛으면서 시작된 미국의 인도차이나반도 군사개입으로, 그동안 개발도상국 세계에서 미국이 쌓아온 명성이 크게 훼손됐다. 그러자 미국은 보건 분야에 전념하는 모습을 보임으로써 베트남전쟁으로 입은 외교적 손실을 만회할 기회로 삼으려 했지만, 말라리아 퇴치 캠페인이 실패로 돌아가면서 이마저도 여의치 않게 된 것이다. 따라서 미국 정부는 인도주의에 헌신하고 있음을 널리 알릴 수 있을 만한 다른 대안을 찾아 나서지 않으면 안 됐다.

이에 따라 1965년 세계보건총회에 참석한 미국 대표단은 천연두 퇴치로 관심을 돌렸다. 미국 대표단은 소련 대표단과 함께 전 세계가 천연두 퇴치에 힘을 모아야 한다고 주장했다. 미국 대표단은 칸다우 사무총장에게 특별 계획을 수립해 이듬해 열리는 세계보건총회에서 논의하라고 촉구했다. 1년 뒤 열린 세계보건총회에서 천연두 퇴치 프로그램 시행을 두고 열띤 공방이 벌어졌는데, 특히 이 프로그램의 시행으로 WHO의 예산이 상당히 증가할 것이라는 우려가 논쟁을 불러온 가장 큰 요인이었다. 따라서 불과 몇 표 차이로 천연두 퇴치 프로그램의 시행이 확정되자 세계보건총회에 참석한 각국 대표들은 놀라움을 금치 못했다.

뒤이어 새롭게 '강화된' 천연두 퇴치 프로그램을 이끌 적임자를 선정하는 문제가 불거졌다. 소련 대표단은 이 프로그램을 진행해야 한다고 주장한 것은 소련이었고 대규모 천연두 백신 생산이 가능한 유일한 국가도 소련뿐이므로 러시아 사람이 프로그램을 이끌어야 한다고 생각했다. 하지만 천연두 퇴치 프로그램 시행에 여전히 회의적이었던 칸다우 사무총장은 미국인이 프로그램을 이끌어야 한다고 생각한 끝에, 미국 의무감에 적임자를 추천해달라고 요청했다. 이렇게 CDC 감시 부문을 총괄한 도널드 헨더슨Donald Henderson이 제네바에 파견돼 WHO가 새롭게 발족한 천연두 퇴치단 단장을 역임하면서 천연두 퇴치 프로그램을 운영하게 됐다.

▎미국을 강타한 소아마비

동서 양 진영은 상대방보다 도덕적으로 그리고 기술적으로 우월하다는 사실을 뽐낼 기회를 호시탐탐 노렸다. 그러나 동서 양 진영이 세계보건총회 같은 국제정치 무대에서 각자의 우월성을 뽐내기 위해 각종 수사를 동원하면서 입지를 확보하는 과정을 살펴보는 것만으로는 당시 실제로 행해진 공공보건 관련 활동이나 백신 활용 방식의 변화를 제대로 파악하기 어렵다. 즉, 앞선 장에서 논의한 디프테리아 백신과 BCG 백신의 사례에 걸맞은 실제 사례를 통해 냉전 시대에 접어들면서 나타난 백신 정책의 변화를 살펴볼 수 있을 텐데, 1950년대 중반부터 활용할 수 있게 된 소아마비 백신이 그 변화를 설명하는 데 가장 적절하다고 여겨진다. 그렇다면 소아마비 백신의 도입과 활용을 통해 얻을 수 있는 교훈은 무엇인가? 각국의 개성 때문에 나타난 뚜렷한 차이가 점차 옅어져갔는가? 아니면 이념 양극화로 대체되거나 이념 양극화에 의해 묻혀버렸는가?

19세기 말 소아마비 전염이 처음 등장했을 때는 생후 6개월에서 4세 사이의 아동이 주로 소아마비에 감염됐는데, 이런 어린 아동이 소아마비에 감염될 경우에는 감기 비슷한 증상이 나타날 뿐 마비에 이르는 환자는 지극히 드물었다. 그러나 20세기로 접어들면서 처음으로 나타난 대규모 소아마비 전염 사태를 통해 사람들은 소아마비 감염의 규모와 심각성이 완전히 변화했다는 사실을 분명히 알게 됐다.

특히 미국에서 소아마비 전염의 피해가 막심했는데, 1916년 뉴욕 시를 강타한 소아마비 전염은 뉴욕 전역을 공포의 도가니로 만들었다. 수천 명이 뉴욕 시를 떠났고 극장과 영화관이 폐쇄됐으며, 아동이 공공장소에 나가지 못하도록 금지하는 조치가 취해졌고 무엇보다 분수식 식수대에서 물 마시는 일이 금지됐다. 제1차 세계대전을 치르던 무렵에도 공공보건당국은 다른 감염성 질환의 전염에 대처하는 데 사용한 것과 동일한 도구를 활용하고, 1916년 뉴욕 시가 활용한 방법과 동일한 조치를 강구해 소아마비 전염에 대응했다.

비위생적인 환경, 부족한 위생 시설, 빈곤으로 감염성 질환이 발생한다고 생각하던 시절이었으므로, 감염성 질환의 유행을 통제하는 방법도 이런 관점을 토대로 강구됐다. 따라서 슬럼을 정리해 청결을 유지하고 이동을 제한하며 빈곤한 지역을 격리하는 등의 조치가 시행됐지만[2] 소아마비 전염을 막는 데는 큰 도움이 되지 않았다. 소아마비 전염은 해마다 되돌아와 매년 여름이면 미국에서 한두 곳은 어김없이 유행하곤 했는데, 특히 기승을 부렸던 1949년 미국에서는 4만 2,173명이 소아마비에 감염돼 2,720명이 목숨을 잃었다.

한편 미국보다는 소아마비 감염자 수가 적었던 영국에서는 제2차 세계대전이 끝난 직후 소아마비 감염률이 최고조에 이르러 1947년 잉글랜드와 웨일스에서 거의 8,000명에 달하는 환자가 나타났는데, 이는 한 해 전 기록된 환자의 10배에 달하는 수치였다. 소아마비 전염이 갑작스레 극심해진 이유를 아는 사람은 아무도 없었다. 어떤 사람은 1947년 여름이 이례적으로 건조했기 때문에 소아마비가 기승을 부렸다고 추측했고, 어떤 사람은 식량 배급으로 영양 공급 상태가 열악해진 탓이라 생각했다. 한편 전쟁터에서 돌아온 군인들이 독성이 더 강한 새로운 바이러스주를 지니고 돌아오는 바람에 소아마비 전염이 극심해졌다고 생각하는 사람도 있었다. 이에 따라 1950년대에는 소아마비가 영국의 주요 공공보건 문제로 자리 잡았다.

그 무렵 소아마비에 대한 이해는 미국의 연구자들을 중심으로 크게 높아진 상태였다. 과거에 사용하던 전염 통제 방법으로는 소아마비 전염의 확산을 막을 수 없다는 사실이 1920년대에 이미 파악됐는데, 가난한 사람들이 거주하는 지역이 아니라 중산층 거주 지역에서 소아마비 전염이 극심했기 때문이다. 한편 1940년대에는 전 세계의 여러 지역에서 수행한 역학 연구 덕분에 가난한 지역이 아니라 중산층 거주 지역에서 소아마비가 더욱 기승을 부리는 이유를 더 잘 이해하게 됐다.

신생아는 어머니로부터 수동면역을 물려받고 태어난다. 이 수동면역은 점차 사라지는데, 그 과정에서 위생 상태가 다소 떨어지는 환경에서 생활하는 아동은 생활환경 속에서 약간의 자연면역을 획득한다. 반면 위생 상태가 더 양호한 환경의 아동은 소아마비 바이러스를 접할 기회가 줄어들므로 면역을 키우지 못하는 경우가 많았다. 따라서 위생 상태가 더 양호한 환경의 아동은 소아마비 바이러스에 노출되는 시기가 늦어져 청소년기나 청년기에 노출되곤 하는데, 이 시기에 소아마비에 감염되면 마비 증상이 나타날 가능성이 높았다.

1920년대와 1930년대에는 소아마비 감염의 위험을 줄여 마비에 이르는 환자를 줄일 목적으로 면역혈청을 비롯한 새로운 치료법이 개발됐다. 그러나 당시에는 마비 증상이 나타난 뒤에야 소아마비라는 진단을 내릴 수 있었으므로 사실상 면역혈청이 치료에 아무런 도움이 되지 못하는 형편이었다. 1930년대 소아마비에 감염된 아동은 소아마비가 극심한 상태일 때나 회복기에 들어선 상태일 때나 한결같이 움직이지 못하는 고정된 자세로 치료를 받아야 했다. 일반적으로 소아마비에 감염된 아동은 몇 달간을 침상에 묶인 채로 생활해야 했는데, 필요한 경우 부모가 나서서 침대에 묶인 아동의 이동을 도와야 했다. 오스트레일리아에서 간호사로 일하던 엘리자베스 케니 수녀는 소아마비 치료에 활용되던 고정 요법을 비판하고 나서면서 유명세를 치렀다. 1940년대에 큰 인기를 누린 엘리자베스 케니 수녀가 제안한 대안 치료법은 손상을 입은 근육을 따뜻하게 하고 물리치료를 활용해 재활하는 방법이었다.

한편 소아마비 환자 가운데 가장 중증 환자는 호흡이나 삼키는 기능에 관련된 근육에 마비가 찾아온 환자였다. 당시 '철폐鐵肺, iron lung'라는 이름으로 알려진 철제 호흡 보조 장치가 개발돼 철폐가 아니었다면 목숨을 잃었을 많은 중증 소아마비 환자의 목숨을 구했다. 하지만 안타깝게도 가장 먼저 개발된 철폐의 가격이 지나치게 높아 모든 사람이 혜택을 누리지는 못했다. 1930년대 철폐의 가격은 약 1,500달러였는데 이는 당시 주택 가격에 버금가는 것이었다. 1940년대 말 철폐 사용이 더 일반화돼 거의 모든 병원에서 사용하게 됐고 덕분에 더 많은 사람이 목숨을 구했다. 그렇게 철폐 활용이 일반화됐음에도 중증 소아마비 환자의 사망률은 줄어들지 않았다. 주로 성인인 중증 소아마비 환자들은 목숨을 부지하기 위해 철로 만든 구조물 속에서 몇 달 또는 몇 년, 심지어 평생을 보내야 했는데 그 가운데에는 임신한 여성도 있었고 심지어 철폐 안에서 출산을 하는 경우도 있었다.

제2차 세계대전이 끝난 뒤에는 (북아메리카, 오스트레일리아, 유럽뿐 아니라 중부 아메리카, 남아메리카, 중동, 소련, 아시아를 아우르는) 더 많은 지역에서 약간의 간격을 두고 극심한 소아마비 전염이 유행했다. 이 무렵 소아마비를 앓은 뒤 살아남은 생존자의 혈액을 활용해 소아마비를 극복할 항체를 담은 새로운 면역혈청이 개발됐다. 이 면역혈청을 활용하면 소아마비 감염의 확산을 통제하고 그 심각성을 줄일 수 있을 것으로 예상됐고, 면역혈청을 접종한 사람의 80퍼센트에게서 소아마비 예방 효능이 확인됐다. 안타깝게도 새로 개발된 면역혈청은 효능 지속 기간이 5주에 불과했으므로 소아마비 전염이 유행할 때마다 면역혈청을 새로 접종할 수밖에 없었다. 더 큰 문제는 이 면역혈청을 미국 전역에서 광범위하게 활용했음에도 면역혈청 생산에 막대한 비용과 시간이 소모된다는 사실이었다.

각국의 소아마비 백신 도입 과정

이 같은 맥락에서 소크의 소아마비 백신이 세상에 모습을 드러냈다. 소크가 개발한 소아마비 백신에 대한 임상 시험 결과가 발표된 지 불과 두 시간 만에 소크의 백신은 미국 내 사용 승인을 받았고, 그 즉시 500만 명의 미국 아동에게 소아마비 백신이 접종됐다. 소아마비 백신접종의 경우 BCG 백신접종에서 나타난 미국 의사들의 회의적인 태도를 전혀 찾아볼 수 없었다.

소아마비는 전 세계 어느 곳보다도 미국에서 가장 두드러지게 나타났다. 따라서 앞서 살펴본 바와 같이 미국에서 소아마비가 가장 많이 연구된 것도 무리는 아니었다. 한편 미국에서 소아마비 백신이 사용 승인을 얻자 유럽의 여러 나라에서도 소아마비 백신접종의 유용성을 생각해보기 시작했다. 과거와 마찬가지로 유럽의 여러 나라들은 새로 개발된 백신에 서로 다른 태도를 보였다. 그 이유는 소아마비로 목숨을 잃거나 마비 증상을 겪은 환자 수의 차이와는 무관했다. 공공보건당국이 소아마비 백신을 도입한 이유가 그동안 수집한 데이터에 있는 것이 아니라 대중의 불안에 있었기 때문이다. 소아마비 전염은 비교적 최근에 등장한 감염성 질환이었으므로 그 위험이 사람들의 뇌리에 뚜렷하게 새겨져 있었고, 바로 그러한 대중의 불안에 힘입어 공공보건당국은 소아마비 백신의 도입을 서둘렀다.

1952년 유례없이 극심한 소아마비 전염이 유행한 덴마크는 공공보건당국이 백신 도입을 서둘렀지만, 네덜란드 정부는 덴마크 정부에 비해 여유 있는 태도를 보이다가 심각한 소아마비 전염을 겪고 난 뒤인 1956년에야 비로소 백신을 도입했다. 네덜란드 정부는 소아마비 백신을 수입해 14

세 이하의 모든 아동에게 무료 백신접종을 시행하는 한편 백신접종 프로그램의 효율성을 높이는 작업에 착수해, 지방정부의 책임이던 백신접종 프로그램을 중앙정부가 주관하는 '전국 백신접종 프로그램'으로 일원화했다.

영국 공공보건당국은 네덜란드보다 더 큰 열의를 가지고 소아마비 백신 도입에 나섰지만 커터 컴퍼니가 생산한 소아마비 백신에서 문제가 발견되면서 회의적인 입장으로 선회했다. 영국에서는 미국에서 소아마비 백신을 수입하지 않는 편이 바람직할 것이라는 의견이 우세했고, 영국에서 생산한 백신을 임상 시험 프로그램에 사용해야 한다는 의견이 지배적이었다. 영국 공공보건당국은 사전에 등록한 2~9세의 아동에게 소아마비 백신을 접종할 계획이었는데, 1956년 내키지 않는 마음으로 마지못해 소아마비 백신접종 캠페인을 벌인 결과 당초 대상 아동의 3퍼센트만이 백신접종을 받는 데 그치고 말았다.

그러나 전문가들의 의견이 변화하고 대중의 압력이 거세지면서 1958년 영국 정부는 15세 이하의 모든 아동에게 백신접종을 하는 데 동의했다. 1958년 당시에도 여전히 소크의 소아마비 백신에 사용된 바이러스주보다 독성이 약한 바이러스주를 사용해 영국에서 생산한 소아마비 백신을 두드러지게 선호했다. 북아메리카에서 소아마비 백신을 수입해 오는 것이 비용 면에서 유리했음에도 추가 비용에 대한 부담보다 더 안전한 소아마비 백신에 대한 열망이 더 컸던 것이다. 그러나 백신 생산업체와 논의한 결과 영국이 전국 차원에서 소아마비 백신접종 프로그램을 시행하는 데 필요한 만큼의 백신을 생산하기 어렵다는 사실이 드러났다.

따라서 소아마비 백신을 수입한 뒤 영국에서 추가 임상 시험을 하는 방안이 제시됐고, 부모들에게는 자녀에게 수입한 소아마비 백신을 접종하지 않을 권리가 부여됐다. 이에 따라 영국의 전국적 소아마비 백신접종 프로그램은 아주 느리게 진행됐는데, 국민보건서비스의 후원으로 소아마비 백신접종에 필요한 양의 백신을 확보한 이후에야 비로소 그 속도를 더할 수 있었다.

최근 소아마비 전염을 겪은 유럽 국가의 정치인들은 소아마비 전염 유행에 대응해야 할 필요성을 느꼈다. 그러나 소아마비 전염에 효과적으로 대응하고 새로 개발된 백신의 이점을 활용할 유럽 각국의 역량은 정부가 공공보건 서비스에 미치는 영향력, 즉 공공보건 서비스 조직을 구축하고 자금을 지원할 정부의 역할 범위에 달려 있었다. 중앙정부가 공공보건당국을 통제하고 자금을 지원하는 국가는 효과적인 집단 백신접종 프로그램을 훨씬 수월하게 할 수 있었다.

영국 정부는 일찌감치 국민보건서비스를 설립했고 1950년대 말 네덜란드는 중앙정부가 통제하는 전국 백신접종 프로그램을 구축했다. 반면 중앙정부가 공공보건 행정 기관을 통제하지 못한 독일연방공화국(서독)은 적어도 유럽에서는 영국 및 네덜란드와 정반대의 방향에 서 있었다. 서독은 연방 차원의 보건부를 두지 않고 내무부 안에 보건 관련 부서를 두고 있을 뿐이었다. 따라서 백신접종 문제를 비롯한 대부분의 공공보건 문제는 개별 주정부가 감당할 몫이었다. 백신 승인과 백신 구입이 각 주별로 시행됐을 뿐 아니라 백신접종 방법에 대한 법이나 규제 역시 각 주별로 수립해야 했다. 그 결과 서독의 소아마비 백신접종은 전국적으로 고르게 진행되지 않았다. 어느 주에서는 무료로, 어느 주에서는 유료로 백신을 접종했다. 문제를 더욱 복잡하게 만든 요인은 서독의 공공보건 담당자들과 저명한 과학자들이 미국의 백신 연구를 신뢰하지 않는다는 것이었다. 이 같은 상황에 따라 서독의 소아마비 백신접종은 지역별로 고르지 못하게 출발했을 뿐 아니라 일부 지역에서는 이 캠페인이 중단되는 사태를 빚기도 했다.

냉전으로 미국의 기술에 대한 시선이 곱지 않았음에도 동유럽 국가들은 서유럽 국가들만큼이나 신속하게 소아마비 백신을 도입했다. 체코슬로바키아와 폴란드는 이내 소아마비 사백신의 국내 생산에 나섰고 네덜란드가 소아마비 백신접종을 시작한 해인 1957년부터 백신접종을 시행했다. 한편 1957년 극심한 소아마비 전염을 겪은 헝가리의 상황은 사뭇 달랐다. 불과 몇 달 전 러시아가 군대를 동원해 진압한 혁명의 소용돌이에서 아직 벗어나지 못한 헝가리 정부는 원래 소크가 개발한 백신을 헝가리에서 생산할 계획을 수립하고 헝가리의 백신 전문가들을 덴마크 국립혈청 연구소로 파견해 백신 생산 과정에 관련된 지식을 확보하려 했다. 그러나 1956년 혁명으로 정치적, 사회적 혼란이 발생하면서 1959년이 돼서야 비로소 헝가리에서 백신을 생산할 수 있는 조건이 마련됐다. 헝가리에서 백신을 생산하지 못하더라도 소아마비 전염을 막을 조치는 필요했으므로 헝가리 정부는 캐나다에서 사백신을 수입했다. 그러나 소크가 개발한 백신의 수입과 그 백신을 헝가리에서 생산한다는 계획은 이내 뒤집히고 말았다.

유럽에서 소크의 백신을 도입하는 사이 앨버트 세이빈이 개발한 독성을 약화한 백신이 임상 시험에 들어갔다. 1956년 초 소련의 저명한 바이러스학자들은 소아마비 백신 생산 관련 지식을 확보하기 위해 미국을 방문해 소크의 연구소와 세이빈의 연구소를 찾았다. 미국 국무부와 미국 연방수사국FBI의 허락을 받은 세이빈(러시아 출신)은 레닌그라드(오늘날의 상트페테르부르크)에 자리 잡은 추마코프Cumakov의 연구소와 협업했다. 이 협업을 통해 세이빈은 소크 백신의 임상 시험을 한 미국이 아니라 소련에서 대규모 임상 시험을 (그리고 소련의 일부 동맹국에서 소규모 소아마비 백신 임상 시험을) 진행할 수 있었다. 미국에서 소아마비 백신 사용 승인을 받은 세이빈의 백신은 소크의 백신을 빠르게 대체해나가기 시작했다. 이는 세이빈의 백신이 소크의 백신보다 더 빠르게 작용할 뿐 아니라 더 높은 효능을 보인다는 의견이 전문가들 사이에서 광범위하게 받아들여졌기 때문이다.

백신 생산업체들도 대세를 따랐고 네덜란드나 일부 북유럽 국가를 제외한 대부분의 정부도 세이빈의 소아마비 백신을 사용하기 시작했다. 소크의 소아마비 백신을 활용해 수백만 명에게 백신을 접종한 영국 전문가들은 세이빈의 백신을 입수해 비상시를 대비해야 한다고 생각했다. 1961년 9월 잉글랜드 북동부의 헐^{Hull} 시에서 극심한 소아마비 전염이 유행하자 전문가들은 비상시를 대비해 확보해두었던 세이빈의 경구 투여 소아마비 백신을 헐 시 전역에 배포했다. 헐 시에서 유행한 소아마비 전염이 빠르게 통제되자 영국 정부의 보건 자문가들이 생각을 바꾸기 시작했다. 1962년 초 영국 정부는 소크의 백신 사용을 중단하고 세이빈의 백신을 사용하겠다고 결정했다.

한편 중유럽과 동유럽의 공산국가에서는 소크의 백신 사용을 중단하고 세이빈의 백신을 사용한다는 결정을 내리는 데 또 다른 요인이 작용했다. 전문가들이 세이빈의 경구 투여 소아마비 백신을 더 선호한다는 이유 외에도, 세이빈이 철의 장막에 속한 국가 출신이므로 그의 백신이 이념적으로 더 우수해 보인다는 이유가 덧붙여졌다.

분단 독일에서는 냉전으로 인한 경쟁이 특히 뚜렷하게 드러났다. 서독, 그중에서도 특히 (행정적으로 특별한 지위를 누렸던) 베를린의 서쪽에서는 동독의 움직임을 예의 주시하는 정책이 펼쳐졌다. 1960년 4월 동독(독일민

주공화국)은 세이빈의 백신으로 소아마비 백신접종을 시작했고 불과 1년 만에 전 국민을 대상으로 백신접종을 마쳤다. 반면 서독은 소크의 사백신으로 접종을 전국적으로 드문드문 시행하는 데 그쳤다. 동독의 성공과 서독의 실패는 공공보건이나 소아마비 백신접종을 통한 생존자 수의 문제를 넘어서는 의미가 있었다. 즉, 성공과 실패 여부에 따라 각자가 대변하는 이념 체계의 옳고 그름이 가려질 수 있었던 것이다. 따라서 서독이 동독보다 소아마비 백신접종에서 뒤처졌다는 사실 때문에 소아마비에 대한 관심은 단순한 공공보건 문제에 대한 관심을 넘어서게 됐다.

서독과 동독 사이에 치열하게 벌어진 이념 경쟁으로 서독 정부는 소아마비 백신접종에서 모종의 결단을 내릴 수밖에 없었는데, 거기에 국제적 압력이 더해졌다. 국제 컨퍼런스에서 서독의 부진한 소아마비 백신접종률이 도마에 올라 서독 대표단을 당황하게 만들었기 때문이다. 이에 따라 불과 몇 년 전만 해도 정치적으로 감히 상상조차 할 수 없었던 사업이 시행에 들어갔다. 소크의 사백신을 활용한 소아마비 백신접종 프로그램을 매우 혼란스러운 방식으로 매우 느리게 운영하던 서독의 각 주가 갑자기 세이빈의 경구 투여 소아마비 백신으로 무료 접종에 앞다퉈 나서기 시작한 것이다. 이처럼 각 주의 노력을 바탕으로 서독은 1962년 2,300만 명이 소아마비 백신접종을 받고 환자 수가 급속하게 줄어드는 성과를 거뒀다.

1960년 6월 세이빈의 백신을 접종받은 사람은 미국, 캐나다, 멕시코, 중국, 소련, 체코슬로바키아, 영국, 유럽의 여러 국가를 중심으로 5,000만 명을 넘어섰다(한편 아프리카와 라틴아메리카에서는 수백만 명이 콕스와 코프로프스키가 개발한 생백신 소아마비 백신접종을 받았다).

진영 논리도 뛰어넘은 천연두 퇴치 프로그램

1960년대에 접어들면서 미국과 유럽에서는 천연두가 사라져갔지만 라틴아메리카 일부 지역과 아프리카, 무엇보다 아시아에서는 천연두가 여전히 기승을 부렸다. 서구에서 사용하는 액상 백신은 열대지방 국가의 높은 기온에서는 하루나 이틀밖에 유지되지 않았으므로 이곳에서는 큰 쓸모가 없었다. 그러나 몇 년 전 런던의 리스터 예방의학 연구소 소속 바이러스학자 레슬리 콜리어가 동결건조 백신을 대량생산할 방법을 개발했다. 식염수에 섞어서 사용할 수 있는 동결건조 백신은 높은 온도에서도 한 달가량 유지됐으므로 기후가 더운 국가들에서 사용하기에 적합했다. 당시 소련에는 동결건조 천연두 백신을 대량으로 생산할 수 있는 시설이 구축돼 있었고 그 밖의 일부 국가에도 그러한 시설이 마련돼 있었으므로 내열성 동결건조 백신의 공급에는 어려움이 없었다.

거기에 천연두 퇴치단 단장인 도널드 헨더슨의 지도력과 WHO의 새로운 전략인 '감시와 봉쇄' 정책(매주 전염병 유행에 대한 보고를 받고 전염병이 유행하면 해당 지역의 봉쇄를 담당할 특별 팀을 파견하는 정책)이 더해지면서 천연두를 극복하기 위한 조치의 양상이 달라지기 시작했다. 천연두 전염이 유행하는 지역과 서아프리카 및 중앙아프리카에 동결건조 천연두 백신접종이 시작되면서 천연두 퇴치에 속도가 붙었다. 미국이 물자와 인력을 지원하면서 1967년 1월~1969년 12월 20개국에서 1억 명의 사람들이 천연두 백신접종을 받았고, 1970년 5월 보고된 환자를 마지막으로 이 지역에서 더는 환자가 보고되지 않았다.

그러나 천연두 퇴치 프로그램이 모든 지역에서 효과적으로 진행된 것은 아니었고 진척 상황 역시 지역마다 다르게 나타났다. 매년 약 10만 건의 새로운 천연두 환자가 여전히 보고되고 있었는데 그 가운데 3만~4만 건은 인도에서 발생했다. 천연두를 완전히 그리고 최종적으로 퇴치하기 위해서는 지금까지 생각해온 것과는 다른 방식으로 접근할 필요가 있었다. 즉, 지금까지는 공동체에 속한 사람의 80퍼센트가 백신접종을 받으면 전염을 멈출 수 있다고 생각했지만 이제부터는 80퍼센트로도 부족하다고 생각해야 했다. 인도는 백신접종률이 80퍼센트를 넘어섰음에도 일부 지역에서 천연두가 여전히 기승을 부렸기 때문이다. 따라서 모든 사람에게 백신을 접종하는 것, 즉 목표 백신접종률을 80퍼센트에서 100퍼센트로 상향 조정하는 수밖에 없었다.

전 세계적 수준의 강력한 지원, 심지어 동서 양 진영을 대표하는 두 초강대국의 지원이 있었음에도 천연두 퇴치 프로그램의 성공을 보장할 수 없었다. 전 세계를 대상으로 하는 천연두 퇴치 프로그램을 기다리는 또 다른 걸림돌이 있었기 때문인데, 대표적으로 지역 갈등과 외부의 개입을 꺼리는 국가에서 나타나는 거부감을 꼽을 수 있었다. 이 문제는 특히 인도아대륙에서 두드러지게 나타났다. 1971년 인도와 파키스탄 사이에 벌어진 전쟁으로 방글라데시가 독립하면서, 그 과정에서 수십만 명이 목숨을 잃었고 수백만 명이 이웃한 인도로 피난을 떠나야 했다. 지역주의, 최고조에 달한 민족주의 정서, 인종차별, 종교 갈등 등 인도아대륙을 감싸고 있었던 정서는 WHO가 인도아대륙에서 천연두 퇴치 프로그램을 벌이기 어렵게 만들어, 1973년까지도 매년 수만 건의 새로운 천연두 환자가 여전히 보고되는 형편이었다.

국제사회는 인도아대륙에 관심을 집중했고 (주로 미국인으로 구성된) 외국인 의사와 역학자들이 인도아대륙으로 향했다. WHO는 천연두 환자가 발생한 마을의 모든 사람에게 천연두 백신을 접종하는 새로운 전략을 인도아대륙에 도입했다. '울타리' 전략으로 알려진 이 전략은 과거 천연두 백신접종을 받은 사람이든, 이미 면역이 있는 사람이든 가리지 않고 무조건 천연두 백신을 접종한다는 전략으로, 백신접종을 받는 사람에게 동의를 구하지 않았을 뿐 아니라 거부하는 사람에게는 강제로 백신을 접종하는 전략이었다.

동서 양 진영을 대표하는 두 초강대국은 서로 협력해 천연두 퇴치 프로그램이라는 국제적 사업을 이끌었다. 이 프로그램은 최고위급 정치 지도자들이 큰 신경을 기울여야 할 만큼 중요한 사안이 아니었기 때문이다. 한편 미국은 자금과 숙련된 인력을 지원하고 소련은 대부분의 천연두 백신을 공급하는 방식으로 분업을 하기도 했다. 게다가 주로 의료 전문가와 과학 전문가들이 천연두 퇴치 프로그램에 관여했으므로 헨더슨과 베네딕토프Venediktov 같은 전문가들은 어렵지 않게 협업해 천연두 퇴치라는 목표를 향해 함께 나아갈 수 있었다.

기초 보건의료가 먼저다

천연두 퇴치를 정치적 의제로 삼고 이에 힘쓰기는 했지만 사실 소련은 질병 퇴치라는 목표를 최우선 과제로 생각하지는 않았다. 국제회의가 열릴 때마다 소련 대표단은 질병 퇴치와는 사뭇 다른 내용을 들고 나와 그것이 장차 공공보건이 나아가야 할 방향이라고 했다. 1970년 소련 대표단을 이끌고 세계보건총회에 참석한 베네딕토프는 소련이 "각국이 공공보건 체계를 발전시켜나갈 때 토대로 삼아야 할 과학적 또는 합리적 원칙"을 수립해 이와 관련된 결의안을 채택하기를 바란다고 제안했다.[3] 당시

두 얼굴의 백신

WHO에서 근무했던 소크라테스 리트시오스는 작성된 결의안 초안 가운데 두 가지 요소, 즉 국가의 역할과 보건의료 비용 문제를 두고 격렬한 논쟁이 벌어졌다고 회고했다.

소련 대표단은 국가가 계획을 수립해 국민에게 모든 보건 서비스를 직접 제공해야 한다고 주장했지만, 미국 대표단이 이 주장에 반대했으므로 타협이 불가피했다. 한편 소련 대표단은 '최고 수준의 숙련된 의료 인력이 모든 사람에게 무상으로 치료를 제공'한다는 조항도 포함시켜야 한다고 주장했지만, 보건의료 체계가 거의 민간 부문에 내맡겨져 유료로 이루어지는 미국 대표단의 반대에 부딪혔다. 이번에도 역시 타협점을 찾을 수밖에 없었고 세계보건총회가 채택한 최종 결의안에는 이 문제가 다음과 같이 기록됐다. "최고 수준의 숙련된 의료 인력이 금전이나 그 밖의 장애물에 방해를 받지 않고 예방 및 치료를 제공한다."

기초 보건의료 확대를 우선적으로 고려함으로써 전 세계의 공공보건 수준을 극대화할 수 있다는 주장은 소련과 그 동맹국 대표단만의 주장은 아니었다. WHO 직원 대부분 역시 이와 비슷한 시각을 지니고 있었다. 일차 보건의료를 개선하고 확대하는 일과 말라리아든 천연두든 그 밖의 무엇이든, 특정 감염성 질환에 집중해 이를 퇴치하는 일을 조화시킬 방법을 찾는 일이 쉽지 않을 뿐이었다. 대부분의 WHO 직원, 특히 지역 사무소에서 근무하는 WHO 직원들은 기초 보건 서비스를 국민에게 제공할 각국의 역량을 증진하는 일을 가장 우선적으로 고려해야 한다고 생각했다.

이런 관점에서 보면 천연두 퇴치 프로그램 같은 사업에 막대한 자금을 쏟아붓는 일은 안타깝게도 잘못된 방향으로 내딛은 한 걸음이었다. 사실 WHO가 새롭게 '강화된' 천연두 퇴치 프로그램을 출범한 직후 WHO

의 최고위급 인사 두 명은 지역 사무소에 편지를 보내 천연두 퇴치 프로그램에 배정된 자금을 활용해 각 지역의 기초 보건 서비스를 강화할 수 있는 방법을 찾아보라고 조언하기도 했다. 즉, 각국의 기초 보건 서비스가 구축돼 적절하게 기능하지 못한다면 천연두 퇴치 프로그램도 성공할 수 없을 것이라는 의미였다.

1970년대 WHO는 국제 보건의 우선순위를 기초 보건 서비스 개선 및 확대에 두어야 할 것인가 아니면 특정 감염성 질환의 퇴치에 두어야 할 것인가를 두고 끊임없는 논쟁에 시달렸다. 각각의 입장을 지지하는 양측은 '수평파'와 '수직파'로 불리며 장차 WHO가 백신접종 프로그램을 조직해야 하는 방식을 둘러싸고 날을 세웠다. 이를 둘러싼 반목은 냉전이라는 국제정치 상황에서 유래한 것이지만, 단순히 냉전에서 유래한 적대감을 표현하는 것이라고 보기는 어려웠다. 이런 입장 차이는 정치 이념보다는 각국의 의료 경험에서 유래한 것이었기 때문이다.

1973년 인도 결핵 통제 프로그램에 자문가로 활약했던 덴마크 출신의 열대지방 질병 전문가 하프단 말러Halfdan Mahler가 WHO 제3대 사무총장에 올랐다. 하프단 말러 사무총장은 특별한 프로젝트에 자금을 지원하기보다는 기초 보건 서비스에 자금을 지원하려는 입장에 서 있었다. 따라서 그는 소련과 그 동맹국의 제안에 동의했지만 중요한 측면에서는 다른 입장을 보였다. 그것은 바로 보건 서비스를 제공하는 방식의 문제로, 소련은 중앙정부의 계획에 따라 위에서부터 아래로 보건 서비스를 제공하는 방식을 제안했지만 하프단 말러 사무총장은 아래로부터 위로의 사업 방식을 선호했다. 천연두 퇴치 캠페인을 진행하는 동안에도 그가 내세운 가치와 약속에 걸맞은 공공보건을 제공할 수 있도록 장차 WHO가 나아가야 할 방향을 조정해나갔다.

1975년 WHO와 UNICEF는 '개발도상국의 기초 보건 필요에 부응할 대안 접근법'이라는 제목의 공동 보고서를 작성했다. 그 이후 몇 년간 WHO의 사고방식에 심대한 영향을 미친 이 보고서는 특정 감염성 질환에 집중하는 '수직' 프로그램을 비판하고 빈곤, 무지, 불결함이야말로 개발도상국의 낮은 보건 현실의 진정한 원인이라고 주장했다. 1976년 세계보건총회는 '대안 접근법' 보고서를 토대로 '2000년까지 모두에게 보건 서비스 제공'이라는 목표를 달성하겠다고 제안했다.

하프단 말러 사무총장의 약속이 초석이 되어 1978년 9월 카자흐스탄 알마아타에서 일차 보건의료 컨퍼런스가 열렸고 보건이 사회 및 경제 발전에서 차지하는 중요성을 강조하는 '알마아타 선언'이 채택됐다. 알마아타 선언은 모든 사람이 누릴 수 없는 정교한 의료 기술에 의존하는 경향을 비판하고 평범한 보건 인력이 활약하는 일차 보건의료를 통해 지역사회의 참여를 이끌어내는 동시에, 이를 사회 및 경제 발전의 여러 측면에 통합해야 한다고 주장했다. 1979년 알마아타 선언을 승인한 세계보건총회는 일차 보건의료를 '모두에게 보건 서비스 제공'이라는 목표 달성을 가늠할 핵심 잣대로 삼는 데 동의했다.

그러나 미국을 중심으로 이에 반대하는 목소리가 등장하기까지는 그리 오랜 시간이 걸리지 않았다. 1979년 줄리아 월시와 록펠러 재단의 케네스 워렌은 〈뉴잉글랜드 의학 저널〉에 기고한 글에서 알마아타 선언의 내용이 아무리 훌륭하다고 해도 결국에는 비현실적인 이상에 불과하다고 비판했다.[4] 두 사람은 전 세계의 모든 사람들에게 깨끗한 식수, 영양 보충제, 가장 기초적인 일차 보건의료를 제공하는 일만으로도 그 비용을 감당하기 어려울 것이라고 주장하면서 '선택적 일차 보건의료' 개념을 제시했다. 즉, 가장 심각한 질병과 단순하면서도 효과적인 예방 또는 통제

기술에 관심과 자원을 집중해야 한다는 주장이었다.

이 주장을 바탕으로 두 사람은 질병의 우선순위를 '높음, 중간, 낮음'으로 분류했는데, '높음'에는 설사병, 홍역, 백일해, 말라리아, 신생아 파상풍이, '중간'에는 소아마비, 호흡기 감염, 결핵, 구충증이, '낮음'에는 한센병, 디프테리아, 리슈만편모충증 같은 질병이 이름을 올렸다. 선택적 일차 보건의료는 현재 활용할 수 있는 입증된 기술이 존재하는 경우에 한해 우선순위가 가장 높은 질병의 통제에 나선다는 개념이었으므로, 임신한 여성에 대한 파상풍 변성독소 투여, 장기간의 모유수유 장려, 말라리아가 기승을 부리는 지역의 아동에게 클로로퀸 제공, 경구 수분보충 요법 꾸러미 지급, DPT와 홍역 백신을 사용한 보편적 백신접종을 가장 먼저 해결해야 할 과제로 꼽았다.

홍역 퇴치 총력전

1970년대 초 미국과 서유럽 대부분의 국가에서 천연두 백신접종을 중단했다. 천연두 백신접종이 중단되기 전 새로운 백신이 세상에 모습을 드러냈는데, 몇 년 전의 소아마비 백신접종과 마찬가지로 새롭게 등장한 백신의 도입 과정에는 여전히 각국의 서로 다른 역사, 행정적 관행, 각국이 추구하는 이념이 반영됐다.

19세기 영국에서는 홍역에 감염된 아동 가운데 10~20퍼센트가량이 홍역으로 목숨을 잃었다. 제2차 세계대전이 끝난 뒤 항생제가 개발되면서 1949년에는 300명이 넘는 아동이 홍역으로 사망했지만 10년 뒤에는 그 수가 100명 미만으로 크게 줄어들었고, 미국에서 최초의 홍역 백신이 사용 승인을 받은 1960년대에는 그 수가 더 줄었다. 1962년 모든 아동에게 소아마비, 디프테리아, 백일해, 파상풍 백신접종을 촉진할 목적의 법안이 통과되면서 미국 연방정부는 전국 차원의 백신접종 프로그램 시행에 나섰다. 그렇지만 백신접종의 책임이 민간 부문에서 활동하는 의사들에게 있었고, 의료보험 미가입자 대부분은 의사의 얼굴 한 번 보기가 어려운 형편이었다. 따라서 감염성 질환으로 목숨을 잃는 사람들이 도시 빈민 지역에 집중되는 현상이 심화됐다.

당시 케네디 대통령과 존슨 대통령(1964년 '위대한 사회' 프로그램 추진)이 이끄는 행정부는 빈곤을 줄이고 사회복지를 확대하겠다고 약속한 상황이었으므로 감염성 질환 사망자가 도시 빈민 지역에 집중되는 충격적인 현상에 대한 대책 마련이 시급한 문제로 떠올랐다. 1962년 제정된 법안을 개선하면서 홍역 백신접종이 추가됐고, 그 덕분에 1966년에는 홍역에 감염된 아동의 수가 절반으로 줄었으며 그 이후로도 꾸준히 줄어들었다. 그럼에도 CDC의 공공보건 담당자들은 미국에서 홍역을 완전히 퇴치할 목적으로 캠페인을 추진하기 위해 애썼다. 이를테면 당시 CDC에서 고위급 역학자로 근무했던 알렉산더 랭뮤어는 이렇게 기록했다. "에베레스트 산에 오르려는 이유를 묻는 사람들에게 힐러리 경은 '산이 거기에 있으니까요'라고 답했다. 나 역시 '홍역을 퇴치하려는 이유'를 묻는 사람들에게 같은 답을 해주고 싶다. (…) 그리고 홍역은 분명 퇴치 가능한 질병이다."[5]

알렉산더 랭뮤어가 피력한 (미국) 과학의 무한한 가능성에 대한 믿음은 과학에 대한 믿음이 그 어느 때보다 팽배했던 1960년대의 시대상을 잘 드러내는 것이었다. 그러나 문제는 보건의료에는 과학 이외의 다른 요인이 개입할 뿐 아니라 과학이 제공할 수 있는 것보다 더 정교한 도구가 필요하다는 데 있었다. 예를 들어 비용을 지불할 수 없는 가난한 사람들을 비롯해 모든 사람들에게 백신접종을 시행할 수 있는 상황이 조성된다고 해도, 부모들이 백신접종이 자녀에게 유익하다는 확신을 가지지 못한다면 아무 소용이 없을 터였다.

따라서 홍역 백신을 공급한 머크는 홍보를 통해 홍역을 매우 위협적인 질병으로 '재탄생'시켰다. 그러나 머크가 홍보 활동을 진행하고 존슨 대통령이 지원을 아끼지 않았음에도 홍역 퇴치 캠페인은 큰 성과를 거두지 못했다. 그 이유는 모든 부모들이 자녀에게 홍역 백신을 접종해야 된다는 확신을 가지지 못했던 데 있었지만, 그것이 실패한 이유의 전부는 아니었다. 의회의 지원이 해마다 큰 폭으로 요동치면서 홍역 퇴치 캠페인의 예산도 매년 출렁였고, 그 결과 홍역에 감염되는 아동의 수가 줄었음에도 홍역을 퇴치한다는 목표 달성은 요원하기만 했던 것이다.

알렉산더 랭뮤어는 '퇴치가 가능하다'는 근거를 들어 홍역을 상대로 펼치는 총력전에 정당성을 부여했지만, 이러한 랭뮤어의 주장은 좀 더 신중한 시각으로 홍역 퇴치에 접근한 유럽 공공보건 담당자들의 마음을 흔들어놓지 못했다. 최초의 홍역 백신이 세상의 빛을 보았을 때 영국은 다른 백신이 등장했을 때와 마찬가지로 신중한 반응을 보였다. 영국의 전문가들 중에는 영국에서 홍역 집단 백신접종을 시행하는 것의 타당성에 의문을 갖는 사람들이 있었는데, 이들은 영국 내 홍역 유행이 그리 심하지 않다는 점을 강조했다. 영국에서는 매년 약 3만 5,000명의 아동이 홍역으로 중증 합병증을 앓았고, 그 가운데 6,000명 정도는 며칠 동안 입원 치료를 받아야 하는 것으로 나타났다. 그러나 이 수치가 영국 아동 전체에서 차지하는 비중은 그리 크지 않았고 홍역이라는 질환이 부모나 보건 서비스 당국에 미치는 부담도 그리 크지 않았다.

한편 영국의 부모들은 홍역이라는 질환을 아동기에 으레 거치는 통과 의례 정도로 인식하는 경향이 있었으므로 자녀에게 홍역 백신을 접종하려고 적극적으로 나서는 부모가 있을 가능성은 높지 않았다. 만일 영국 보건당국이 홍역 집단 백신접종을 시작하면 영국 부모들은 홍역 백신접종을 일반화하는 이유에 의문을 가지기 시작할 터였다. 새로운 백신을 도입하는 과정에서 그간 시행해온 전국 차원의 백신접종 프로그램에 대한 대중의 신뢰를 유지하는 일을 무엇보다 중요하게 여긴 영국 정부는 그런 위험 부담을 지려 하지 않았다.

나아가 홍역 백신접종을 통해 아동이 누릴 수 있는 면역의 지속 기간이 얼마나 될지에 대해 아직 알려진 것이 많지 않았다. 만일 홍역 백신접종의 면역 지속 기간이 몇 년에 불과하다면 더 높은 연령대에 이르렀을 때 홍역 감염의 위험성이 높아질 터였고 결국 아동이 아닌 성인, 즉 보다 중증 합병증이 나타날 가능성이 높은 성인에게서 홍역이 유행할 확률이 높아질 터였다. 더불어 홍역 백신을 접종하는 주기나 방법도 아직 명확하게 확인된 바 없었다. 따라서 영국 정책 입안가들이 홍역 집단 백신접종과 관련된 결정을 내리기에는 아직 해결해야 할 의문이 산더미같이 쌓여 있었다.

상황이 이러했으므로 1964년 영국 의학 연구 위원회는 홍역 백신접종 연구를 시작했고, 영국 공공보건당국은 1967년 이 위원회의 연구 결과를 토대로 홍역 집단 백신접종에 관한 결정을 내렸다. 영국 정부에게 백신접종 정책과 관련된 자문을 제공하는 전문가로 구성된 '백신접종 공동 위원회'는 홍역을 앓은 적이 없고 아직 홍역 백신접종을 받지 않은 1세 이상의 모든 아동에게 독성을 약화한 생백신을 접종해야 한다고 권고했다. 백신접종 공동 위원회의 권고를 받아들인 영국 공공보건당국은 1968년 홍역 집단 백신접종을 시작했지만 백신접종의 보호 효능 기간이 몇 년이나 지속될지는 여전히 알 수 없었다.

서유럽의 다른 국가들, 특히 복지 체계가 잘 갖춰지고 매우 효율적인 백신접종 프로그램을 운영하는 국가일수록 홍역 백신접종 도입에 더 회의적인 반응을 보였다. 스웨덴은 1971년 홍역 집단 백신접종을 시작했고, 네덜란드는 1976년에야 시작했던 것이다. 이런 반응에는 홍역 집단 백신접종과 관련해 공공보건당국이 지닌 경각심과 이 접종을 시작하기 전에 먼저 책임감을 가지고 해결해야 할 질문들에 대한 우려가 반영돼 있었다. 또한 영국과 마찬가지로 그간 시행해온 전국 차원의 백신접종 프로그램에 미칠 영향에 대한 우려도 반영됐다. 즉, 새로운 백신을 도입하는 과정에서 부모들이 홍역 집단 백신접종에 관심을 보이지 않으면 지금까지 아무런 문제없이 원활하게 시행해온 전국 차원의 백신접종 프로그램에 대한 신뢰가 무너질 우려가 있었던 것이다.

중유럽과 동유럽 국가들은 그런 우려를 보이지 않았다. 권위주의 정부 체계가 자리 잡은 데 더해 국가가 보건의료 서비스를 제공하는 체계였으므로, 부모들이 홍역 백신접종을 원하는지 여부는 그리 중요한 문제가 아니었다. 국민을 설득할 이유도 없었고 미국에서 있었던 대대적인 홍보 활동도 필요하지 않았으므로 이 국가들에서는 홍역 백신접종이 빠르게 시행됐다. 오늘날의 크로아티아(당시 유고슬라비아 사회주의 연방공화국)에서는 국제적으로 높은 평가를 받는 자그레브 백신 연구소를 통해 홍역 백신을 공급할 준비를 마치고, 1964년 접종을 시작해 1968년 모든 아동에게 접종을 의무화했다. 헝가리는 소련에서 생산한 홍역 백신을 활용해 1969년 생후 9~27개월 사이의 아동에게 홍역 집단 백신접종을 시작했다. 이후 1973년과 1974년 백신접종을 받지 않은 6~9세 아동을 중심으로 홍역이 크게 유행하자 헝가리는 1974년 홍역 집단 백신접종 프로그램을 중단하고 홍역 백신접종을 일반적인 아동 보건의료 체계에 통합해 생후 10개월 된 아기에게 백신을 접종하기 시작했다. 그리고 1978년부터는 대상 아동의 연령을 생후 14개월로 조정해 홍역 백신접종률을 90퍼센트로 끌어올렸다.

도입 양상은 서로 조금씩 달랐지만 북아메리카와 유럽에서 시행된 홍역 백신접종은 모두 성공을 거뒀다. 홍역 발병률이 급격하게 떨어졌을 뿐 아니라 항생제가 개발된 덕분에 아동이 홍역에 걸리더라도 목숨을 잃는 경우가 거의 없었던 것이다. 그러나 그 밖의 세계, 즉 라틴아메리카 일부 지역과 아프리카 및 아시아의 사정은 달라서 1960년대 이들 지역에서 겪은 홍역의 양상은 20세기 초 유럽의 양상과 비슷한 수준이었다.

1960년대 아프리카 국가에서는 홍역의 질환치명률^{疾患致命率}이 10~20퍼센트, 즉 홍역으로 진단 받은 아동의 10~20퍼센트가 목숨을 잃는 것으로 나타났다. 이 수치는 19세기 영국이 겪은 것과 비슷한 수준으로 오늘날에는 영양실조의 영향으로 아동의 면역 체계가 약화된 것이 그 주된 원인으로 여겨진다. 당시 작성된 이환율과 사망률 통계는 부정확했고 세계 대부분의 지역에서 기록된 역학 데이터는 고르게 집계되지 않았을뿐더러 신뢰할 수도 없었다. 그럼에도 그런 추정치는 정치권에 영향을 미칠 만큼 충격적이어서, 개발도상국에서 홍역 사망자 비율은 선진 산업국가의 56배에 달하는 것으로 나타났다. 백신접종이 가능한 다른 질병은 그 차이가 더욱 커서 디프테리아는 100배, 백일해는 300배에 달했다. 만일 이런 질병을 치료할 백신접종이 개발도상국으로 확대된다면 수백만 아동의 목숨을 구할 수 있을 터였다.

더 많은 전염병에 더 많은 백신을 도입하자

아프리카의 천연두 퇴치 캠페인은 순조롭게 진행됐다. 따라서 국제 보건 전문가들은 아프리카의 캠페인 경험을 바탕으로 청사진을 작성해 다른 감염성 질환에 대한 백신접종 프로그램이 모범으로 삼을 수 있을지 여부를 생각해보았다. 1973년 WHO는 내부 작업 그룹을 구성해 이 생각을 구체적으로 검토하기 시작했는데, 작업 그룹 회의를 주재한 WHO 사무부총장은 WHO 사무국이 염두에 두고 있는 것이 무엇인지 설명했다. 지금까지 개발도상국에서 공공보건에 가장 중요한 영향을 미친 문제는 해당 지역의 사망 원인 상위 열 가지 가운데 절반 이상을 차지하는 감염성 질환이다. 만일 이 지역 사람들이 아동기에 백신접종을 받는다면 사람의 목숨을 앗아가는 이 감염성 질환으로 인한 이 지역 내 사망률을 크게 줄일 수 있었다. 그리고 이런 전망은 천연두, 디프테리아, 백일해, 파상풍, 소아마비, 홍역을 사실상 퇴치했고 결핵과 장티푸스도 어느 정도 통제하고 있는 북반구의 경험에서 그 근거를 찾을 수 있었다.

당시 열린 자문회의 보고서를 읽어보면 보고서 전반에 국제 공공보건 분야에 존재하는 이념 분열에 대한 인식이 깔려 있음을 쉽게 깨달을 수 있을 것이다. 한편에는 WHO가 진행한 결핵 및 천연두 퇴치 캠페인으로부터 도출된 영감이 자리했다. "결핵 퇴치 캠페인과 천연두 퇴치 캠페인의 성공은 WHO가 백신접종을 모든 감염성 질환으로 확대할 근거를 제공한다. 한편 되도록 이른 나이에 되도록 많은 아동에게 되도록 효능이 높은 항원을 투여함으로써 아동이 누릴 수 있는 유익을 극대화할 방법을 찾는 일에 걸림돌이 되는 것은 면역학적, 논리적, 경제적 제약이다." 그러나 보고서 한편에는 새로 취임한 WHO 사무총장이 약속한 일차 보건의료 강화에 관련된 내용 역시 빛을 발하고 있었다.

배포와 관련해 (…) 수확철, 장이 열리는 날 같은 해당 지역의 조건을 반드시 고려해야 한다. 백신접종 프로그램은 서로 다른 지역의 서로 다른 인구 집단(예를 들어 이주민)이 지닌 서로 다른 필요에 부합하는 방식으로 조직돼야 한다. 지역의 문화와 사회구조라는 맥락을 고려하지 않으면 백신접종에 대한 해당 지역사회의 호응을 이끌어낼 수 없다.[6]

감염성 질환은 아동기에 겪은 영양실조 같은 다른 조건들과 상호작용하므로 백신접종 프로그램은 모자보건 서비스와 긴밀하게 협업하는 방식으로 조직돼야 했다. 이와 같이 백신접종 프로그램은 '수직파'와 '수평파' 사이에 또는 이 둘을 연결하는 '위상'을 지닌, 정치적으로 매우 중요한 프로그램이었다. 특정 감염성 질환을 지정해 대응한다는 의미에서 백신접종 프로그램은 미국이 선호하는 수직적 프로그램을 구체화한 것으로 인식될 수 있었다. 그러나 일차 보건의료에 통합돼 이를 강화하는 수단으로 활용된다는 의미에서 백신접종 프로그램은 소련이 선호하는 수평적 접근법을 구성하는 하나의 요소로 인식될 수도 있었다.

천연두 퇴치 캠페인이 막바지에 접어든 1974년 5월 세계보건총회는 백신접종 확대 프로그램으로 알려지게 될 프로그램을 공식 구성하는 결의안을 채택했다. 이 결의안 27.57은 WHO 회원국에 "디프테리아, 백일해, 파상풍, 홍역, 소아마비, 결핵, 천연두, 그 밖의 감염성 질환 전부 또는 일부에 대해 각 나라의 역학 상황을 반영한 백신접종 프로그램과 감시 프로그램을 개발해 유지하라"고 권고했다. 또한 이 결의안은 WHO 사무총장에게 다음과 같이 요청했다.

WHO 사무총장은 WHO의 모든 수준에서 이루어지는 백신접종 프로그램 개발 관련 활동, 그중에서도 특히 개발도상국에 관련된 백신접종 프로그램 개발 활동을 강화해야 한다. 또한 WHO 사무총장은 백신 사용에 대한 기술적 조언을 제공함으로써 회원국이 적절한 백신접종 프로그램을 개발할 수 있도록 지원해야 하고, 양질의 백신을 저렴한 가격에 사용할 수 있도록 보장함으로써 회원국이 백신접종 프로그램을 운영할 수 있도록 지원해야 한다. 이와 더불어 WHO 사무총장은 백신 공급, 백신 관련 시설, 백신 운송을 지원할 수 있는 국제기구의 역량과 자금력을 조사하고 각국이 국가 차원에서 백신을 직접 생산할 역량을 발전시킬 여력을 갖추고 있는지 조사해야 한다.[7]

그 길은 분명 먼 길이 될 터였다. 아프리카, 라틴아메리카, 동남아시아 지역에서는 매년 8,000만 명의 아동이 태어났지만 그 가운데 백신을 접종받은 아동은 약 400만 명에 불과했기 때문이다. WHO는 각국이 지리적 차원이나 항원의 수 차원에서 백신접종 프로그램의 시행 범위를 확대할 수 있도록 지원하는 일에 나섰다.

WHO는 각국 정부가 백신접종 프로그램을 도맡아 시행해야 한다는 입장을 지니고 있었으므로, 각국 정부에게 특별한 항원을 도입하라고 강요하거나 공공보건에서 백신접종을 우선적으로 고려하라고 강요하지 않을 터였다. WHO는 개별 국가가 자국의 백신접종 프로그램을 확대하기 위해 천연두 퇴치 프로그램을 시행하면서 쌓은 경험의 공유를 WHO에 요청하는 경우에만 행동에 나서 각국 정부를 지원하고 운영 계획 수립을 지원할 예정이었다. 운영 계획은 각국의 지역 사무소에 근무하는 WHO 직원들이 참여하는 가운데 수립될 것이었다. 운영 계획 수립은 각국의 인구 및 질병 역학조사에서 시작해, 사용 가능한 자금 수준을 평가한 뒤 각국의 사회문화적 측면을 반영해 각국이 수용할 수 있는 형태의 조직을 구성하는 방향으로 나아갈 터였다. 그 과정에서 각국은 자국에 필요한 백신 종류나 장기적으로 고려해야 할 요건 등을 반영할 수 있었다. 한편으로 각국은 감시와 평가 체계를 마련해 백신접종 프로그램의 목표와 요건을 규정하고 인력을 양성하며 백신접종의 이점을 대중에게 교육해야 했다.

이에 따라 각 지역에서는 지역별 세미나가 개최됐다. WHO는 쿠마시(가나), 다마스쿠스(시리아), 마닐라(필리핀), 델리(인도)에서 열린 지역별 세미나를 통해 계획 과정을 설명하고, 각국이 직면할 수 있는 기술적 및 조직적 문제와 선택 사항을 논의하면서 각국이 백신접종 확대 프로그램에 적극 참여할 것을 독려했다. 지역별 세미나에서는 각국이 백신을 배포할 때 활용할 수 있는 가장 좋은 방법이나 농촌 지역에 대한 백신접종에 활용하기 가장 좋은 방법을 논의했다. 즉 아동 의료 서비스를 제공하는 기존 병원 시설을 활용할지, 특별 팀을 구성할지, 이 둘을 결합한 방법을 활용할지 등이 논의 대상이었다.

지역별 세미나에서 강연에 나선 사람들은 백신접종이 기초 보건 서비스에 통합돼야 한다는 점을 강조했는데, 지역사회에서 활동하는 간호사, 특히 모자보건 서비스를 담당하는 간호사가 중요한 역할을 담당하게 될 터였다. 각국의 보건부 장관들은 WHO가 천연두 퇴치 캠페인을 종료하면 이 캠페인에 투입됐던 자금을 새로운 프로그램에 투입할 수 있으리라 기대했다. 한편 WHO는 백신접종 확대 프로그램을 출범하기 위해 UNI-CEF에 지원을 요청했고 1975년 WHO와 UNICEF는 새로운 프로그램의 기본 원칙, 즉 각국에서 백신접종 확대 프로그램을 도맡으면서 점진적으로 발전시켜나간다는 원칙을 수립하기로 뜻을 모았다. 백신접종 확대 프로그램은 기한을 두지 않을 예정이었으므로 각국의 의지가 백신접종 확대 프로그램 시행의 전제조건이 될 수밖에 없었다.

1975년 말쯤에는 WHO와 협업해 자국의 백신접종 프로그램을 확대하겠다는 의사를 드러내는 국가들의 수가 상당히 많아졌다. 아프리카 지역에서는 가나, 케냐, 탄자니아, 잠비아가 이미 WHO와 협업하고 있었는데, 가나는 스웨덴으로부터, 케냐는 네덜란드로부터 자금 지원을 받아 상세한 역학조사 및 기술 조사를 수행했다. 해당 국가가 직면할 가능성이 높은 구체적인 문제가 집중 조사됐다. 보건 서비스 조직과 제공 실태가 각 국가별로 큰 차이를 보였으므로 각국이 직면할 가능성이 높은 문제 역시 국가별로 큰 차이를 보였다.

예를 들어 가나에서는 어린 아동에게 백신을 접종하는 데 더 효과적인 방법이 무엇인지를 찾기 위한 조사를 벌였다. 즉, 백신접종 장소를 정해 백신을 접종하는 것이 더 효과적인지 아니면 각지를 돌아다니면서 백신접종을 하는 이동 팀을 운영하는 것이 더 효과적인지를 조사했다. 한편 가나는 신생아 파상풍을 예방하기 위해 임신한 여성에게 백신접종을 하는 것이 더 나은 선택일 수도 있었다.

다른 국가에서는 또 다른 문제들이 떠올랐다. 예를 들어 오랜 독립 전쟁을 치른 끝에 1974년 포르투갈의 손아귀에서 벗어난 모잠비크에 새로 수립된 모잠비크 해방 전선 정부는 백신접종 프로그램을 성공적으로 운영해 이를 바탕으로 일반 보건 서비스를 구축하려 했다. 따라서 국가 경제가 혼란스러운 상황에서도 모잠비크 정부는 유엔개발계획UNDP으로부터 자금을 지원 받아 각지를 돌아다니면서 백신접종을 하는 이동 팀을 활용해 천연두, 홍역, 결핵 백신을 전 국민에게 투여하는 3개년에 걸친 백신접종 프로젝트를 출범했다. 그러나 1977년 남아프리카공화국의 아파르트헤이트 정권, 로디지아(오늘날의 짐바브웨), 미국 중앙정보국CIA이 지원한 내전이 벌어지면서 백신접종 3개년 계획은 수포로 돌아갔다.

효과적인 백신접종 확대 프로그램

정치적 긴장이 고조되는 상황에서 WHO는 어떤 방법으로 백신접종 확대 프로그램의 정당성을 확보할 수 있었는가? 당시 새로 독립한 '남반구' 국가들은 냉전 시기의 논의에 내재해 있었던 온갖 가식을 뛰어넘을 만큼 예민한 상태였다. 1976년 세계보건총회에 참석한 니제르(과거 프랑스 식민지였고 1958년 독립) 대표는 다음과 같이 연설했다. "백신접종 프로그램을 논의하다 보면 사람들이 저개발 국가들을 질병의 온상으로 보고 질병이 확산되지 못하도록 하는 일에 우선 지원하고 있다는 인상을 지울 수가 없습니다."

이 연설을 통해 니제르 대표는 기대한 백신을 공급받지 못했거나, 받더라도 제때 공급받지 못했거나, 이미 효능이 사라진 백신을 받았거나 하는 등 백신접종 프로그램에 관련해 개발도상국이 경험한 다양한 사례를 언급했다. 니제르 대표의 연설에 따르면 지역 센터를 통해 백신의 품질을 시급히 확인할 필요가 있었다. "백신 비용을 감당할 능력이 있는 개발도상국도 필요한 백신을 입수하지 못하거나 필요한 조언을 제공받지 못하는 경우가 허다했습니다."[8] 체계 내 부패 문제도 심상치 않아서 군수품을 보관할 공간을 마련하기 위해 백신을 폐기해버리는 일도 일어났다.

백신접종 확대 프로그램을 효과적으로 구현하려면 먼저 해결해야 할 현실적인 문제가 여전히 산적해 있었다. 천연두 백신접종 캠페인은 높은 기온에서도 사용할 수 있는 동결건조 백신 덕분에 성공을 거둘 수 있었지만, 대부분의 백신은 동결건조 백신이 없었다. 홍역 백신을 비롯한 대부분의 백신은 열과 빛 모두에 매우 민감하게 반응했으므로, 특별한 냉장 보관법과 운반법을 확보하지 않으면 멀리 떨어진 지역의 농촌 마을에 백신을 배포하더라도 백신이 효능을 발휘하지 못할 터였다. 그러나 신뢰할 만한 '저온 유통망'을 구축하려 한다면 열대지방 국가들에 포괄적인 백신접종 프로그램을 정착시키는 일에 상당한 기술적인 어려움과 추가 비용이 더해질 터였다.

　백신접종 프로그램의 시행 범위를 되도록 넓히려면 백신접종 프로그램을 어떤 방식으로 조직해야 하는가? 아동이 지역 보건 센터가 제공하는 다른 서비스나 지원을 받을 때 백신접종을 함께 받는 방법이 바람직한가? 아니면 집단 백신접종 프로그램을 시행해 각지를 돌아다니며 백신접종만 하는 이동 팀을 활용해 아동에게 백신을 접종하는 것이 더 효과적인가? 자원이 제한된 경우 기존에 구축돼 있는 자원을 활용하는 것이 가장 효과적인 전략일 수 있었으므로 상황은 국가별로 서로 다를 터였다.

　예를 들어 아프리카는 영국 식민지였던 국가와 프랑스 식민지였던 국가의 관행이 서로 달랐고 보건의료 제도와 보건의료 활동 역시 서로 달랐다. 따라서 서로 다른 국가에서 서로 다른 전략을 대상으로 한 비용 대비 효과성 연구에서 서로 다른 결론이 도출됐다는 사실은 그리 놀라운 일이 아니었다. 초기의 집단 백신접종 캠페인이 성공을 거둔 뒤에는 집단 백신접종 캠페인의 열기가 사그라지는 경향이 있었지만 그 경험조차도 국가별로 서로 달랐으므로 어느 영국인 전문가는 다음과 같이 지적했다.

코트디부아르에서는 각지를 돌아다니며 백신접종을 하는 이동 팀이 모든 마을을 12~18개월마다 방문해 홍역-천연두 백신접종 캠페인을 펼쳤음에도 생후 6~24개월 아동의 백신접종률이 54퍼센트에 그치는 결과를 얻었다. 이런 낮은 백신접종률은 제대로 된 홍보가 없었기 때문으로 보인다. 홍역 집단 백신접종 캠페인을 펼친 세네갈은 백신접종률이 60퍼센트에 불과했고, 카메룬의 수도 야운데는 이동 백신접종 팀을 활용해 천연두 집단 백신접종 캠페인을 매우 효과적으로 펼쳤음에도 홍역 백신접종률을 끌어올리는 데는 실패하고 말았다.[9]

백신접종 프로그램을 조직하고 확대하는 최고의 방법은 단 하나가 아니었다. 따라서 WHO와 그 대표들은 백신접종 프로그램 구현의 효과를 높인다는 매우 중요한 목표를 향해 나아가는 와중에도 백신접종 확대 프로그램에 대한 논의를 진행하고 각국에 권고사항을 제시하는 데 신중에 신중을 기해야 했다. WHO가 백신접종 프로그램을 양적 및 질적으로 확대해나가는 과정은 미국이 선호하는 수직적 접근법에 발맞추는 것처럼 비춰질 가능성이 있었기 때문이다. 만일 백신접종 확대 프로그램을 미국의 구미에 맞게 운영하는 것이 정말 사실로 받아들여지면 소련의 노여움을 살 것이 불 보듯 뻔할 뿐 아니라, 하프단 말러 WHO 사무총장이 내세운 WHO의 운영 방향과도 척을 지게 될 터였다. 따라서 WHO 직원들은 각국이 백신접종 프로그램을 자국의 기초 보건 서비스에 통합하려는 노력을 기울여야 한다는 사실을 끊임없이 강조했다. 모잠비크 정부가 계획했던 것처럼 기초 보건 서비스야말로 각국이 일차 보건의료 체계를 구축하는 데 가장 훌륭한 토대가 될 터였고, WHO의 고위급 직원들은 기회가 있을 때마다 이 사실을 강조했다.

아프리카에서 열린 회의에서 백신접종 확대 프로그램을 소개하면서 아프리카 지역 사무소 소장은 각국 대표들에게 백신접종 프로그램을 자국의 사회적 발전과 경제적 발전 양상에 통합할 필요가 있다는 점을 일깨웠다. "백신접종 프로그램은 국가 보건 서비스 구조를 통해 진행돼야 합니다. 백신접종 프로그램의 확대 역시 일차 보건의료, 기초적인 보건 조치, 통합적인 농촌 개발이라는 개념의 일환으로 실시돼야 합니다." 이런 가능성을 완전히 발휘하기 위해서는 공동체를 이끄는 지도자들이 백신접종 프로그램을 도입함으로써 누릴 수 있는 이점을 충분히 이해하고 백신접종 프로그램 확대에 적극적으로 동참해야 했다. 즉, 정치 지도자, 종교 지도자, 교사, 공동체 지도자, 개발 사업 담당자, 국민에게 영향력을 행사할 수 있는 그 밖의 모든 사람이 백신접종 프로그램에 참여할 필요가 있었던 것이다.

백신접종 프로그램을 추진해나가는 모든 인력들은 체계적인 교육 활동을 수행해야 합니다. 백신접종 프로그램을 시작하기 전부터 교육을 받아야 하는 목표 집단을 구체적으로 정의한 뒤 목표 집단이 보유한 지식, 목표 집단의 태도, 목표 집단이 백신접종을 활용해 예방할 수 있는 질병 및 백신접종에 대해 가진 생각과 편견이 무엇인지 미리 파악해야 합니다. 그리고 난 뒤 목표 집단이 백신접종의 모든 측면에 관련된 기초 지식을 습득할 수 있는 가장 바람직한 방법과 가장 필요한 지식을 선택해 교육을 실시하되, 백신접종의 이점을 지나치게 과장해서는 안 됩니다.[10]

전 세계 모든 아동에게 백신을 접종한다는 목표

1977년 백신접종 확대 프로그램과 관련된 야심차고 매우 구체적인 목표가 수립됐다. 즉, 1990년까지 전 세계의 모든 아동에게 백신접종 확대 프로그램이 제시하는 표준 백신(디프테리아, 백일해, 파상풍, 소아마비, 홍역, 결핵 백신)을 투여한다는 목표였다. 이에 따라 더 많은 국가에서 백신접종 프로그램을 구축했고 이미 프로그램을 구축한 국가에서는 기존 프로그램의 범위를 확대하는 등 엄청난 진전이 있었다. 예를 들어 1975년 1세 이하 아동의 9퍼센트만이 DPT 백신접종을 받았던 콜롬비아는 백신접종률이 75퍼센트로 뛰어오르는 성공을 거뒀다. 콜롬비아가 이런 성과를 거둘 수 있었던 밑바탕에는 '전국 백신접종의 날'을 지정해 백신접종을 확대해나간 정치권의 적극적인 지원, 수백 명에 달하는 교사, 신부, 경찰, 적십자 소속 자원봉사자의 노력이 있었다. 이후 많은 국가들이 UNICEF의 지원을 받아 콜롬비아의 사례를 자국에 도입했다.

이런 수사법은 1980년대까지 이어졌다. 따라서 1984년 제네바에 사무소를 두고 백신접종 확대 프로그램을 이끌었던 R. H. 헨더슨은 백신접종 서비스가 아동 사망률을 줄이는 데 기여하는 유일한 방법이 아니라는 사실을 인정하면서도 다음과 같이 지적했다.

백신접종 서비스는 실행에 옮기기 쉽고 어머니나 자녀에게 생활방식의 변화를 요구하지 않으면서도 효과를 누릴 수 있기 때문에 그 밖의 보건 서비스를 개발하려는 국가에게는 출발점으로 삼기 좋은 서비스다.[11]

계속해서 헨더슨은 백신접종 서비스 하나만을 완벽하게 제공하는 일이 불가능하지는 않지만, "백신접종 서비스를 개발도상국의 일차 보건의료 서비스가 가장 우선적으로 고려하는 집단인 첫돌 미만의 아동과 임신부에게 필요한 다른 서비스와 함께 제공하면 그 효과가 배가 된다"고 덧붙였다.

그러나 WHO가 내세운 이 모든 수사법에도, 백신접종 프로그램은 각국의 일차 보건의료 현장에서 행정적으로 그리고 조직적으로 느리지만 분명하게 분리돼나가기 시작했다. 백신접종률 달성 목표가 점점 더 중요한 고려사항이 돼갔다. 국제정치 무대에서는 알마아타 선언에서 추구하는 더 복잡하고 양적으로 측정하기 쉽지 않은 이상보다 진전된 상황을 입증하는 데 쉽게 사용할 수 있는 수단인 단순한 수치를 더 중요하게 여기기 시작했다. 알마아타 선언에서 추구하는 이상을 아직 놓아버리지 못한 국제 보건 담당자들은 높은 백신접종률만으로는 보건의료의 진전 상황을 적절하게 평가할 수 없다고 생각했고, 보건의료 체계의 적절성과 대중의 만족도, 보건의료 체계에 미치는 지역사회의 영향력 등을 종합적으로 고려해 보건의료의 진전 상황을 평가해야 한다고 생각했다. 그런데 이런 방식으로 보건의료의 진전 상황을 평가할 경우 성공적으로 진행된 백신접종 프로그램은 기초 보건의료에 사용될 인력과 자금을 끌어다 씀으로써 오히려 역효과를 낼 가능성이 있었다.

수직적인 백신접종 확대 프로그램에 참여하는 직원에게 특혜에 가까운 수당을 지급함으로써 이 프로그램에 참여할 수밖에 없도록 만드는 과정에서, 아프리카 및 아시아의 지방과 지역에서 이루어지는 보건의료가 큰 타격을 입었다는 논의가 최근 들어 활발하다.[12]

일부 지역에서는 이런 일이 실제로 일어났는데, 그 예로는 라틴아메리카에서 백신접종 확대 프로그램을 최초로 도입한 에콰도르를 꼽을 수 있다.[13] 1984년 보수주의 대통령이 당선되면서 에콰도르는 세계은행[WB]에서 빈곤한 국가에 강요한 '구조조정' 정책을 구현했다. 구조조정 정책의 시행으로 정권에 대한 국민의 지지도가 낮아지자 에콰도르 대통령은 이를 완화하기 위한 수단으로 UNICEF 사무총장이 제안한 집단 백신접종 프로그램을 도입했다. 미국 국제개발처로부터 400만 달러를 지원받아 시작한 에콰도르 집단 백신접종 프로그램은 산모 사망률과 신생아 사망률을 줄이고 소아마비, 디프테리아, 백일해 백신접종률을 높일 것으로 기대됐다.

집단 백신접종 프로그램의 효과를 높이기 위해 에콰도르는 특별 행정 조직을 신설했는데, 이 조직의 직원들은 보건부 소속의 평범한 직원에 비해 더 높은 급여를 받았다. 한편 이 특별 행정 조직은 보건부의 통제를 벗어나 점차 '수직화'돼갔는데, 특히 '전국 백신접종의 날' 행사를 조직하는 데 온 힘을 쏟았다. 그 명칭에서도 느낄 수 있듯, 백신접종 확대 프로그램은 백신접종 팀이 전국에 파견되는 전국 백신접종의 날 행사 개최 같은 사업 방식을 매우 선호했다. 에콰도르에서는 총 일곱 차례의 전국 백신의 날 행사를 개최했고 언론을 통해 이 행사를 대대적으로 홍보했다.

1989년 미국 국제개발처가 지원을 중단하면서 에콰도르가 집단 백신접종을 위해 마련한 특별 행정 조직과, 일상적인 보건의료 서비스를 통해 제공하는 백신접종 프로그램이 모두 어려움에 처했다. 특별 백신접종 캠페인을 통한 백신접종 비용이 일상적인 보건의료 서비스 비용보다 거의 3배 가까이 높게 나타났다. 더 큰 문제는 집중적으로 시행한 집단 백신접종 프로그램이 중단된 이후 홍역에 감염되는 아동 수가 급증해 프로그램 시작 전보다도 더 많은 아동이 홍역에 감염됐다는 사실이다!

진전이 없었던 것은 아니지만 1990년까지 전 세계의 모든 아동에게 백신을 접종한다는 목표를 이루기 위해서는 상당한 추가 자금이 필요하다는 사실이 명백해졌다. 국제 보건 증진에 관심을 가지고 국제적 차원의 백신접종을 적극적으로 홍보해온 일부 주요 국제 조직은 이 같은 상황을 인식하고 1984년 한자리에 모였다. 이 자리에 참석한 WB, UNDP, 록펠러 재단은 WHO 및 UNICEF와 공동으로 (세계 보건 증진 대책 위원회로 이름이 바뀐) '아동 생존율 향상을 위한 대책 위원회'를 구성했다.

CDC 센터장을 지낸 뒤 은퇴한 윌리엄 포지William Foege가 위원장을 맡은 이 대책 위원회는 국제적인 사안에 자금을 지원하는 다양한 기구를 대상으로 백신접종(과 그 밖의 보건의료 사업)에 대한 지원을 이끌어내는 촉매제 역할을 할 뿐 아니라, 일련의 회의를 개최해 국제 개발 기관의 장과 개발도상국의 보건부 장관을 한자리에 모을 예정이었다. 이런 회의 가운데 1988년 프랑스 탈루아르에서 열린 회의는 특히 그 중요성이 컸는데, 이 회의에 대해서는 다음 장에서 논의할 것이다.

이념적 우월성을 표방하는 백신

제2차 세계대전이 끝나고 이어진 수십 년은 과학 발견의 '황금기'였는데, 백신 과학 역시 예외는 아니어서 이 시기에 황금기를 맞았다. 존 엔더스는 하버드대학교에 재직하는 동안 새로운 백신을 개발했는데, 그 가운데 특히 소아마비 백신과 홍역 백신은 헤아릴 수 없을 만큼 많은 생명을 구하고 크나큰 고통을 잠재울 수 있는 잠재력이 있었다. 물론 소아마비와 홍역에 감염될 위험이 높은 아동이 백신접종을 받을 경우에만 목숨을 부지할 수 있었으므로, 공공보건 전문가들과 각국의 정책 입안가들은 백신 접종의 가치에 확신을 가지기 시작했고 필요한 인적 자원과 물적 자원을 동원해 적절한 백신접종 프로그램 설계에 나섰다.

1950년대에 접어들면서 아프리카와 아시아 전역에서 탈식민화 운동이 일어나고 냉전이 진행된 결과 전 세계의 정치 지형이 변화하기 시작했다. 냉전은 동서 양 진영 사이의 경쟁을 불러왔고, 이런 경쟁 상황은 이내 백신접종을 둘러싼 정치를 비롯한 공공보건 영역에 영향을 미치기 시작했다. 동서 양 진영 모두 비동맹운동에 참여하는 국가들을 상대로 기술적 우월성과 도덕적 우월성을 뽐낼 기회를 잡기 위해 고군분투했다. 새롭게 구성된 WHO와 WHO의 '의회'로서 기능한 세계보건총회는 동서 양 진영이 각자의 기술적, 도덕적 우월성을 뽐낼 수 있는 중요한 국제정치 무대를 제공했다. 그러나 WHO는 국제정치 무대에서 벌어지는 이념 전쟁에 아랑곳하지 않고 천연두 퇴치 프로그램을 추진했고, 그 과정에서 동서 양 진영의 기술을 대표하는 사람들은 큰 어려움 없이 협업을 진행했다.

그러나 동서 양 진영이 천연두 퇴치 캠페인에 참여한 일차적인 이유는 서로 달랐다. 소련과 그 동맹국은 천연두 퇴치 프로그램에 성공해 비용이 많이 드는 백신접종을 중단하고 자원을 절약할 요량으로 참여했다. 한편 말라리아 퇴치 캠페인이 실패로 돌아간 데다 베트남전쟁을 일으킴으로써 도덕성에 큰 상처를 입은 미국은 이를 만회할 새로운 인도주의적인 사명이 필요했기 때문에 천연두 퇴치 프로그램에 참여했다.

이 무렵부터는 백신접종이 예방 보건을 위한 도구로 자리 잡았다. 따라서 과거 BCG 백신접종을 할 당시 사람들이 보였던 백신접종 거부감은 대부분 사라지고 없었다. 특히 소아마비는 선진 산업국가 대부분이 두려워할 만큼 큰 파괴력을 지닌 질병이었으므로 전국적인 소아마비 전염을 겪은 대부분의 선진 산업국가에서는 큰 거부감 없이 신속하게 소아마비 백신접종을 시작했다. 집단 백신접종 캠페인으로 거둘 수 있는 효과는 공공보건 체계의 조직에 달려 있었으므로 중앙정부에서 공공보건 체계를 운영하고 국가 개입 수준이 높을수록 집단 백신접종 캠페인의 효과를 더 수월하게 높일 수 있었다.

한편 유럽 국가 사이에서도 국가에 따른 차이가 나타났는데, 소아마비 백신접종 도입 양상에 나타난 국가별 차이는 이념적 요인과 각국의 조직적 관행이 혼합된 결과였다. 소아마비 백신 다음으로 개발된 새로운 백신은 홍역 백신이었다. 그러나 선진 산업사회에서는 홍역에 대한 관심이 소아마비만큼 높지 않았으므로 홍역 백신접종의 도입 양상은 소아마비 백신의 도입 양상과 사뭇 달랐다. 특히 홍역 백신접종에 대한 미국의 반응과 유럽 국가들의 반응은 대조적이었다.

이런 차이가 나타난 한 가지 이유는 홍역 백신접종이 도입된 시기와 관련이 있었다. 당시 미국에서는 감염성 질환이 빈곤층을 중심으로 집중적으로 나타나는 경향이 높아지고 있었다. 새로운 사회복지 프로그램을 내세운 케네디 대통령과 존슨 대통령의 행정부에서는 이런 상황을 쉽게 받아들일 수 없었다. 따라서 홍역 백신접종을 통해 사회적 격차를 해소하는 데 기여하려 했다. 그러나 서유럽 국가들의 사정은 미국과는 사뭇 달랐으므로 서유럽의 여러 국가들이 홍역 백신접종을 도입하기까지는 상당한 시간이 소요됐다. 자녀가 홍역을 앓는 것을 심각하게 생각하는 부모가 거의 없다는 사실을 파악하고 있었던 서유럽 각국의 정부는 국민 대부분이 홍역 백신접종을 요구하는 상황에 이르기 전에는 홍역 집단 백신접종 캠페인을 벌일 수 없었다. 혹여 국민들이 홍역 집단 백신접종에 거부감을 드러낼 경우 국가 백신접종 프로그램 자체에 대한 국민의 신뢰를 잃을지도 모른다는 두려움을 느꼈기 때문이다. 이런 상황은 정책 입안가들이 무슨 수를 써서든 피하고 싶은 상황이었다.

한편 개발도상국에게 절실하게 필요한 백신은 홍역, 디프테리아, 결핵, 백일해 백신이었다. 아프리카와 아시아에서는 매년 수천 명의 아동이 이들 질병으로 목숨을 잃었는데, 1970년대 초 개발도상국에서는 천연두를 제외한 질병에 백신을 접종받은 아동을 거의 찾아볼 수 없었다. 천연두 퇴치 캠페인을 바탕으로 백신접종 확대 프로그램을 시행한 WHO는 감염성 질환을 극복할 수 있는 백신접종을 시도하거나 확대하려는 나라들에게 지원과 자문을 제공하려 했다. 백신접종 확대 프로그램은 각국이 각자의 상황에 걸맞은 우선순위를 직접 결정하고 WHO가 각국에게 (지도와 회유가 아닌) 자문과 지원을 제공한다는 생각을 바탕으로 수립됐다. 그러므로 각국은 가장 큰 문제를 일으키는 질병에 대한 백신접종 프로그램을 각국의 사회적, 경제적 발전 계획에 걸맞게 개발하고 확대할 수 있을 뿐 아니라, 상황이 허락한다면 백신접종 프로그램을 각자의 기초 보건의료 체계에 통합할 수 있었다. 이 무렵까지만 해도 '모든 국가에 일괄적으로 적용할 수 있는 계획'의 흔적은 찾아보기 어려웠다.

백신접종 확대 프로그램에 관여하는 담당자들은 WHO 내에 등장한 이념 경쟁이 공공보건 관련 논쟁에 스며드는 상황을 우려해 말을 아꼈다. 일차 보건의료를 강화해 질병을 일으키는 근본 원인의 뿌리를 뽑으려는 세력과, (백신을 비롯해) 입증된 무기를 활용해 특정 질병을 퇴치하려는 세력 사이의 날 선 논쟁이 이어졌기 때문이다. 특정 질병을 퇴치하기 위해서는 백신접종 프로그램이 반드시 필요했음에도 WHO 직원들은 백신접종 프로그램을 그 밖의 보건 서비스와 통합하는 일의 중요성을 꾸준히 강조했다. 그러나 백신접종 프로그램에 대한 고삐가 풀리면서 이 프로그램을 조직적이고 행정적인 차원에서 '수직적' 방식으로 운영하는 경향이 강화됐다. 비판가들은 백신접종률이 높다는 사실 하나만으로 보건 체계의 수준을 평가해서는 안 된다고 주장하면서 이런 현실에 경종을 울리려 했지만 이들의 주장은 묵살되고 말았다.

1980년 5월 세계보건총회는 전 세계에서 천연두가 퇴치됐음을 선언하는 결의안을 채택했다. 공공보건기구가 이룩한 가장 위대한 성취의 하나로 손꼽히는 천연두 퇴치 프로그램을 통해 수많은 사람이 저마다의 교훈을 얻었다. 그중 하나는 전 세계적 차원의 지도력을 발휘해 천연두 퇴치 프로그램같이 세계적인 협업으로 성취할 수 있는 것이 무엇인지 모든 사람들이 깨닫게 되면서 백신접종 확대 프로그램으로 이어지는 성과를 얻었다는 것이다.

또 다른 교훈은 전 세계적 차원의 질병 퇴치가 가능하다는 사실과 질병 퇴치가 공공보건이 수립할 수 있는 바람직한 목표라는 사실이었다. 그러나 당시 WHO 사무총장이었던 하프단 말러는 공공보건에 관여하는 사람들에게 이 같은 교훈에 고무돼서는 안 된다고 경고했다. 역사가 앤 이매뉴얼 번은 1980년 하프단 말러 WHO 사무총장이 다음과 같이 강조했다는 사실을 일깨운다. "천연두 퇴치 프로그램의 성공을 통해 중요한 교훈을 많이 얻을 수 있습니다. 그러나 전 세계를 무대로 퇴치해야 할 또 다른 특정 질병을 선정해야 한다는 교훈을 얻는 데 그쳐서는 안 됩니다. 이 생각은 매력적으로 보이지만 사실 환상에 불과할 뿐이기 때문입니다."[14]

그러나 다음 장에서 보게 될 것처럼 하프단 말러가 지양하라고 권고한 바로 그 생각이, 영향력을 지닌 일부 개인들이 얻은 교훈이었다. 그리고 그 과정에서 백신접종 정책의 바탕을 이루는 가장 중요한 일부 가정은 국내 정치와 국제정치 무대에서 이내 잊히거나 폐기되고 말았다.

세계화 시대의 백신
: 누구를 위한 기술인가?

정책 결정 논리의 변화와 대중의 인식

앞서 1980년대 공공 정책의 바탕을 이루는 이념이 변화하면서 백신 개발에 영향을 미친 방식을 살펴보았다. 그렇다면 오늘날 백신 사용 방식과, 백신접종이 보건의료에서 차지하는 위상 및 사람들에게 백신을 접종하는 사업에 영향을 미치는 요인은 무엇인가?

1980년대부터 미국 정부 및 주로 미국이 지배하는 WB와 국제통화기금IMF 같은 국제 조직은 탈규제, 자유화, 민영화 원칙을 고수한다는 조건을 내걸고 빈곤한 국가에 조건부 지원을 시행하기 시작했는데, 그 결과 빈곤한 국가의 정부가 수행하는 역할은 되도록 축소돼야 했다. 미국 재무부가 영향력을 행사하는 가운데 WB는 '구조조정 자금'을 제공해 자포자기 상태에 빠진 채무국이 채무를 갚고 자국의 서비스를 계속 운영해나갈 수 있도록 지원하기 시작했다. 이 자금을 지원받지 못할 경우 대부분의 빈곤한 국가에서는 가장 기초적인 보건 서비스조차 제공할 수 없을 만큼 구조조정 자금은 보건 분야에 필수적인 자금이 됐다. 문제는 보건 서비스의 사유화, 탈중앙화, 탈규제라는 엄격한 조건이 뒤따른다는 사실이었다. 따라서 이제부터는 비용을 지불하는 사람만이 보건 서비스를 이용할 수 있을 터였다.

이 같은 경제 논리에 공감한 칠레의 독재자 피노체트의 정부를 비롯한 여러 정부들은 자국의 보건 서비스 구조를 이러한 경제 논리에 따라 재편했다. 한편 이 경제 논리를 따르기를 주저한 국가들도 있었지만 공공보건 서비스의 축소를 완벽하게 피할 수는 없었다. 따라서 세계 대부분의 지역에서 가난한 사람들은 공공보건의료 서비스를 받기가 점점 더 어려워지게 됐다. 게다가 이 같은 조치는 상황을 더욱 악화시키는 데 일조했다. 예를 들어 1980년대에도 말라리아는 주로 아프리카 아동을 중심으로 매년 100만 명가량의 목숨을 앗아가면서 맹위를 떨치고 있었다. 이런 상황에서 국제적인 사안에 자금을 지원하는 다양한 기구들이 요구하는 구조조정이 시행되자 남아프리카 지역의 말라리아 사망률은 사실상 상승하기 시작했다. 게다가 빈곤한 국가에서 수십만 명에 달하는 아동의 목숨을 앗아간 질병은 말라리아만이 아니어서 개발도상국 아동 가운데 10퍼센트가 폐렴으로 목숨을 잃었다.

아동의 목숨을 위협하는 또 다른 위험은 깨끗한 식수 부족 때문에 일어났다. 위생이 확보되지 못한 지역에서 오염된 물을 마시는 공동체는 설사병을 유발하는 병원체에 노출되기 십상이었다. 이번에도 역시 주로 아동이 설사병에 걸렸는데, 특히 중증 설사병을 유발하는 로타 바이러스에 감염되는 아동이 매년 약 200만 명에 달했고, 그 결과 4만 5,000명이 넘는 5세 이하 아동이 매년 목숨을 잃었다. 한편 매년 수백만 명의 사람에게 중증 이질을 유발해 그 가운데 적어도 10만 명의 목숨을 빼앗는 이질

균도 기승을 부렸는데, 이번에도 역시 목숨을 잃은 사람의 대부분은 개발도상국의 아동이었다.

레이건 미국 대통령과 대처 영국 수상이 집권하던 시기에 가장 큰 영향력을 떨쳤던 '시장이 가장 잘 안다'는 생각은 권위의 위계질서를 뒤바꾸기 시작해 1990년대 말 무렵에는 정부의 활동이 크게 축소된 반면 다국적 제약 산업이 그 어느 때보다 큰 영향력을 행사하게 됐다. 빌 & 멀린다 게이츠 재단을 비롯해 새롭게 등장한 자선 조직이 공공보건에 상당한 자금을 지원하면서 새로운 가치가 정립됐다.

그렇다면 이와 같은 상황이 공공보건을 수호하는 도구로 기능하는 백신에 어떤 영향을 미쳤는가? 바로 이것이 이번 장에서 살펴보려 하는 문제다. 그러나 사실 이러한 변화의 근원은 1970년대에 이미 드러나기 시작했다. 1970년대 말에 이르면 보건의료 비용이 급속하게 치솟으면서 각국 정치인들의 근심거리가 되기 시작했는데, 비용 상승의 주요 원인은 값비싼 신기술에 지나치게 의존하는 경향이었다. 바로 이때 공공보건 관련 논의에 끼어든 경제학자들은 어렵지만 피할 수 없는 까다로운 결정을 합리적으로 내릴 수 있는 도구를 자신들이 혹은 자신들만이 쥐고 있다며 정책 입안가들을 설득하기 시작했다.

소아마비와 다르게 풍진과 유행성 이하선염은 사람의 목숨을 앗아가는 질병이 아니었을 뿐 아니라, 홍역과 다르게 1970년대에조차 빈곤한 국가에서 생활하는 아동의 건강을 위협하는 주요 원인도 아니었다. 따라서 아프리카와 아시아 대부분의 국가에서는 풍진 항원과 유행성 이하선염 항원을 지금까지도 백신접종 일정에 포함하지 않는 실정이다(우리나라에서는 국가예방접종 지원사업으로 홍역-유행성 이하선염-풍진의 혼합 백신인 MMR을 전액 무료 지원하고 있다—옮긴이). 그러나 북아메리카, 오스트레일리아 또는 유럽에서 태어난 아동은 생후 12~15개월 사이에 풍진과 유행성 이하선염 백신접종을 받고 몇 년 뒤 백신의 효능을 강화하는 추가 백신접종을 받아야 한다. 풍진과 유행성 이하선염 백신접종을 통해 새롭게 등장한 경제 논리가 백신접종 정책을 형성하는 데 중요한 영향을 미치게 된 방식을 파악할 수 있다.

공공보건은 항상 우선순위, 영향력, 경제적 이해관계, 각국의 독자적인 권리 행사 등에 초점을 맞춘 정치적 협상의 결과를 반영하면서 발전해왔다. 예술 작품이나 과학 논문과 마찬가지로 정치적 협상의 최종 산물인 정책 안에는 그 정책이 구성되기까지 겪었던 어려움이 숨어 있기 마련이다. 공공보건 정책은 서로 다른 대중과 서로 다른 영역에서 각자 중요하게 여기는 것이 무엇인가에 따라 서로 다른 방식으로 설명되고 정당화돼왔다. 예를 들어 앞선 장에서 살펴본 바와 같이 냉전 시대 동안에는 동서양 진영이 저마다의 기술적 우월성과 이념적 우월성을 뽐낼 수 있는 분야에서 질병 퇴치에 앞장섰고 성공적인 결과를 이끌었다. 한편 부모들의 입장에서 백신과 백신접종 프로그램은 자녀가 불필요한 건강 위험에 노출되지 않도록 보호하기 위한 도구에 불과한데, 부모들의 입장에서는 이런 도구가 백신과 백신접종 하나뿐인 것은 아니다.

백신접종 정책이 결정해야 하는 것은 특정 백신의 접종 여부 외에도 다양하다. 예를 들어 백신접종 정책은 백신을 접종해야 하는 대상, 언제 얼마나 많은 백신이 필요한지 여부, 백신 공급이 부족해질 경우 우선적으로 접종해야 하는 대상 같은 문제도 결정해야 한다. 게다가 백신접종 정책이 결정되는 과정의 이면을 들여다보면 약간 다른 논리가 작동하고 있다는 사실을 알 수 있다. 그렇다면 무엇을 근거로 백신접종 정책을 결정하는가? 풍진과 유행성 이하선염 백신접종이 시작되는 과정을 통해 1970

년대부터 개별 아동의 건강을 보호한다는 목적 이외의 목적이 점점 더 큰 영향력을 행사하게 되는 과정을 확인할 수 있다. 물론 자녀들에게 백신접종을 하는 부모들의 목적은 보건의료 비용을 아끼거나 질병을 퇴치한다는 것에 있지 않았으므로 공식적으로는 언제나 개별 아동의 건강을 보호한다는 목적이 강조됐다(부모들이 공동체 전체의 이익을 위해 자녀들에게 백신접종을 하는지 여부는 고려할 가치가 없을 뿐 아니라 지역별로 다를 것으로 여겨진다).

이 장에서는 정책을 결정하는 논리와 백신접종 정책에 대한 대중의 인식 사이의 격차가 점점 더 벌어지는 과정을 살펴볼 것이다. 이 격차는 점점 더 커지고 있는데, 그 결과에 대해서는 마지막 장에서 논의할 것이다.

풍진 백신접종 전략

1970년대로 접어들면서 풍진 백신접종을 검토하기 시작됐는데, 풍진이라는 질병의 특수성 때문에 독특한 문제가 제기됐다. 풍진(독일 홍역)은 감염된 사람에게는 직접 해가 되지 않는 반면, 이에 감염된 사람이 임신을 할 경우 태아에게 중증 질환을 일으킬 수 있으므로 풍진 백신접종은 임신한 여성이 아닌 아직 생기지 않은 태아를 보호하기 위해 필요한 것이었다. 따라서 풍진 백신의 접종 방식이 문제가 됐는데, 가임기에 접어든 젊은 여성에게 풍진 생±백신을 직접 접종하는 것은 기형을 유발할 가능성이 있었으므로 지나치게 위험한 것으로 여겨졌기 때문이다. 그러나 (백신을 접종하기 더 수월한) 아동에게 풍진 백신을 접종하면 성인이 돼서 임신이 가능한 연령이 될 때까지 지속되는 면역을 확보할 수 있을 것으로 여겨졌다.

풍진 백신접종이 시작됐을 무렵 유럽 대부분의 국가는 소녀만을 대상으로 풍진 백신접종을 실시했다. 풍진 감염으로 태아의 기형을 유발할 위험을 지닌 대상은 여성이었고 풍진 백신접종은 가임기에 접어들기 전에 접종해야 했기 때문이다. 네덜란드는 이와 같은 풍진 백신접종 전략에 따라 1974년부터 11세 소녀를 대상으로 접종을 실시했고 1970년대 초 매년 2,000~3,000명에 달하던 환자 수가 1974년 이후 700~800명 수준으로 감소했다. 그러나 중요한 문제가 여전히 불확실한 상태로 남아 있었다. 즉, 젊은 여성에게 접종한 풍진 백신의 효능이 얼마나 오래 지속되는가 하는 문제였는데, 그때까지도 풍진 백신의 보호 효능 기간이 파악되지 않은 상태였다.

미국 공공보건당국은 네덜란드와는 다른 이유로 모든 아동에게 풍진 백신접종을 시행하기로 결정했다. 풍진 바이러스는 주로 아동을 중심으로 유행했으므로 아동 사이에 집단면역을 구축하는 방법이 가장 바람직한 전략이라는 근거에서였다. 세간에 돌아다니는 풍진 바이러스의 총량을 줄일 수 있다면 임신한 여성 역시 간접적으로 보호받을 수 있을 터였다. 그러나 모든 아동을 대상으로 풍진 백신을 접종하는 일은 순탄하지 않았는데, 그 이유 중에는 미국이 유럽 대부분의 국가에서 성취한 높은 백신접종률을 달성하지 못한 탓도 있었다. 지역사회를 대상으로 수행된 연구에서는 백신접종률이 80~90퍼센트에 달하더라도 풍진 바이러스의 유입이나 전파를 차단하지 못한다는 결과가 나왔다. 하지만 미국이 다른 백신을 접종하면서 쌓은 경험을 토대로 생각해볼 때 미국에서는 60~70 퍼센트의 백신접종률을 달성하는 것조차 버거웠다.

한편 영국은 네덜란드와 동일한 전략을 채택했다. 영국은 1970년부터

11~13세 소녀를 대상으로 풍진 백신접종을 시행했다. 네덜란드와 마찬가지로 영국도 미국이 채택한 전략을 검토했지만, 당시 홍역 백신접종률이 50퍼센트에 불과한 상황에서 또 다른 보편적인 백신접종 전략을 추진할 경우 실패로 돌아갈 수 있다는 우려 때문에 미국의 전략을 채택하지 않았다. 풍진 백신접종을 거부한 소녀도 있었지만, 영국은 빠른 시간 안에 78퍼센트의 풍진 백신접종률을 달성했다(1988년에는 풍진 백신접종률이 86퍼센트로 높아졌다). 영국은 선천성 풍진 증후군 보고서, 풍진 감염으로 인한 유산, 임신한 여성을 대상으로 한 실험실 연구를 통해 공공보건당국이 채택한 풍진 백신접종 전략이 올바른 방향으로 나아가고 있음을 확인할 수 있었다. 덕분에 1980년대 말 무렵이면 풍진 감염에 의해 선천성 풍진 증후군을 앓게 된 아동은 22명으로, 풍진 감염으로 인한 유산은 73건으로 줄어들었다.

나중에 임신할 가능성이 있는 여성이 풍진 백신접종을 받은 경우 풍진에 감염돼 태아에게 문제가 일어날 위험은 해당 백신이 효능을 발휘하는 기간과 임신 기간 주변에 돌아다니는 풍진 바이러스의 총량에 달려 있는데, 주변에 돌아다니는 풍진 바이러스의 총량은 해당 백신접종률에 따라 달라졌다. 즉, 풍진 백신접종의 보호 효능 기간이 길수록 그리고 더 많은 사람이 풍진 백신접종을 받을수록 임신한 여성이 풍진에 감염돼 태아에게 문제가 일어날 위험성이 줄어드는 셈이었다.

이 무렵 영국에서는 감염성 질환을 연구하는 데 시뮬레이션 모델링이 중요한 요인으로 자리 잡기 시작했다. 특정 병원체에 대한 감염 가능성 수치(앞서 언급한 R_0라는 매개변수)와 백신의 보호 효능 수치를 입력해 컴퓨터 모델링을 수행한 결과 해당 질환이 장래에 유행할 가능성을 예측할 수 있게 된 것이다. 그러므로 풍진 시뮬레이션 연구는 풍진 백신의 효능,

체내 백신 흡수율, 시간의 흐름에 따른 면역 약화율에 따라 최적의 전략이 달라진다는 사실을 밝혀냈을 뿐 아니라, 풍진 백신접종으로 단기간에 달성할 수 있는 풍진 재유행의 위험 감소 이점의 중요성이 비교적 크다는 사실도 밝혀냈다. 이런 연구 결과에 비춰 볼 때 풍진 백신접종률이 높은 국가에서 채택할 수 있는 최적의 전략과, 접종률이 낮은 국가에서 채택할 수 있는 가장 바람직한 전략이 동일할 수는 없었다.

그러나 유럽에서는 풍진 백신접종의 목적 자체가 서서히 변화하고 있었다. 즉, 개별 여성에게 직접 보호 효능을 제공한다는 풍진 백신접종의 목적이 풍진 바이러스가 돌아다니지 못하도록 차단한다는 목적으로 변화해간 것이다. 미국은 풍진 백신접종을 시작할 당시부터 이런 목적을 토대로 풍진 백신접종 정책을 수립했는데, 소녀만을 대상으로 풍진 백신접종을 시행해서는 세간에 풍진 바이러스가 돌아다니지 못하도록 막을 수 없다는 미국의 결론은 올바른 것이었다.

영국과 마찬가지로 선택적 풍진 백신접종 전략을 채택한 네덜란드에서는 풍진 감염으로 인한 태아의 기형과 유산 발생률이 크게 줄어들었다. 그러나 보건 정책에 관한 조언을 제시하는 자문가들은 선택적 풍진 백신접종만으로는 세간에 풍진 바이러스가 전혀 돌아다니지 못하도록 막는 데 역부족이라는 영국의 연구 결과에 주목했다.

영국의 시뮬레이션 연구 결과에 흥미를 느낀 네덜란드 보건 위원회는 네덜란드에서 수집한 데이터를 활용해 시뮬레이션 연구를 했고, 그 결과 네덜란드에서는 복합적인 전략을 채택하는 것이 가장 바람직하다는 결과를 얻었다. 구체적으로 말하자면 생후 14개월에 소년과 소녀에게 풍진 백신접종을 시행하고, 11세에 소녀에게만 다시 한 번 재접종을 시행하면 풍진 백신접종률이 85퍼센트에 달할 무렵 그리고 9세에 소년

두 얼굴의 백신

과 소녀 모두를 대상으로 다시 한 번 재접종을 하면 풍진 백신접종률이 75퍼센트에 달할 무렵 풍진 바이러스를 완전히 퇴치할 수 있을 것으로 보였다.

이 무렵 네덜란드에서는 풍진 바이러스 퇴치가 목표로 자리 잡기 시작했다. 1983년 정부 자문가들은 네덜란드 보건부 장관에게 기존의 풍진 백신접종 전략을 생후 12개월에 남아와 여아 모두에게 풍진 백신접종을 시행하고, 9세에 소년과 소녀 모두에게 다시 한 번 재접종을 시행하는 전략으로 변경하라고 권고했다. 풍진 백신접종 전략을 이렇게 변경하면 5~10년 안에 풍진 바이러스를 퇴치할 수 있을 터였다(컴퓨터 시뮬레이션 모델은 종교적인 이유를 들어 풍진 백신접종에 반대해온 소규모 지역사회에서 풍진이 더 기승을 부릴 것이라는 결과도 내놓았다. 따라서 정부 자문가들은 다수의 이익을 위한 것으로 여겨지는 풍신 백신접종 전략에 의문을 품을 이유가 없다고 생각했다).

1980년대 중반 대부분의 유럽 국가들은 미국의 뒤를 따라 보편적 풍진 백신접종 전략으로 전환했다. 오직 (영국과 아일랜드를 비롯한) 소수의 국가들만이 여전히 보편적 풍진 백신접종에 나서기를 망설이고 있을 뿐이었다. 영국에서는 다른 국가들이 펼치는 정책을 예의 주시하면서 풍진 백신접종 전략을 변경할 필요성에 대한 논쟁을 벌였다. 예를 들어 1986년 스코틀랜드 공공보건 전문가들은 〈영국 의학 저널British Medical Journal〉에 다음과 같은 글을 남겼다.

미국과 다른 여러 국가에서는 현재 홍역, 유행성 이하선염, 풍진 백신을 결합해 생후 15~18개월에 접종하고 있다. 1982년 이와 같은 정책을 도입한 스웨덴은 홍역, 유행성 이하선염, 풍진을 사실상 퇴치했다고 보

아도 무방할 정도다.[1]

대부분의 유럽 국가에서 태어난 아기들은 생후 12~18개월 사이에 풍진 백신접종을 받았고, 6~12세 소년과 소녀 모두 두 번째 풍진 백신접종을 받거나 10~15세 소녀만이 두 번째 풍진 백신접종을 받았다. 시뮬레이션 모델링은 '선택적' 풍진 백신접종 방법을 채택한 경우, 임신 가능성이 있는 여성이 모두 백신접종을 받고 백신의 효능이 100퍼센트 발휘된다면 선천성 풍진 증후군이 나타나지 않을 것이라고 예측했다. 그러나 100퍼센트의 효능을 발휘하는 백신은 사실상 없었다. 더 많은 유럽 국가에서 풍진 백신접종을 표준 백신접종 일정에 포함했다. 백신접종 정책을 조언하는 자문가들은 유럽 내에서 사람들의 이동이 더 잦아졌고, 특히 감염 감수성이 높은 젊은 여성의 이동이 더욱 잦아졌다는 근거를 들어 풍진 백신접종을 표준 백신접종 일정에 포함할 필요가 있다고 주장했다.

국가들은 두 가지 이유에서 풍진 백신접종 전략을 변경했다. 하나는 임신 가능성이 있는 여성에 대한 직접 보호가 아니라 풍진 바이러스 제거를 목표로 삼아야 한다는 확신을 가졌기 때문이고, 다른 하나는 이웃 국가에서 풍진 백신접종 전략을 변경함에 따라 전략을 변경할 필요성을 느꼈기 때문이다.

유행성 이하선염의 재탄생

그렇다면 유행성 이하선염 백신접종 전략은 어떠했을까? 유행성 이하선염은 아동의 목숨을 위협하는 질병도 아니었고 미래 세대의 복리를 위협하는 질병도 아니었다. 유행성 이하선염은 부어오른 귀밑샘 때문에 볼이 부어올라 볼거리로도 불리는데, 아동이 겪는 대수롭지 않은 질병의 하나로 널리 인식되는 질병이었다. 따라서 네덜란드와 영국을 비롯한 대부분의 국가에서는 아동을 대상으로 유행성 이하선염 백신접종을 시행해야 할 필요성을 느끼지 못하는 형편이었다.

머크가 개발한 유행성 이하선염 백신이 미국에서 사용 승인을 받은 몇 달 후 〈랜싯Lancet〉 편집진은 영국에서는 유행성 이하선염 백신접종을 도입할 기미가 전혀 보이지 않는다고 기록했다. 우선 영국 의사들에게는 유행성 이하선염 발병과 관련된 사항을 공공보건당국에 보고할 의무가 없었으므로 영국에서 이 질병의 발병률이 얼마나 되는지 파악할 수 있는 정보가 거의 없었다. 일반의를 대상으로 한 설문조사에서 유행성 이하선염을 앓은 14세 이상의 소년 9퍼센트에서 고환염(고환 감염)이 합병증으로 나타난 것으로 밝혀졌다. 고통스럽기는 하지만 코르티코-스테로이드류의 약물을 사용해 통증을 경감할 수 있었고, 이로 인한 합병증으로 남성 불임이 유발된다는 일반적인 사람들의 생각과 달리 그런 일은 매우 드물었다.

한편 유행성 이하선염 환자의 2.4퍼센트에서 무균성 수막염 합병증이 나타났는데, 무균성 수막염 역시 환자가 며칠 동안 입원 치료를 받으면 완전히 회복할 수 있는 질병이었다. 유행성 이하선염으로 입원하는 환자는 매년 약 1,300여 명에 달했는데 입원하는 이유는 주로 무균성 수막염 때문이었다. 1976년부터 의사들에게 유행성 이하선염 발병과 관련된 사항을 보고하도록 의무화한 네덜란드에서는 매년 약 1,000여 건의 환자가 발생했다. 거의 대부분이 9세 이하 아동에게서 나타났는데, 합병증은 드물었고 합병증이 나타나더라도 대부분 완치됐다. 1968~1978년에 네덜란드에서 유행성 이하선염 사망자는 총 48명이었는데, 그중 절반 이상이 중년층이나 노년층이었다. 한편 1962~1981년에 잉글랜드와 웨일스에서는 사망자가 총 93명이었는데 대부분 45세 이상이었다. 게다가 사망진단서를 조사한 결과 유행성 이하선염 사망자로 파악된 사람 가운데 대부분은 유행성 이하선염 때문에 목숨을 잃은 것이 아니었다.[2]

머크가 개발한 유행성 이하선염 백신은 부작용이 없을뿐더러 2년 동안 보호 효능을 발휘하는 것으로 나타났지만, 그것이 유행성 이하선염 백신접종의 필요성을 설명하는 것은 아니었다. 사람의 생명을 위협하지 않는 대수롭지 않은 질병을 예방하기 위한 백신접종이 필요한 일 또는 바람직한 일인가? 의료 전문가들의 입장은 크게 두 가지였다. 1969년 〈랜싯〉 편집진은 다음과 같이 밝혔다. "이런 초기 임상 시험에서 백신의 효능에 결함이 없는 것으로 밝혀짐에 따라 유행성 이하선염을 쉽고 안전하게 퇴치할 수 있으리라는 희망이 커질 것이다." 그러나 이어서 다음과 같이 덧붙였다. "그러나 〔조지〕 딕 〔교수〕의 우려대로 단지 활용할 수 있다는 이유만으로 접종받아야 하는 바이러스 백신이 점점 더 많아질 것임에는 틀림이 없다."[3]

1980년 〈영국 의학 저널〉 편집진은 대중이 보일 가능성이 있는 반응을 살폈다. "유행성 이하선염으로 유발되는 고환염이 불임을 유발할 수 있다는 세간의 염려는 오해에서 비롯된 것으로, 이 같은 염려가 새롭게 개발된 유행성 이하선염 백신에 대한 영국인들의 불신을 넘어서지 못하는 한 백신접종률은 그리 높지 않을 것이다."[4] 게다가 몇 년 뒤 유행성 이하선염이 발휘하는 보호 효능이 사라져버린다면 성인에게서 유행성 이하선염이 발병할 가능성이 높아질 것이고 질환의 양상도 더 중하게 나타날 위험이 있었다. 1980년대 초 영국의 지배적인 견해는 미국의 랭뮤어가 피력한 견해, 즉 '할 수 있다면 해야 한다'는 견해와 전혀 다른 것이었다.

영국과 유사하게 네덜란드에서도 유행성 이하선염을 아동이 앓는 사소한 질병으로 파악했다. 따라서 머크의 유럽 자회사인 MSD가 1971년 네덜란드에 유행성 이하선염 백신인 멈프스백스를 수출하기 위해 사용 승인을 신청했을 때 네덜란드 정부는 사용 승인을 거절할 이유를 찾지 못했지만, 유행성 이하선염의 집단 백신접종을 시행할 이유 역시 찾지 못했다.

미국에서도 유행성 이하선염의 심각성에 대한 대중의 인식과 전문가의 인식이 크게 다르지 않아서 머크가 개발한 유행성 이하선염 백신의 상업 판매 전망에 먹구름을 드리웠다. 따라서 새로운 백신을 성공적으로 판매하려면 유행성 이하선염에 대한 사람들의 시각을 전혀 다른 방향으로 바꿔놓을 필요가 있었다. 앞서 홍역을 성공적으로 '재탄생'시킨 머크는 천신만고 끝에 유행성 이하선염도 '재탄생'시키는 데 성공했다.[5] 이 과정을 훌륭하게 설명한 엘레나 코니스는 유행성 이하선염 백신이 새롭게 개발된 이후 그것이 뇌손상과 정신지체를 유발할 위험성이 있다는, 그러나 수량화되지 않았을뿐더러 입증되지도 않은 사실을 강조하는 보고서들이 늘어났다고 언급한다.

또 다른 무대에서는 유행성 이하선염을 '골칫거리'로 재탄생시키는 작업이 진행되고 있었다. 머크는 미국의 부모들에게 유행성 이하선염이라는 '불편'을 더는 견디고 넘어갈 필요가 없다는 사실을 반복해서 강조했다. 코니스의 언급에 따르면 아동이 앓는 대수롭지 않은 질병이었던 유행성 이하선염은 '순전히 수사학적인 방법으로' 아동이 앓는 중증 질환으로 돌변했고 '피하고 싶은 골칫거리'에서 '생명을 위협하는 심각한 손상을 일으키는 질병'으로 변모했다.[6]

보건 서비스를 받는 고객이 비용을 지불하는 방식을 지향하고 의약품과 백신을 대중에게 직접 광고하는 일이 허용될 뿐 아니라 일반화돼 있는 보건 체계에서 '재탄생'이 가지는 중요성을 이해하기란 어렵지 않다. 유럽에서는 의약품과 백신을 대중에게 직접 광고하는 일이 허용되지 않으므로 특정 질병을 재탄생시킬 수 있는 수준의 홍보를 펼치는 일이 불가능하다. 따라서 특정 질병에 대한 대중의 인식을 변화시키려면 다른 방식을 활용해야 한다. 그렇다면 정부 자문가들은 일반적으로 사소하게 여기는 특정 질병의 백신접종 필요성을 어떻게 확신하게 됐는가? 다시 말해 정부 자문가들은 무슨 근거 또는 무슨 증거를 토대로 일반적으로 사소하다고 여겨지는 질병의 백신접종에 확신을 가지게 되는가?

네덜란드 보건부 장관의 요청에 부응해 네덜란드 보건 위원회가 유행성 이하선염 백신접종 논의를 시작했을 때만 해도 위원회 위원들은 가장 관련성이 높은 증거가 무엇인지 합의에 이르지 못했다. 아동이 앓는 유행성 이하선염은 비교적 무해한 질병이었고 그로 인한 사망률도 높지 않았다. 게다가 백신접종의 보호 효능 지속 기간에 대한 정보가 거의 없었으므로, 자칫 유행성 이하선염 유행이 더 나이가 많은 집단에게서 나타날 위험이 있었다. 그러나 일부 위원들이 이미 미국, 독일, 스웨덴에서 유행성 이하선염 백신접종을 시행하고 있다는 사실을 지적했고, 네덜란드 정부 보건 조사단 대표는 유럽의회가 유럽 여러 국가에 백신접종 일정을 조율하라고 권고할 가능성을 지적했다. 당시 유행성 이하선염 백신접종은 유럽의 여러 국가에서 시행하는 백신접종 일정에 차이를 불러오는 주요 요인이었다.

한편 경제 논리도 끼어들었다. 이에 따르면 유행성 이하선염 환자가 병원에 입원해 치료를 받는 동안 발생하는 모든 비용보다 백신을 접종하는 비용이 더 낮았다. 다른 조건이 동일하다면 비용을 절감할 수 있는 셈이었다. 유행성 이하선염으로 병원에 입원하는 환자 수와 입원 기간을 고려해, 1979년 네덜란드 정부 보건 조사단이 추정한 관련 비용은 백신접종에 소요되는 비용보다 2배 높았다. 백신접종의 보호 효능 지속 기간과 유행성 이하선염 바이러스가 더 나이가 많은 집단에게서 더 큰 규모로 유행할 위험성은 여전히 불확실한 상태였다. 데이터가 부족했으므로 효용이 높은 수학적 모델링을 수행하기도 어려웠다.

유행성 이하선염은 중요성이 그리 크지 않은 질병이라는 인식은 다음 세 가지 고려사항 때문에 조금씩 사라져갔다. 첫 번째는 다른 국가에서도 유행성 이하선염 백신접종을 시행하고 있다는 사실이었다. 네덜란드 자문가들은 백신접종을 시행한 이후 미국에서 환자가 급격히 줄어들었다는 사실에 깊은 인상을 받았다. 두 번째는 유럽연합EU의 정책 기조에 따라 네덜란드 백신접종 일정을 유럽의 다른 국가가 시행하는 백신접종 일정과 조율해야 한다는 인식이 높아지고 있었다는 사실이었다. 마지막 세 번째는 돈이었다. 활용할 수 있는 데이터가 단순 계산에나 겨우 사용할 수 있는 수준에 불과했음에도 보건의료 예산을 크게 절감할 수 있는 가능성이 네덜란드 보건 위원회에서 제기됐다. 비용 절감 및 다른 국가가 시행하는 백신접종 일정과의 조율 같은 고려사항은 오늘날 백신접종 정책을 결정하는 데 중요하게 작용한다.

한편 유행성 이하선염 백신접종 대상도 선정해야 했는데, 감염 감수성이 높은 집단은 소년 집단이었고 (아주 미세한 차이이기는 하지만) 위험이 특히 높은 집단은 성인 남성 집단이었다. 그럼에도 1983년 정부 자문가들은 네덜란드 보건부 장관에게 생후 14개월의 모든 아동에게 백신을 접종해야 한다고 권고했다(추후 재접종을 받아야 했다). 이런 권고가 내려진 이유는 머크가 도입한 혼합 백신인 MMR 백신을 접종해야 한다는 사실과 밀접한 연관이 있었다. 소년만을 대상으로 백신을 접종하면 모든 아동에게 접종해야 하는 혼합 백신을 사용할 수 없을 터였다. 따라서 부모들의 호응을 이끌어내기 위해 소녀들에게도 백신접종을 해야만 하는 근거를 마련해야 했고, 정책 자문가들은 이내 다음과 같은 논리를 펴기 시작했다.

첫 번째 논리는 '상당한' 수의 소녀가 유행성 이하선염으로 병원에 입원한다는 것이었고(실상은 매년 평균 115명에 불과), 두 번째는 소년만을 대상으로(즉, 아동의 절반만을 대상으로) 백신접종을 시행하면 유행성 이하선염 바이러스가 세간에 돌아다니지 못하도록 막기에 충분하지 않아 백신접종을 받지 않은 사람들을 간접적으로 보호할 역량이 떨어진다는 논리였다.

1986년 네덜란드 보건부 장관은 네덜란드에서 자체적으로 수행한 비용 대비 효과성 연구가 거의 없다는 사실에도 아랑곳하지 않은 채 다른 국가에서 수행한 연구 결과를 근거로 MMR 백신을 전국적 백신접종 프로그램에 포함하기로 결정했다. 네덜란드 보건부 장관의 언급은 백신접종 정책을 수립하는 데 경제적 증거의 중요성이 점점 더 커지게 됐다는 사실을 방증한다. 그뿐 아니라 백신접종 정책이 각국에 밀접하게 관련 있는 증거를 바탕으로 수립되는 것이 아니라, 국제적 차원에서 밝혀진 증거를 토대로 나아갔다는 사실을 방증한다.

20여 년이 지난 오늘날에는 이런 고려사항들이 (대중적인 논의가 아니라) 의사 결정 과정을 지배하는 요소로 자리 잡아, 특정 백신이 특정 지역에서 효능을 발휘한다는 사실이 입증되면 해당 백신은 다른 지역에서도, 심지어는 관련 연구를 전혀 수행하지 않은 지역에서도 효능을 발휘할 것이라고 가정하는 상황에 이르렀다. 따라서 오늘날에는 유행하는 바이러스주가 백신에 사용된 바이러스주와 전혀 다른 경우가 아니라면 백신 도입을 망설일 이유가 없게 됐다. 이 같은 맥락에 따라 1988년 영국에서도 유행성 이하선염 백신접종이 시작됐다.

질병 통제에서 질병 퇴치로

1980년대를 거치면서 중요성이 높아진 것은 비단 경제 논리만이 아니었다. 백신접종 프로그램이 질병 통제가 아닌 바이러스 '퇴치'를 목표로 삼아야 한다는 견해 또한 그 중요성을 더해갔다. 유럽 전역에는 이런 생각이 서서히 퍼져나갔지만 더 오래전부터 질병 퇴치를 목표로 삼아왔던 미국에서는 많은 사람이 이 생각에 마음을 빼앗겼다.[7] 1980년 메릴랜드주 베데스다에 자리한 국립 보건원에서 회의가 열렸다. 역사가 윌리엄 무라스킨은 회의를 개최한 주최 측이 천연두 퇴치 캠페인에서 영감을 받아 이 프로그램을 통해 특정 질병을 퇴치해야 한다는 교훈을 얻는 데 그쳐서는 안 된다는 하프단 말러 WHO 사무총장의 경고를 의도적으로 무시한 채 앞으로 퇴치해야 할 질병을 선정했다고 설명했다.[8]

천연두 퇴치 캠페인을 설계한 주요 인사인 프랭크 페너Frank Fenner와 도널드 헨더슨은 퇴치 가능한 질병이 없는 것으로 보인다고 지적했지만 이내 누군가 그럴싸한 질병을 찾아내고 말 터였다. 가장 가능성이 높은 질병으로 물망에 오른 질병은 홍역과 소아마비였는데, 중요한 것은 퇴치할 대상이 되는 질병을 선정하는 일이 아니라, 천연두 퇴치 캠페인의 뒤를 이을 질병 퇴치 캠페인을 신속하게 찾는 일이었다. 1982년 홍역 퇴치 캠페인의 실행 가능성과 바람직성을 논의한 논문이 〈랜싯〉에 실렸다.[9] 모두

CDC 출신인 저자들은 홍역 백신을 전 세계적으로 적절하게 접종할 경우 홍역을 통제할 수 있을 뿐 아니라 퇴치할 수 있다고 확신하고 있었다.

홍역 퇴치 캠페인을 벌여야 할 명분은 명확했다. 홍역으로 매년 90만 명이 목숨을 잃고 있었기 때문이다. 게다가 천연두 퇴치 캠페인이 동결건조 백신을 활용해 성공을 거두었던 것처럼 현재 사용하는 홍역 백신보다 내열성이 강한 홍역 백신을 사용하면 홍역을 충분히 퇴치할 수 있을 것으로 보였다. 따라서 논문 저자들은 홍역 통제가 아닌 홍역 퇴치를 목표로 삼아야 한다고 주장했다. 그러나 모든 사람이 홍역 퇴치 가능성을 확신한 것은 아니었고, 그러는 사이 CDC 소속 질병 퇴치론자들의 의견이 홍역 퇴치에서 소아마비 퇴치로 옮겨가기 시작했다. 그러나 1983년 워싱턴DC에서 열린 소아마비 통제 심포지엄에서는 소아마비 퇴치에 호의적인 입장을 보이는 참가자가 단 한 명도 없었다. 소아마비는 개발도상국의 주요 공공보건 관심사가 아니었으므로 '통제'가 적절한 목표로 인식됐기 때문이다. 그러나 이번에도 역시 그와 같은 사정은 크게 문제시되지 않았다.

1985년, 미주 지역에서 WHO를 대표하는 범미주 보건기구는 1990년까지 미주 지역에서 소아마비를 퇴치하겠다고 약속했다. 아프리카의 천연두 퇴치 캠페인에 참여했던 브라질 역학자 시로 데 쿠아드루스Ciro de Quadros가 범미주 보건기구를 적극적으로 설득해 얻어낸 결과였다. 역사가 무라스킨에 따르면 시로 데 쿠아드루스는 소아마비 퇴치 캠페인을 빌미로 라틴아메리카 국가의 보건 체계를 강화하고 특히 백신접종 확대 프로그램을 강화할 생각이었다(그러나 정작 WHO 본부의 이 프로그램 담당자는 소아마비 퇴치 캠페인에 반대 의견을 냈다).

도널드 헨더슨은 범미주 보건기구가 추진하는 소아마비 퇴치 프로그램에 기술 자문가로 참여하기로 뜻을 모았는데, 전 세계에서 소아마비를 퇴치하는 일은 불가능하더라도 미주 지역에서는 가능하다고 생각했기 때문이다. 한편 도널드 헨더슨은 소아마비 퇴치라는 목적을 내세움으로써 질병 감시 체계 강화에 정치적 지원을 쉽게 확보할 수 있으리라 생각했다. 1987년 시로 데 쿠아드루스, 애틀랜타 카터 센터에 본부를 둔 '아동 생존율 향상을 위한 대책 위원회' 위원장을 역임한 W. H. 포지, CDC 고위급 직원 네 명은 〈WHO 학회지〉에 '전 세계 소아마비 퇴치를 향하여'라는 논문을 기고했다.[10]

저자들은 이 논문에서 퇴치를 '질병 전파 차단(및 병원체 제거)'이라고 정의하는 한편 '예방 조치(예를 들어 백신접종)를 취할 필요가 없을 만큼' 병원체의 유행 가능성이 낮아진 상태라고 설명했다. 거의 모든 지면을 소아마비를 퇴치할 수 있는 '방법'에 할애한 이 논문은 전국 백신접종의 날 행사를 개최해 질병을 '집중 공략'하는 방법을 특히 강조하면서 세계 대부분의 지역에서 일상적인 보건 서비스를 활용하는 방법으로는 소아마비 퇴치 목표를 달성할 수 없다고 주장했다. 저자들은 기존의 백신접종 확대 프로그램에서 핵심으로 삼았던 가치, 즉 백신접종을 일상적인 보건 의료에 통합해야 한다는 가치를 잊은 것이 아니라 명백하게 기각했던 것이다.

한편 이 논문의 저자들에게는 소아마비를 퇴치해야 하는 '이유'가 지극히 자명했다. 따라서 저자들은 '백신접종 분야의 전반적인 발전과 전 세계 기초 의료 서비스의 발전을 강화할 것'이라는 결과만을 강조할 뿐 이를 입증할 증거는 하나도 제시하지 않았다. '전 세계에서 소아마비를 퇴치하는 일은 필연적인 일'이라고 주장하면서 소아마비 퇴치에 나설 시기의 문제만이 남았을 뿐이라고 덧붙인 저자들은 '1995년이면 이미 전 세계에서 소아마비가 사라지고 없을 것'이라는 낙관론을 펼쳤다.[11]

이 논문을 발표하고 1년도 채 지나지 않아 저자들은 소아마비 퇴치에 대한 전 세계적인 약속을 이끌어내는 데 성공했다. 1988년 W. H. 포지가 위원장인 '아동 생존율 향상을 위한 대책 위원회'는 프랑스 탈루아르에서 고위급 회담을 개최해 전 세계의 보건 분야가 1990년대에 우선적으로 추진해나갈 과제를 논의했다. 이 자리에서 포지와 UNICEF 사무총장 제임스 그랜트는 세계 소아마비 퇴치 캠페인을 지원할 것임을 분명하게 천명했다. 심지어 백신접종 확대 프로그램을 책임지고 운영하는 담당자가 반대 의사를 표시했음에도 WHO 사무총장직에서 물러난 하프단 말러조차 미주 지역에서의 경험을 바탕으로 세계 소아마비 퇴치 캠페인에 찬성하는 것처럼 보였다.

이 회의의 결과로 도출된 탈루아르 선언은 전 세계의 보건 분야가 1990년대에 우선적으로 추진해야 할 목표 가운데 1순위로 소아마비 퇴치를 꼽았고, 그로부터 두 달 뒤 열린 1988년 세계보건총회에서는 과거 하프단 말러가 피력한 우려를 묵살한 채 '2000년까지 소아마비 퇴치'에 온 힘을 쏟는다는 내용의 결의안을 채택했다.[12]

1994년 미주 지역은 야생형 소아마비 바이러스를 퇴치했다고 선언했다. 일부 전문가들은 이 소식을 미주 지역 전역에서뿐 아니라 전 세계에서 소아마비를 퇴치할 가능성이 충분하다는 사실을 입증하는 명백한 증거로 받아들였지만, 모든 전문가들이 이렇게 확신한 것은 아니었다. 모든 국가의 정부들이 라틴아메리카 국가들과 동일한 마음가짐으로 소아마비 퇴치에 나설 리 만무했기 때문이다. 게다가 라틴아메리카의 소아마비 퇴치 캠페인도 소아마비 퇴치에 이르려면 아직 갈 길이 멀다는 사실을 뒷받침했다.

소아마비 퇴치는 실현 가능한가?

한편 소아마비 퇴치 캠페인은 각국의 보건 체계 전반에도 많은 영향을 미쳤다. 퇴치론자들은 기존 보건 서비스 조직에 자금을 추가 지원하고 운영 효율성을 높이는 방식으로 소아마비 퇴치가 가능할 것으로 생각했다. 이것이 틀린 생각은 아니었지만 제대로 된 보건 체계를 갖춘 부유한 국가가 아니고서는 이러한 낙관론이 실현될 수 없다는 것이 문제였다. 라틴아메리카 지역의 가난한 국가들은 보건 서비스 체계가 언제든 무너질 것처럼 위태로웠으므로, 소아마비 퇴치를 향한 노력이 반드시 필요한 서비스에 투입돼야 할 자금을 빨아들이는 역할만 하고 있을 뿐이었다.

전 세계적 차원의 소아마비 퇴치 캠페인은 소아마비 바이러스가 여전히 기승을 부리는 국가의 모든 아동을 대상으로 적어도 세 차례씩 경구 소아마비 백신을 투여할 것을 목표로 삼고 있었다. 이 목표를 달성하기 위해 각 국가의 보건 서비스 조직은 전국 백신접종의 날 행사를 개최해 5세 이하의 모든 아동에게 보충용 소아마비 백신을 투여하는 한편, 야생 소아마비 바이러스가 여전히 유행하는 지역을 대상으로 집집마다 방문해 경구 소아마비 백신을 아동에게 투여하는 '소탕' 캠페인을 펼쳤다. 그러나 전국 백신접종의 날과 '소탕' 활동은 막대한 인력이 필요한 소모적인 활동이라는 사실이 이내 드러났다.

파키스탄의 소아마비 퇴치 캠페인의 진행 과정을 면밀하게 조사한 인류학자 스베아 클로서의 연구는 소아마비 퇴치 캠페인에 얼마나 막대한 투자가 있었는지를 단적으로 보여준다.[13] 전국 백신접종의 날 행사를 한 차례 치르면서 3,000만 명의 아동에게 백신을 접종하는 일은 WHO와 UNICEF의 얼마 안 되는 직원만으로는 감당할 수 없는 일이어서 20만 명의 직원이 추가 동원됐다. 인도는 규모가 더 커서 5세 이하 아동 약 1억 7,000만 명에게 백신접종을 하기 위해 무려 230만 명의 백신접종 담당자가 동원됐다.

이와 같이 막대한 투자가 있고 소아마비 발병 건수가 크게 감소했음에도 '2000년까지 소아마비 퇴치'라는 목표를 달성할 가망이 없다고 판명됐다. 2000년에도 여전히 23개 국가에서 소아마비 환자가 나타났고 그 가운데 9개 국가에서는 소아마비가 유행했다. 2005년까지 (처음 예상했던 자금 규모의 2배인) 40억 달러의 자금이 투입됐지만 16개 국가에서 약 2만 명의 소아마비 환자가 보고되고 있는 형편이었다. 아프가니스탄, 인도, 나이지리아, 파키스탄에서는 여전히 소아마비가 유행하고 있었고 이 국가들을 여행한 사람들은 다른 국가로 소아마비를 퍼뜨리고 있었다.

천연두 퇴치에 비해 소아마비 퇴치가 훨씬 더 큰 어려움을 겪은 이유는 무엇인가? 그 이유의 하나는 소아마비라는 질병의 특성과 관련돼 있었다. 천연두에 감염된 환자는 뚜렷한 증상을 보였다. 즉, 무증상 천연두 환자는 존재하지 않았던 것이다. 반면 소아마비에 감염된 환자는 눈에 보이는 증상이 없는 경우가 많아 자신도 모르게 바이러스를 다른 사람에게 전파할 가능성이 있었다. 한편 천연두는 단 한 차례로 백신접종을 마칠 수 있었다. 그러나 열대지방의 빈곤한 국가에서는 소아마비 백신의 효능이 떨어졌는데, 아마 해당 지역 아동의 몸에 침투한 다른 관련 바이러스들과 소아마비 백신이 경쟁을 벌여야 했기 때문이었을 것이다. 그 결과 인도나 파키스탄의 아동은 소아마비 백신을 열 차례나 접종받아야 겨우 면역을 형성할 수 있었다. 파키스탄의 소아마비 퇴치 캠페인 진행 과정을 면밀하게 조사한 스베아 클로서의 인류학 연구는 파키스탄에서 소아마비 퇴치 캠페인이 직면한 어려움을 극명하게 보여준다.

두 얼굴의 백신

예를 들어 유목 생활을 하는 사람들에게는 여러 차례의 소아마비 백신접종을 제대로 시행하기가 어려웠다. 유목 생활을 하면서 자녀에게 열차례에 걸친 접종을 시기에 맞춰 시행할 수 있는 부모가 얼마나 됐겠는가? 한편 지도에도 표시돼 있지 않은 판자촌이 들어선 지역에서는 백신접종률을 기록하는 일 자체가 불가능에 가까웠다. 또한 다른 인종이 모여 사는 지역의 경우에는 여성 백신접종 담당자들이 신변의 위험을 느끼고 아예 백신접종을 포기하는 경우가 많았다. 그럴 경우 일자리를 잃어 쥐꼬리만 한 수입이 끊길 것을 염려한 백신접종 담당자들이 제멋대로 백신접종 기록을 남기곤 했다. 백신 공급 문제도 있었는데, 심지어 특정 지역에서 '소탕' 캠페인을 벌이기로 예정돼 있는 날에 백신이 공급되지 않는 불상사도 이따금 벌어졌다.

소아마비 퇴치 캠페인이 목표 기한을 넘겨 한 해 두 해 연장되면서 피로감과 환멸을 느끼는 사람들이 하나둘 늘어가기 시작했다. 스베아 클로서는 지역사회 수준에서 소아마비 퇴치 캠페인에 참여하는 보건당국의 고위직 직원들이 환멸을 느꼈고 상당수의 백신접종 담당자들은 적은 급여에 불만을 품고 있었다고 지적했다. 일상적인 백신접종을 비롯해 더 중요한 다른 사업에 사용돼야 할 많은 자금이 소아마비 퇴치 캠페인으로 빠져나갔다. 사실 소아마비는 파키스탄 아동의 건강을 위협하는 주요 질병이 아니었다. 게다가 소아마비 퇴치 캠페인을 10년간 꾸준히 펼쳤음에도 소아마비를 퇴치하지 못했다면 앞으로도 영원히 퇴치하지 못할 것이라는 정서가 점점 힘을 얻기 시작했다. 한편 자연재해, 부족한 전력 공급, 탈레반 문제 같은 여러 가지 어려움에 직면해 있는 파키스탄 정부는 소아마비 퇴치 캠페인에 특별한 관심을 쏟기 어려운 실정이었다.

빈곤하고 힘없는 국가의 정부들은 소아마비 퇴치 프로그램을 추진하는 힘 있는 기부국들의 심기를 거스르는 위험을 감수하려 하지 않았지만, 수많은 국제 전문가들은 소아마비 퇴치 캠페인이 애초부터 판단을 잘못했다고 주장했다. 2006년 이런 주장을 편 세 사람이 〈사이언스〉에 '소아마비 퇴치는 실현가능한가?'라는 제목의 논문을 기고했다. WHO가 서태평양 지역에서 펼친 소아마비 퇴치 캠페인을 지휘한 아리타 이사오와 천연두 퇴치 캠페인에서 주도적인 역할을 했던 프랭크 페너를 포함한 저명한 공공보건 전문가들은 이 논문을 통해 소아마비 퇴치 캠페인이 천연두 퇴치 캠페인보다 더 큰 어려움을 겪게 된 이유를 논의했다.[14]

천연두 퇴치 캠페인은 10년 만에 성공리에 막을 내렸지만 소아마비 퇴치 캠페인은 무려 18년을 끌었다. 따라서 그렇게 오랫동안 사람들의 열정을 이끌어내고 자금을 지원하기란 불가능에 가까웠다. 이 논문을 통해 '이와 같은 어려움과 불확실성을 확인하고도 WHO가 현재 진행하는 전 세계적 소아마비 퇴치 프로그램을 계속하는 것이 올바른가?'라는 질문을 던진 세 저자는 '아니오'라는 답을 제시했다. 소아마비 퇴치 대신 보다 현실적인 목표인 소아마비 '통제'로 수정하고 2005년 WHO가 선포한 '세계적 백신접종, 이상과 전략'에 통합하는 것이 바람직하다는 주장이었다. 한편 천연두 퇴치 캠페인을 이끌었던 도널드 헨더슨 역시 소아마비 퇴치는 불가능하다고 주장했다.

그러나 소아마비 퇴치 캠페인을 이끄는 사람들은 누구도 상상하지 못한 수준으로 (또는 적어도 상상은 했다고 하더라도) 비용이 치솟는 상황에도 눈 한번 깜빡하지 않았다. 스베아 클로서에 따르면 소아마비 퇴치론자들은 비판을 무시하고 어려움을 축소하며 소아마비 퇴치에 관련된 진전 상황을 끊임없이 강조하는 데 몰두했다. 소아마비 퇴치론자들은 기부국들이 회의를 품지는 않을까 전전긍긍했고 아리타, 페너, 헨더슨 같은 주요 인사의 비판을 위협으로 여겼다.

그러나 WHO가 내놓는 낙관적인 언급은 기부국들의 이탈을 방지하기 위한 전략에 불과한 것이 아니다. 소아마비 퇴치 프로그램을 계속 이어가는 데 중요한 역할을 하고 있는 WHO와 국제 로터리 클럽의 고위직 인사들은 진심으로 소아마비 퇴치가 가능하다고 믿고 있다. 소아마비 퇴치를 눈앞에 두고 있다는 퇴치론자들의 확신은 거의 신앙에 가까워 보인다. 따라서 비판적인 분석이나 대안을 제안한다고 해서 소아마비 퇴치론자들이 이를 신중하게 받아들일 일은 없어 보인다.

이 책을 쓰고 있는 사이, 2018년에는 소아마비를 퇴치할 수 있을 것이라는 전망이 등장했다. 그 대신 퇴치의 정의가 1980년대 소아마비 퇴치 캠페인을 추진할 당시의 정의, 즉 '백신을 접종할 필요성이 사라진 상태'에서 '새로운 소아마비 환자가 발생하지 않는 상태'로 변경됐다. 2018년 이후에도 소아마비 백신접종이 지속돼야 한다는 사실에 의문을 품는 사람은 없는 형편이다. 소아마비 백신으로 바이러스 확산을 방지하기 위해 새로 개발된 불활성화 백신(소크가 개발한 유형의 사백신)을 투여하게 될 것이다. (새로운 정의에 따라) 2018년 소아마비 퇴치에 성공한다고 가정해도 소아마비를 퇴치하기까지 무려 30년이라는 시간(천연두 퇴치에 소요된 시간의 3배)이 걸리는 셈이다.

한편 천연두 퇴치 캠페인에는 (1980년대 당시 가치로) 1억 달러의 국제 기금이 소요됐지만 소아마비 퇴치 캠페인에는 지금까지 100억 달러가 들었고 2018년까지는 150억 달러가 넘는 비용을 사용할 것으로 예상된다. '세계 소아마비 퇴치 프로그램'은 장기적인 측면에서 소아마비 퇴치 캠페인을 통해 절감할 수 있는 비용을 산정하는 모델을 개발해 경제 논리를 강화함으로써, 기부국으로부터의 지속적인 지원을 이끌어내고 소아마비 퇴치 활동이 지금까지 이룩한 성과를 극대화하기 위해 안간힘을 쓰고 있다.

스베아 클로서의 연구를 통해 소아마비 퇴치 프로그램의 정치 현실도 엿볼 수 있는데, 가장 먼저 세계 소아마비 퇴치 프로그램의 운영 주체를 생각해볼 수 있다. 파키스탄의 경우 표면적으로는 파키스탄 보건부가 세계 소아마비 퇴치 프로그램을 운영하는 주체이고 WHO와 UNICEF는 자문가로서의 역할만 하는 것으로 구조화돼 있다. 그러나 실상은 자문가인 WHO와 UNICEF가 전략 회의를 주도한다.

한편 세계 소아마비 퇴치 프로그램은 1988년 세계보건총회에서 통과된 결의안을 바탕으로 출범한 캠페인이지만 오늘날에는 WHO가 오롯이 추진하는 캠페인이라고 할 수 없게 됐다. 이 프로그램 웹사이트를 살펴보면 세계 소아마비 퇴치 프로그램이 각국 정부가 이끌고 WHO, 국제 로터리 클럽, CDC, UNICEF가 진두지휘하는 '민관 파트너십'이라는 사실을 쉽게 파악할 수 있다. 세계 소아마비 퇴치 프로그램은 자체적인 관리 구조와 정책 결정 구조를 갖추고 있는데, 그 역할을 WHO, UNICEF, CDC, 국제 로터리 클럽(과 빌 & 멀린다 게이츠 재단이 운영하는 '세계 개발 프로그램' 담당자)의 수장들로 구성된 '감독 위원회'(2015년 9월 현재 CDC 센터장이 위원장직을 수행)가 도맡아 하고 있다. 감독 위원회는 대부분의 업무를 2주에 한 차례씩 화상 회의를 진행하는 집행 기구인 '전략 위원회'에 위임하고 있다. 전략 위원회 위원장은 WHO 소속 담당자가, 부위원장은 국제 로터리 클럽 소속 담당자가 맡고 있고, 핵심 기구들에서 소아마비 프로그램을 책임지고 운영하는 담당자들 역시 전략 위원회에 참여할 수 있다.

그 밖에도 '소아마비 파트너 그룹'을 구성해 (지위가 낮은 기구임에도) 고위급 담당자들이 매년 두 차례의 회의를 열도록 돼 있다. 소아마비 파트너 그룹의 목적은 '소아마비 바이러스가 기승을 부리는 국가, 기부국, 그 밖의 파트너들의 더욱 적극적인 참여를 유도하고 저마다의 정치적 역량, 의사소통 역량, 프로그램 수행 역량, 재정적 역량을 활성화할 수 있도록 이끌어 세계 소아마비 퇴치 프로그램이 소아마비 퇴치라는 목표를 달성하는 데 필요한 정치적 약속과 자금을 확보할 수 있도록 지원하는 것'이다. 각국 대표, 잠재적 기부국 대표, 소아마비 퇴치 분야에서 활동하는 비정부기구 대표들도 회의에 초대받을 수 있다. 이런 관리 구조 및 정책 결정 구조에서는 책임 소재를 분명히 하기 어렵다.

퇴치론자들이 성공적으로 막을 내린 천연두 퇴치 캠페인에 영감을 받아 소아마비 퇴치 캠페인을 벌이게 된 것처럼 세계 소아마비 퇴치 프로그램 역시 새로운 퇴치 사업의 출범에 밑거름이 되고 있다. 다른 점이 있다면 세계 소아마비 퇴치 프로그램은 아직 성공을 거두지 못했다는 것이다. 소아마비 퇴치 프로그램이 그 목표를 달성하고(실패란 없다) 역사 속으로 사라진다면 그 뒤를 이어 다른 퇴치 목표를 설정한 다른 프로그램이 유사한 조직 모델을 갖추고 운영될 것이다. 가장 유력한 퇴치 목표로 거론되는 질병은 말라리아와 홍역인데, 이 두 질병은 이미 오래전부터 논의의 중심에 서 있는 형편이다.

홍역 퇴치와 말라리아 근절

이미 1950년대에 말라리아 퇴치 목표를 수립하고 열정을 쏟은 바 있는 미국은 목표 달성이 어려워지자 천연두 퇴치로 눈을 돌린 경험이 있다. 한편 홍역 백신이 개발된 직후부터 지난 수십 년 동안 줄곧 홍역 퇴치를 꿈꿔온 CDC는 1996년 WHO 및 범미주 보건기구와 공동으로 회의를 개최해 홍역 퇴치에 관한 논의를 진행했다. 이 회의 참가자들은 '세계 소아마비 퇴치 사업의 성공을 토대로' 전 세계 차원에서 홍역 퇴치 프로그램을 진행하면 2005~2010년에(!) 전 세계 홍역 퇴치가 가능하다는 데 뜻을 모았다. 이 자리에 모인 참석자들은 홍역을 성공적으로 퇴치하려면 홍역을 '재탄생'시켜 선진 산업사회에 사는 부모들의 인식을 바꿀 필요가 있다는 데도 동의했다.

홍역은 대수롭지 않은 질병으로 오해받고 있다. 특히 선진 산업국가에 널리 퍼져 있는 이런 잘못된 인식 탓에 대중과 정치권에서는 홍역 퇴치 노력을 기울이는 데 필요한 자금을 지원하기를 꺼리는 경향이 있다. (…) 홍역이 유발하는 부담을 특히 선진 산업사회를 중심으로 문서화해 부모, 의료 현장에서 활동하는 전문가, 공공보건당국 담당자, 정치인에게 배포함으로써 홍역 퇴치를 통해 얻을 수 있는 유익함에 대한 정보를 제공해야 한다.[15]

앞서 살펴본 바와 같이 머크는 새로 개발한 백신을 미국에 처음 판매할 때부터 질병 재탄생의 중요성을 인식하고 있었다.

이따금 지역사회에서 심각한 수준으로 유행하기도 하는 홍역으로 목숨을 잃는 사람의 수는 2000년 50만 명에서 2010년 15만 명을 기록해, 전 세계적으로 매년 줄어드는 추세다(주로 아프리카와 아시아에서 발생한다). 2010년 세계보건총회는 2015년까지 홍역 사망자 수를 2000년 대비 95퍼센트로 줄이겠다고 약속했다(2000~2014년 실제 감소율은 79퍼센트였다). 그러나 질병 통제로는 만족하지 못하는 퇴치론자들은 세계 소아마비 퇴치 프로그램이 성공적으로 막을 내릴 때까지 기다릴 만한 여유가 없는 형편이다. 2012년 '세계 홍역 및 풍진 전략 계획'은 2020년까지 WHO가 관할하는 6개 지역 가운데 5개 지역에서 홍역을 퇴치한다는 목표하에 2015년 말까지 퇴치 일정을 수립해야 한다고 제안했다. 과학자들은 홍역 퇴치가 소아마비 퇴치보다 더 까다롭겠지만 기술적인 측면에서 볼 때 불가능한 것은 아니라며 이 제안에 동의를 표명했다.

그러나 소아마비 퇴치 캠페인을 통해 얻은 교훈, 즉 질병 퇴치를 어렵게 만드는 주요 문제는 기술적 문제가 아니라 사회적, 정치적, 조직적 문제라는 교훈을 마음에 새겨야 한다. 그리고 특정 질병을 퇴치하는 프로그램이 보건의료 서비스 제공에 미치는 전반적인 영향을 살펴보면 지역별로 큰 차이를 보인다는 사실을 파악할 수 있을 것이다. 그러나 전 세계 정책 입안가들의 태도가 30년 전보다 조금 더 주의 깊어졌다고는 해도 퇴치론자들의 입장에 반대하는 목소리를 진지하게 받아들일 역량이나 의지가 여전히 부족해 보이는 것이 현실이다.

홍역과 다르게 현재 보유한 기술로는 말라리아 퇴치가 불가능하다는 것이 전문가들의 중론이다. 오늘날에도 여전히 말라리아는 아프리카를 중심으로 매년 약 50만 명의 목숨을 앗아가고 있다. 1998년부터 WHO, UNICEF, UNDP, WB가 공동으로 말라리아 통제를 목표로 '말라리아 근절'이라는 명칭의 세계 말라리아 통제 프로그램을 출범해 현재 운영 중에 있다. 오늘날 말라리아 근절 프로그램은 500여 곳의 파트너 조직과 손잡고 매년 20억~30억 달러의 자금을 사용해 말라리아 환자 치료, 살충제를 도포한 모기장 배포, 말라리아 진단 테스트 같은 활동을 하고 있다. 빌 & 멀린다 게이츠 재단의 노력으로 이미 한 차례 시도됐지만 실패로 돌아간 바 있는 말라리아 퇴치 캠페인이 40년 만에 전 세계적인 의제로 복귀한 것이다.

부활한 말라리아 근절 프로그램의 전략은 과거 시도했던 캠페인이 추진한 전략과 약간 달라서, 감시와 통제를 바탕으로 한 말라리아의 점진적인 퇴치를 목표로 삼고 있다. 2008년 WHO가 주재한 전문가 패널 회의는 보건 서비스가 잘 갖춰지고 말라리아 전염률이 낮은 (그래서 말라리아가 심각한 문제로 여겨지지 않는) 국가에서는 말라리아 전염을 막을 수 있다는 결론을 내렸다. 전문가들이 파악한 가장 큰 문제는 말라리아가 공공보건이 관심을 가져야 할 주요 관심사가 아니게 된 뒤에도 몇 년 동안 계속 말라리아 백신접종을 시행해야 할 것이라는 점이다. 이처럼 긴 시간 동안 정치적 약속을 유지하고 기부국으로부터 자금을 계속 지원받을 수 있을지는 의문이 아닐 수 없다.

새로운 시대, 새로운 우선순위, 새로운 절차

지난 30년 사이 세계 소아마비 퇴치 프로그램 같은 민관 파트너십이 꽃을 피웠다. WHO는 더는 핵심적인 역할을 할 수 없게 됐을 뿐 아니라 기존에 누렸던 지위도 누릴 수 없게 됐다. 1980년대로 접어들면서 신자유주의 이념이 확산되고 시장의 힘을 자유롭게 풀어놓아야 한다는 생각이 확산되면서 각국의 정부당국은 도덕적 평판보다 자금의 힘을 더 우선시하게 됐다. WHO보다 훨씬 더 많은 자금을 주무르는 WB는 각국의 보건 체계를 재구조하는 일에 나섰고, 그사이 WHO는 각국의 기초 보건의료를 확대해 '워싱턴 컨센서스'에 부합하도록 만드는 일에 열중했다. 각종 기구들은 자체적으로 정한 헌장에 따라 산업과의 협업에 제약이 따랐는데, 새롭게 등장한 이념 체제에서 점점 더 영향력을 강화해온 제약 산업은 이런 기구와 거리를 두었다. 세계 소아마비 퇴치 프로그램은 이런 분위기 속에서 공공 부문에 속한 조직과 민간 부문에 속한 조직을 연계해 협력을 유도하는 파트너십을 바탕으로 새롭게 등장한 조직의 하나였다.

민관 파트너십을 백신 분야에 도입한 선구적인 조직은 1990년 설립된 '아동 백신 사업Children's Vaccine Initiative'이었다. 새로운 백신 개발과 더 나은 백신 개발을 촉진할 목적으로 설립된 아동 백신 사업은 전 세계 아동에게 필요한 모든 항원을 포함하는 보편적인 백신을 개발한다는 궁극적인 목표를 추구했다. 그러나 조직 구성 이후 10년 동안 아동 백신 사업에 자금을 지원해온 미국과 유럽 사이에 도저히 조정할 수 없을 만큼 큰 논란이 끊이지 않았다. 결국 아동 백신 사업은 새로운 백신 개발이라는 목표에서 백신 도입 지원이라는 목표로 그 목표를 수정하는 대신 사업을 종결하고 말았다.

아동 백신 사업이 스러지고 남은 잔재 속에서 새로운 기구가 불사조처럼 되살아났다. 2000년 다보스에서 열린 세계경제포럼에서 탄생을 선언한 '세계 백신 연합Global Alliance for Vaccines and Immunization'이 바로 그것이다. 빌 & 멀린다 게이츠 재단과 국제제약협회연맹의 후원으로 아동 백신 사업보다 더 많은 자금을 주무르게 되면서 백신 정책을 주도하는 영향력 있는 기구로 자리매김하게 된 세계 백신 연합은 전 세계 백신 정책을 수립하고 구현하는 핵심 조직으로, 주로 새로운 백신 도입을 강조한다.

임상 시험을 거쳐 사용 승인을 받으면서 세상에 모습을 드러낸 백신은 어떤 과정을 거쳐 전국적인 백신접종 프로그램에 포함되는가? 오늘날 새롭게 등장하는 다양한 백신은 기존의 백신과 달리 가격이 높다. 전국 백신접종 프로그램에 한 번 접종하는 데 수십 유로에서 심하게는 수백 유로에 달하는 새로운 백신을 도입하면 각국의 공공 지출이 크게 상승할 것이 분명하다. 일반적으로 최종 결정은 각국 보건부 장관에게 달려 있다고 하지만 많은 국가들은 전문가 위원회를 구성해 보건부 장관의 자문 요청이 있거나, 자체 판단에 따라 보건부 장관에게 자문하는 체계를 갖추고 있다. 한편 이와 같은 의사 결정 체계를 갖추고 있는 많은 국가들은 특정 백신을 도입해야 하는지 여부를 결정하는 데 사용할 기준도 마련하고 있는 것으로 여겨진다.

미국에서는 백신접종 자문 위원회를, 영국에서는 백신접종 공동 위원회를 설치해 자문 기능을 맡겼다. 영국 백신접종 공동위원회의 임무에는 특정 백신과 관련해 나타나는 부작용을 보고하는 업무와 중기적인 차원에서 시장에 등장할 가능성이 있는 백신이 무엇인지 파악해 미래를 대비하는 업무가 포함된다. 영국 백신접종 공동 위원회가 새로운 백신과 관련된 조언을 제시하면 특별 위원회가 구성돼 문제의 질병과 관련된 이환율과 사망률 데이터 및 해당 백신에 대한 데이터를 검토한다. 한편 특별 위원회는 수학적 모델링을 의뢰해 집단면역이 발휘하는 효과에 대한 데이터를 확보하는 동시에 이를 바탕으로 경제적 분석을 할 수도 있다.

마지막으로 하위 위원회가 새로운 백신의 비용 대비 효과성 연구 결과를 제출하고 조언을 제시한다. 특정 백신의 권고 여부는 품질 조정 수명 연도당 비용이 2,000~3,000파운드 (3,000~4,000달러) 이하인지, 각 가정에 (일을 하지 못하는 등의) 추가 비용이 발생하지 않는지 등의 제반변수를 고려해 판단한다. 영국 백신접종 공동 위원회는 하위위원회에서 제출한 모든 보고서를 토대로 영국 보건부 장관에게 조언한다.

이 모든 과정은 전적으로 합리적으로 보인다. 전국적 백신접종 프로그램을 변경하는 일과 관련된 결정은 명확한 기준을 객관적으로 적용하는, 단순하면서도 합리적인 절차에 따르는 것처럼 보인다. 어디에도 편견이나 로비 또는 이념 문제가 끼어들 여지가 없어 보이는 것이다. 점점 더 많은 백신이 세상에 모습을 드러내는 가운데 백신의 선택뿐 아니라 선택한 백신을 정치적으로 정당화할 필요성이 그 어느 때보다 높아지고 있다. 따라서 다른 선진 산업국가에서도 이와 유사한 의사 결정 모델을 채택해 운영하고 있다.

그러나 가난한 국가에서는 문제가 사뭇 다른데, 이는 비단 선진 산업국가에서 활용할 수 있는 것과 유사한 수준의 상세한 역학 데이터를 활용할 수 없다는 이유 때문만은 아니다. 가난한 국가는 WHO가 권고하는 값비싼 새로운 백신을 도입하는 데 필요한 자금의 부족으로 도움을 요청하고 있는 형편이기 때문이다. 바로 이 시점에서 세계 백신 연합이 개입하는데, 1인당 국민소득이 연간 1,580달러에 못 미치는 (54개) 국가는 세계 백신 연합에 새로운 백신 도입에 필요한 자금 지원을 신청할 수 있다. 자금 지원을 신청하는 국가들은 세계 백신 연합에서 정한 규칙에 따라 제안서를 제출해야 하지만 세계 백신 연합이 전문가를 파견해 제안서 준비를 지원하므로 큰 어려움 없이 지원을 신청할 수 있다.

그러나 자문가 또는 자문가의 조언에 따라 정책을 마련하는 공무원들을 (당연하게도 익명으로) 인터뷰한 결과 실상은 절차를 설명하는 공식 문서와는 다르게 객관적이지도, 합리적이지도 않다는 사실이 드러났다. 새로운 백신을 도입한다는 의사 결정은 훨씬 더 정치적인 사안을 고려해 결정되는 경우가 많다. 즉, 질병 부담이나 심지어는 비용과도 무관한 여러 가지 고려 사항을 바탕으로 결정되는 것이다. 얼마나 많은 산업의 이해관계 또는 전략적 이해관계가 개입하는가? 얼마나 많은 로비가 있는가? 얼마나 많은 국제기구의 대표들이 (옹호자 또는 자문가로서) 정책 결정 과정에 관여하는가?

한편 앞서 소아마비 백신접종의 도입 과정에서와 마찬가지로 질병의 유행도 사회적 압력과 정치적 압력을 유발해 백신접종 같은 행동을 이끌어낼 수 있다. 예를 들어 런던 보건 및 열대 의과대학이 이끄는 국제 연구자 집단에 따르면, 과테말라와 남아프리카공화국에서 설사병이 유행하면서 언론의 상당한 주목을 받자 두 나라의 보건부 장관에게 대책을 마련하라는 압력이 높아졌고, 결국 두 나라 모두 로타 바이러스 백신을 도입했다.[16] 현실에서 의사 결정 과정의 실제 모습이 어떠한지 가늠해볼 수 있도록 지원하는 연구들이 많은 것은 아니다. 그러나 몇 안 되는 연구를 통해 파악할 수 있는 현실의 의사 결정 과정은 그리 믿음직하지 못하다.

새로운 백신의 도입과 관련된 의사 결정에 관여하는 의사와 공무원들은 백신 도입 의사 결정을 어떻게 설명하는가? 분명한 것은 일반적으로 새로운 백신 도입과 관련해 큰 영향력을 행사할 것이라고 여겨지는 인물과 기관이 의사 결정 과정에서 의도적으로 배제되는 경우가 많다는 사실이다. 구체적으로 말해 영국 백신접종 공동 위원회와 유사한 자문 위원회가 존재하지만 아무도 자문을 구하지 않는다거나 백신접종 확대 프로그램 관리자에게 의견을 구하지 않는 것이다. 인터뷰를 진행한 일부 공무원은 자국에서는 제약 산업의 로비가 가장 핵심적인 역할을 한다고 밝히기도 했다.

로비를 벌이는 사람들이 가하는 압력이나 국제기구가 지원하는 자금 지원을 받으려는 바람은 부모들이 새로운 백신 도입의 정당성과 관련해 듣고 싶어 하는 유형의 근거가 아니다. 하지만 이 두 가지 힘 모두가 새로운 백신을 도입하는 데 중요한 역할을 한다는 사실을 부인할 수는 없다. 헬렌 버쳇과 동료 연구자들은 2009년 중반 로타 바이러스 백신 도입을 위한 자금 지원 신청서를 제출하라는 요청을 받은 과테말라 백신접종 확대 프로그램 담당자들의 사례를 제시한다. 당시 과테말라 담당자들은 새로운 백신을 도입할 준비가 돼 있지 않다는 판단하에 자금 지원 신청서 제출을 거절했지만, 2009년 12월 신청서 제출 여부에 관계없이 로타 바이러스 백신이 도입될 것이라는 통보를 받았다. 전문가 혹은 일반적인 자문 절차가 무시됐던 것이다.

세계 백신 연합의 자금 지원을 받을 자격이 있는 빈곤한 국가에서는 로타 바이러스 백신이나 B형 간염 백신 또는 그 밖의 새로운 백신을 도입하기 위해 세계 백신 연합이 지원하는 자금을 사용하면, 국가별로 우선순위가 높은 백신을 새로 도입하는 데 아무런 문제가 없을 것으로 보인다. 다시 말해 자국의 실질적인 보건 우선순위나 장기적인 차원에서 새로운 백신의 도입을 신중하게 고려하기보다, 일단 세계 백신 연합이 제공하는 자금을 지원받는 일에 더 큰 정치적 무게가 실릴 수 있는 것이다. 그러나 세계 백신 연합이 제공하는 자금을 지원받아 새로운 백신을 도입한 국가라고 해도 결국에는 해당 백신을 구입할 비용에 대한 책임을 질 수밖에 없을 것이다. 특히 일인당 국민소득이 세계 백신 연합이 제시하는 기준을 넘어서는 국가는 더욱 그러할 것이다.

자궁경부암을 예방하는 인유두종 백신

새천년이 시작될 무렵 미국에서는 약 50만 명가량이 매년 암으로 목숨을 잃었다. 2006년 미국의 여성 암 사망자 27만 3,000명 가운데 자궁경부암 사망자는 3,700명에 불과해 폐암 여성 사망자 7만 2,000명, 유방암 사망자 4만 1,000명에 비해 현저히 적었지만 그럼에도 결코 소홀한 취급을 받지 않았다. 대부분의 자궁경부암은 인유두종 바이러스라고 불리는 바이러스가 유발하지만, 새 천년이 시작될 무렵 그 사실을 인식하는 여성은 드물었다. 그 무렵 인유두종 바이러스에 대한 지식을 갖고 있는 사람이라도 대개 성관계가 잦은 여성이 특정 시점에 바이러스에 감염되지만, 바이러스가 질병으로 발전하는 경우는 드물 뿐 아니라 일반적으로 저절로 치유된다는 사실 정도를 알고 있었을 것이다. 게다가 만에 하나 인유두종 바이러스가 질병으로 발전한다고 해도 정기적으로 검진(자궁경부질 세포진 검사)을 받는 여성이라면 인유두종 바이러스로 인한 질병이 암으로 발전하기 전에 발견해 치료받을 수 있다.

새로 개발한 인유두종 바이러스 백신의 사용 승인 신청을 FDA에 제출하고 결과를 기다리던 머크는 자궁경부암 및 인유두종 바이러스와 관련된 사람들의 현재 인식 수준으로는 새로 개발한 인유두종 바이러스 백신 수요가 높을 수 없다는 사실을 인식했다. 즉, 세 차례 투여해야 하는 인유두종 바이러스 백신 가격이 (기존 백신 가격을 훌쩍 뛰어넘는) 한 차례 투여에 120달러인 상황에서, 지금의 인식 수준은 인유두종 바이러스 백신 판매에 아무런 도움이 되지 못할 터였다. 인유두종 바이러스는 성관계를 통해 전파되는 바이러스였으므로 일종의 성 전파성 질환이었고, 인유두종 바이러스가 자궁경부암을 유발한다는 사실은 분명했다. 임상 시험을 통해 밝혀진 바에 따르면 인유두종 바이러스 백신은 10대나 10대 이전의 소녀, 즉 성적으로 성숙하기 이전의 소녀들에게 투여할 경우 가장 높은 효능을 보이는 것으로 나타났다.

머크가 새로 개발한 백신이 상업적인 성공을 거두려면 판매에 들어가기에 앞서 먼저 시장을 창출할 필요가 있었다. 머크는 미국에서 대중매체와 소셜 미디어를 이용해 잠재적 소비자에게 직접 호소했다. 홍보의 목적은 인유두종 바이러스 백신의 판매 촉진에 있는 것이 아니라, 자궁경부암에 대한 경각심을 높이고 자궁경부암이 인유두종 바이러스가 유발하는 질병임을 여성들에게 각인시키는 데 있었다. 한편 머크는 인유두종 바이러스가 성관계를 통해 전파된다는 사실을 조심스럽게 다뤘다.

머크의 홍보 내용을 분석한 로라 마모와 그 동료들은 머크가 논란의 소지가 다분한 소녀의 성性이라는 민감한 쟁점을 피해나가기 위해 활용한 방법을 설명했다.[17] 먼저 머크는 자궁경부암을 공공보건이 다뤄야 할 주요 문제로 부각하면서, 자사가 개발한 새로운 백신인 가다실Gardasil이 자궁경부암 예방을 위한 최선의 방법임을 사람들의 머릿속에 각인시키는 데 주력했다. 자궁경부암 사망자 수가 그리 많지 않았으므로 머크는 "비교적 드물게 발생하고 보건의료 인프라가 잘 갖춰진 곳에서는 예방과 조기 발견이 가능한 자궁경부암을 '선량한 사람들에게' 사형선고를 내리는 '질병'이자 공공보건이 다뤄야 할 주요 관심사로 전환"하기 위해 애썼다.[18] 다시 말해 홍역과 유행성 이하선염처럼 머크는 자궁경부암도 '재탄생'시켰다.

가다실의 사용 승인이 떨어진 이후인 2006년 6월에는 가다실 사용 권고가 뒤따랐다. 11~12세 소녀에게 접종이 권고됐고 13~26세 여성은 '추가 접종'이 권고됐다. 한편 가다실이 1993년 클린턴 대통령이 출범한 '아동 백신 프로그램'에 포함되면서 가난한 가정이나 미국 원주민 가정의 소녀들도 가다실 접종을 받을 수 있었다. 젊은 여성, 여성 단체, 의사를 주요 대상으로 하는 직접 홍보는 날로 그 열기를 더해갔다. 머크는 CDC와, 여성의 건강한 출산 권리를 촉진하기 위해 활동하는 여성 단체의 지원을 받으면서 인유두종 바이러스 백신을 의무 접종 백신으로 만들기 위해 로비에 총력을 기울였다. 연방 차원의 의무화보다는 주별로 '의무화'를 선택하게 될 가능성이 높아 보인다. 그러나 인유두종 바이러스 백신접종 권고는 백신접종 반대 단체뿐 아니라 자유주의 단체 및 이 백신접종으로 성도덕이 문란해질 것을 우려하는 종교 권리 수호 단체의 강한 반발을 유발하면서 뜨거운 논란의 대상이 되고 있다.

영국은 백신접종 공동 위원회가 12~13세의 모든 소녀에게 인유두종 바이러스 백신접종을 권고했고 15~18세의 소녀에게 추가 접종을 권고했다. 독일은 백신의 지속 기간이 불확실하다는 점을 우려했지만 영국 백신접종 공동 위원회는 '경험을 토대로' 지속 기간을 추정했다. 12~14세의 소녀에게 백신을 접종한 다양한 연구 결과를 검토한 결과 "인유두종 바이러스 백신의 평균 보호 기간이 적어도 10년이라고 가정할 경우 백신접종률 80퍼센트에서 비용 대비 효과가 가장 높을 것"이라는 추정이 도출됐는데[19] 초기 백신접종률은 70~80퍼센트가 될 터였다.

2007년 맨체스터에서 실시한 연구를 통해 영국 자체에서 연구한 최초의 데이터가 도출됐다. 3,000명에 달하는 학령기 소녀들에게 인유두종 바이러스 백신을 세 차례 접종한 결과 첫 번째 백신접종을 받은 소녀 가운데 70퍼센트가 두 번째 백신접종을 받으러 왔고 일부는 백신접종 일정을 조정하고 갔다. 딸에게 인유두종 바이러스 백신접종을 받지 말라고 권할 이유를 찾지 못했다고 설명한 부모들은 대부분 백신접종의 효능이 무엇인지 모른다고 말했다. 2008년 9월 영국에서는 전국적인 인유두종 바이러스 백신접종 프로그램이 출범해 학령기 소녀들에게 세 차례에 걸친 백신접종을 시행하고 있다.

말도 많고 탈도 많은 인유두종 백신 도입

앞서 많은 백신이 도입됐지만 인유두종 바이러스 백신만큼 뜨거운 논란을 불러온 적은 없었다. 문제를 제기하는 주체는 나라에 따라 달랐는데, 백신 생산업체들이 논란에 적극적으로 뛰어든 일부 국가에서는 백신 생산업체들이 정치인들에게 영향력을 행사한다는 인식이 널리 퍼지면서 인유두종 바이러스 백신접종에 강력한 저항이 일어났다. 한편 제약 산업 협회와 소비자 보호 단체 역시 중요한 역할을 수행했지만, 그들의 역할도 나라에 따라 달라졌다.

예를 들어 캐나다, 뉴질랜드, 오스트레일리아, 미국의 의료 기관, 공공 보건 기관, 공공보건 관련 학회 대부분은 인유두종 바이러스 백신접종에 자발적인 보조 프로그램을 지원한 반면, 캐나다와 뉴질랜드의 여성 건강 촉진을 추구하는 단체는 인유두종 바이러스 백신접종 프로그램에 반대하거나 장기적인 효능에 대한 이해가 부족한 상태에서 지나치게 빠르게 도입하는 것 아니냐는 우려를 표명했다. 인유두종 바이러스 백신접종이 도입됐다고 해도 논란이 그치는 것은 아니어서, 프랑스와 스페인에서는 백신접종 피해 관련 소송이 진행되고 있다. 한편 2011년 미국의 보수적인 공화당 대통령 후보 경선에 나선 미셸 바크먼은 인유두종 바이러스 백신접종이 뇌손상을 일으킨다는 기존의 주장을 철회하라는 압력을 받았다.

지난 몇 년 사이 대부분의 유럽 국가들은 인유두종 바이러스 백신접종을 시작했다. 2012년 당시 백신접종을 시행하지 않은 국가는 대체로 새롭게 EU 회원국이 된 중유럽 및 동유럽 국가들뿐인데, 이 지역은 자궁경부암 사망률이 서유럽 국가보다 사실상 더 높다. 한편 오스트리아는 서유럽 국가 가운데 인유두종 바이러스 백신접종을 시행하지 않기로 결정한 몇 안 되는 국가로, 비용 대비 효과가 높아 보이지 않을 뿐 아니라 안전성 우려 때문에 백신접종을 시행하지 않기로 결정했다. 그러나 개별적인 백신 구입은 가능하다.

오스트리아, 독일, 이탈리아에 인유두종 바이러스를 도입하는 문제를 연구한 안드레아 스퇴클은 미국의 경우 인유두종 바이러스 백신접종으로 성도덕이 문란해질 것을 우려하는 견해가 백신 도입 논란에서 중요한 역할을 했지만 오스트리아, 독일, 이탈리아에서는 언론이 이런 우려를 전혀 다루지 않았다고 지적한다.[20]

인유두종 바이러스 백신접종 프로그램이 시행에 들어간 이후 다양한 변화가 일어났다. 2009년 말 FDA는 가다실을 소년에게 접종해 곤지름과 항문암을 예방하도록 사용 승인했고, 2011년 CDC는 11~12세의 소년에게 가다실 백신접종을 권고했다.

영국 백신접종 공동 위원회는 15세가 되기 전에 인유두종 바이러스 백신접종을 받은 소녀들을 조사한 결과 두 차례의 백신접종만으로도 효능을 발휘한다는 사실을 파악했다. 이에 따라 2014년 9월부터 영국은 인유두종 바이러스 백신접종 일정을 세 차례에서 두 차례로 변경했다. 영국에서는 백신접종을 소년에게 시행하는 문제를 두고 논란이 벌어졌는데, 영국 백신접종 공동 위원회가 모델링 수행 결과를 기다려야 한다며 당분간은 소년에게 백신접종을 권고하지 않는다고 밝혔기 때문이다.

한편 일본의 정책은 다른 방향으로 나아갔다. 2012년 인유두종 바이러스 백신접종을 시작한 일본은 처음에는 다른 나라에 비해 비교적 높은 접종률을 보였다. 일본 정부는 12세 소녀에게 백신접종을 권고했고 일본 부모들은 정부의 권고를 신뢰하는 경향을 보였다. 그러나 2013년 6월 2,000건이 넘는 부작용이 발생했다는 보고를 받은 일본 정부는 권고를 철회했다. 보건부 장관이 인유두종 바이러스 백신접종을 공식적으로 중단한 것은 아니었지만 지방정부에 만성 통증과 감각 이상 같은 부작용 연구 결과가 나올 때까지 백신접종 홍보를 중단하라고 지시했다.

오사카 부^府 사카이 시의 연구에 따르면 지방정부가 홍보를 중단하면서 극적인 효과가 나타났다.[21] 일반적으로 여름방학에는 7학년에 재학 중인 소녀들에게 인유두종 바이러스 백신접종을 했는데, 2012년 여름방학 기간에는 백신접종을 받으러 온 소녀들이 거의 절반에 달하면서 전체 백신접종률이 65퍼센트를 넘어섰다. 그러나 이듬해 여름방학에는 거의 아무도 백신접종을 받으러 오지 않으면서 전체 백신접종률이 4퍼센트 이하로 추락하고 만 것이다.

아시아 및 아프리카 개발도상국의 자궁경부암 사망률은 보건 체계가 잘 갖춰지고 검진 프로그램이 잘 조직돼 있는 영국이나 일본 같은 선진 산업국가보다 훨씬 높다. 미국과 유럽에서 매년 자궁경부암 사망자 수는 각각 4,000여 명과 1만 3,000여 명인데 비해, WHO가 관할하는 아프리카 지역과 동남아시아 지역의 사망자 수는 각각 5만 7,000여 명과 9만 4,000여 명에 달한다. 아프리카에서는 암 사망률이 감염성 질환, 출산 전후, 호흡기 질환 및 설사병으로 인한 사망률을 크게 밑돌지만, 여성 암 사망자를 대상으로 통계를 작성하면 자궁경부암이 사망 원인 목록의 가장 상위를 차지하고 뒤이어 유방암이 자리한다. 이는 서유럽과는 사뭇 다른 양상이다.

아프리카는 자궁경부질 세포진 검사를 받는 여성이 드물기 때문에 아프리카야말로 인유두종 바이러스 백신접종이 가장 유용하게 사용될 수 있는 지역이라고 할 수 있다. 세계 백신 연합이 제공하는 자금 지원을 신청할 자격이 있는 50개가 넘는 국가들에서는 자궁경부암이 여성 암 사망률을 이끄는 최대 원인이다. 따라서 남은 문제는 세계 백신 연합과 여기에 자금을 지원하는 후원국이 이 지역에서 인유두종 바이러스 백신접종을 효과적으로 수행할 능력이 있는지 여부다. 현재 세계 백신 연합은 '시범 프로젝트'를 지원해 이 문제의 해답을 찾고 있다고 주장한다.

미국에 본부를 두고 70개국과 협력해 매년 3억 달러의 자금을 활용하는 비영리단체 '적정 보건 기술 프로그램'은 이미 2006년 인도, 페루, 우간다, 베트남에서 여러 해에 걸쳐 진행되는 프로젝트를 출범해 인유두종 바이러스 백신접종의 실행 가능성을 타진해왔다. 적정 보건 기술 프로그램이 진행하는 프로젝트가 임상 시험을 진행하는 것은 아니지만, 인유두종 바이러스 백신접종을 시행한 이후 문제가 될 수 있는 실질적인 실행 가능성을 타진한다는 점에서 의미가 깊다. 2011년 세계 백신 연합은 인유두종 바이러스 백신을 빈곤한 국가에 지원할 수 있는 백신 목록에 올렸고, 미국에서 지불해야 하는 한 차례당 접종 비용인 130달러가 아닌 4달러 50센트로 협상하는 데 성공했다. 그렇다고 불확실성이 모두 사라진 것은 아니었다.

2009년 적정 보건 기술 프로그램은 인도 의료 연구 위원회, 안드라프라데시 주 당국 및 구자라트 주 당국과 협업해 두 주에서 인유두종 바이러스 백신접종 연구를 수행했다. 세계 백신 연합이 진행하는 프로젝트처럼 '시범 프로젝트'라는 이름의 이 연구는 (안드라프라데시 주에서는) 10~14세 소녀 1만 3,000명에게 가다실을 투여했고, (구자라트 주에서는) 같은 연령의 소녀 1만 명에게 서바릭스Cervarix를 투여했다. 1년 뒤 인도의 여성 인권 단체들이 적정 보건 기술 프로그램이 시범 프로젝트를 진행하고 있는 한 현장을 찾아오면서 논란이 불거졌다. 이들은 인유두종 바이러스 백신접종을 받은 소녀들과 백신접종을 실시한 보건당국 담당자들을 인터뷰했다. 그 결과 임상 시험에 참여한 대다수 참가자의 사회적 지위가 낮고 사회적 배경이 약한 지역사회 출신이라는 점, 해당 지역사회의 보건 인프라가 '끔찍할 정도로 부적절'하다는 점, 임상 시험에 참여한 소녀들과 그들의 부모들 대부분이 연구 프로젝트에 참여하고 있음을 인지하지 못하고 있다는 점이 확인된 것이다.[22]

인도의 여성 인권 단체들은 적정 보건 기술 프로그램이 인도에서 진행하고 있는 임상 시험이 관련 윤리 지침을 모조리 위반하는 방식으로 수행되고 있다고 결론 내렸다. 이를테면 임상 시험에 참여한 소녀 가운데 4명이 인유두종 바이러스 백신접종으로 사망했다고 추정됨에도 이에 대한 후속 조사가 이루어지지 않았을 뿐 아니라, 이 단체들이 조사해 기록한 수많은 부작용도 후속 조사가 없었다. 이들이 이런 내용을 담은 보고서를 발표하자 대중의 성토가 이어졌다.

적정 보건 기술 프로그램이 수행하는 연구는 원래 2011년까지 이어질 예정이었지만 2010년 4월 인도 중앙정부 보건부는 인도의 인유두종 바이러스 백신 임상 시험을 중단한다고 발표했다. 인도 중앙정부가 조사해 임상 시험에 참여한 결과, 사망에 이르렀다고 추정된 4명의 죽음은 백신접종과는 무관하고, 적정 보건 기술 프로그램이 임상 시험을 진행하는 동안 윤리 지침을 어긴 적이 없다고 결론을 내려, 이 프로그램의 연구 프로젝트는 혐의를 벗었다.

그러나 인도 의회는 인도 중앙정부의 조사 결과와는 전혀 다른 결론을 내렸다. 인도 의회의 '보건 및 가족복지 상임 위원회'는 적정 보건 기술 프로그램의 연구 프로젝트가 인도의 법률과 규정을 위반했다고 결론 내렸다. 이 프로그램을 비롯해 이 연구 프로젝트를 후원한 인도 의료 연구 위원회, 안드라프라데시 주 당국 및 구자라트 주 당국은 큰 비판에 직면했다. 인도 의회의 보건 및 가족복지 상임 위원회는 적정 보건 기술 프로그램의 연구 프로젝트는 (인유두종 바이러스 백신을 배포할 수 있는 최상의 방법을 찾아내고 백신접종에 대한 지역사회의 인식을 제고할 방법을 찾아낼 목적으로 수행된) '시범 프로젝트'였다고 밝혔다. 그럼에도 인도에서 제정한 임상 시험 관련법을 준수해야 할 의무가 있다며, 이에 따라 적정 보건 기술 프로그램이 연구에 참여하는 (대부분은 문맹인) 모든 참가자에게 정확한 정보를 제공한 뒤 동의를 얻어야 했으며, 부작용이 발생할 경우 이를 기록하고 후속 조사를 수행해야 했지만 그러지 않았다고 결론 내렸다.

이 결론에 대해 적정 보건 기술 프로그램 측은 자신들의 연구 프로젝트는 임상 결과를 측정하지 않았으므로 임상 시험이 아니었다는 궁색하기 짝이 없는 주장으로 대응했다. 만약 이런 주장을 받아들인다면 인유두종 바이러스 백신을 사용함으로써 인도가 그리고 인도인들이 누릴 수 있는 이점은, 적정 보건 기술 프로그램이 수행한 연구 프로젝트의 결과를 토대로 평가하는 것이 아니라 다른 지역의 임상 시험 결과를 토대로 단순 추정하는 수밖에 없다.

이 같은 사건을 반영하듯 인도에서는 비판가들을 중심으로 다국적 제약회사, 국제기구, 해외 비영리단체가 인도의 보건 정책과 보건 우선순위에 행사하는 영향력에 광범위하게 문제를 제기했다. 인도 비판가들은 인도에서는 인유두종 바이러스 백신 도입의 정당성이 입증되지 않았다고 문제를 제기하면서, 백신 도입 비용을 충당하기 위해 지금도 적절하게 이루어지지 못하고 있는 검진 서비스에 사용될 부족한 자금마저 앗아갈 수 있다는 우려를 표명했다. 인도 비판가들은 "인유두종 바이러스 백신이 포괄적 공공보건 서비스를 대체할 수는 없다"[23]고 주장하면서 그렇지 않아도 열악한 인도 보건의료 현실의 취약성만 가중시킬 것이라는 우려를 덧붙였다.

2015년 당시 이 문제는 인도 대법원에 계류 중이었는데, 이 문제가 제기되는 상황에서도 최근 인도 중앙정부는 인도의 '보편 백신접종 프로그램'에 인유두종 바이러스 백신을 포함하겠다고 발표했다. 그러자 공공보건당국 담당자, 여성 건강 옹호 단체, 보건 연구자를 비롯한 70여 명이 인도 정부의 결정에 반대하는 내용에 서명한 편지를 인도 중앙정부의 보건부 장관에게 보내 항의 의사를 표시했다.

자유무역 시대의 백신: 질병의 재탄생

이미 오래전 루돌프 피르호가 지적한 대로 공공보건은 언제나 정치적인 성격을 띠어왔고 백신접종 정책 역시 예측할 수 없는 방향으로 움직이는 정치의 변화에서 자유로울 수 없었다. 전 세계 어디에서나 이런 현상을 확인할 수 있다. 냉전 시대 동독과 서독에서 소아마비 백신을 두고 벌였던 경쟁은 물론, 클린턴 대통령이 주도했지만 미국인들이 거부하면서 저항에 직면했던 아동 백신 프로그램에서도 이를 확인할 수 있다. 그리고 지난 30년 동안 정치의 변화에 걸맞은 모습으로 변신을 거듭해온 백신접종 정책은 1980년대 새로 등장한 경제 질서와 이념 질서로 다시 한 번 큰 변화를 겪었다.

1980년대로 접어들기 이전에 도입된 백신은 모두 사람, 특히 아동의 목숨을 앗아가는 질병에 보호 효능을 제공하는 백신이었다. 따라서 백신접종은 사람들의 생명을 구하기 위한 활동이었고 실제로 사람의 생명을 구했다. 더 오래된 디프테리아, 백일해, 파상풍 백신뿐 아니라, 그 이후인

1960년대와 1970년대에 새로 개발된 소아마비와 홍역 바이러스 백신은 백신접종을 받을 수 있었던 지역사회의 아동 수백만 명을 살렸다. 북부 온대 지방 국가들 사이에서 소아마비 전염이 유행하면서 큰 공포가 유발돼 소아마비 백신접종 캠페인이 신속하게 시작된 반면, 공공보건 담당자들이 백신접종의 가치에 확신을 가지고 있는 상황에서도 홍역 백신접종은 소아마비 백신접종보다 느린 속도로 도입됐다.

미국에서는 백신 제조업체가 홍보 활동을 주도하면서 홍역을 위험한 질병으로 재탄생시켰지만, 미국보다 전반적인 백신접종률이 더 높은 서유럽 국가의 정책 입안가들은 부모들이 대수롭지 않은 질병으로 여기는 홍역 백신접종을 수용할 의사가 있는지 여부에 더 많은 관심을 기울였다. 만일 부모들이 이를 수용하지 않는다면 백신접종 체계 전체에 대한 대중의 신뢰가 무너질 우려가 있었는데, 정책 입안가들의 입장에서 이런 상황은 반드시 피해야 했기 때문이다.

게다가 홍역 백신의 효능 지속 기간에 대해 알려진 바가 거의 없었으므로 이와 관련된 우려도 일었다. 모든 아동이 홍역 백신접종을 받아 면역을 갖추면 감염 대상이 성인으로 바뀌게 될 가능성도 있었는데, 성인이 홍역에 감염되면 아동보다 더 중증 증상을 보일 가능성이 있었기 때문이다. 따라서 영국을 비롯한 유럽 여러 국가의 정책 입안가들은 전국적 홍역 백신접종을 시행하기 전에 먼저 이런 의문에 해답을 찾으려 했다. 홍역 백신접종의 가치에 대한 의혹이 사라진 뒤에도 한동안은 백신접종 도입에 여전히 신중한 태도를 유지했다.

북아메리카와 서유럽에서는 유행성 이하선염 백신접종의 필요성에 의문이 잇달았는데, 심지어는 의사들 사이에서도 논란이 일었다. 유행성 이하선염 사망자가 없었던 데다가, 합병증이 없는 것은 아니었지만 워낙 드

두 얼굴의 백신

물게 발생했고, 일단 합병증이 나타나더라도 항생제를 활용해 쉽게 치료할 수 있었기 때문이다. 부모들이 유행성 이하선염을 사람의 목숨을 위협하는 질병이 아니라 평범한 아동이라면 누구나 겪고 지나가는 대수롭지 않은 질병으로 여긴다면 머크는 새로 개발한 유행성 이하선염 백신을 판매할 길이 없을 터였다.

바로 이런 이유로 오늘날에는 흔히 접할 수 있는 '재탄생' 전략이 등장했다. 머크가 홍보 활동과 그 밖의 수단을 활용한 뒤부터 미국의 부모들과 의사들은 유행성 이하선염에 공포심을 가지게 됐다. 유행성 이하선염이 평범한 아동이 겪을 수도 있는 대수롭지 않은 질병이 아니라 신경 손상을 유발할 가능성이 있는 무서운 질병으로 변모하면서 백신접종 수요가 늘어났다. 한편 백신을 개발한 미국 제약회사 머크가 유행성 이하선염 항원을 홍역 항원과 풍진 항원에 결합한 혼합 백신을 선보이면서 유럽 역시 유행성 이하선염 백신을 도입할 수밖에 없게 됐다.

소비자에게 의약품을 직접 홍보할 수 없도록 금지한 유럽에서는 백신 생산업체들이 유행성 이하선염 백신을 자녀에게 투여해 사전에 예방해야 한다고 부모들을 설득할 방법이 없었을 뿐 아니라, 자문 위원회가 홍보의 영향을 받아 흔들리는 일도 없었다. 게다가 백신 도입을 결정하더라도 홍보의 영향이 백신 도입 결정에 영향을 미친 것은 아니었다. 예를 들어 네덜란드에서는 두 가지 이유로 유행성 이하선염 백신접종을 시작했는데, 이를 종합해보면 특정 백신접종 도입을 결정하는 토대가 과거와는 사뭇 달라졌음을 확인할 수 있다.

우선 네덜란드 정책 입안가들은 네덜란드에서 확보한 데이터를 토대로 분석을 수행할 수 없었음에도 유행성 이하선염을 앓는 아동을 치료하는 데 소요되는 비용을 절약할 수 있을 것이라고 생각했다. 네덜란드 정책 입안가들이 두 번째로 고려한 사항은 이웃 국가들이 유행성 이하선염 백신접종을 시작했다는 점이었다. 유럽 통합이 시작되면서 유럽의 다른 국가와 백신접종 일정을 조율해야 한다는 목소리가 높아지는 상황이었으므로 네덜란드 정책 입안가들은 이웃 국가의 백신접종 상황을 고려해 네덜란드에 이 백신을 도입하기로 결정했다.

정치인들은 이런 근거만으로도 새로운 백신 도입을 승인할 수 있었지만 부모들은 이것만으로는 자녀에게 새로운 백신을 접종해야 한다는 사실을 쉽게 납득할 수 없었다. 심지어 국가 차원의 백신접종 프로그램이 시행돼 접종 비용을 지불하지 않아도 되는 상황에서도, 부모들은 유행성 이하선염, 수두, 로타 바이러스, 인유두종 바이러스 감염이 자녀에게 위험하다는 사실을 납득하기 전에는 백신을 접종하려 들지 않았다.

상황이 이렇게 변하면서 보건 정책 입안자들의 책임도 변화하기 시작했다. 과거에는 대중이 광범위한 의혹을 제기하면서 백신접종 일정의 변화를 마뜩지 않은 눈으로 바라볼 경우, 보건 정책 입안자들이 백신접종 프로그램 자체에 대한 대중의 신뢰가 무너질 가능성을 우려하면서 새로운 백신 도입을 망설였다. 그러나 이제는 이런 우려가 새로운 백신 도입을 늦출 만한 이유로 작용하지 않게 된 것이다. 오늘날 정책 입안가들은 부모들이 제기하는 의혹을 귀담아 듣고 의심할 이유가 전혀 없다는 사실을 납득시키는 일에 관심을 보이지 않으므로, 부모들은 대수롭지 않게 여겨왔던 질병이 사실은 위중한 질병이라는 사실을 그저 수용할 수밖에 없는 상황에 내몰리고 있다.

각국의 활동에 제약을 가하는 요인이 많아지면서 새로운 백신을 도입할 수밖에 없는 불가피한 상황이 연출되기도 했는데, 부모들은 이런 이유도 무조건 납득해야 하는 형편이다. 우선 국가 차원에서 보면 보건 정책 입안가들은 '방침을 따르라'는 외부의 온갖 압력에 시달리고 있는데, 1970년대 이후 보건의료 예산이 축소된 덕분에 비용편익 분석과 비용 대비 효과 분석이 정책 입안가의 도구로 자리 잡았다. 백신접종은 투자 대비 가치를 입증하기 쉬운 영역으로 여겨진다. 오늘날 개발되는 새로운 백신은 과거 개발된 백신보다 가격이 훨씬 높고 경제적 계산이 훨씬 복잡함에도, 백신접종이 비용 대비 효과가 높은 예방 의료 도구라는 생각이 여전히 굳건하게 자리를 지키고 있는 실정이다.

물론 백신접종이 비용 대비 효과가 높은 예방 의료 도구로 활용될 가능성이 있고 실제로 그런 경우가 많은 것도 사실이다. 그러나 그것이 사실이든 아니든 그리고 (자국 데이터를 활용할 수 없으면 다른 국가에서 도출된 데이터를 활용해야만 함에도) 백신접종에 대한 입장이 국가별로 서로 달라질 필요가 있든 없든 관계없이, 비용 대비 효과 분석이 드리우는 후광의 영향이 강력하게 작용하는 것이 오늘날의 현실이다. 공공보건 전략의 하나인 백신접종이 부족한 공공보건 예산으로 공공보건 정책을 운영해야 함에 따라 노심초사하는 정치인들에게 비용을 절감할 절호의 기회를 제공하기 때문이다.

한편 전 세계 보건 담론은 온통 백신접종률 통계로 뒤범벅돼 있다. 세계 백신 연합 같은 국제기구는 새로운 백신을 신속하게 도입하는 국가들을 높이 평가하는 한편, 그렇지 않은 국가들에게는 손가락질을 하면서 이런 담론을 강화하고 있다. 백신접종률이 낮거나 (이웃 국가가 새로운 백신을 도입했음에도) 새로운 백신을 도입하지 않는 국가는 국제정치 무대에서 망신을 당할 수도 있으므로 각국의 보건부 장관이 백신접종이 아닌 다른 대안적 보건 전략을 공개적으로 옹호하기란 불가능까지는 아니더라도 쉬운 일이 아니다. 당연하게도 이런 압력은 보건 예산 대부분을 기부국 지원에 의존하는 국가들에게 더욱 강력하게 작용한다. 더 부유한 유럽 국가는 잠시나마 (수두 백신을 도입하지 않거나, 고위험군에게만 B형 간염 백신접종을 시행하거나, 소녀만을 대상으로 인유두종 바이러스 백신접종을 시행하는 등의) 독자 노선을 추구할 수 있겠지만, 결국에는 이웃 국가의 결정에 궤를 같이 하고 WHO의 지침을 따르라는 압력과 제약 산업이 가하는 압력에 굴복해 그들의 방침에 따르지 않을 수 없을 것이다.

정치인들은 여전히 전 세계적 차원의 질병 퇴치 목적에 동참하라는 압력에 시달리고 있다. 각국에서 사용할 수 있는 자금이 한정적이든 아니든, 각국이 직면한 건강 문제가 무엇이든 관계없이 전 세계적 질병 퇴치 목표가 우선시되는 것이다. 수년 전 하프단 말러 WHO 사무총장이 경고했음에도 질병 퇴치라는 생각은 대체로 미국 출신의 영향력 있는 인사들이 적극적으로 채택해 여전히 강력하게 추진되고 있다. 그 덕분에 보건의료 시스템이 매우 취약한 더 빈곤한 국가들은 일상적 백신접종을 비롯한 기초 보건 서비스를 그 대가로 치르고 있는 형편이다. 인도에서 보건 관련 운동을 펼치는 활동가들은 새로운 백신 도입과 관련된 의사 결정 방식에 꾸준히 의문을 제기해왔는데, 비단 그들만이 백신 정책이 자국의 보건 필요와 점점 더 멀어져간다고 느끼는 것은 아니다. 백신에 관련된 중요한 결정은 초국적 기구에서 내리지만 그에 대한 책임은 아무도 지지 않기 때문이다. 도대체 오늘날의 백신접종 정책은 누구의 이익을 반영하고 누구의 보건의료 관심사를 대변하는가? 문제는 아무도 백신접종 정책이 자신의 이익이나 자신의 관심사를 대변한다고 생각하지 않는다는 것이다.

8장

백신접종,
왜 망설이는가?

왜 백신에 대한 믿음이 사라져가는가?

지금까지 이 책에서는 백신이 특별한 유형의 기술이라는 전제를 바탕으로 논의를 진행해왔다. 즉, 백신은 사람과 공동체의 건강을 보호하는데 사용할 수 있는 일련의 도구로, 유일하지는 않지만 매우 중요한 도구의 하나다. 다른 도구와 마찬가지로 백신도 좋게 또는 나쁘게, 적절하게 또는 부적절하게 사용될 수 있는데, 사람과 공동체의 건강을 더 잘 보호할 수 있는 도구와 방법을 탐구하는 일에는 과학적 발견을 통해 얻은 새로운 통찰력이 큰 힘으로 작용한다. 혁신가들은 보통 특정한 문제나 활동에 자극을 받아 현재 사용할 수 있는 어떤 도구보다도 더 나은 방식으로 작동하는 새로운 도구의 개발에 나선다. 이 과정이 없었다면 '스마트한' 기기, 뇌 스캐너, 유전자 테스트 같은 기술은 세상의 빛을 보지 못했을 것이다.

한편 기술의 역사를 통해 새로운 도구가 도입돼 광범위하게 사용되고 나면 새로 도입된 도구를 사용하는 사람들은 이를 다른 방식으로 사용할 방법을 강구한다는 사실을 확인할 수 있다. 새로 도입된 도구를 생산하고 사용하면서 일자리가 창출되고 전문 영역이 생겨나며 새로운 제도가 구축될 수 있다. 앞서 이 책에서는 기술이 해당 기술을 사용하거나 해당 기술과 다양한 방식으로 관련을 맺고 있는 사람들에게 다양한 의미를 가질 수 있음을 제시하기 위해 자동차를 예로 든 바 있다.

백신 역시 마찬가지다. 백신 기술의 중요성이 절대적이므로 백신 기술 자체와 그 기술의 사용 방식을 단 한순간이라도 혼동하지 않도록 주의를 기울여야 한다. 백신 개발 및 생산과 백신 사용과 관련된 정책 및 활동은 시대에 따라 끊임없이 변화해왔다. 이는 모두 지난 세기에 발생한 정치, 사회, 경제적 격변에 대응하면서 변모해왔지만 그 대응 방식은 사뭇 달랐으므로 그 역사도 서로 다르다.

이 책의 마지막인 이번 장에서는 백신과 백신접종에 대한 많은 사람의 믿음이 사라져가고, 이에 대한 공공보건 전문가들의 우려가 커져가는 상황을 감안하면서 이와 같은 변화를 백신 생산과 백신접종 정책으로 나누어 살펴보려 한다. 결론부터 말하자면 부모들에게 백신의 더 많은 정보를 더욱 상세하게 제공하는 방법으로는 이 문제를 절대로 해결할 수 없을 것이라고 생각한다. 우선 앞선 장에서 상세하게 논의한 변화들을 간단하게 요약하면서 이 책의 마지막 장을 시작해보려 한다.

이윤 추구와 사유화를 꾀하는 백신 개발

20세기 전반부에는 각국 정부의 보건부와 밀접하게 연결돼 있는 공공 부문 연구소가 백신을 개발하고 생산하거나, 주로 국내 시장에 백신을 공급하는 민간 기업이 감염성 질환을 퇴치하겠다는 생각을 공공 부문과 공유하면서, 공공 부문과 기꺼이 협력해 백신을 개발하고 생산했다. 제너, 파스퇴르, 코흐 같은 인물들이 활동하던 초창기부터 백신 과학자들의 마음을 사로잡은 질병은 사람의 목숨을 앗아가거나 사람에게 장애를 남기는 질병이었다. 백신 연구가 부유한 국가에서 주로 유행하는 질병에 치우쳐 있다는 단점이 있었지만 디프테리아, 황열, 홍역, 백일해 같은 질병을 극복하기 위해 개발된 백신은 빈곤한 국가에게도 동일하게 큰 가치가 있었다.

이 같은 상황은 1980년대로 접어들면서 급격하게 변모하기 시작했다. 과학자들이 새로운 백신 개발 방법을 추구함에 따라 한때는 공공보건의 이익을 위해 공공 부문과 공유했던 관련 기술 및 지식이 점점 더 사유화되고 '지적재산'으로 변모하기 시작했다. 공공보건과 아무런 연계가 없는 생명공학 기업이 백신 개발 분야에 뛰어들면서, 기업이 보유한 전문 지식을 판매해 이윤을 극대화할 방법을 추구하는 일에만 관심을 가지는 사이 백신 산업에도 변화가 찾아온 것이다. 시장 경제에 사로잡힌 정치인들이 보건의료와 백신 개발에 소요되는 비용 상승을 우려하면서 자국의 보건 우선순위에 부응할 수 있는 기술을 활용할 공공보건 체계의 권한을 박탈하는 사이, 백신 개발은 때로 신뢰할 수 없는 모습을 보였던 제약 산업의 손으로 넘어가게 됐다.

시장의 힘을 자유롭게 풀어놓기만 하면 백신과 관련된 모든 문제가 해결될 것만 같던 시절이었지만, '주주 가치'가 무엇보다 우선시되고 제약 산업이 이윤 극대화에만 치중하면서 시장 잠재력이 제한돼 있는 백신 개발에 대한 관심은 급격히 줄어들었다. 반면 최첨단 과학과 기술을 투입해 개발한 복잡한 제품인 오늘날의 백신은 개발하기가 어렵고 비용이 많이 소요되는 만큼 많은 이윤을 남길 수 있는 잠재력을 지니고 있다. 따라서 오늘날 백신은 제약 산업의 성장을 견인하는 유일한 원천은 아닐지라도 주요 원천 가운데 하나로 자리매김하고 있다.

상업적 측면에서 살펴보면 이윤을 낼 수 있는 시장을 구축할 수 있는 백신을 개발하는 것이 마땅한 일이었으므로, 기업은 공공보건 정책 입안가들이나 국민 대부분이 생각하는 질병에 대한 인식을 바꿔 무관심한 대중의 태도를 극복하고 시장을 구축하려 했다. 이에 따라 제약회사는 모든 위협이나 잠재적 위협은 원칙적으로 백신접종을 통해 줄일 수 있다는 생각과, 백신이 개발되면 반드시 사용해야 한다는 생각을 전 세계 사람들의 마음에 새기기 위해 온갖 노력을 기울였다. 그러면서 부모들에게 가능하다면 자녀들이 위험에 처하지 않도록 사전에 예방하는 것이 바람직하다고 속삭였다.

한편 '생활방식에 관련된 의약품'이 빠른 속도로 성장하는 현상에서도 알 수 있듯이 보건의료가 질병 치료라는 과거의 활동 범위에서 자유로워지면서, 백신접종의 범위 역시 목숨을 위협하는 감염성 질환의 예방에서 벗어나 그 활동 영역을 넓히고 있다. 과거에는 공동체의 건강을 위협하는 주요 질병의 백신 개발에 우선순위를 두었지만, 오늘날에는 우선순위 결정 기준이 바뀌고 있다. 결핵, 콜레라, 소아마비, 황열 같은 질병에 대한 공포는 사람들이 이미 체감하고 있었으므로, 이 질병에 대한 백신을 개발해야 한다는 사실은 누구나 쉽게 납득할 수 있었다. 하지만 부모 세대가 어깨를 으쓱하면서 대수롭지 않게 여기고 넘어갔던 질병은, 해당 질병에 대한 사람들의 인식에 영향을 미칠 목적으로 외부에서 제공한 정보가 사람들의 마음에 질병에 대한 공포를 심어주었다. 덕분에 그 어느 때보다

　　　　　　　　　　　　　　　　　　　　　　　　　두 얼굴의 백신

더 많은 정보를 접하게 된 오늘날의 사람들은 새로운 백신이 질병을 예방하는 데 충분한 것이 아니며, 새로운 백신이 오늘날 직면한 보건 문제를 해결하는 데 반드시 바람직한 방향으로 작용하지는 않음을 인식하고 있는 추세다.

세계 정치경제 논리에 좌우되는 백신접종 정책

동전의 뒷면에 있는 백신접종 정책의 측면을 살펴보면 정치적 변화와 경제적 변화가 미치는 영향과, 국제 관계 체계의 변화가 미치는 영향을 기술적인 측면보다 훨씬 더 크게 받았음을 확인할 수 있다. 그러나 백신접종 정책의 변화가 백신과 백신접종에 대한 대중의 인식에 미친 영향은 백신 개발의 변화가 미친 영향과 비슷했다.

보건 체계가 제대로 갖춰지지 않아 기초적인 보건 필요에 부응할 수 없는 상황에서도 소아마비 백신접종에 총력을 기울인 이유는 무엇인가? 비단 아프리카 국가만이 보건 서비스가 하락일로를 걷고 있다는 사실에 관심을 기울여야 하는 것은 아니다. 예를 들어 영국의 빈곤한 지역사회를 대상으로 한 연구는 이 집단의 사람들이 자신의 건강과 복리에 영향을 미친다고 여겨지는 기관을 신뢰하지 않는다는 사실을 밝혀냈다. 이들이 신뢰하지 않는 대상은 의사와 병원을 넘어서 있었다. 이들은 보건 서비스 예산 삭감이 지역사회에 미친 영향에 분노하고 있었던 것이다.

〔연구 참가자들이〕 '보건'을 총체적인 문제로 여긴다는 사실이 이내 명확해졌다. 따라서 연구 참가자들은 보건을 자신들이 생활하는 환경에서

나타나는 여러 가지 문제와 직접 결부시켰다. 한편 이 지역사회에서 사람들이 사회적으로 배제당했다는 사실을 자각하고 환멸을 느낀다는 사실도 분명해졌다. (…) 그 밖에도 연구 참가자들은 보건 서비스를 접하며 얻은 경험과 인식을 더 일반적인 감정에 결부시키고 있었다.[1]

긴축 조치가 단행되면서 보건 서비스 예산이 더 많이 삭감되자 상황은 악화일로를 걸었다. 심지어는 부유한 국가에서도 적절한 수준의 일자리를 얻을 수 있으리라는 전망이 사라져가는 가운데, 임대료나 주택담보대출 이자를 감당하지 못하는 사람들을 중심으로 푸드뱅크를 이용하거나 정부에서 지급하는 식권에 의존해 생활하는 사람들이 늘어나기 시작했다. 그러면서 주류 정치와 주류 정치인들에 환멸감이 높아지고 공공 서비스의 침식, 공공 기관의 부패 또는 금융 부문의 과도한 성장을 멈출 만한 역량이 없어 보이는 정부에 실망감이 높아지고 있는 실정이다.

1970년대만 해도 유럽의 보건 정책 입안가들은 미국의 보건 정책 입안가들에 비해 새로운 항원을 백신접종 일정에 추가해야 하는 문제에 훨씬 더 신중하게 접근했다. 이러한 신중한 태도 뒤에 숨은 이유 중에는 비용 문제도 있었다. 미국은 홍역 백신을 개발한 백신 생산업체가 진두지휘한 홍보 활동의 지원을 받으면서 백신접종을 시작했지만, 서유럽의 정책 입안가들은 미국에 비해 훨씬 더 신중한 태도로 백신접종 도입에 접근했다. 유럽의 정책 입안가들은 대체로 대수롭지 않은 질병으로 여겨지는 홍역 백신접종을 부모들이 수용할지 여부를 파악하고자 촉각을 곤두세웠다. 부모들이 자녀에게 홍역 백신접종을 망설이면 백신접종 체계 전반에 대한 신뢰를 훼손할 가능성이 있었는데, 정책 입안가들로서는 무슨 수를 써서라도 피하고 싶은 상황이었기 때문이다.

홍역 백신접종이 유익하다고 확신한 이후에도 영국을 비롯한 유럽 여러 국가의 정책 입안가들은 전국 차원에서 홍역 백신접종을 시행하기 전에 먼저 부모들이 보편적인 홍역 백신접종을 수용할지 여부를 살피려 했다. 그러나 오늘날에는 이런 조심스러운 반응이 설 자리를 잃었다. 즉, 오늘날에는 백신접종 일정에 새로운 백신을 추가함으로써 프로그램 전반에 대한 신뢰가 훼손될 가능성이 있다는 우려는, 새로운 백신의 도입을 지연하는 정당한 이유가 될 수 없다. 한편 오늘날 정책 입안가들은 부모들이 제기하는 의혹을 경청하는 사람이 아니라 부모들을 설득하는 사람으로 변모하고 말았다.

한편 의사들 사이에서조차 유행성 이하선염 백신의 도입 필요성이 인정되지 않았다는 점을 되짚어볼 필요가 있다. 모든 사람이 기존에 생각했던 대로 유행성 이하선염을 일반적인 아동이 겪고 넘어갈 수 있는 대수롭지 않은 질병으로 여겼다면, 새로 개발된 유행성 이하선염 백신을 판매할 시장은 형성되지 않았을 것이다. 그리고 바로 이런 이유로 오늘날에는 흔히 접할 수 있는 '재탄생' 전략이 등장해 미국 부모들과 미국 의사들이 유행성 이하선염 백신접종을 수용하도록 부추겼다. 유행성 이하선염이 대수롭지 않은 질병이 아니라 신경 손상의 원인이 될 수 있는 질병이라는 사실을 부모들이 깨닫게 되면서 백신접종 수요가 늘어났다.

한편 유행성 이하선염 백신을 개발한 제약회사가 유행성 이하선염 항원을 홍역 항원과 풍진 항원에 결합한 혼합 백신을 선보인 이후로는 유행싱 이하선염 백신을 투여하지 않을 도리가 없게 됐다. 한편 네덜란드는 사람의 생명을 구할 수 있다는 이유로 유행성 이하선염 백신접종을 도입한 것이 아니었다. 네덜란드 정책 입안가들이 도입을 결정한 이유는 유행성 이하선염을 앓는 아동의 치료 비용을 절약할 수 있을 것이라는 생각과, 유럽의 다른 국가와 백신접종 일정을 조율함으로써 유럽 통합을 한층 더 강화할 수 있다는 생각 때문이었다.

정치인들은 이런 근거만으로도 새로운 백신 도입을 승인할 수 있었지만, 부모들은 이것만으로는 자녀에게 새로운 백신을 접종해야 한다는 사실을 쉽게 납득할 수 없었다. 따라서 유행성 이하선염, 수두, 로타 바이러스, 인유두종 바이러스 같은 질병이 아동의 건강에 미치는 위험성에 대한 대중적인 논의를 촉발해, 부모들이 이 질병들의 백신 도입을 수용하게 만들 필요가 있었다. 만에 하나 부모들이 백신 도입에 수긍하지 않는다면 목표한 백신접종률을 달성할 수 없는 것은 물론이고 백신접종 프로그램 자체에 대한 신뢰가 훼손될 위험이 있었기 때문이다.

백신접종률이 낮을 경우 국제정치 무대에서 국가의 평판이 낮아질 수 있다는 이유로 부모들은 백신접종 도입을 무조건 받아들여야 하는 형편이다. 오늘날에는 각국 대표가 국제정치 무대에서 공개적으로 '우리나라에는 우리나라만의 고유한 우선순위가 있습니다'라고 힘주어 말하기 어렵다. 백신접종 확대 프로그램이 출범한 1970년대만 해도 각국이 가장 중요하게 여기는 우선순위를 중심으로 각국 정부가 백신접종 프로그램을 확대할 수 있도록 지원하는 것이 WHO와 UNICEF를 비롯한 국제기구들이 추구한 목표였다. 당시에는 개별 국가가 각자의 보건 우선순위를 직접 따져 가장 가치 있게 활용할 수 있는 백신을 스스로 결정할 수 있었다. 백신접종 프로그램의 확장 계획을 수립하는 과정에서 필요한 인구통계학적 데이터와 보건 체계 관련 데이터를 수집하는 일은 국제기구의 지원을 받아 수행할 수 있었다. 한편 당시에는 백신접종을 기존의 아동 보건 서비스에 통합하는 일도 중요하게 여겼으므로 백신접종률을 높이는 일이 아니라 보건의료의 전반적인 품질을 최적화하는 데 더 큰 관심이 모

두 얼굴의 백신

아졌다.

그러나 오늘날 각국의 보건 담당자들은 각국에 필요한 보건 우선순위가 무엇이든 관계없이, 그리고 질병 부담을 평가하는 데 사용할 기초 데이터를 확보하고 있는지 여부와 무관하게 새로운 백신을 도입하라는 압력에 시달리고 있다. 소아마비 퇴치 캠페인과 그 뒤를 이어받으리라 예상되는 각종 질병 퇴치 캠페인같이 전 세계를 무대로 한 캠페인에는 그 같은 압력이 한층 더 높아진다. 오늘날 세계 소아마비 퇴치 프로그램 같은 전 세계 질병 퇴치 프로그램은 부족한 인력, 부족한 자금, 부족한 관심이라는 어려운 여건 속에서 자국의 주요 보건 문제를 해결해나가고 있을지도 모르는 국가들에게, 각국의 보건 우선순위와 전혀 관계없는 일에 가뜩이나 부족한 인력, 자금, 관심을 기울이라고 강요한다.

공공보건을 증진하기 위한 도구로 활용되는 백신은 사람들, 특히 아동의 건강을 보호하는 데 사용되는 다른 도구와 함께 사용될 수 있다. 아동의 건강을 위협하는 가장 위험한 감염성 질환이 무엇인지를 큰 논란 없이 어렵지 않게 지목할 수 있었던 수십 년 전에는 백신이 '기술을 활용한 잠정적인 해결책'으로 인정받았다. 그러한 감염성 질환의 경우 원인을 뿌리 뽑는 일이 어려웠을 뿐 아니라 해결하기까지 지나치게 많은 비용이 소모됐기 때문이다.

그러나 오늘날에는 주객이 전도돼 삶의 질이 아니라 질병 부담과 더불어 백신접종률이 보건 분야의 진보를 가늠하는 주요 잣대로 자리 잡게 됐다. 따라서 어디서나 백신접종률 통계를 쉽게 만나볼 수 있다. 세계 백신 연합이 운영하는 웹사이트에는 온갖 수치가 난무한다. 이를테면 폐렴구균이나 뇌수막염 백신접종을 받은 아동의 수나, 아직 백신접종을 받지 못한 아동의 수 같은 통계 수치를 만나볼 수 있다. 최근 새로운 항원을 도입한 국가는 높은 평가를 받는 반면 새로운 백신, 특히 이웃 국가들이 이미 도입한 새로운 백신을 도입하지 않았거나 백신접종률이 낮은 국가는 비난의 대상이 되곤 한다.

앞서 지적한 바와 같이 보건 체계를 운영하는 데 필요한 비용의 대부분을 기부국이 지원하는 자금에 의존하는 국가들은 새로운 항원을 도입하라는 국제적인 압력에 굴복하지 않을 수 없는 형편인데, 호의를 무시할 수는 없는 노릇이기 때문이다. 부유한 서유럽 국가들은 운신의 폭이 더 넓은 편이므로 수두 백신을 도입하지 않거나, 고위험군에게만 B형 간염 백신접종을 시행하거나, 소녀만을 대상으로 인유두종 바이러스 백신접종을 시행하는 등의 독자 노선을 추구할 수 있겠지만 그것도 잠시 뿐일 것이다. 짐작하건대 향후 몇 년 안에 부유한 서유럽 국가들 역시 이웃 국가의 결정에 궤를 같이하고 WHO의 지침을 따르라는 압력과 제약 산업이 가하는 압력에 굴복해 그들의 방침에 따르지 않을 수 없을 터이기 때문이다.

세계 전반을 살펴보면 백신접종률은 상승하는 추세다. 그러나 세계에서 가장 부유한 국가의 부모 가운데 자녀에게 백신을 접종하지 않거나, 국가에서 권장하는 백신접종 일정에 완벽하게 따르지 않는 사람들이 점점 더 늘어나는 것 또한 부인할 수 없는 현실이다. 이런 상황에 직면한 공공보건 담당자들은 우려를 금치 못하고 있는데, 백신접종률이 지속적으로 떨어질 경우 집단면역의 이점을 누릴 수 없게 되어 홍역이나 백일해 같은 질병이 심각한 수준으로 유행할 가능성이 높아지기 때문이다. 따라서 백신접종과 관련해 무슨 일이 벌어지고 있는지 파악해 문제를 바로잡을 방법을 찾을 필요가 있다. 그러나 이 문제를 본격적으로 짚어보기에 앞서 분명히 해두어야 할 점은 개발도상국의 백신접종률이 낮은 이유와 선진 산업국가의 백신접종률이 하락하는 이유를 구분해 파악하는 것이 바람직하다는 점이다.

개발도상국의 접종률이 낮은 이유는 주로 백신접종 프로그램을 제대로 조직하지 못해 사람들이 접종을 받지 못하는 데 있다. 각종 연구를 살펴보면, 백신접종 프로그램을 조직하는 전문가들이 오만하고 무신경한 탓에 가난한 사람들의 현실적인 제약을 전혀 고려하지 않은 채 백신접종 프로그램을 조직하면서 문제가 더욱 악화되는 경향이 있다.

반면 선진 산업국가에서 백신접종률이 하락하는 이유를 이해하려면 개발도상국의 백신접종률이 낮은 이유를 배제하는 것이 바람직하다. 선진 산업국가에서는 주로 사람들의 행동, 다시 말해 부모들이 내리는 결정으로 백신접종률이 하락하는 것이다. 따라서 백신접종 프로그램의 부적절한 조직 문제나 보건 서비스의 접근성 부족이 아니라, 부모들이 백신접종을 하지 않기로 결정하는 데 영향을 미치는 정보와 제도를 파악하는 것이 중요하다.

백신접종에 대한 저항

앞서 살펴본 바와 같이 백신접종에 대한 저항은 집단 백신접종이 시작됨과 동시에 등장했다. 천연두 백신접종 캠페인이 시작된 19세기에는 이를 거부하는 대중 저항이 심심치 않게 일어났는데, 이런 저항은 접종을 거부하는 분노한 어느 한 개인의 문제로만 치부할 수는 없었다. 19세기에는 개인적인 차원에서 저항하는 사람과, 자신들의 입장을 세상에 알리기 위해 단체를 결성해 저항하는 사람들이 있었다. 개인적인 차원에서든 집단적인 차원에서든 백신접종을 거부하면서 저항하는 사람들은 주로 백신접종이라는 생각 자체에 반대한다기보다는 강제적 시행에 반대하는 경향이 있었다. 따라서 20세기 초로 접어들면서 보건 서비스가 개선되고 많은 국가에서 양심이나 종교적 신념을 바탕으로 백신접종을 받지 않을 권리를 인정하는 법을 제정하면서 백신접종 반대 운동은 자취를 감추게 됐다.

일부 논평가는 19세기 후반과 오늘날의 백신접종 반대 운동 사이에 연관성이 있다고 지적한다. 예를 들어 이들은 오늘날 백신접종 반대론자들이 제시하는 근거를 19세기 운동가들이 제시하는 근거와 비교한 결과, "핵심 신념과 태도에서 큰 변화가 없었음을 뒷받침할 만한 상당한 유사성"을 발견할 수 있다고 주장한다.[2] 이 주장에 따르면 백신접종에 반대하는 입장의 밑바탕에는 본질적으로 종교적 또는 철학적 성격의 신념이 자리하고, 밑바탕에 있는 그 신념이 2세기가 지난 오늘날에도 거의 변함없이 이어져온 것이다. 그렇다면 오늘날의 '백신접종 반대론자'는 누구인가? 그리고 이들은 정말 19세기 백신접종 반대론자들이 지녔던 '핵심 신념과 태도'를 고스란히 이어받아 반대 운동을 펴는가?

제2차 세계대전이 끝난 뒤 이어진 수십 년 동안 자녀에게 백신을 접종한 모든 부모들이 자녀에게 유익하다고 확신한 것은 아니었다. 소아마비 백신접종은 반대의 목소리가 거의 없었는데, 소아마비가 크게 유행해 아동의 목숨을 앗아가거나 장애를 남겼던 기억이 사람들의 뇌리에 생생하게 남아 있었기 때문이다. 소아마비는 끔찍한 질병이었다. 사람들은 철폐 안에 누워 있는 환자의 모습은 물론, 백신접종을 받거나 백신을 머금은 각설탕을 먹기 위해 길게 늘어선 아동의 모습을 담은 사진과 영상을 생생하게 기억했다. 따라서 대다수 부모들은 소아마비로부터 자녀를 보호하는 일을 당연하게 여겼고, 종교색이 짙은 지역사회를 제외하고는 소아마비 백신접종에 반대하는 목소리를 거의 들을 수 없었다.

한편 네덜란드를 비롯한 일부 국가에서는 종교를 이유로 백신접종에 반대하는 사람들의 의견을 존중해 백신접종을 의무화하지 않기도 했다. 홍역과 유행성 이하선염을 앓은 아동은 대부분 별다른 후유증 없이 깨끗하게 나았기 때문에 선진 산업사회에서는 이를 목숨을 위협하는 질병으로 여기지 않았다. 앞선 장에서 살펴본 바와 같이 홍역과 유행성 이하선염처럼 부모들이 아동이라면 누구나 겪기 때문에 대수롭지 않게 여기는 질병에는 백신접종의 필요성을 거의 느끼지 못했다. 따라서 부모들을 설득해 이런 질병에 백신접종이 반드시 필요하다고 납득시키기까지는 시간과 노력이 필요했다. 백신접종 캠페인이 성공을 거두려면 이런저런 방식을 동원해 부모들을 설득하거나 회유해야 했는데, 정부가 권장하는 것만으로 충분한 국가도 있었지만 보건부가 나서서 홍보 및 광고 기법을 동원해야 하는 국가도 있었다. 그러나 선진 산업국가에서는 19세기에 등장했던 백신접종 반대 운동이 내세운 논리가 등장하지 않았고 조직적인 반대도 없었다.

그러다가 1970년대 말 백신에 대한 비판이 다시 등장해 조금씩 몸집을 키우면서 백신접종률이 하락하기 시작했다. 이에 공공보건을 담당하는 의사들과 정치인들은 무슨 일이 일어나고 있는지 파악해 백신접종 반대와 백신접종률이 하락하는 이유를 알고자 했다.

백신의 안정성 논란

백신접종 반대 목소리가 재등장하게 된 사건의 중심에는 백일해 백신 접종이 자리한다. 백일해 백신접종은 1950년대 이후 광범위하게 시행됐는데, 일반적으로 디프테리아 변성독소와 파상풍 변성독소를 결합한 혼합 백신인 DPT 백신을 투여했다. 백일해 백신이 도입된 이후 어린 아동에게 치명적일 수 있는 백일해 발병률이 극적으로 감소했지만, 백일해 백신에는 거부 반응이나 우울증 유발 같은 부작용이 있었다. 의학적으로는 부작용이 일반적으로 하루나 이틀이면 사라지는 경미한 수준이라고 하지만 그것만으로도 부모들이 경각심을 가지기에는 충분했다.

1970년대 말 무렵에는 백일해 백신이 등장하기 전 백일해가 기승을 부리던 시절을 기억하지 못하는 젊은 부모들이 늘어나면서 이 백신의 부작용이 큰 걱정거리로 떠올랐다. 이내 백일해 백신이 뇌손상을 유발할 수 있다는 소문이 돌았는데, 이를 뒷받침하는 것처럼 보이는 역학 연구 결과가 소개되면서 소문은 걷잡을 수 없이 빠른 속도로 퍼져나갔다. 스웨덴과 영국에서는 일부 의사들이 백일해 백신을 모든 아기에게 투여해야 한다는 관행에 의문을 품고 연구를 진행했다. 스웨덴에서는 유스투스 스트룀이 세 차례의 백일해 백신접종을 모두 받은 아동 17만 명 가운데 한 명꼴로 영구적인 뇌손상이 일어난다고 추정했고, 영국에서는 글래스고대학교 공공보건 담당 교수인 고든 스튜어트Gordon Stewart가 이와 유사한 문제를 제기했다. 고든 스튜어트가 문제를 제기하면서 점화된 논란은 의학 저널을 넘어 일간 신문으로 번졌고, 1970년대 말 〈가디언The Guardian〉은 이 소식을 상세하게 보도했다.

부모들은 백일해 백신접종이 유발했다고 생각하는 손상에 보상을 요구하면서 '백신 부작용 피해 아동을 둔 부모 협회'를 결성했다. 이 협회는 영국 의회에 의문을 제기했고, 1979년 영국 정부는 국가가 백신접종을 권고한 경우 해당 백신접종으로 인한 피해에 국가가 책임져야 한다는 취지의 '백신 손상 보상법'을 제정했다. 이와 유사한 논란이 일본에서도 일면서 백신 관련 부작용에 관한 전국 차원의 논쟁이 벌어졌다. 스웨덴, 영국, 일본처럼 백일해 백신의 부작용 논란이 일어난 국가에서는 백일해 백신에 대한 믿음이 급격히 하락하면서 접종률이 하락했다. 특히 접종률이 80~90퍼센트에 육박하던 스웨덴과 일본에서는 10퍼센트로 하락하는 결과를 낳았다.

미국에서는 백일해 백신 부작용에 대중의 관심이 높아지면서 백일해 백신접종으로 인한 손상을 배상하라는 수십억 달러 규모의 소송 수백여 건이 제기됐다. 장애 관련 소송이 빗발치자 이에 두려움을 느낀 미국의 DPT 백신 생산업체들은 두 곳을 제외하고 모두 시장에서 철수했고, 이번에는 백신 부족 사태 우려가 일었다. 덕분에 1986년 미국에서는 부모들을 안심시킬 목적과, 무엇보다 백신 생산업체들을 안심시킬 목적으로 '전국 아동 백신 피해 보상 프로그램'이 출범했다.

공공보건당국에게는 백신접종 프로그램 전체에 대한 대중의 신뢰를 회복하는 것이 급선무였다. 영국에서는 보건부가 백일해 백신접종을 철회하라는 대중의 압력에 굴복하지 않고 버티면서 사람들의 신뢰를 회복하는 일에 전념한 끝에, 백일해 백신접종률이 점차 원래 수준으로 회복돼 갔다. 그러나 스웨덴과 일본의 보건당국은 백일해 백신접종을 유예하는 조치를 내리고 말았다. 스웨덴과 일본의 전문가들은 기존의 백일해 백신 사용을 중단하고 안전성이 더 높은 새로운 백신을 개발할 필요성이 있다고 결론 내렸다. 이에 따라 일본 과학자들은 부작용을 유발하지 않는 새로운 백일해 백신을 개발할 수 있는 방법을 연구하기 시작했고, 백신 생산업체들은 부작용을 유발하는 표면 단백질을 제거해 새롭게 개발한 이른바 '무세포성' 백일해 백신을 생산하게 됐다.

1970년대 영국과 스웨덴에서는 백일해 백신접종 부작용과 관련된 논란이 일면서 접종률이 급격하게 추락했지만, 네덜란드에서는 고든 스튜어트 교수의 연구 내용이 알려졌음에도 논란이 일지 않았다. 네덜란드의 권위 있는 의학 저널 측에서 백일해 백신이 유발할 수 있는 뇌손상을 논의한 영국의 연구를 검토했지만 네덜란드에서도 이와 유사한 연구를 해야 한다고 생각한 사람은 아무도 없었다. 1970년대 내내 네덜란드에서 발간된 일간지나 인기 있는 여성잡지에서 백일해 백신접종이 뇌손상을 유발할 위험이 있다는 우려나 경고는 단 한 줄도 찾아볼 수 없었다. 영국과 네덜란드의 언론 반응이 사뭇 달라서였는지, 아니면 네덜란드 의료계에서 이루어진 합의나 백일해 백신접종으로 뇌손상이 유발됐다고 보고된 단 한 건의 사례를 면밀히 조사해 이것이 해당 백신에 의한 뇌손상이 아니라고 밝힌 네덜란드 국립 공공보건 연구소의 즉각적인 조치 때문인지는 확실치 않지만, 아무튼 네덜란드에서는 뇌손상 유발 가능성이 논란을 빚지는 않았다. 당연하게도 백일해 백신접종에 대한 대중의 신뢰도 무너지지 않았고, 접종률이 하락하지도 않았으며, 백신접종으로 인한 피해 보상 요구도 일어나지 않았다.

결국 백일해 백신접종에 대한 대중의 신뢰가 회복된 영국에서는 1990년대로 접어들면서 대중의 태도가 다시 한 번 변하기 시작했다. 백신접종에 대중의 관심이 증가하기 시작했다는 사실은 백신접종에 대한 기사에 더 많은 신문지면이 할애됐다는 사실을 통해 확인할 수 있다. 어느 관련 연구에 따르면 1990년대 내내 백신을 주제로 다룬 신문 기사의 수가 크게 늘었는데 그 가운데 백신 안전성이 가장 큰 비중을 차지했다.[3] 게다가 바로 그 시기, 즉 1990년대에 백신접종에 비판적인 입장을 표명하는 단체가 다시 등장하기 시작했다. 이들 단체 대부분은 부모들이 조직한 단체였는데, 이들은 백신에 관련된 보다 완벽하고 보다 공정한 정보를 요구하거나, 자녀에게 접종해야 할 백신에 대한 선택권을 주장하거나, 백신접종의 결과 부작용이 발생했을 때 보다 쉽게 보상받을 수 있는 절차를 마련해달라고 요구했다.

영국에서는 '부모의 알 권리'라는 단체가 1992년 설립돼 백신접종에 관련된 선택의 자유를 촉진하는 운동을 펼쳤는데, 그 과정에서 이 단체는 부모들에게 백신 정보를 제공하면서 백신접종을 대신할 대안적인 방법을 고려해보라고 적극 권장했다. 1994년 자녀가 MMR 백신접종을 받은 탓에 건강에 문제가 생겼다고 확신한 존 플레처와 재키 플레처는 비슷한 처지에 놓인 부모들을 모아 '정의 실현, 인식 제고, 기초 지원Justice, Awareness and Basic Support'이라는 단체를 설립하고 '인식 제고'와 '보상'을 주요 목표로 삼아 건강에 문제가 생긴 아동을 지원했다. 주요 사업은 MMR 백신접종이 유발한 것으로 여겨지는 손상에 보상을 요구하면서 영국 법원에 소송을 제기하는 것이었다.

또 다른 단체로는 1997년 백신 정보의 품질과 가용성에 만족하지 못한 부모 두 사람이 설립한 '백신 인식 제고 네트워크'를 꼽을 수 있다. 이 단체의 웹사이트에 게시된 바에 따르면 이 네트워크는 "자녀에게 접종하는 백신에 대한 완벽한 정보를 부모에게 제공해 선택권을 넓히는 것"을 그 목표로 삼고 있다.

1970년대 백일해 백신 부작용 논란이 일지 않았던 네덜란드에서도 1994년 백신에 비판적인 입장을 보이는 단체가 설립됐다. '백신접종에 문제를 제기하는 네덜란드 사람들의 모임'은 부모들과 전문가들이 주축이 되어 설립됐다. 모임 설립에 참여한 전문가들은 정통 의료계에서 활동하는 의사들 가운데 자신들이 제기하는 문제에 만족스러운 해답을 내놓는 사람이 없다는 사실을 깨달은 뒤 모임 설립에 참여하게 됐다.

조작된 부작용

오늘날에는 1970년대에 진행된 백일해 백신 부작용 논란을 기억하는 사람이 거의 없겠지만, 유사한 논란은 여전히 벌어지고 있다. 바로 MMR 백신 관련 논란이다. 1998년 2월 런던에서 활동한 소화기내과 전문의 앤드류 웨이크필드Andrew Wakefield는 12명의 공저자와 함께 〈랜싯〉에 한 편의 논문을 실었다. 이 논문에서 그와 12명의 공저자들은 MMR 백신이 아동에게 자폐증과 장腸 질환을 유발한다고 주장했다. 이 논문은 이내 통제되지 않은 소수의 샘플을 토대로 작성됐다는 이유로 연구 방법론을 둘러싼 엄청난 비판에 직면했다.

그로부터 12년 뒤 〈랜싯〉은 온갖 우여곡절 끝에 앤드류 웨이크필드의 논문을 정식으로 철회했다. 언론인인 브라이언 디어가 앤드류 웨이크필드의 논문 결과가 허위라는 사실을 밝히고, 영국 의학 위원회에서 그의 논문이 연구 윤리를 위반했다고 결정한 사실이 논문 철회에 큰 역할을 수행했다.[4]

2011년 〈영국 의학 저널〉은 앤드류 웨이크필드에게는 해당 논문에서 수행한 연구를 되풀이해보거나, 그렇지 않으면 실수를 인정할 기회가 수없이 많이 있었음에도 그러지 않았다고 지적했다. 그러면서 2004년 12명의 공저자 가운데 10명이 논문 철회에 동의했음에도 앤드류 웨이크필드가 여기에 동참하지 않았다는 점을 그 예로 들었다. "임상 신뢰도 및 학술적 신뢰도가 땅에 떨어진 상황임에도 앤드류 웨이크필드는 기존의 주장을 굽히지 않았다."[5] 〈영국 의학 저널〉 편집진은 다음과 같이 덧붙였다. "앤드류 웨이크필드의 주장으로 공공보건이 입은 피해는 여전히 지속되고 있는데, 이 같은 피해는 편향된 언론 보도와 정부, 연구자, 언론인, 의료 전문가들의 부적절한 대응으로 더 커지고 있는 형편이다." 즉, MMR 백신접종과 자폐증 사이에 아무런 연계가 없다는 연구들이 쌓여가고 있음에도 여전히 많은 사람은 관련성이 있다고 생각한다는 것이다.

한편 앤드류 웨이크필드는 현재 미국에 거주하면서 여전히 왕성한 활동을 펴고 있는데, 2016년 8월에는 (당시) 대통령 후보였던 도널드 트럼프와 만났다는 소식이 언론을 통해 보도되기도 했다.[6]

2016년 3월 거의 아무도 보지 못한 영화 한 편이 짧지만 강렬한 소동을 불러왔다. 그 영화는 바로 앤드류 웨이크필드가 감독을 맡아 제작한 〈백신접종: 은폐된 진실과 그로 인한 재앙Vaxxed: From Cover-up to Catastrophe〉이었다. 3월 26일 〈뉴욕타임스〉는 '트라이베카 영화제, 백신접종 반대 영화 상영 결정'이라는 제목의 기사에서 권위 있는 트라이베카 영화제의 창립자이자 자폐증 자녀를 둔 배우 로버트 드 니로가 자신과 가족들에게 중요한 문제인 MMR 백신과 자폐증 사이의 연관성에 대한 대중적인 논의를 활성화하려는 취지에서 이 영화의 상영을 결정했다고 전했다.

〈뉴욕타임스〉 기사에 따르면 이 영화는 거의 대부분이 웨이크필드 본인의 발언과 CDC의 내부고발자로 추정되는 윌리엄 톰슨이라는 남자와의 인터뷰 내용으로 채워져 있다. 영화에서 윌리엄 톰슨은 CDC가 수치를 조작해 MMR 백신이 안전함을 입증했다고 주장한다. 이 영화를 트라이베카 영화제에서 상영하겠다고 밝힌 지 이틀 만에 로버트 드 니로는 상영 취소를 최종 결정했다고 발표했고, 사람들은 안도의 한숨을 내쉬었다.

3월 29일 〈가디언〉은 '트라이베카 영화제에서 백신접종 반대 영화를 상영한다는 소식에 대동단결한 과학계'라는 제목의 기사를 실었다. "로버트 드 니로가 자신이 주관하는 트라이베카 영화제에서 백신 반대 다큐멘터리 영화인 〈백신접종〉의 상영을 발표하자 전문가들은 한목소리로 반대 입장을 표명했다." 〈가디언〉의 미국 통신원으로 잔뼈가 굵은 에드 필킹턴은 〈백신접종〉 상영이 결정됐다는 소식이 알려진 직후 '과학자, 자폐증 전문가, 백신 찬성 단체, 영화제작자, 후원사들이 어우러져 한목소리로 반대 의견을 제시하는' 과정을 설명했다.7 〈가디언〉이 기사에서 예측한 대로 분노한 영화 제작자들은 영화를 통해 자유롭게 의사를 표현할 권리가 검열로 인해 침해됐다며 트라이베카 영화제 주최 측의 결정을 비난했다.

백신접종 반대 단체로 비난을 돌리다

최근까지도 의료 전문 매체와 공공보건 매체는 백신접종률의 하락 원인을 설명하는 데 단 한 가지 근거만을 앵무새처럼 되풀이해 제시한다. 즉, 20세기로 접어들면서 사라졌다가 다시 등장한 백신접종 반대 운동이, 앤드류 웨이크필드 같은 인물을 순교한 영웅으로 치켜세우면서 활개를 치기 때문이라는 것이 유일한 설명인데, 모든 사람이 이에 동의하는 것처럼 보인다. 의료 전문 매체와 공공보건 매체는 오늘날의 백신접종 반대 단체가 19세기의 접종 반대 단체들에 비해 훨씬 더 강력한 홍보 수단으로 무장하고 자신들의 입장을 대중에게 전달한다고 우려를 표명한다.

하지만 정작 백신접종 반대 단체들이 등장했을 당시 이들의 등장 배경에 관심을 보인 의료 전문 매체와 공공보건 매체는 하나도 없었다.

따라서 메이요 클리닉 백신 연구 집단의 두 의료 전문가가 "백신 프로그램의 진행을 방해하거나 심지어는 중단시켜 이환율과 사망률을 높이는 결과를 빚어낸 원인"으로 백신접종 반대 운동을 지목하고, "측정할 수 있는 방식을 동원하는 오늘날의 백신 반대 운동은 국가에 영향을 미치고 국가의 공공보건 정책에 타격을 줄 뿐 아니라 개인과 사회의 보건을 위험에 빠뜨린다"고 주장하는 것도 무리는 아니다(두 의료 전문가는 백신'접종' 반대라는 표현 대신 '백신 반대'라는 표현을 사용하는데, 이 두 개념은 엄연히 다르다).[8] 공공보건 공동체 사이에는 이런 견해가 널리 공유되고 있는데, 전문 매체의 견해를 매우 광범위하게 인용하는 대중매체 역시 비슷한 견해를 견지하고 있는 형편이다.[9]

메이요 클리닉 백신 연구 집단의 두 의료 전문가는 19세기 백신접종 반대자들이 상상조차 할 수 없는 방식으로 자신들의 견해를 대중에게 전달하고 있기 때문에 오늘날의 백신접종 반대 운동이 매우 위험하다고 설명했다. "백신 반대 단체는 인터넷을 활용해 백신 반대 논란에서 자신들의 입지를 확대하고 있을 뿐 아니라 백신 반응 사례를 과장하고 극대화해 언론과 대중에 홍보하고 있다."[10] 이들의 주장에 따르면 과학에는 문외한이면서 세간의 눈길을 사로잡을 만한 법정 다툼에만 눈길을 보내는 기존 언론 매체 역시 백신접종률 하락의 원인을 제공하는 한 요소로 작용한다.

공공보건 전문가들은 백신에 관련된 정보를 찾는 부모들이 백신접종 반대 단체들이 운영하는 웹사이트와 마주칠 확률이 높다는 점을 우려해왔다. 그렇다면 이들이 운영하는 웹사이트는 정확히 어떤 정보를 제공하는가? 이들 웹사이트 대부분은 주로 백신접종과 관련된 부작용이 제대로 보도되지 않는 현실, 백신이 자폐증이나 당뇨병 같은 특발성特發性 질환의 원인이 된다는 사실, 백신 정책이 이윤을 추구하는 제약회사의 의도에 따라 결정된다는 사실을 알리고 있다. 오늘날에는 백신이 그 자체로 생물 독毒이고 동결방지제와 포름알데히드 같은 유독성 첨가제로 가득하며 자폐증을 비롯한 다양한 특발성 질환의 원인이라는 정보를 제공하는 웹사이트를 쉽게 찾아볼 수 있다.[11]

이 웹사이트 대부분은 부모의 권리 문제를 제기하는데, 이들의 주장에 따르면 오늘날 부모들은 자녀의 건강과 관련해 스스로 선택할 권리를 박탈당했다. 한편 오늘날에는 소셜 미디어를 통해서도 백신접종에 관련된 문제를 접할 수 있다. 소셜 미디어가 현실 세계에서 사람들이 하는 행동에 미치는 영향이 어느 정도인지를 입증하는 증거는 없음에도 다음과 같은 주장이 제기되고 있는 형편이다.

유튜브의 백신접종 관련 동영상을 분석한 결과 그 가운데 32퍼센트가 백신접종에 반대하는 내용이었고, 백신에 반대하는 동영상이 찬성하는 동영상보다 더 많은 조회수를 기록하면서 더 높은 순위에 올라 있다는 사실이 확인됐다. 한편 부정적인 의견을 표명하는 동영상의 45퍼센트는 참조 표준에 반하는 정보를 제공하고 있었다. 유튜브 동영상 가운데 인유두종 바이러스 백신접종을 다룬 동영상만을 분석한 결과, (…) 25.3퍼센트의 동영상이 인유두종 바이러스 백신접종을 부정적으로 바라보았다.[12]

백신접종률 하락의 원인을 오로지 오해에 사로잡힌 사람들이 인터넷을 통해 퍼뜨린 잘못된 정보 탓으로만 돌리려는 현상은, 특히 국제 공공 보건 세계를 중심으로 두드러지게 나타난다. 허섭스레기 같은 과학을 홍보하는 단체라고 비난의 화살을 돌림으로써 구체적인 대상에 책임을 떠넘길 수 있기 때문이다. 따라서 백신접종 반대 단체를 공공의 적으로 규정한 공공보건당국은 그들의 입장이 잘못됐음을 폭로하고 그 기세를 꺾을 수 있는 온갖 방법을 동원하고 있다. 백신접종 반대 단체가 주로 인터넷을 중심으로 활동하므로 가장 먼저 취하는 조치는 검색 엔진을 움직여 백신 옹호 사이트를 우선 표시하도록 하는 조치다. 그러나 공공보건당국이 백신접종 반대 단체를 무너뜨리기 위해 사용하는 전략은 이것이 전부가 아니다.

특히 오스트레일리아에서는 백신접종에 비판적인 사람들을 비방하거나 위협하는 일이 심심치 않게 벌어진다. 울런공대학교 사회학과 교수 브라이언 마틴Brian Martin이 백신접종 반대 단체를 무력화하기 위한 활동을 추적 조사했는데, 당시 공격의 대상이 된 단체는 1994년 메릴 도레이라는 여성이 설립한 '오스트레일리아 백신접종 네트워크'였다. 브라이언 마틴은 이 단체가 세계 어디에서나 볼 수 있는 백신에 비판적인 단체들과 다를 것 없는 평범한 단체였다고 설명한다. 오스트레일리아 백신접종 네트워크는 주로 웹사이트를 통해 운영되고 약 2,000여 명의 회원이 가입했으며, 최근까지 잡지를 발간하는 평범한 단체였다.

다만 다른 점이 한 가지 있었다면, 그것은 바로 이 단체가 직면한 공격의 본질이었다. 브라이언 마틴은 2009년 대체 의학에 적대적이고 맹목적으로 백신을 옹호하는 사람들이 설립한 '오스트레일리아 백신접종 네트워크 해체(이하 '해체'로 표기)'라는 단체의 활동에 대해 설명했다. 이 단체는 오스트레일리아 백신접종 네트워크의 웹사이트를 폐쇄하고 잡지 발간을 중단시키며 오스트레일리아 백신접종 네트워크와 그 주요 회원에 대한 언론 노출을 최소화한다는 목표를 표방한다.

브라이언 마틴은 '해체'가 (페이스북을 통해) 주장하는 내용을 소개했다. 이들은 오스트레일리아 백신접종 네트워크가 "백신접종을 통해 인간의 정신을 제어하는 칩을 심는다는 전 세계적인 음모론에 빠져 있다"고 주장하는데, 얼토당토않은 이 비판은 이후 흐지부지돼버렸다. "두 번째로 '해체'는 오스트레일리아 백신접종 네트워크와 인터넷에 공개적으로 글을 남기는 회원, 특히 도레이에 대한 수없이 많은 비방성 글을 게시했다. (…) 세 번째로 '해체'를 비롯한 여러 단체는 여러 정부 기관에 오스트레일리아 백신접종 네트워크에 대한 수없이 많은 공식 민원을 제기했다."[13] 이 같은 추적 조사 결과를 발표한 후 브라이언 마틴은 '해체'의 다음 공격 대상이 됐다.

메릴 도레이 같은 사람이 설립한 단체를 비난함으로써 더 다루기 까다로운 문제로 사람들의 이목이 쏠리는 일을 막을 수 있다. 공공보건당국은 사람들이 백신접종 프로그램 운영 방식의 문제점이나 백신접종에 대한 보다 근본적인 불안을 바탕으로 백신접종을 거부할 가능성을 사전에 차단할 수 있는 것이다. 그러나 백신접종 반대 단체들에게 비난의 화살을 돌리는 전략이 얼마나 큰 성과를 거두었는지는 알 수 없지만, 경험적 연구에 따르면 모든 것을 반대 단체의 탓으로 돌린다고 해서 사람들이 백신을 접종해야만 하는 이유를 충분히 납득하는 것은 아니다.

백신접종에 대한 동기부여와 관련된 단순한 가정을 수립하는 차원을 넘어서, 부모들에게 스스로의 입장을 밝힐 기회를 제공한 연구를 통해 백신접종률이 하락하는 이유에는 훨씬 더 복잡한 무언가가 관련돼 있음을 알 수 있다. 연구에 따르면 백신접종에 대한 부모들의 입장에 영향을

두 얼굴의 백신

미치는 요인은 인터넷 외에도 다양해 인터넷의 중요성이 그리 크지 않은 것으로 나타났다. 자녀에게 백신을 접종할지 결정을 내리는 일이 부모들로서는 결코 쉬운 일이 아니기 때문에 친구, 가족, 이웃, 의료 전문가 등을 통해 정보를 확보하려 하는 것이다.

MMR 백신에 대한 공포가 사람들의 뇌리에 아직 생생하게 남아 있었던 2001년, 영국의 부모들로 이루어진 관심 집단에 대한 연구는 다음과 같이 밝히고 있다.

모든 부모가 MMR 백신을 자녀에게 접종해야 할지 말지를 결정하지 못해 어려움을 겪으면서 스트레스를 받고 있었다. 보건 전문가들은 MMR 백신을 자녀에게 접종하라는 보건당국의 권고를 따르도록 부모들에게 무언의 압력을 가하고 있었는데, 부모들은 MMR 백신이 가장 안전할 뿐 아니라 자녀의 건강을 위한 최선의 선택이라는 점을 강조하는 보건부의 말을 신뢰하지 않았다. 따라서 대부분의 부모들은 마지못해 MMR 백신을 자녀에게 접종했다.[14]

한편 의료 전문가라고 해서 모두가 백신접종에 확신이 있는 것도 아니었다. 영국 일반의와 방문 간호사를 인터뷰한 결과, 이들이 분명히 한쪽으로 편향된 정보를 부모들에게 전달한다는 것에 불편한 심정을 느낀다는 사실이 밝혀졌다. 한편 부모들 역시 이들이 제공하는 정보를 크게 신뢰하지 않았는데, 일반의들이 백신접종 목표를 달성할 경우 영국 국민보건서비스가 이들에게 추가 수당을 지급한다는 사실을 알고 있기 때문이었다.

몇 년 뒤 잉글랜드 남부 해안의 풍요로운 대학 도시인 브라이턴에서 수행된 연구에서는 백신접종에 대한 부모들의 태도가 개인과 가족의 의료 이력에 의해 형성된다는 사실을 밝혀냈다. 부모들은 개인과 가족의 의료 이력을 토대로 자녀가 겪을 가능성이 높은 건강상의 취약점을 짚어냈다. MMR 백신접종과 관련된 견해 역시 전혀 추상적이지 않았다. 부모들은 MMR 백신접종이 자녀에게 어떤 효능을 발휘할지 구체적으로 생각했다. 한편 부모들은 자녀의 복리를 책임지는 사람은 부모 개인이지 국가가 아니라고 생각했다. 간호사가 직업인 어느 엄마는 MMR 백신접종을 원칙적으로 반대하는 것은 아니라고 말하면서 백신의 안전성과 관련된 불확실성이 크다고 느낀다는 점이 문제일 뿐이라고 설명했다. 따라서 자녀에게 MMR 백신을 접종할지 여부를 판단해야 한다면 그 결정은 국가가 아니라 부모가 내려야 한다고 생각한다고 말했다.

저는 부모들이 선택권을 가져야 한다고 생각합니다. 부모 스스로 자녀에게 백신을 접종할지 결정할 수 있어야 한다는 말입니다. MMR 백신접종이 정말 자폐증과 아무런 관련이 없다는 사실이 밝혀지지 않는 한, 즉 안전성이 완전히 입증되지 않는 한, 자녀에게 MMR 백신을 접종할지 여부는 선택의 문제일 수밖에 없다고 생각합니다. 제 아이에게 MMR 백신을 접종하기로 결정했을 때 제가 느낀 감정은 바로 그런 것이었습니다. 다시 말해 백신을 접종할지 여부를 결정할 선택권은 부모에게 주어야 합니다.[15]

특정 지역사회를 대상으로 한 이 같은 연구의 가치는 백신접종에 대한 사람들의 견해가 순전히 개인적인 판단을 바탕으로 한 것은 아님을 보여준다는 점에 있다. 사람들은 친구 및 이웃과 의견을 나누기 때문에 특정

두 얼굴의 백신

한 지역사회를 중심으로 백신접종과 관련된 특정한 사고방식이 형성되는 경향이 있는데, 바로 이런 현상을 두고 일부 연구자들은 '지역별 백신 문화'라고 부른다. 따라서 특정 지역사회, 즉 브라이턴을 대상으로 수행한 연구가 밝혀낸 세부사항의 일부는 해당 지역사회에만 적용되는 고유한 것일 수 있다. 그러나 전혀 다른 지역의 부모들과 대화를 나눠본 연구자들은 그들도 이와 유사한 감정을 표현한다는 사실을 밝혀냈다.

최근 캐나다 퀘벡에서는 연구자들이 출산을 몇 주 앞둔 여성과 출산 직후 몇 주가 지나지 않은 여성을 인터뷰했다. 출산을 앞두거나 출산한 지 얼마 지나지 않은 여성들은 일반적으로 '옛날부터 접종해온 백신'에 대해서는 안전성과 가치를 인정했지만 수두 백신이나 로타 바이러스 백신 같은 새로운 백신에 대해서는 안전성과 가치를 크게 확신하지 않았다.[16] 돌이켜보면 자녀에게 백신을 접종한 엄마들은 대부분 올바른 결정을 내린 것인지 확신하지 못하고 있었다.

브라질의 연구에서도 유사한 현상을 확인할 수 있다. 상파울루의 교육 수준이 높은 중산층 부모들을 인터뷰한 결과 대부분 백신접종에 대한 의구심을 가지고 있었는데, 이는 비단 MMR 백신에만 해당하지 않았다. 이들의 의구심은 백신접종률이 하락하는 이면에 더 복잡한 무언가, 즉 백신의 안전성에 대해 아무리 많은 정보를 제공하더라도 누그러뜨릴 수 없는 무언가가 존재하고 있음을 보여주는 징후라고 할 수 있다. 다시 말해 이 의구심은 신뢰 상실을 반영하는 현상이자 기술을 점점 더 강조하면서 인간미가 사라져가는 의료 현장에 대한 불만의 표출이라고 할 수 있다. 바로 이러한 현상으로 전 세계 대부분의 지역에서 보완 대체 의학이 점점 더 큰 인기를 누리는 것이라 본다. 인터뷰에 응한 브라질 여성들은 백신접종에 대해 선택적인 접근법을 취하고 있었다.

새로 도입된 일부 백신과 관련된 정보를 조금이라도 더 얻어 해당 백신이 정말 가치가 있는지 여부를 판단해보려고 노력했습니다. 물론 주요 백신은 아이들에게 접종합니다. 가장 위험한 질병을 예방하기 위해 오래전부터 사용해온 백신에 대해서는 정부가 권장하는 백신접종 일정에 따라 아이들에게 백신을 접종하는 것이죠. 그러나 새로운 백신은 조금 더 많은 정보를 확보할 필요가 있습니다. 따라서 (소아과 의사의) 견해를 주의 깊게 들어본 뒤 일부 백신은 접종하지 않기로 결정하기도 합니다.[17]

이 책의 서두에서 미국의 대학교에서 교편을 잡고 있는 율라 비스의 책 내용을 소개한 바 있는데, 그 책에서 그녀는 아이를 임신하게 되면서 백신접종 문제를 생각해보게 됐다고 밝힌다. 율라 비스는 자신이 속한 세계, 즉 교육 수준이 높은 전문가들의 세계에도 의심, 불안, 불신이 만연해 있다고 설명한다. 자녀에게 백신을 접종할지 여부를 결정하는 일에는 연구를 위한 인터뷰에 응한 브라질의 부모들과 프랑스계 캐나다인 부모들이 표현한 것과 동일한 의심과 불확실성이 항상 따라다닌다는 것이다.

다시 말해 전 세계 다양한 지역의 많은 부모들, 그중에서도 특히 교육 수준이 높은 중산층 부모들은 아무런 확신을 가지지 못한 채 정부에서 권장하는 백신접종 일정에 따라 마지못해 자녀에게 백신을 접종하고 있다는 사실이 연구를 통해 확인되고 있다. 자녀에게 백신을 접종하지 않는 부모들은 사실상 빙산의 일각에 불과하다. 백신접종에 관련된 의심은 훨씬 더 광범위하게 퍼져 있는데, 정부가 권장하는 백신접종 일정에 따라 자녀에게 백신을 접종하는 대부분의 부모들조차 백신접종에 확신이 없는 형편이다.

확신, 거부 그리고 망설임

　지난 몇 년 사이 '백신 수용'과 '백신 거부'로 단순하게 구분하는 이분법적 흑백논리로는 문제를 해결할 수 없다는 사실을 내키지 않는 마음으로 마지못해 인정하는 분위기가 나타나고 있다. 이 이분법적 흑백논리로는 자녀에게 백신을 접종해야 할지 여부를 결정하기 위해 고심하는 많은 부모들이 맞닥뜨린 불확실성이 무엇인지 제대로 포착할 수 없다. 10여 년 전에 등장한 '백신 거부' 현상은 백신접종 반대론자들에게 비난의 화살을 돌림으로써 손쉽게 해결할 수 있었는데, 최근 몇 년 사이 공공보건 공동체는 '백신 거부' 현상이 아닌 '백신에 대한 망설임'이라고 알려진 현상에 주목하고 있다.

　2009년 전략 자문 전문가 집단으로 알려진 WHO 산하 상설 기구인 백신 자문 위원회는 유럽에서 홍역을 퇴치하려는 노력을 방해하는 다양한 문제가 존재한다고 기록했다. 즉 "홍역 퇴치라는 목표를 달성하는 데 필요한 정치적 지원 및 사회적 지원 결여, 백신 반대 단체의 선전, 백신접종에 반대하는 종교와 철학, 서로 경쟁하는 보건 우선순위, 일부 동유럽 국가에서 시행한 보건 체계 개혁으로 생긴 문제" 등을 손꼽았다.[18] '정치적 지원 및 사회적 지원 결여'에 '백신 반대 단체의 선전'이 더해지게 된 과정에 숨어 있는 모순을 전혀 인지하지 못한 상태에서 백신 자문 위원회는 WHO의 유럽 지역 사무소가 새롭고 더 적극적인 전략을 수립해 백신접종 반대 운동에 대응해야 한다는 결론을 내렸다.

이처럼 '백신에 대한 망설임'을 검토한 백신 자문 위원회는 2010년 WHO 유럽 지역 사무소에 '유럽 백신접종 주간을 지정해 백신접종의 이점에 대한 대중의 인식을 제고하는 한편 백신접종 반대 운동가들이 퍼뜨리는 잘못된 정보에 대응하는 토대'로 삼을 것을 권고했다고 기록했다. 백신 자문 위원회의 이런 태도를 통해, 백신접종률이 하락하는 이유가 모두 백신접종 반대 운동에 있다는 생각을 여전히 뿌리치지 못하고 있음을, 또는 그럴 생각이 없음을 여실히 확인할 수 있다. 백신 자문 위원회가 발표한 내용 전반에서 감지할 수 있는 모호함은, 이들이 애매모호하고 뭐라 꼬집어 말하기 어려운 현상을 제대로 포착할 수 없는 방식으로 접근하는 데서 비롯된다.

2010년 1월 '백신접종에 대한 대중의 신뢰도를 파악하는 프로젝트(이하 신뢰도 프로젝트)'가 마련됐다.[19] 이 프로젝트가 출범한 이면에는 전 세계 정보망의 지원을 받아 인터넷과 소셜 미디어를 모니터링하면 백신접종과 관련해 새롭게 등장한 대중의 견해를 파악할 수 있으리라는 기대가 자리 잡고 있었다. 신뢰도 프로젝트는 오늘날 역학자들이 사용하는 디지털 정보 수집 기법을 응용한다. 즉 인터넷이나 소셜 미디어에서 주고받는 정보의 양이 증가하는 현상을 토대로 질병 유행을 예측하는 디지털 정보 수집 기법이다. 새롭게 등장한 디지털 역학은 전염병이 유행하고 난 뒤에야 공식 통계가 수집되고 분석된다는 사실과, 전염병이 유행하면 해당 지역 주민들이 디지털 매체를 통해 이 소식을 전하느라 주고받는 정보의 양이 증가한다는 사실에 착안했다. 신뢰도 프로젝트는 오늘날 역학자들이 사용하는 디지털 기법과 유사한 방법으로 특정 백신이나 백신접종 프로그램 전반에서 새롭게 등장하는 대중의 관심사를 추적한다. 소셜 미디어에서 추출한 데이터를 활용해 백신에 비판적인 견해나 소문이 확산되면 그 시간과 장소를 지도에 표시한다.

2012년 WHO 백신 자문 위원회는 백신에 대한 망설임을 검토할 작업 그룹을 구성해 '망설임'의 개념을 정의하고 이를 측정할 지표를 개발해 이 문제를 가장 잘 해결할 수 있는 방법을 확인하는 작업에 착수했다.[20] 백신에 대한 망설임을 명확하게 정의한 문헌이 없었으므로 명백히 부정적인 의미를 담고 있는 '망설임'이라는 용어를 사용하는 것이 적절한지 여부를 두고 오랜 시간 논쟁이 벌어졌다. 어쩌면 백신에 대한 망설임이 아니라 백신에 대한 '확신'이라는 용어를 사용하는 것이 더 적절할 수도 있었지만 결국 작업 그룹은 '백신에 대한 망설임'이라는 용어를 사용하기로 결정했다. 그리고 백신에 대한 망설임을 "백신접종 서비스를 활용할 수 있는 상황임에도 백신접종을 수용할지 말지 결정하지 못한 상태"라고 정의한 뒤 이렇게 덧붙였다. "백신에 대한 망설임은 복잡한 양상을 띨 뿐 아니라 사회적 맥락에 따라 달라지므로 시간, 장소, 백신의 종류에 따라 모두 다르게 나타난다. 여기에 영향을 미치는 요인으로는 만족도, 믿음, 확신의 수준을 꼽을 수 있다."[21]

다시 말해 부모들에게 백신 정보가 부족하기 때문에, 또는 백신접종 서비스를 활용하기 어렵게 만드는 재정적 혹은 그 밖의 장벽에 직면해 있기 때문에 백신접종률이 떨어지는 현상이 발생하고, 바로 여기에서 현재 일어나는 문제가 무엇인지 확인할 수 있다는 것이다. 따라서 작업 그룹은 도시에 거주하고 교육 수준이 높은 중산층 부모들에 초점을 맞춰야 한다고 말한다. 주로 이 범주의 부모들이 백신접종의 이점을 완전히 확신하지 못하고 있을 뿐 아니라 백신접종 여부를 결정하지 못하고 있기 때문이다.

WHO 백신 자문 위원회 산하 작업 그룹이 제시한 백신에 대한 망설임이라는 개념은 공공보건 공동체에서 큰 호응을 얻으며 빠른 속도로 확산되고 있다. 점점 더 많은 학술 논문에서 이 개념을 찾아볼 수 있을 뿐 아니라 공공보건 공동체에서 영향력을 행사하는 인물들이 이 개념에 대한 신중한 연구의 필요성을 강조하고 있다. 예를 들어 명망 높은 저널인 〈사이언스〉 편집진의 글에서 하버드대학교 공공보건 대학원 원장을 역임한 배리 블룸은 "백신에 대한 생각과 태도가 형성되는 시기와 방법을 규명하고, 사람들이 백신을 접종할지 여부를 결정하는 방식을 확인하며, 백신접종을 망설이는 부모들에게 백신 정보를 전달할 수 있는 최상의 방법을 강구하고, 백신으로 예방할 수 있는 질병이 유행할 위험에 직면한 지역사회를 식별하는 방법을 모색하는 연구"의 필요성을 강조했다.[22]

〈사이언스〉 편집진의 글을 비롯해 백신에 대한 망설임을 주제로 다룬 많은 저술을 살펴보면 이 개념이 오늘날 공공보건 전문가들이 지니고 있는 세계관을 바탕으로 도출한 핵심 가정들을 얼마나 제대로 구체화했는지 확인할 수 있다. 개인적으로는 이와 같은 가정들이야말로 백신접종률이 하락하고 있는 현실에 실제로 무엇이 개입돼 있는지를 제대로 이해하지 못하도록 방해하는 사실상의 장애물에 불과하다고 본다. WHO 백신 자문 위원회 회의에 참석하는 백신접종 전문가들은 측정할 수 있는 현상을 토대로 백신에 대한 망설임의 명확한 정의가 무엇인지 탐구한다.

그러나 앞서 지적한 바와 같이 백신 자문 위원회 산하 작업 그룹에서 결정한 명확한 정의는 사물, 활동 또는 신념을 둘러싸고 서로 갈등할 가능성이 있는 다양한 의미를 무시한다는 점에서 문제가 있다고 할 수 있다. 이와 같이 다양한 의미는 백신접종을 시행하는 과정에 따른 환경적 제약 및 물질적 제약과 다양한 방식으로 상호작용할 수 있다는 점에서 중요한 의미를 지닌다.

한편 백신 자문 위원회 산하 작업 그룹은 백신접종이 ('시행 시기와 시

두 얼굴의 백신

행 방식'이라는 관점에서 볼 때) 안정적이라고 가정하지만, 개인적으로는 이 가정 역시 의문스럽다. 백신접종을 고정적이고 측정 가능한 방식으로만 바라보려고 하는 과정에서 백신접종에 관련된 다양한 역동성을 놓치고 마는 것이다. 심지어 보고서 저자들도 '백신에 대한 망설임'의 근원이 복잡하다는 사실을 명확하게 인식하고 있음에도 기존에 확립된 도구를 활용해 이미 알고 있는 사항과 측정할 수 있는 사항(사실상 백신미접종률)만을 확인하는 데 급급할 뿐 그 밖의 다른 방식으로 이 문제에 접근하는 방법은 전혀 모르는 눈치다.

예를 들어 저명한 대학교 두 곳의 공공보건학부에서 교편을 잡고 있는 연구자들은 최근 발표한 논문('미국 내에서 나타나는 백신에 대한 망설임에 관한 역학적 접근')을 통해 백신에 대한 망설임이라는 주제가 얼마나 복잡한지를 분명히 인식하고 있음을 잘 보여준다.[23] 연구자들은 백신을 생산하는 대형 제약회사와 해당 백신접종을 독려하는 정부에 대한 신뢰가 추락하고 있다는 점과 제약 산업, 의료 전문가, 정부 사이의 관계에 대한 불안이 광범위하게 퍼져 있다는 점을 지적한다. 한편 부모들이 자녀의 건강을 지키기 위해 할 일에 대해 타인의 조언을 더는 듣고 싶어 하지 않는다는 점을 지적한다. 이 모든 '사회문화적 변화가 백신에 대한 망설임을 부추기고 있는' 것이다.

논문의 말미에 이르면 연구자들은 '백신에 대한 망설임' 대신 '백신 거부'에 집중하여 백신 거부야말로 개별 아동과 공동체를 위험에 빠뜨릴 수 있는 요인이므로 해결해야 할 문제라고 지적하면서 다음과 같이 덧붙인다. "백신에 대한 대중의 확신을 높이고 유지하기 위해 더 많은 노력을 기울이되, 증거를 토대로 개입하는 것이 중요하다."[24] 즉, 해결책을 강구한 뒤 역학과 공공보건 도구를 활용해 문제를 해결하면 된다는 취지의 주장인데, 개인적으로는 실현가능할 것 같지 않다. 이제부터는 내 생각을 뒷받침할 수 있는 사례를 제시해보고자 한다.

인유두종 백신의 실패와 교훈

세계적으로 최근 인유두종 바이러스 백신접종 캠페인이 기대했던 대중의 호응을 이끌어내지 못하면서 실패를 맛보고 있다. 그리고 이런 현상이 백신접종 반대론자들이 인터넷을 활용해 펼치는 선전의 결과가 아니라는 사실 역시 조금씩 명확해지고 있다. 12세 소녀에게 인유두종 바이러스 백신접종을 권고했던 일본 정부가 2013년 그 권고를 철회한 결정이 백신접종 반대론자들의 주장 탓은 아닐 것이기 때문이다. 따라서 인유두종 바이러스 백신접종을 보다 깊이 살펴볼 필요성이 있는데, 이미 미국과 유럽을 중심으로 관련 연구가 많이 이루어진 상황이다. 연구 결과를 통해 인유두종 바이러스 백신접종률이 국가별로 큰 차이를 보인다는 사실을 확인할 수 있다.

그 한쪽 끝에는 노르웨이가 있다. 노르웨이에서는 어린 연령대의 소녀를 대상으로 원하는 경우에 국한해 인유두종 바이러스 백신접종을 시행했다. 백신을 한 차례 투여 받은 비율이 78퍼센트에 달했고, 그중 세 차례 모두 투여 받은 비율이 95퍼센트(백신접종 대상 소녀의 74퍼센트)였다. 통계를 분석한 연구자들은 집단 간에 약간의 차이가 있다는 사실을 확인했지만 그 차이는 미미했다. 어머니 연령이 50세가 넘은 소녀들은 그보다 어머니가 더 젊은 소녀들에 비해, 그리고 어머니의 교육 수준이 가장 높은 소녀들은 어머니의 교육 수준이 가장 낮은 소녀들에 비해 백신접종률이 약간 낮게 나타났다.

사실 노르웨이는 평등주의를 바탕으로 복지 제도가 비교적 잘 발달되어 다른 국가에 비해 국가결속력이 꽤 단단하며, 백신접종률도 월등히 높다. 이는 인유두종 바이러스 백신을 세 차례 모두 투여 받은 노르웨이 소녀의 비율이 74퍼센트인 데 비해, 독일은 39퍼센트에 그쳤다는 사실에서도 확인할 수 있다. 한편 2014년 13~17세 소녀에게 인유두종 바이러스 백신접종을 시행한 미국은 백신을 한 차례 투여 받은 비율이 60퍼센트에 달했지만, 세 차례 모두 투여 받은 비율은 40퍼센트에 그쳤다. 게다가 미국은 노르웨이에 비해 집단 간 차이도 훨씬 크게 나타났는데, 모든 연구에서 집단 간 차이의 성격에 관련된 결론이 동일하게 나온 것은 아니었다.

예를 들어 자궁경부암 발병률이 더 높은 소수 인종 소녀들에 비해 백인 소녀의 인유두종 바이러스 백신접종률이 더 낮게 나타났다고 밝힌 연구가 있는 반면, 그 반대의 결과를 내놓은 연구도 있었다. 한편 일반적인 경우와 다르게 보건의료 서비스를 기꺼이 받을 의향이 있는 경우에도 젊은 아프리카계 미국인 여성은 같은 또래의 백인 여성에 비해 인유두종 바이러스 백신접종률이 낮게 나타났다. 소수 인종인 아시아계(캄보디아계) 미국인 연구에서는 세 차례 백신접종을 모두 마친 소녀를 거의 찾아볼 수 없었다. 13~17세 소녀 가운데 백신을 한 차례 투여 받은 비율은 33퍼센트, 세 차례 모두 투여 받은 비율은 14퍼센트에 그쳤다.[25]

이런 차이가 나타나는 이유를 단 하나의 근거를 들어 설명하기는 어렵겠지만 개인적인 생각으로는 백신접종을 받을 수 있는 물적 여건의 제한이라는 요인과 '백신에 대한 망설임'이라는 행동 차원의 요인을 서로 독립적인 것으로 가정해 각각의 범주로 구분한 데서 나온 결과가 아닐까 추측해본다. 불평등이 점점 더 심화돼가는 세계에서는 경제적 주변화와 문화적 주변화가 별개로 존재하는 것이 아니라 상호작용하면서 서로를 강화하는 경향을 보이기 때문이다.

미국의 연구자들은 인유두종 바이러스 백신접종에서 나타나는 계급별 차이와 인종별 차이를 집중적으로 연구해왔다. 그러나 앞서 지적한 바와 같이 일반적으로 미국의 연구자들이 찾으려 하는 상관관계를 통해서는 차이가 나타나는 이유에 대한 통찰력을 거의 얻을 수 없다. 즉, 어느 인종 집단의 소녀가 다른 인종 집단의 소녀보다 인유두종 바이러스 백신접종을 받을 가능성이 더 높다는 사실을 확인하게 되면 보건 종사자와 정보 제공 캠페인이 집중적으로 공략해야 할 대상을 찾을 수는 있겠지만, 그런 차이가 나타나는 이유까지 확인할 수는 없다. 집단별 차이에 대한 역학 연구만으로는 수치 이면에 있는 성관계 양상이나 위험을 대하는 태도, 종교적 믿음이나 공적 제도에 대한 신뢰 같은 요인에서 나타나는 차이를 제대로 확인할 수 없다. 그뿐 아니라 백신접종 대상 소녀들이 학교나 온라인 공간에서 접한 소문에 어떤 영향을 받았는지도 확인할 수 없다.

심지어 '백신 거부'가 아니라 '백신에 대한 망설임'을 해결해야 한다고 주장하는 연구자들조차 여전히 복잡하게 얽혀 있는 문제의 근원을 파헤치지 않고도 백신과 백신접종에 대한 사람들의 의심을 충분히 해결할 수 있다고 생각하는 것처럼 보인다. 역학자나 공공보건에 종사하는 의사들이 제약 산업이나 제약 산업이 의료 전문가들에게 미치는 영향에 대한 대중의 불신을 회피하는 이유를 이해하기란 어렵지 않다. 그러나 문제는 이러한 대중의 불신을 심도 깊게 파헤치지 않으면서 이 문제를 분석하고, 한 발 더 나아가 이 문제의 해결이 가능한가 하는 것이다.

개인적으로는 해결은 고사하고 분석조차 불가능할 것으로 보인다. 따라서 현재의 분석만으로는 점점 커져만 가는 백신에 대한 의심과 불안을 잠재울 수 없을 것이다.

백신접종 거부의 상징적 의미

1930년대로 접어들면서 서구 국가에서는 대체로 백신접종에 대한 조직적 저항이 자취를 감췄지만 전 세계 모든 지역에서도 그런 것은 아니었다. 앞서 제2차 세계대전이 끝난 직후 시작된 BCG 백신접종 캠페인에 대해 잠시 소개한 바 있는데, 이 캠페인은 1948년 인도에도 도입됐다. 신생 독립국가 인도에서 시작된 BCG 백신접종 캠페인은 상당한 저항에 직면했는데, 그 이유는 크게 두 가지였다. 우선 인도 정부의 입장에서는 BCG 백신접종 캠페인이 인도 전역에서 기승을 부리는 결핵을 다스리는 데 효과적으로 활용할 수 있는 방법이었다.

그러나 주로 마드라스(오늘날의 첸나이)를 중심으로 활동하면서 BCG 백신접종 캠페인에 반대한 사람들은 인도 전역에 만연해 있는 빈곤과 매우 밀접하게 결부된 보건 문제는 단 하나의 기술적 해결책만으로 해결될 성질의 것이 아니라고 주장했다. 정부의 시각에서 볼 때 근본적인 원인을 뿌리 뽑는 일, 즉 인도 전역에서 생활하는 막대한 인구가 겪는 빈곤을 해결하고 그들의 생활환경을 개선하는 일은 불가능했다. 이와 같이 근본적인 원인을 뿌리 뽑아야 한다는 입장과 현재 활용할 수 있는 기술을 도입해 가장 큰 문제로 대두되는 증상에 먼저 대처해야 한다는 입장 사이에 흐르는 긴장은 국제적 차원으로 확대되면서 이내 보편적 또는 선택적 일차 보건의료를 둘러싼 논쟁을 이끌었다.

그러나 분석을 통해 더 근본적이고 더 중요한 무언가가 BCG 백신접종 캠페인에 대한 조직적인 저항을 이끌어냈다는 사실을 확인할 수 있다. 그 '무언가'는 다름 아닌 인도 독립을 위해 투쟁하는 사람들이 표방한 가치와 신생독립국가 인도가 지향해야 할 모습이었다. BCG 백신접종 캠페인은 해외 전문가들이 인도에 들어와 자신들이 지닌 지식을 활용해 인도 원주민이 안고 있는 문제를 해결하는 양상을 띠었다. 이 양상은 식민치하에서 벗어난 인도의 국민 정서에 어울리지 않았다. 인도에는 자체적인 의료 전통이 있었고 인도 국민들은 자국의 의료 전통을 더 선호했다. 따라서 마드라스를 근거지로 삼고 BCG 백신접종 캠페인 저항을 이끈 지도자는 다음의 이유로 BCG 백신접종 캠페인에 저항하기로 결심했다.

BCG 백신접종 캠페인에 대한 저항이야말로 네루가 표방한 근대화 주장을 대표할 수 있는 강력한 상징이었다. 백신접종 계획은 인도 중앙정부와 해외 전문가들이 고안해낸 체계로, 인도 사람들이 불쾌하게 생각하는 의료 활동에 인도 사람들을 내어주는 일에 불과하다.[26]

이 사건이 반세기도 더 넘는 과거에 인도에서 일어난 일이라고 해서 역사가들의 관심사로만 치부해서는 안 된다. 이 사건을 통해 백신접종 캠페인이 지니는 상징적 중요성을 파악할 수 있기 때문이다. 우선 백신접종 캠페인은 캠페인 추진 기관을 상징할 수 있으므로 국민이 이미 지니고 있던 불만이 백신접종 캠페인에 집중되는 결과를 초래할 수 있다. 부모들이 백신접종 캠페인을 접하면서 기존에 중앙정부가 국민에게 또는 국민을 위해 수행해온 일을 떠올리거나, 중앙정부가 추진했으나 실패한 사업을 떠올릴 수 있기 때문이다.

이런 사실은 1990년대 우간다에서 해리엇 비롱기Harriet Birungi가 수행한 연구에서도 잘 드러난다. 그의 연구는 우간다 보건 체계의 질이 저하되자 국민들이 정부가 운영하는 보건 센터의 백신접종에 대해 변화된 태도를 보이기 시작했다고 밝혔다. 1970년대로 접어들면서 이디 아민Idi Amin의 독재가 시작됐고 이로 인해 경제가 무너지면서 우간다 정부는 보건의료 부문 예산을 삭감했다. 이런 부족한 자원으로는 보건 부문에 대한 적절한 감독은커녕 보건 부문 종사자에게 생활 임금조차 지급할 수 없었다. 따라서 백신접종 프로그램 역시 제대로 운영되지 않았다.

해리엇 비롱기는 우간다의 경제가 계속해서 침체 일로를 걷자 의료 전문가들이 공식적으로는 무료인 서비스를 제공하면서 뒷돈을 요구하거나 부적절한 의약품과 장비를 사용해 진료하는 등 의료 윤리를 저버리기 시작했다고 설명한다. 이런 현상이 확산되면서 정부에서 운영하는 보건의료 기관과 의료 전문가에 대한 신뢰가 무너졌다.[27] 백신접종 캠페인 역시 우간다 국민들이 국가의 억압, 민족 갈등, 부당한 대우같이 정부에 관련된 부정적인 집단 기억을 떠올리는 계기로 작용했으므로, 백신접종 캠페인에 부정적인 소문이 따라다니는 것은 당연한 결과였고 이에 주목한 인류학자들의 연구가 줄을 이었다.[28]

인류학자들의 연구에는 공공보건 부문 내에서도 백신접종에 관련된 소문이 돈다고 기록돼 있지만 공공보건 전문가들이 그런 소문에 동요하는 경우는 드물다. 그러나 전 세계를 무대로 한 질병 퇴치 캠페인에서는 백신접종 캠페인 운영에 지장을 줄 만큼 큰 파괴력을 지닌 소문이 돌아 큰 주목을 받은 바 있는데, 바로 10여 년 전 나이지리아 북부에서 일어난 사건이다. 2003년 주로 이슬람교도가 거주하는 나이지리아 북부 일부 지역을 중심으로 현재 나이지리아에서 사용하는 경구 투여 소아마비 백신에 누군가 의도적으로 불임 유도 성분과 AIDS 유발 병원체를 혼합했다는 소문이 돌았고, 해당 지역의 종교 지도자들이 이 소문을 믿게 됐다. 이 사건을 계기로 나이지리아 북부의 여러 주에서 경구 투여 소아마비 백신 사용을 금지하는 바람에 소아마비 백신접종 프로그램이 중단되는 사태가 발생했다. 전 세계적으로 소아마비 퇴치 프로그램을 운영하는 와중에 나이지리아 북부에서 이런 조치를 취함에 따라, 국제 보건 공동체는 경악을 금치 못했고 서구 언론은 비판적인 시각에서 이 사건을 보도했다.

국제 보건 공동체와 서구 언론은 이 사건을 미신, 무지, 또는 그와 유사한 무언가로 인해 발생한 사건으로 받아들이고 과거 백신접종 반대론에 대응할 때 활용했던 가정대로 올바른 정보를 제공하면 충분히 해결할수 있으리라 가정했다. 이에 따라 나이지리아 연방정부는 경구 투여 소아마비 백신을 테스트해 백신에 아무것도 혼합돼 있지 않다는 사실을 입증하는 노력을 기울였지만 허사로 돌아갔다. 나이지리아 북부 주민들이 믿으려 하지 않았기 때문이다.

훗날 나이지리아 학자들은 당시 문제가 된 것은 사실 백신의 안전성을 뛰어넘는 것이었다고 지적했다. 즉, 이 문제에는 해당 지역이 경험한 식민 통치와 독립 이후 경험한 역사와 관련된 불안, 기억, 불만 같은 다양한 감정이 뒤엉켜 있었던 것이다. 나이지리아 국내 정치 상황 역시 이 사건이 일어나는 데 중요한 역할을 했는데, 특히 독립 이후 나이지리아의 주요 인종 집단이 정치권력과 자치권을 두고 벌인 갈등이 주요 원인으로 작용했다. 나이지리아 북부의 주민들은 최근 나이지리아 남부 세력의 손아귀에 들어간 나이지리아 연방정부를 신뢰하지 않았다.

요약해 말하자면 소아마비 백신접종 중단 사태를 통해 나이지리아 북부와 남부 사이에 새롭게 등장한 긴장의 패러다임을 확인할 수 있다. 둘 사이에 흐르는 긴장을 제대로 이해하기 위해서는 역사 속에서 이 둘이 맺어온 관계를 되짚어볼 필요가 있다. (…) 한편 이 사태는 점점 더 정치적인 성격을 띠어가는 보건 부문이 정치 영역에 점점 더 깊이 흡수돼가고 있음을 잘 드러내는 사건이다.[29]

나이지리아 국민들의 불신은 이미 부적절한 상황이던 일차 보건의료마저 침식돼가는 상황이 모두 연방정부의 정책 때문이라고 여기는, 광범위하게 퍼져 있는 부정적인 정서로 더욱 심화됐다. 나이지리아 국민들은 기초적인 의료 서비스가 제대로 이루어지지 않아 대수롭지 않은 질병조차 제대로 치료할 수 없는 상황에서 소아마비라는 단 하나의 질병을 퇴치하기 위해 그토록 많은 자금을 집중적으로 쏟아부어야 하는 이유를 납득할 수 없었다. 국가 기관과 국제기구가 각자의 이익을 극대화하기 위해 소아마비 퇴치 프로그램을 진행한다고 나이지리아 북부 주민들이 의심하는 데에는 그럴 만한 이유가 있었던 것이다. 따라서 나이지리아 북부의 소아마비 백신접종 중단 사태는 그곳 주민들의 불만을 대변한다고 해도 과언이 아니었다.

인류학자들이 다른 국가를 연구하면서 사람들을 인터뷰했을 때도 비슷한 반응이 나왔다. 백신접종을 거부하는 부모들이 많은 곳이면 어디든, 아프리카 국가든 남아시아 국가든 관계없이 이와 유사한 문제를 어김없이 언급했다. 자녀에게 소아마비 백신을 접종하지 않은 이유를 묻는 질문에 부모들은 한결같이 가장 기초적인 보건의료 필요조차 부응하지 못하는 상황에서 소아마비 퇴치 프로그램에만 막대한 자금이 지원되는 현실의 부당함을 토로했다. 이런 현실에 분노한 부모들은 소아마비 백신접종 프로그램 이면에 있는 진정한 의도를 궁금해하지 않을 수 없었던 것이다.

백신접종에 대한 저항은 어쩌면 수십 년에 걸쳐 부당함을 겪으면서 조금씩 쌓여온 일촉즉발의 분노가 구체화된 것일 수도 있다. 이와 같이 더 광범위한 대상에게 쌓인 불만이 백신접종 프로그램에 투사되는 현상은 주로 남반구 국가를 중심으로 나타나지만, 비단 남반구의 고유한 현상이라고만 치부할 수는 없다. 루마니아의 인유두종 바이러스 백신접종 도입 과정을 연구한 크리스티나 팝은 유럽에서도 국가가 시행하는 백신접종 프로그램을 대하는 태도에 과거에 경험한 부당함의 기억이 스며들 수 있다는 사실을 확인해주기 때문이다.[30]

크리스티나 팝에 따르면 2009년 루마니아 정부는 학교 의료 서비스를 통해 무료 인유두종 바이러스 백신접종을 계획했는데, 이는 니콜라에 차우셰스쿠의 부패한 권위주의 체제가 무너진 이후 무려 20년 만의 일이었다. 루마니아 정부는 부모들이 자발적으로 백신접종에 참여하기를 바랐지만 프로그램을 시행하고 두 달 뒤 집계한 백신접종률은 목표의 2.5퍼센트에 불과했다. 루마니아 정부는 프로그램 시행을 유예했다가 1년 뒤 재개했다.

크리스티나 팝은 인터뷰에 응한 많은 부모와 조부모들이 자녀에게 백신을 접종하지 않은 이유를 설명하는 과정에서, 루마니아 정부 전반과 정부에서 운영하는 보건의료에 대해 뿌리 깊은 불신을 드러냈다고 설명한다. 즉 부모들은 "(정부가 제공하는 출산 지원 서비스, 첨가물 범벅인 음식에 대한 우려, 방사능, 환경오염, 모유의 중요성같이) 전혀 무관해 보이는 주제를 인유두종 바이러스 백신접종과 연관시키면서 청렴과 부정부패라는 더 광범위한 범주를 바탕으로 백신접종을 거부한 이유를 설명했다." 한편 부모들은 지난 정권이 그랬던 것처럼 정부가 백신접종을 계기로 은밀하게 시민의 사생활을 통제하려 할지도 모른다는 우려도 표명했다.

부모에게 영향을 미치는 정서와 백신접종에 대한 부모들의 태도를 형성한 정서는 감염성 질환의 위험이나 특정 백신의 안전성에 대한 확인이라는 범주를 훌쩍 뛰어넘을 수 있다. 이를테면 그런 정서는 종교적인 성격을 띨 수도 있는데, 이런 측면에서 볼 때 오늘날 백신접종 반대론자들의 신념과 19세기에 백신접종을 거부하고 저항했던 사람들의 신념 사이에는 유사한 측면이 있다고 생각해볼 수 있다. 한편 총체적인 보건의료를 선호하는 입장 역시 백신접종에 대한 태도를 형성할 수 있다. 이런 측면에서 오늘날 백신접종 반대론자들이 과거 백신접종에 반대했던 총체적인 보건 확립 운동의 연속선상에 있다고 생각해볼 수도 있다.

그러나 다양한 연구들은 나이지리아, 루마니아, 우간다에서 벌어진 사건들을 통해 국가와 국가가 제공하는 서비스에 대한 믿음이 과거 국가가 행한 일에 대한 기억으로 얼룩질 수 있다는 사실을 보여준다. 즉 사람들은 국가가 시행하는 백신접종 프로그램이 상징적으로 정부 정책과 정부 정책이 추진하는 우선순위 전반을 대변한다고 받아들일 가능성이 있다. 그러므로 국가가 시행하는 백신접종 프로그램이 정부 정책 전반에 대한 저항을 표현하는 수단으로 기능할 수 있다. 이러한 연구가 제시하는 다양한 교훈은 공공보건 전문가에게 커다란 과제를 안길 뿐 아니라 그들의 전문적 역량을 훌쩍 뛰어넘는 영역에 존재할 수 있으므로, 쉽게 받아들이기 어려운 교훈이라고 할 수 있다.

우리는 무엇을 믿지 못하는가

백신에 대한 망설임은 자신들이 직접 선출한 대표자가 아니라 정체를 알 수 없는 초국적 기구가 자신들에게 적용될 백신접종 정책을 결정한다는 사실을 사람들이 인식하면서 더욱 강화되는 경향을 보인다. 그럴 경우 결정된 백신접종 정책에 책임 소재가 불분명하다는 점을 알기 때문에 사람들의 불신은 커져갈 수밖에 없다. 한편 백신에 대한 망설임은 제약 산업에 대한 사람들의 태도에 의해서도 강화되는 경향이 있다. 최근 영국에서 수행한 설문조사에 따르면 제약 산업에 대한 사람들의 태도는 대체로 부정적이었다.[31]

때로는 불신이 더 광범위한 반향으로 인해 증폭되기도 하는데, 사람들이 백신, 백신접종, 백신접종 담당자를 (국가, 의료 분야, 기술 과학 같은) 제도를 '상징하는' 상징물로 이해하기 때문에 빚어지는 현상이다. 따라서 사람들은 백신접종을 거부하는 작은 반란을 꾀해 자신들이 지닌 불만을 표현하는 수단으로 삼는 것이다.

마지막으로 '백신에 대한 망설임'이 등장한 이유는 대부분 백신접종 분야 그 자체에서 찾을 수 있는데, 공공보건이 활용해온 기존의 도구로 측정할 수 있고 해결할 수 있는 차원의 것은 아니다. 이 문제를 이해하려면 먼저 백신 분야 전반을 들여다볼 필요가 있다. 특히 지금까지 이 책을 통해 설명하기 위해 노력해온 백신 분야의 변화를 살펴봐야 한다.

백신이 국제 공공보건 부문과 제약 산업 모두에게 점점 더 필수 요소로 자리 잡아감에 따라, 공공보건에서 백신의 기능과 첨단 기술이 적용된 상품으로서의 수익성 사이에 흐르는 긴장이 날로 커지고 있는 형편이다. 백신은 수없이 많은 사람의 목숨을 구해왔고, 적절하게 배포된다면 앞으로도 그러할 역량을 지니고 있다. 그러나 이처럼 백신의 기능을 확신한다 해도, 제약회사가 생산에 적합하다고 판단해 세상에 내놓은 모든 백신이 보편적인 이점을 지닌다는 확신으로 곧바로 이어지는 것은 아니다. 즉, 백신에 대한 태도를 '백신 찬성론자'라거나 '백신 반대론자'라는 이분법으로 설명할 수만은 없는 것이다.

이 책에서 제시한 분석을 통해 독자들이 백신접종 프로그램에 대한 확신이 줄어드는 현상, 즉 '백신에 대한 망설임'이라고 알려진 현상 이면에 있는 복잡성을 조금이나마 이해했기를 바란다. 백신에 대한 망설임 같은 현상은 분명 공공보건이 해결해야 할 과제임에 틀림없지만, 개인적인 생각으로는 공공보건의 개념이나 공공보건이 활용하는 도구만으로는 해결은커녕 적절하게 분석하기조차 어려울 것으로 보인다. 정치는 엄연한 치료제, 공공보건은 정치적일 수밖에 없다는 루돌프 피르호의 유명한 말은 일단 접어두었다. 역학이 활용하는 도구인 정의定義, 측정, 위치 지정 같은 도구가 대중의 생활과 정치적 생활 전반에 스며든 신뢰 상실의 뿌리를 파헤치는 데 한 가닥 빛을 던져줄 것이라고 아직 믿고 있기 때문이다.

특히 지역사회에서 백신접종 프로그램을 수용하는지 또는 거부하는지 여부는 이를 책임지고 있는 기관에 대한 지역사회 주민들의 신뢰에 달려 있다고 해도 과언이 아니다. 그러나 최근 수십 년 사이 전 세계 시장을 무대로 경쟁하는 기업에게 백신의 상업적 중요성이 점점 더 커지면서 이 기관들은 그 존재감을 점차 잃어갔고, 부모들이 자녀의 건강을 위협하는 질병에 제대로 대응하지 못하는 형편이다. 그리고 그 결과 공공보건당국의 책임감이 점차 약화되는 가운데 대중의 신뢰가 무너지게 된 것이다.

1장 | 백신, 인류의 유일한 희망인가?

1. Charles E. Rosenberg, *Explaining Epidemics and Other Studies in the History of Medicine* (Cambridge, 1992).

2. Ibid., p. 287.

3. Roy Porter, 'Plague and Panic', *New Society* (12 December 1986), p. 11.

4. Nathan Wolfe, *The Viral Storm: The Dawn of a New Pandemic Age* (London, 2011), p. 98. [국역: 《바이러스 폭풍의 시대 : 치명적 신종, 변종 바이러스가 지배할 인류의 미래와 생존 전략》, 강주헌 옮김, 김영사, 2015]

5. Ibid., p. 242.

6. J. E. Suk and J. C. Semenza, 'Future Infectious Disease Threats to Europe', *American Journal of Public Health*, CI/11 (2011), pp. 2068−79.

7. National Institutes of Health (NIH), *Understanding Vaccines*, www.violinet. org/docs/undvacc.pdf.

8. MSF(Doctors without Borders), 'The Right Shot: Bringing Down Barriers to Affordable and Adapted Vaccines', 2nd edn (2015); available at www.msfaccess.org.

9. Veena Das, 'Public Good, Ethics, and Everyday Life: Beyond the Boundaries of Bioethics', *Daedalus*, CXXVIII/4 (1999), pp. 99−133.

10. Ibid.

11. Paul Greenough, 'Intimidation, Coercion and Resistance in the Final Stages of the South Asian Smallpox Eradication Campaign, 1973–1975', *Social Science & Medicine*, XLI/5 (1995), pp. 633–45.

12. Eula Biss, *On Immunity: An Inoculation* (Minneapolis, mn, 2014), pp. 20–21. 〔국역:《면역에 관하여》, 김명남 옮김, 열린책들, 2016〕

13. Ibid., p. 24.

14. Richard Krause, 'The Swine Flu Episode and the Fog of Epidemics', *Emerging Infectious Diseases*, XII/1 (2006), p. 42.

15. Peter Baldwin, *Contagion and the State in Europe, 1830–1930* (Cambridge, 2005).

16. *The Compact Edition of the Oxford English Dictionary* (London, 1979), p. 3581. Oxford University Press가 1971년 판을 재인쇄.

17. H. J. Parish, *A History of Immunization* (Edinburgh and London, 1965).

18. Porter, 'Plague and Panic'.

19. Nadja Durbach, *Bodily Matters: The Anti-vaccination Movement in England, 1853–1907* (Durham, NC, and London, 2005).

20. *The Compact Edition of the Oxford English Dictionary*, p. 3581.

2장 | 백신의 탄생: 죽음을 극복하려는 노력

1. Friedrich Engels, Condition of the Working Class in England (New York and London, 1891); available at www.marxists.org. 〔국역:《영국 노동계급의 상황》, 이재만 옮김, 라티오, 2014〕

2. Edwin Chadwick, *Report on the Sanitary Condition of the Labouring Population of Great Britain* (London, 1842), republished with an introduction by Michael W. Flinn (Edinburgh, 1965).

3. Ibid., pp. 2–73.

4. René Dubos and Jean Dubos, *The White Plague: Tuberculosis, Man and Society* (New Brunswick, NJ, 1992), p. 46.

5. Ibid., p. 65.

6. Ibid., p. 99.

7. Jonathan M. Liebenau, 'Public Health and the Production and Use of Diphtheria Antitoxin in Philadelphia', *Bulletin of the History of Medicine*, IXI/2

(1987), p. 235.

8. Volker Hess, 'The Administrative Stabilization of Vaccines: Regulating the Diphtheria Antitoxin in France and Germany, 1894–1900', *Science in Context*, XXI/2 (2008), pp. 201–27.

3장 | 백신의 역할: 바이러스에 도전하다

1. Frederick C. Robbins, 'Reminiscences of a Virologist', in T. M. Daniel and F. C. Robbins, *Polio* (Rochester, ny, 1997), pp. 121–34.

2. Aaron E. Kline, *Trial by Fury: The Polio Vaccine Controversy* (New York, 1972), p. 110.

3. Centre for Disease Control and Prevention, 'Report of Special Advisory Committee on Oral Poliomyelitis Vaccines', *Journal of the American Medical Association*, CXC/1 (1964), pp. 161–3.

4. Hans Cohen, quoted in Stuart Blume and Ingrid Geesink, 'Vaccinology: An Industrial Science?', *Science as Culture*, ix (2000), p. 60.

5. Office of Technology Assessment (OTA), *A Review of Selected Federal Vaccine and Immunization Policies* (Washington, DC, 1979).

4장 | 백신의 논리: 공공보건의 수호에서 상업화로

1. Institute of Medicine (IOM), *New Vaccine Development: Establishing Priorities* (Washington, DC, 1986).

2. Jon Cohen, 'Bumps on the Vaccine Road', *Science*, 265 (September 1994), pp. 1371–5.

3. Ruth Nussenzweig, quoted ibid., p. 1371.

4. Phyllis Freeman and Anthony Robbins, 'The Elusive Promise of Vaccines', *American Prospect*, IV (1991), pp. 8–90.

5. William Muraskin, *The War against Hepatitis B: A History of the International Task Force on Hepatitis B Immunization* (Philadelphia, PA, 1995), p. 27.

6. Freeman and Robbins, 'The Elusive Promise', p. 84.

7. Louis Galambos with Jane Sewell, *Networks of Innovation: Vaccine Development at Merck, Sharp and Dohme and Mulford 1895–1995* (Cambridge, 1995).

8. National Centre for Disease Control, 'Quarterly Newsletter of the National Centre for Disease Control', III/1 (2014), pp. 1–4; available at www.ncdc.gov.in.

9. Craig Wheeler and Seth Berkeley, 'Initial Lessons from Public-private Partnerships in Drug and Vaccine Development', *Bulletin of the World Health Organization*, LXXIX (2001), p. 732.

10. *The Economist* Data Team, 'Ebola in Africa: The End of a Tragedy?', www.economist.com, 14 January 2016.

11. M. Kaddar, 'Global Vaccine Market Features and Trends', World Health Organization (Geneva, 2013); available at http://who.int/influenza_vaccines_plan/resources/session_10_kaddar.pdf.

5장 | 백신의 수용: 확신과 망설임 사이에서

1. James Colgrove, *State of Immunity: The Politics of Immunization in Twentieth-century America* (Berkeley, CA, 2006), p. 334.

2. Ibid., p. 96.

3. René Dubos and Jean Dubos, *The White Plague: Tuberculosis, Man and Society* (New Brunswick, NJ, 1992), p. 712.

4. Ibid., p. 176.

5. Linda Bryder, '"We Shall Not Find Salvation in Inoculation": BCG vaccination in Scandinavia, Britain and the USA, 1921–1960', *Social Science & Medicine*, XLIX (1999), pp. 1157–67.

6장 | 냉전 시대의 백신: 이념 경쟁의 도구화

1. Dora Vargha, 'Between East and West: Polio Vaccination across the Iron Curtain in Cold War Hungary', *Bulletin of the History of Medicine*, 88 (2014), p. 334.

2. 다음과 같은 일화를 들려준 마리아 페르난다 올라르테-시에라Maria Fernanda Olarte-Sierra에게 감사드린다. 이 일화를 통해 '가난한 사람들'이 질병을 전파한다는 가정이 얼마나 오랫동안 사람들의 뇌리에서 떠나지 않았는지를 확인할 수 있기 때문이다. "비야비센시오(콜롬비아)에서 뎅기열 문제와 씨름하고 있을 당시의 뎅기열 퇴치 캠페인은 '가난'이라는 수사를 토대로 진행됐다. 비야비센시오는 '부유

한 사람'과 '가난한 사람' 사이의 사회경제적 격차가 매우 크게 벌어진 곳으로, 보건의료 종사자들은 '가난한 사람들이 걸리는 질병'인 뎅기열을 예방하기 위해 모든 가정을 개별 방문했다. 부유한 사람들은 뎅기열과 관련된 정보가 자신들과는 무관하다고 생각해 가난한 사람들인 하인, 운전사, 보모 등을 불러 뎅기열에 관련된 정보에 대해 듣게 했다. (…) 한편 부유한 사람들이 생활하는 집에는 거의 대부분 작은 분수가 있었는데, 모기가 번식하기에 아주 이상적인 장소였다. (…) 그러나 부유한 사람들은 (…) 아무런 사전 예방 조치를 취하지 않고 있다가 결국 뎅기열에 걸리곤 했는데, 그러면 하인 때문에 뎅기열에 걸렸다며 하인 탓을 했다." M. Roberto Suarez, Maria Fernanda Olarte-Sierra et al., 'Is What I Have Just a Cold or is it Dengue? Addressing the Gap between the Politics of Dengue Control and Daily Life in Villavicencio-Colombia', *Social Science & Medicine*, LXI (2005), pp. 495-502 참고.

3. Socrates Litsios, 'The Long and Difficult Road to Alma-Ata: A Personal Reflection', *International Journal of Health Services*, XXXII/4 (2002), pp. 709-32에서 재인용.

4. Julia Walsh and Kenneth Warren, 'Selective Primary Health Care: An Interim Strategy for Disease Control in Developing Countries', *New England Journal of Medicine*, CCCI (1979), pp. 967-74.

5. Alexander Langmuir, D. A. Henderson, R. E. Serfling and I. L. Sherman, 'The Importance of Measles as a Health Problem', *American Journal of Public Health*, LII (1962), p. 3.

6. World Health Organization, 'Consultation on the WHO Expanded Programme on Immunization', 1974년 4월 30일~5월 3일 제네바에서 개최된 회의 보고서(WHO file I8/87/2).

7. 제27차 세계보건총회 결의안, Resolution WHA 27.57, Geneva, 23 May 1974.

8. Dr Alfa Cissé, 1976년 5월 제네바에서 개최된 제29차 세계보건총회 연설, Document A29/A/SR15, p. 11.

9. Ann Mills, 'Vertical Versus Horizontal Health Programmes in Africa: Idealism, Pragmatism, Resources and Efficiency', *Social Science & Medicine*, XVII (1983), p. 1977.

10. Dr A. Geller, 1976년 10월 브라자빌에서 아프리카 지역 사무소장이 조직한 세미나 연설, Document AFR/CD/51.

11. R. H. Henderson, 'The Expanded Program on Immunization of the World Health Organization', *Reviews of Infectious Diseases*, VI, Supplement 2 (1984), p. S477.

12. Kenneth Newell, 'Selective Primary Health Care: The Counter Revolution', *Social Science & Medicine*, XXVI (1988), p. 905.

13. S. Gloyd, J. Suarez Torres and M. A. Mercer, 'Immunization Campaigns and Political Agendas: Retrospective from Ecuador and El Salvador', *International Journal of Health Services*, XXXIII/1 (2003), pp. 113–28.

14. Anne-Emanuelle Birn, 'Small(pox) Success?', *Ciencia & Saude Coletiva*, XVI (2011), pp. 591–7.

7장 | 세계화 시대의 백신: 누구를 위한 기술인가?

1. D. Walker, H. Carter and I. Jones, 'Measles, Mumps, and Rubella: The Need for a Change in Immunisation Policy', *British Medical Journal*, CCXCII/6534 (1986), pp. 1501–2.

2. N. S. Galbraith, S. E. Young, J. J. Pusey et al., 'Mumps Surveillance in England and Wales 1962–1981', *The Lancet*, I/8368 (1984), pp. 91–4.

3. 'Mumps Vaccination', *The Lancet*, CCXCIII/7609 (1969), p. 1302.

4. 'Prevention of Mumps', *British Medical Journal*, CCLXXXI/6251 (1980), p. 1231.

5. Elena Conis, *Vaccine Nation: America's Changing Relationship with Immunization* (Chicago, IL, 2015).

6. Ibid., p. 82

7. Nancy Leys Stepan, *Eradication: Ridding the World of Diseases Forever?* (London, 2011).

8. William Muraskin, *Polio Eradication and Its Discontents* (New Delhi, 2012).

9. D. R. Hopkins, A. R. Hinman, J. P. Koplan et al., 'The Case for Global Measles Eradication', *The Lancet*, I/8286 (1982), pp. 1396–8.

10. A. R. Hinman, W. H. Foege, C. de Quadros et al., 'The Case for Global Eradication of Poliomyelitis', *Bulletin of the World Health Organization*, LXV/6 (1987), pp. 835–40.

11. Ibid.

12. World Health Assembly, 'Global Eradication of Poliomyelitis by the Year 2000', WHA Resolution, WHA 41.28, World Health Organization, Geneva, 1988.

13. Svea Closser, *Chasing Polio in Pakistan* (Nashville, TN, 2010).

14. Isao Arita, Miyuki Nakane and Frank Fenner, 'Is Polio Eradication Realistic?', *Science*, 312 (2006), pp. 852–4.

15. Center for Disease Control and Prevention, 'Measles Eradication: Recommendations from a Meeting Cosponsored by the World Health Organization, the Pan American Health Organization, and CDC', *Mortality and Morbidity Weekly Report*, 46 (13 June 1997).

16. H. E. D. Burchett, S. Mounier-Jack, U. K. Griffiths et al., 'New Vaccine Adoption: Qualitative Study of National Decision-Making Processes in Seven Low- and Middle-income Countries', *Health Policy & Planning*, XXVII (2012), supplement 2, pp. ii5–ii16.

17. Laura Mamo, Amber Nelson and Aleia Clark, 'Producing and Protecting Risky Girlhoods', in *Three Shots at Prevention: The HPV Vaccine and the Politics of Medicine's Simple Solutions*, ed. K. Wailoo, J. Livingston, S. Epstein and R. Aronowitz (Baltimore, MD, 2010), pp. 121–45.

18. Ibid., p. 127.

19. L. Brabin, S. A. Roberts, R. Stretch et al., 'Uptake of First Two Doses of Human Papilloma Vaccine by Adolescent Schoolgirls in Manchester: Prospective Cohort Study', *British Medical Journal*, CCCVI (2008), pp. 1056–8.

20. Andrea Stöckl, 'Public Discourses and Policymaking: The HPV Vaccination from the European Perspective', in Wailoo et al., *Three Shots*, pp. 254–70.

21. Yutaka Ueda, T. Enomoto, M. Sekine et al., 'Japan's Failure to Vaccinate Girls against Human Papilloma Virus', *American Journal of Obstetrics & Gynecology*, 212 (2015), p. 405.

22. N. B. Sarojini , S. Srinivasan, Y. Madhavi et al., 'The HPV Vaccine: Science, Ethics and Regulation', *Economic & Political Weekly*, XLV/48 (2010), pp. 27–34.

23. Ibid., p. 33.

1. Paul Ward and Anna Coates, 'We Shed Tears, but There Is No One There to Wipe Them Up for Us: Narratives of (Mis)trust in a Materially Deprived Community', *Health*, X (2006), pp. 283–301.

2. R. M. Wolfe and L. K. Sharp, 'Anti-vaccinationists Past and Present', *British Medical Journal*, CCCXXV (2002), p. 430.

3. C. Cookson, 'Benefit and Risk of Vaccination as Seen by the General Public and Media', *Vaccine*, XX (2002), S85–S88.

4. Brian Deer, 'How the Case against the MMR Vaccine was Fixed', *British Medical Journal*, CCCXLII (2011), pp. 77–82.

5. Fiona Godlee, Jane Smith and Harvey Markovitch, 'Wakefield's Article Linking MMR Vaccine and Autism was Fraudulent', *British Medical Journal*, CCCXLII (2011), p. 65.

6. Z. Kopplin, 'Trump Met with Prominent Anti-vaccine Activists during Campaign', Science (November 2016); available at www.sciencemag.org.

7. Ed Pilkington, 'How the Scientific Community United against Tribeca's Anti-vaccination Film', *The Guardian* (29 March 2016), www.theguardian.com.

8. G. A. Poland and R. M. Jacobson, 'Understanding Those Who Do Not Understand: A Brief Review of the Anti-vaccine Movement', *Vaccine*, XIX/17–19 (2001), p. 2441.

9. E. J. Gangarosa, A. M. Galazka, C. R. Wolfe et al., 'Impact of Antivaccine Movements on Pertussis Control: The Untold Story', *The Lancet*, CCCLI/9099 (1998), pp. 356–61.

10. Poland and Jacobson, 'Understanding', p. 2442.

11. Anna Kata, 'A Postmodern Pandora's Box: Anti-vaccination Misinformation on the Internet', *Vaccine*, 28 (2010), pp. 1709–16; Anna Kata, 'Anti-vaccine Activists, Web 2.0, and the Postmodern Paradigm: An Overview of Tactics and Tropes Used Online by the Anti-vaccination Movement', *Vaccine*, XXX (2012), pp. 3778–89.

12. Kata, 'Anti-vaccine Activists', p. 3779.

13. Brian Martin, 'Censorship and Free Speech in Scientific Controversies', *Science & Public Policy*, XLII (2015), pp. 377–86.

14. M. Evans, H. Stoddart, L. Condon et al., 'Parents' Perspectives on the MMR Immunisation: A Focus Group Study', *British Journal of General Practice*, LI (2001), pp. 904–10.

15. M. Poltoraka, M. Leach, J. Fairhead and J. Cassell, "MMR Talk" and Vaccination Choices: An Ethnographic Study in Brighton', *Social Science & Medicine*, LXI (2005), p. 717.

16. Eve Dube, Maryline Vivion, Chantal Sauvageau et al., "Nature Does Things Well, Why Should We Interfere?" Vaccine Hesitancy Among Mothers', *Qualitative Health Research*, XXVI/3 (2016), pp. 411–25.

17. Carolina Alves Barbieri and Marcia Couto, 'Decision-making on Childhood Vaccination by Highly Educated Parents', *Revista Saude Publica*, XLIX/18 (2015), pp. 1–8.

18. Heidi J Larson, David M. D. Smith and Pauline Paterson, 'Measuring Vaccine Confidence: Analysis of Data Obtained by a Media Surveillance System used to Analyse Public Concerns about Vaccines', *Lancet Infectious Diseases*, 13 (2013) pp. 606–13.

19. Melanie Schuster, Juhani Eskola, Philippe Duclos, SAGE Working Group on Vaccine Hesitancy, 'Review of Vaccine Hesitancy: Rationale, Remit and Methods', *Vaccine*, XXXIII (2015), p. 4158.

20. N. E. MacDonald and the sage Working Group on Vaccine Hesitancy, 'Vaccine Hesitancy: Definition, Scope and Determinants', *Vaccine*, XXXIII (2015), pp. 4161–4.

21. Ibid.

22. B. R. Bloom, E. Marcuse, S. Mnookin et al., 'Addressing Vaccine Hesitancy', *Science*, CCCXLIV/6182 (2014), p. 339.

23. M. Siddiqui, D. Salmon and S. Omer, 'Epidemiology of Vaccine Hesitancy in the United States', *Human Vaccines and Immunotherapeutics*, IX (2013), pp. 2643–8.

24. Ibid.

25. V. M. Taylor, N. Burke, L. K. Ko et al., 'Understanding HPV Vaccine Uptake among Cambodian American Girls', *Journal of Community Health*, XXXIX/5 (2014), pp. 857–62.

26. Christian McMillen and Niels Brimnes, 'Medical Modernization and Medical Nationalism: Resistance to Mass Tuberculosis Vaccination in Postcolonial India, 1948–1955', *Comparative Studies in Society and History*, LII/1 (2010), p. 198.

27. Harriet Birungi, 'Injections and Self-help: Risk and Trust in Ugandan Health Care', *Social Science & Medicine*, XLVII/10 (1998), pp. 1455–62.

28. P. Feldman-Savelsberg, F. T. Ndonko and B. Schmidt-Ehry, 'Vaccines or the Politics of the Womb: Retrospective Study of a Rumor in Cameroon', *Medical Anthropology Quarterly*, XIV/2 (2000), pp. 159–79.

29. E. Obadare, 'A Crisis of Trust: History, Politics, Religion and the Polio Controversy in Northern Nigeria', *Patterns of Prejudice*, XXXIX (2005), p. 278.

30. Cristina Pop, 'Locating Purity within Corruption Rumors: Narratives of HPV Vaccination Refusal in a Peri-urban Community of Southern Romania', *Medical Anthropology Quarterly*, DOI: 10.1111/maq.12290.

31. YouGov Report, 'British Attitudes to the Pharmaceutical Industry', www.yougov.co.uk (2013년 8월 30일).

두 얼굴의 백신

두 얼굴의 백신

두 얼굴의 백신

2018년 6월 29일 초판 1쇄 | 2021년 9월 2일 6쇄 발행

지은이·스튜어트 블룸
펴낸이·김상현, 최세현 **경영고문** 박시형

책임편집·최세현, 김유경
마케팅·양근모, 권금숙, 양봉호, 임지윤, 조히라, 유미정
디지털콘텐츠 김명래 **경영지원** 김현우, 문경국
해외기획 우정민, 배혜림 **국내기획** 박현조
펴낸곳 (주)쌤앤파커스 **출판신고** 2006년 9월 25일 제406-2006-000210호
주소 서울시 마포구 월드컵북로 396 누리꿈스퀘어 비즈니스타워 18층
전화 02-6712-9800 **팩스** 02-6712-9810 **이메일** info@smpk.kr

- 잘못된 책은 구입하신 서점에서 바꿔드립니다.
- 책값은 뒤표지에 있습니다.

쌤앤파커스(Sam&Parkers)는 독자 여러분의 책에 관한 아이디어와 원고 투고를 설레는 마음으로 기다리고 있습니다. 책으로 엮기를 원하는 아이디어가 있으신 분은 이메일 book@smpk.kr로 간단한 개요와 취지, 연락처 등을 보내주세요. 머뭇거리지 말고 문을 두드리세요. 길이 열립니다.